区域海洋公共治理理论与实践研究

全永波 叶 芳 等 著

海洋出版社

2022 年·北京

内 容 简 介

本书立足于海洋治理"现代化"语境,以"公共治理"为切入点,系统开展区域海洋公共治理的理论基础研究,分析现有区域海洋公共治理的多重范畴、国际国内现状,着力构建基于陆海统筹的海洋治理能力现代化的科学性、系统性和可持续性的路径。

本书可为海洋科研人员、公共管理学者以及相关涉海政府部门的工作者提供理论和实践参考。

图书在版编目(CIP)数据

区域海洋公共治理理论与实践研究/全永波等著. —北京:海洋
出版社,2022.10

ISBN 978 – 7 – 5210 – 1028 – 2

Ⅰ.①区⋯　Ⅱ.①全⋯　Ⅲ.①海洋 – 公共管理 – 研究 – 中国　Ⅳ.①P7

中国版本图书馆 CIP 数据核字(2022)第 203864 号

策划编辑:任　玲
责任编辑:林峰竹
责任印制:安　淼

海洋出版社　出版发行

http://www.oceanpress.com.cn

北京市海淀区大慧寺路 8 号　邮编:100081

鸿博昊天科技有限公司印刷　新华书店北京发行所经销

2022 年 10 月第 1 版　2022 年 10 月北京第 1 次印刷

开本:710mm × 1000mm　1/16　印张:26.25

字数:376 千字　定价:260.00 元

发行部:62100090　总编室:62100034

海洋版图书印、装错误可随时退换

序

　　海洋是人类生命之源，是 21 世纪人类生存和发展的重要空间，人类在海洋的开发与保护过程中产生了十分复杂的政治、社会、法律、经济等问题，这些问题的解决需要遵循相应的原则，建立相应的制度规范和运行机制。2019 年 4 月 23 日，习近平主席在集体会见应邀出席中国人民解放军海军成立 70 周年多国海军活动的外方代表团团长时指出，"我们人类居住的这个蓝色星球，不是被海洋分割成了各个孤岛，而是被海洋连结成了命运共同体，各国人民安危与共"。习近平主席关于构建海洋命运共同体理念的一系列重要论述，为各方共同努力实现海洋可持续发展指明了前行方向。

　　全球海洋具有连通性，但基于生态系统的区域海洋又具有相对独立性，形成了全球范围内的多类型、多层次区域海洋公共治理模式，区域海洋公共治理成为全球海洋治理的重要组成部分。近年来，面对海洋全球性的难题与挑战，各区域国家和区域组织在综合考虑生态环境、经济等各种因素基础上，主动开展区域合作，推进区域海洋公共治理，成为解决全球和国内海洋公共问题的重要路径。

　　20 世纪 70 年代以来，在新制度主义、新公共管理以及治理理论的影响下，区域海洋治理理论研究伴随全球海洋法治实践而兴起。1982 年《联合国海洋法公约》通过后，区域公共治理理论在海洋治理实践过程中得到关注。然而，当前区域海洋公共治理已呈现出"多主体参与、多层次融合、多领域交叉以及多功能区重叠"的特点，急需破除科层制的思想壁垒和制度藩篱，建立基于集体理性的区域海洋公共治理体系。竞争主义、合并主义、新区域主义等学派的治理理论为我们找到了一种可以切入的模式和机制。整体性治理、多中心治理和多层次治理等成为区域海洋公共治理的模式和运行机制。近年来，国内学者在研究治理的外部性理论、区域发展公正理论等基础上，从基本要素、法律制度、治理模式等方面对海洋公共治理的理论、机制和制度展开研究，经历了从国家海洋管理到区域合作治理，再到全球多层级治理的变迁过程，并在海洋公共治理机制上形成了"单一管理—区域参与—全球合作"的演化脉络。区域海洋公共治理涉及国内的行政区、生态功能区和国际海洋区域，因此，需要关注国内行政区的各主体和跨国家间的政府，或非政府组织的利益或冲突关系。区域海洋公共治理的基本逻辑与"海洋命运共同体"强调利益共享、责任共担的理念不谋而合，体现为区域海洋在"共益性"的基础上，通过协调和合作处理区域海洋的利益冲突，达到国家治理、区域治理和全球治理有效性的目标。

区域海洋公共治理研究作为一种公共治理的新范式和新领域，利用公共治理理论和区域治理理论，融合了政治学、管理学、法学、经济学等学科视角，本著作则立足把区域海洋公共治理视作海洋强国建设的全局性、战略性、关键性构成，在海洋治理的"现代化"语境下，以"公共治理"为切入点，系统开展区域海洋公共治理的理论基础研究，在分析现有区域海洋公共治理的多重范畴基础上开展国际比较和国内现状研究，着力探索构建以多方参与的共治体系为基础、以推进海洋经济高质量发展为根本，从理论基础、模式建构和机制优化等方面加快推进基于陆海统筹的海洋治理能力现代化的科学性、可行性、可持续性的路径。本著作也正是立足于这种理论创新和现实命题进行立论，希冀为中国参与全球海洋治理提供新方案，为基于陆海统筹的国家海洋事业发展谋划新思路。

本著作的撰写成员除了主要撰写人员全永波、叶芳以外，浙江海洋大学方晨、贺义雄、耿相魁、于霄，以及舟山日报社的徐博龙、自然资源部东海局的郁志荣等老师均参与了著作部分章节的撰写、讨论和调研。在研究、写作过程中，作者参考了国内外大量的相关文献，特别是"区域公共治理""海洋治理"领域的文献，借鉴利用了部分已有的研究数据，由于文献数量过多，著作附录未能全部列出，在此向所有专家学者表示敬意和致谢。同时，由于水平所限，书中不可避免存在许多不足和疏漏，恳请读者批评指正，不吝赐教。

最后，还要特别感谢海洋出版社的编辑老师及团队所付出的努力，他们细致严谨的工作，为本书顺利出版提供了重要保障。感谢浙江海洋大学研究生徐成洋、闫晓钢、朱雅倩、倪晓蔚、于豆豆、倪宁静、史宸昊等同学在文献资料搜集和整理上的工作付出。

作者

2022 年 4 月撰写，10 月修改于浙江海洋大学揽月湖畔

目　录

第一章

绪　论

近年来，因全球化受阻、新冠肺炎疫情常态化困境等因素，世界经济遭遇了前所未有的挑战。在海洋领域，各国为争夺发展空间而在海洋资源争夺、海洋权益斗争以及规则制定上的交锋也趋于明朗化，[①] 基于海洋的物理形态特征，国内各海洋管辖区域主体以及全球海洋国家在海洋管理过程中呈现出纠纷与合作的交织，并由传统的单一政治、军事手段逐步转变为采用综合治理的方式寻求多边合作，而海洋公共治理的提出在一定程度上使公共治理理论在海洋管理领域从理念上得以突破。当前，海洋公共治理因海洋的特殊性，在本质上存在突破行政区域管辖、跨国界多主体、多层次的治理基础，赋予了海洋治理不同的行为逻辑。本研究将海洋系统这类复杂的治理背景下的治理归结为"区域海洋公共治理"（亦可简称为"区域海洋治理"），拟从不同的视角分析解决海洋公共治理的理论、模式和机制构建路径。

第一节　研究背景与意义

区域公共治理研究属于公共治理领域在区域化日益盛行背景下的产

[①]　赵隆：《海洋治理中的制度设计：反向建构的过程》，《国际关系学院学报》，2012年第3期，第36－42页。

物，缘起于欧美，肇始于20世纪后期。其实践背景在于：一是市场化下区域性公共问题的凸显与区域合作的推进；二是全球化下新区域主义的崛起与区域一体化的发展。我国区域治理研究起步较晚。从20世纪80年代初至90年代末，基于公共治理涉及的政府间关系研究以及具体探索中的省管县、市管县体制研究逐渐推开，并率先对新加坡，我国香港特别行政区、广东省的行政模式进行比较借鉴。与此同时，20世纪90年代末以来，国内关于区域治理研究的基本框架基本形成，逐渐明晰了区域治理研究的基本路向，构建了区域公共治理的研究体系。在海洋领域，国内环渤海、长三角、珠三角区域海洋事业的发展促使区域海洋公共治理在实践上的兴起，全球范围内区域海洋问题的凸显也促使公共治理实践形成相应的模式，如波罗的海模式、地中海模式等，并在理论研究上逐渐形成体系。

一、区域海洋公共治理的实践与发展

海洋治理是指为了维护海洋生态平衡、实现海洋可持续开发，涉海国际组织或国家、政府部门、私营部门和公民个人等海洋管理主体通过协作，依法行使涉海权力、履行涉海责任，共同管理海洋及其实践活动的过程。[①]"海洋公共治理"的提出是基于国家治理体系概念在海洋领域的延伸，但又应对于国际海洋制度的需求导向形成的理性选择，是应国家参与或融入全球海洋治理体系的需要而形成。[②] 从多年的海洋公共治理实践分析，海洋治理是区域治理的重要内容，而且从公共治理的范畴看海洋治理也需要通过区域间的合作构建相应的治理机制。一是海洋区域是国家自然地理区域的组成部分，从物理性质看构成了不同区域属性的海洋间的治理、陆地与海洋间的区域治理、陆地与海洋兼具的区域间的治理等类型；

---

① 孙悦民：《海洋治理概念内涵的演化研究》，《广东海洋大学学报》，2015年第2期，第1-5页。

② 赵隆：《海洋治理中的制度设计：反向建构的过程》，《国际关系学院学报》，2012年第3期，第36-42页。

二是这些自然属性基础上的公共治理同时带有区域间政治资源的跨界,如海洋相邻国家间的区域海洋治理、同一国家的地方治理等。国内学者尽管对海洋治理的概念存在不同的理解,但大多认同海洋治理是国家治理中经济治理、政治治理、文化治理、社会治理和生态治理的多元结合。基于上述内涵延伸形成的"区域海洋公共治理"就是要正确处理和协调区域政府、市场、社会等主体之间的关系。

近年来,面对海洋全球性的难题与挑战,区域性的合作步伐加快,各区域国家和区域组织在综合考虑生态环境、经济等各种因素基础上,主动开展区域合作,并成为解决海洋治理问题的重要路径。全球化的过程也是全球性问题不断出现的过程,大量跨国和跨行政地区的问题不断叠加,主权国家和国际组织在参与治理过程中形成力量的多元性博弈。"区域化"成为这种力量博弈的现实选择。全球海洋治理的"区域化"表现为"区域"成为全球海洋治理的重心和焦点,区域大国或全球具有一定影响力的国家在区域治理中发挥着越来越重要的作用。

其一,联合国治理体系的弱化促使区域海洋公共治理机制形成。在当前的全球海洋治理体系中,联合国等有关国际组织在解决海洋问题中仍发挥着关键的作用,参与海洋治理的国家行动者和非国家行动者都是围绕着联合国等国际组织进行的。[①] 然而,非联合国体系的国际组织(地区组织)和非正式的国际论坛等在全球海洋治理中变得越来越重要,成为全球海洋治理的重要机制。

在海洋治理政策实施过程中,以国际规则的制定实施来推进全球海洋治理,成为当前全球治理的典型做法。然而,全球海洋治理最大的特点是各主权国家均存在独立的权力体系,因而治理机制和规则的设计往往受到强权国家的力量影响。1982 年,《联合国海洋法公约》(UNCLOS)达成并生效,在全球治理的趋势下,海洋问题进一步纳入以联合国为中心的全球

---

① 庞中英:《在全球层次治理海洋问题——关于全球海洋治理的理论与实践》,《社会科学》,2018 年第 9 期,第 3 - 11 页。

治理体系，但同时由于《联合国海洋法公约》对于海洋全球问题如海洋生态环境保护的条款规制性较弱，海洋治理在实践中往往被主权国家的利益左右。另外，全球化进程中不断衍生出一定数量的海洋国际组织或区域组织，这些不同的海洋行动参与者存在着不同的世界观、价值观和利益差别，如基于区域海洋公共利益的各种区域性的海洋组织更是具有一定的排他性，[①] 使得全球海洋治理体系呈现出形式上的多层次性，实质上的碎片化状态。区域海洋问题逐渐被区域国家、区域组织为代表的力量所左右，并通过区域条约或协议形成区域海洋的治理机制。

其二，区域海洋治理机制已经成为全球海洋治理机制的重要内容。以联合国环境署设立 18 个区域海洋项目为例，[②]"区域海"机制的建立是联合国实施全球海洋治理的一个重要路径。以地中海治理为例，该区域沿岸部分国家于 1976 年签署了《保护地中海免受污染公约》，旨在解决地中海地区各种环境污染问题。该公约有一个附件和两个议定书，对防止倾倒废弃物造成的污染、勘探开发大陆架造成的污染、船舶造成的污染和陆源污染做了原则性规定。该公约在 1995 年进行了修改和补充，添加了新内容，形成了污染者负担原则、预防原则、可持续发展原则，[③] 体现了当前全球海洋治理的基本动向。区域性机制有效缓解了区域海洋公共问题，并在全球范围内被效仿，以区域海洋治理为目标的海洋生态环境治理机制纷纷建立。

其三，区域性海洋公共突发事件促使区域合作动能增强。区域性海洋治理体系除了通过多边公约和双边条约建立制度和机制外，通过其他途径开展跨区域合作机制建设也是其重要内容。2011 年，以日本福岛核泄漏事

---

① 庞中英：《在全球层次治理海洋问题——关于全球海洋治理的理论与实践》，《社会科学》，2018 年第 9 期，第 3 - 11 页。

② "Working with Regional Seas", UN Environment Programme, https://www.unenvironment.org/explore - topics/oceans - seas/what - we - do/working - regional - seas，访问时间：2020 年 3 月 10 日。

③ 相关议定书包括：1976 年《关于废物倾倒的议定书》、1976 年《关于紧急情况下进行合作的议定书》、1980 年《关于陆源污染的议定书》、1982 年《关于特别保护区的议定书》、1995 年《关于地中海特别保护区和生物多样性的议定书》（该议定书取代了 1982 年《关于特别保护区的议定书》）、1994 年《关于开发大陆架、海床或底土的议定书》以及 1996 年《关于危险废物（包括放射性废物）越境运输的议定书》。

件为教训，东北亚区域国家清晰地看到海洋环境治理跨区域合作的重要性，面对严重海洋污染事件，各国以领导人之间的会晤共识、政府之间的磋商合作等主要形式来促进合作交流。虽然海洋生态环境治理一定程度上受到政治关系的制约，然而考虑到现实的需求及合作的需要，中国、韩国、日本逐渐把环境合作关系"机制化"。除此以外，1989年美国埃克森公司油轮漏油事故、2010年墨西哥湾漏油事件等，也促进了以政府和区域组织为主体的区域环境合作机制的形成。

基于以上分析，区域海洋公共治理机制在概念范畴界定、制度建设、机制构建上均已经形成了一定的基础，现有的区域海洋公共治理机制在解决日益复杂的海洋全球性、区域性问题上取得了一定的进展。第二次世界大战结束后的70多年间，区域海洋公共治理的探索与实践不断成熟，逐渐形成了一系列切实可行的制度模式和国际经验，为该领域形成相对独立的研究体系提供了较好的前期积累。对于如何进一步推进区域海洋公共治理理论研究与实践，为全球和中国在面向区域发展的海洋治理领域形成相应的理论支撑、制度构想和机制设计，本研究均具有较大的理论价值和现实意义。

二、我国区域治理不足与区域海洋公共治理的现实困境

区域海洋公共治理的研究源自对区域治理的实践与探讨。我国区域治理的理论和实践探索均起步较晚，目前面临的现实困境主要表现为三个方面。首先，理论研究有一定进展，但多数研究还主要处于"具体问题"的探讨方面，区域治理的理论基础研究相对滞后。目前，我国区域治理的理论侧重点在于：效率至上的区域合作逻辑；国内微观层次的区域合作治理；以"政府"为中心的权力格局；国内地方政府之间的横向协作；具体问题的单项研究。相关研究中对区域合作治理中的公平正义、伦理责任问题，以及区域治理中社会组织的平等参与性和地方政府与非政府组织的区域合作关系问题有待进一步深入，而从系统论和宏观区域治理的层次整体地研究我国区域治理的制度安排和体制变革问题也需要进一步展开。其次，

传统区域治理下的矛盾凸显。面对势不可挡的全球化浪潮和经济社会区域化程度的不断提高，国内各种区域公共问题凸显，传统的区域经济发展模式和区域管制方式的效力明显减弱。当前我国在区域发展过程中仍然比较偏重区域产业发展、空间结构及基础设施的规划、布局等方面，虽规划涉及生态环境、社会进步以及地方文化等和居民生活品质有关的内容，但在实践落实上受驱动力不足等因素的制约。再次，区域治理的政策支持不足。区域合作治理的实践需要相应政策体系的支持。国内学界针对区域合作治理模式与政策体系的研究多是从某些方面研究区域政策制定的必要性、影响因素或未来发展方向，并且主要立足于国家宏观发展战略以及政策对区域发展的影响等方面。近年来，长三角、粤港澳等一体化机制通过国家战略规划逐渐明确，但在实践中适应区域公共治理有效性的机制仍需要在探索中进一步完善。

近年来，随着区域经济与社会发展的实践要素不断丰富，国家重点关注区域经济发展对整体性发展的重要性，区域公共治理的研究也呈现出新的特点：一方面，以区域为单位范畴的经济发展活力显著提高，促使区域内及跨区域间合作的深度和广度进一步扩大；另一方面，区域内公共治理具有非均衡性，跨区域发展主体则存在政策沟通不足，区域内利益关注过多而影响区域的可持续发展问题。可见，区域治理中亟须解决制度、区域内与区域间的政策鸿沟和壁垒，这些是当前区域公共管理的热点问题。如何合理明确区域内和跨区域治理主体的治理导向、治理内容以及程序机制，理性选择治理模式和治理工具是解决上述矛盾的突破方向。面对区域公共治理向海洋领域的拓展，同样必须正视我国在实施区域海洋公共治理上的困境。

第一，需要应对周边复杂多变的海洋争端。从黄海、东海到南海，中国与多个周边邻国存在领土主权和专属经济区、大陆架划界及海洋管辖权主张的争议，争端国间围绕资源开发、岛礁占领、海域控制等方面的冲突时有发生。[1] 周边海洋的争端为我国区域海域的治理增加了难度。这使得

---

[1] 吴士存：《全球海洋治理的未来及中国的选择》，《亚太安全与海洋研究》，2020 年第 5 期，第 1–22 页。

区域海洋治理不仅需要面对海洋经济发展和海洋生态修复等领域的问题，还要应对海洋安全治理等方面的挑战。而且，我国周边海域复杂敏感的态势将会长期存在，这种情况下，势必造成各区域治理主体之间的政治不信任，降低各地区合作治理的意愿，这也就严重影响着区域海洋治理政策的连续性和有效性，严重制约着各区域治理主体之间的合作进程。

第二，形成的区域治理行政壁垒难以跨越。海洋因其连通性和整体性，区域划分标准不同于陆地，所以具有涉及地区范围广、行政区域数量多的特点。沿海地方政府存在的行政壁垒制约着我国区域海洋的联动治理。区域海洋公共治理行政壁垒的主要表现为治理目标的差异性和治理行动的不协调性。从时间跨度上，可将区域海洋治理目标分为长期目标和短期目标。在长期目标层面，追求海洋可持续发展这一长远目标很容易成为各治理主体的共识。但是在短期目标上，各地区因受属地的羁绊和对自身利益的考量，对短期内海洋治理的现实要求会产生明显差异。这种差异性突出表现为发达地区对于海洋安全、海洋科研、气候应对等层面的要求和欠发达地区对于海洋基础建设、海洋经济合作、灾害预警等层面的要求。治理主体目标的差异将直接导致治理行为的不协调性，各行政区域往往各自为战，不仅消耗了大量公共资源，而且很难达到预期治理效果。

第三，缺乏区域海洋治理领域的人才储备与技术创新。进入 21 世纪以来，海洋事业发展越来越依赖于知识、技术和人才。山东省、江苏省、浙江省、上海市等都相继出台了海洋事业规划或行动方案，其中都有专门章节阐述发展海洋科技、培养海洋人才的重要性。[①] 然而相对于西方发达国家而言，我国在区域海洋治理方面人才的培养与储备仍呈现明显不足。一方面，专业技术人才较为稀缺。区域海洋治理涉及海洋环境监测、生态环境修复等多个方面，这都需要治理的人员具备丰富的专业知识储备，但是目前我国海洋治理组织队伍中，人才总量不足，人才流失严重，队伍结构

---

① 顾湘：《区域海洋环境治理的协调困境及国际经验》，《阅江学刊》，2018 年第 5 期，第 109 – 117 页。

失调、地域分布失衡的现象严重，制约着区域海洋治理的发展。另一方面，我国海洋治理起步较晚、基础薄弱，相关人才培养与储备匮乏在一定程度上导致了海洋治理的技术自主创新缓慢。在地方区域海洋治理中，技术发展程度不同，对研发投入和人才的重视程度方面差别较大，导致地区治理效果有所差别。另外，西方发达国家始终将"中国崛起"视为威胁，高筑技术壁垒，也使我国在引进国外人才与借鉴先进技术上遭受挫折。

三、全球区域海洋公共治理的现状及发展困境

近年来，全球性海洋治理的问题不断出现，各区域海洋治理合作进一步加强。目前，全球区域海洋公共治理现状及发展态势呈现如下情况：一是全球海洋公共治理架构呈现碎片化特征，区域海洋公共治理任务分散在多个层面，涉及主题难以明确界定；二是全球区域海洋公共治理中执行机制有待付诸实践，现有机制对国际和地区海洋公共安全和秩序的维护力度不足；三是国家和组织在参与治理过程中存在多元博弈，需要兼顾不同发展阶段国家的利益，进一步促进多元行为主体的合作。

其一，全球海洋公共治理架构存在碎片化现象。Frank Bierman 认为，碎片化在全球治理架构中普遍存在。[①] 这种碎片化主要表现在以下两个方面。一是全球区域海洋公共治理中存在着不同性质的海洋治理机构和组织。联合国系统在全球海洋环境保护和资源配置管理中处于核心地位并发挥重要作用，除此之外，还有许多政府间组织和非政府组织在促进全球和区域海洋研究与管理方面也发挥重要作用。[②] 在治理过程中，全球区域海洋公共治理任务分散到多个行为主体、多个治理层面中。二是制度体系涉及主题多样化。如"海洋环境保护"主题下的《生物多样性公约》、《保

---

① Biermann F, Pattberg P, Van Asselt H, et al. The fragmentation of global governance architectures: A framework for analysis. Global environmental politics, 2009, 9 (4): 14-40.

② 刘晓玮：《全球海洋治理架构的碎片化：概念、表征及影响》，《中国海洋大学学报（社会科学版）》，2022年第2期，第26-36页。

护海洋环境免受陆源污染全球行动计划》等；"海上运输和安全"主题下
有关船舶的《国际载重线公约》《国际扣船公约》等多条制度体系。这种
全球区域海洋公共治理的碎片化使得各种性质不同的国家和组织的协调合
作面临重大挑战。

其二，全球区域海洋公共治理中缺乏有效的执行机制。一方面缺乏相
应的执行程序，难以确保相关机制在实践中得到充分遵守和执行，也很难
确保各国遵守这些原则。一般情况下，联合国大会的决议主要是建议各国
执行，使得许多决议收效甚微。另一方面虽然协议数量较多，但是缺乏实
际的执法措施。联合国对违规行为缺乏明确的处罚机制，使得违约成本较
低，并缺少对国家、组织等行为体遵循协议规则的激励措施，也削弱了现
有制度体系的约束力。

其三，主权国家和国际组织在参与治理过程中形成力量的多元性博
弈。在全球海洋公共治理的演进中形成了以主权国家间的互动合作和区域
性的国际组织为主导的治理框架，其中涉及多个参与治理的主体。① 由于
各个治理主体追求利益最大化的行为倾向，全球海洋公共治理过程中不可
避免地会产生多个主体力量间的分歧与博弈。在全球海洋公共事务的治理
过程中，治理决策往往成为个别海洋强国的集团决策，甚至是霸权国家的
独断专行。② 与此同时，由于区域海洋公共治理话语权的缺失以及治理能
力的不足，新兴海洋国家和发展中国家被排斥在公共治理体制之外，无法
通过积极参与决策来平等地参与到全球区域海洋公共治理中。③

综上分析，区域海洋公共治理既有发展的基础，又面临着诸多的治理
困境，如何突破治理藩篱成为本研究需要着重解决的问题。治理的核心要
义在于使相互冲突的不同利益得以调和，须建立不同主体间对公共利益的

① 全永波：《全球海洋生态环境治理的区域化演进与对策》，《太平洋学报》，2020 年第 5 期，第 81 –91 页。
② 徐增辉：《全球公共产品供应中的问题及原因分析》，《当代经济研究》，2008 年第 10 期，第 19 –21 页。
③ 崔野，王琪：《全球公共产品视角下的全球海洋治理困境：表现、成因与应对》，《太平洋学报》，2019 年第 1 期，第 60 –71 页。

价值认同，并采取持续的联合行动，促进多元治理主体通过契约等方式开展合作。区域海洋公共治理实质上就是参与区域海洋治理的多元主体，按照信任、沟通、合作、伙伴、契约的原则来对区域海洋的发展做出决策的行为。因此，**本研究的基本定位、核心议题与主要目标是：**立足把区域海洋治理视作海洋强国建设的全局性、战略性和关键性构成，在海洋治理的"现代化"语境下，以"治理"为切入点，坚持目标导向、问题导向、发展导向和战略导向，系统开展区域海洋公共治理的国际比较和国内现状研究，着力构建以多方参与的共治体系为基础、以推进海洋经济高质量发展为根本，从法制规范、体制机制、能力建设、实现路径以及全球治理等方面探索区域海洋治理能力现代化的科学性、可行性以及可持续性的路径。

第二节　国内外研究现状评述

区域海洋公共治理的研究是基于政治学、管理学、法学、海洋学、经济学等学科门类的交叉综合研究。随着全球海洋合作与竞争的加剧，以及中国海洋强国建设的推进实施，相关概念、研究背景和理论基础的研究也日益成为学术界和实务界关注的重点，尤其在相关立法、政策出台中的表述以及基于此的学术研究，展现出新的理论视角和制度创新意蕴。

一、区域公共治理理论基础研究

区域公共治理理论研究是通过治理理论—国家治理—区域治理的研究脉络逐渐展开，形成体系性的理论研究基础。

（一）关于治理理论的研究

联合国《我们的全球伙伴关系》报告中指出："治理不是一整套规则，

也不是一种活动，而是一个过程；治理过程的基础不是控制，而是协调；治理既涉及公共部门，也包括私人部门；治理不是一种正式的制度，而是持续的互动。""治理"是一个不断发展的概念，涉及政治学、经济学、法学、社会学等许多个领域。近年来，"治理"这个概念在学术界、公共政策界乃至实务部门的讨论中频繁出现，但其含意纷杂不一。治理理论的主要创始人之一罗西瑙（J N Rosenau）在其代表作《没有政府统治的治理》（1995）和《21世纪的治理》（1995）等著述中，将"治理"定义为一系列活动领域里的管理机制，它们虽未得到正式授权，却能有效发挥作用。与统治不同，治理指的是一种由共同的目标支持的活动，这些管理活动的主体未必是政府，也无须依靠国家的强制力量来实现。

俞可平在国内较早分析了治理的概念，他提出治理是一种公共管理活动和公共管理过程，它包括必要的公共权威、管理规则、治理机制和治理方式，系统地分析了治理和统治、善治与善政等概念的区别，并对如何评估一个国家的治理状况进行了论证。① 何增科在《理解国家治理及其现代化》（2014）一文中认为，"国家治理是国家政权所有者、管理者和利益相关者等多元行动者在一个国家的范围内对社会公共事务的合作管理，其目的是增进公共利益、维护公共秩序"。② 佟德志（2019）在《治理吸纳民主——当代世界民主治理的困境、逻辑与趋势》一文中指出，全球范围内治理的兴起在理论和实践上存在着民主困境，但是，治理的成功需要民主价值作为支撑。③ 尚虎平（2019）在进一步的研究中指出，当前中国治理研究主要聚焦于"善治""多元治理""全球治理""国家治理"四个方面，前三类研究主要传播了西方话语体系，而后者却无限扩大了国家治理的外延，模糊了其内涵，使得它几乎包括了各人文社会科学子学科的研究对象；要改变当前治理研究的窘境，未来就需要将治理研究与中国大国历

① 俞可平：《治理和善治：一种新的政治分析框架》，《南京社会科学》，2001年第9期，第40–44页。

② 何增科：《理解国家治理及其现代化》，《时事报告》，2014年第1期，第20–21页。

③ 佟德志：《治理吸纳民主——当代世界民主治理的困境、逻辑与趋势》，《政治学研究》，2019年第2期，第39–48页。

史、当前国情结合起来，将其应用到克服"大国自闭症""大国疏离症"中去，应用到落实社会主义制度优势中去，同时构建出科学、可操作化的治理理论体系，并以之抢占世界治理研究话语权。① 胡键（2020）主张在尊重既有体系的前提下对既有治理体系进行改革创新，为全球治理提供新机制，还需要通过治理理论研究化解矛盾，引导国际舆论，进行国际价值创新，以充分发挥中国在全球治理中的作用。② 刘大勇等（2021）提出，当前全球化遭受巨大挫折，原来的全球治理秩序无法持续，中国参与全球治理也面临着前所未有的机遇和挑战，中国应该积极参与全球治理体系的改革与重建，健全全球治理的技术与工具体系，提高全球治理的效能，加快形成有利于中国发展的全球公共行政与政策体系。③ 董柞壮（2021）提出，全球治理的最终目标是实现全球善治，即所有治理主体达成应对全球问题的最优合作，要想达到这一目标需要全球治理主体循序渐进，从优化合作机制、提升国家治理效果两个方面努力。④ 张骥（2021）提出，人类命运共同体是站在无差别的人民立场，坚决反对现行全球治理体系"中心－边缘"式的等级结构，主张建立公平正义的新型国际关系，凝聚全球治理体系的价值共识。⑤ 陈伟光（2022）认为，未来的全球治理在大国博弈下会发生权力、观念和制度的结构性重塑，呈现权力的多元化、观念的多样化以及制度的碎片化趋势，中国需要积极参与全球治理，推动与新型全球化相适应的全球治理的形成。⑥

---

① 尚虎平：《"治理"的中国诉求及当前国内治理研究的困境》，《学术月刊物》，2019 年第 5 期，第 72－87 页。

② 胡键：《全球经济治理体系的嬗变与中国的机制创新》，《国际经贸探索》，2020 年第 5 期，第 99－112 页。

③ 刘大勇、薛澜、傅利平等：《国际新格局下的全球治理：展望与研究框架》，《管理科学学报》，2021 年第 8 期，第 125－132 页。

④ 董柞壮：《全球治理绩效指标：全球治理新向度及其与中国的互动》，《太平洋学报》，2021 年第 12 期，第 1－15 页。

⑤ 张骥：《人类命运共同体与全球治理体系的变革》，《社会主义研究》，2021 年第 6 期，第 140－147 页。

⑥ 陈伟光：《后疫情时代的全球化与全球治理：发展趋势与中国策略》，《社会科学》，2022 年第 1 期，第 14－23 页。

（二）关于国家治理体系和治理能力现代化的研究

习近平总书记在党的十八届三中全会第二次全体会议上指出，国家治理体系是在党领导下管理国家的制度体系，包括经济、政治、文化、社会、生态文明和党的建设等各领域体制机制、法律法规安排，也就是一整套紧密相连、相互协调的国家制度。何增科（2014）在其论文《理解国家治理及其现代化》中认为，"国家治理体系是一个以目标体系为追求，以制度体系为支撑，以价值体系为基础的结构性功能系统"。[①] 王树义（2014）在《环境治理是国家治理的重要内容》一文中指出，"国家治理体系应当是指国家治理活动的内部结构及其各组成部分之间的相互关系"。[②] 陈进华（2019）在《治理体系现代化的国家逻辑》一文中提出，"治理体系是国家运行的制度载体和机制保障"。[③] 顾昕（2019）提出，"走向互动式治理是国家治理体系创新的新方向"。在互动式治理中，国家、市场和社会行动者通过频密、制度化的互动，对于涉及社会经济政治发展的公共事务，形成共同的目标、凝聚共享的价值观、建构共同遵守的行为规范和制度，从而达成良好的治理。[④] 在海洋治理体系研究中，袁莎（2020）认为全球海洋治理是全球治理的重要组成部分，全球海洋治理体系是推进全球海洋治理进程的重要保障。[⑤] 许忠明等（2021）等认为海洋强国包含着海洋治理体系与海洋治理能力之间的双向互动，只有从经济维度、政治维度、文化维度和制度维度，才能更加深刻地认识中国海洋治理体系的内部架构。[⑥]

党的十九届四中全会提出推进国家治理体系和治理能力现代化，并明

[①] 何增科：《理解国家治理及其现代化》，《时事报告》，2014 年第 1 期，第 20 - 21 页。
[②] 王树义：《环境治理是国家治理的重要内容》，《法制与社会发展》，2014 年第 5 期，第 51 - 53 页。
[③] 陈进华：《治理体系现代化的国家逻辑》，《中国社会科学》，2019 年第 5 期，第 23 - 39 页。
[④] 顾昕：《走向互动式治理：国家治理体系创新中"国家 - 市场 - 社会关系"的变革》，《学术月刊》，2019 年第 1 期，第 77 - 86 页。
[⑤] 袁莎：《全球海洋治理体系演变与中国战略选择》，《前线》，2020 年第 11 期，第 21 - 24 页。
[⑥] 许忠明、李政一：《海洋治理体系与海洋治理效能的双向互动机制探讨》，《中国海洋大学学报（社会科学版）》，2021 年第 2 期，第 56 - 63 页。

确了治理体系与治理能力现代化的方向。申建林等（2018）提出，"国家治理现代化既要关注治理之制，也要关注治理之道。能力建设是全面实现国家治理现代化的关键因素"。① 陈进华（2019）认为，"国家主导是治理体系现代化的内在逻辑"。② 李思然（2019）在《国家治理视域的制度伦理建构》一文中指出，"国家治理体系和治理能力现代化体现为将管制型国家治理中排除的伦理精神和道德规范与制度再度整合，进行制度伦理的建构"。③ 欧阳景根（2021）认为，"国家治理体系现代化是国家繁荣昌盛的制度保障，而国家治理能力现代化则是制度优势转化为国家治理效能的根本依托"。④ 王莉丽等（2022）提出包含全球公共思想产品供给、舆论影响力传播、跨国智库网络三个维度的"智库全球治理能力"分析框架，对中、美、英三国智库的全球治理实践进行比较分析，认为行为体之间通过交往互动形成全球治理的结构。⑤

随着信息技术的发展，学者们提出运用新技术来解决治理能力现代化的难题。常保国等（2020）认为，"'人工智能＋国家治理'理念是新时代国家治理体系和治理能力现代化的产物"。⑥ 胡洪彬（2014）在《大数据时代国家治理能力建设的双重境遇与破解之道》一文中指出，"大数据的迅猛发展给国家治理能力建设带来了全新的机遇和挑战，当前必须通过传播大数据理念，完善相关机制，转变治理模式，强化技术研发和培育专业人才等手段，推进大数据时代国家治理能力进一步提升"。⑦

---

① 申建林、秦舒展：《实现国家治理能力现代化的四维路径》，《中州学刊》，2018 年第 4 期，第 6－12 页。
② 陈进华：《治理体系现代化的国家逻辑》，《中国社会科学》，2019 年第 5 期，第 23－39 页。
③ 李思然：《国家治理视域的制度伦理建构》，《理论探讨》，2019 年第 4 期，第 177－180 页。
④ 欧阳景根：《国家治理能力现代化视野下的政策体系设计——以农村税费改革为例》，《江汉论坛》，2021 年第 4 期，第 28－36 页。
⑤ 王莉丽、戈敏、刘子赢：《智库全球治理能力：理论建构与实践分析》，《中国人民大学学报》，2022 年第 2 期，第 91－102 页。
⑥ 常保国、戚姝：《"人工智能＋国家治理"：智能治理模式的内涵建构、生发环境与基本布局》，《行政论坛》，2020 年第 2 期，第 19－26 页。
⑦ 胡洪彬：《大数据时代国家治理能力建设的双重境遇与破解之道》，《社会主义研究》，2014 年第 4 期，第 89－95 页。

（三）关于区域公共治理内涵的研究

区域海洋公共治理的研究源于区域公共治理的探索与实践。当前，国外对区域公共治理的研究主要包含以下三个方面。一是区域治理的理论与框架研究。从"多中心"和"多层次"的角度揭示区域集群的主要管理网络；探讨"区域公共问题"的范畴和常见的属性、不同的治理特征；主张多方面治理合作，实行多元化治理以及合作行政方式。二是地方治理和政府间关系研究。在区域一体化以及全球化的背景下，有关政府间的关系研究更加注重区域横向政府关系的协调与合作问题。奈斯、莱特、多麦尔、米利纳等学者就是这方面研究的典型代表。认为政府间各方面的竞争归根结底是制度层面上的竞争，其中波特"集群理论"认为，在区域发展中，政府应该关注区域政府和非政府公共组织甚至私人部门的"合作"。① 三是区域公共产品供给的相关研究。区域公共产品和服务供给机制的差异由区域公共问题的多样性及其特点决定。这一问题已经成为该领域研究的热点。四是跨国或者跨区域流域治理研究。提倡跨地域、跨边界合作体系，由政府、企业、社会组织共同参与，根据河流和湖泊流域的不同特点，制定和实施相应的管理政策以及发展战略，实现科学、有效的综合治理。如美国和加拿大对于伊利湖的合作治理，巴西亚马孙流域的综合治理等。② 张云（2020）认为区域转向成为全球治理的新发展态势，区域治理结构能够与既有的以民族国家为单位的全球治理体系兼容并存，中国的治理力量嵌入国际治理框架和区域治理网格中能进一步推动中国自身的国家治理以及国内国际治理的良性互动，并且能更好地参与全球治理。③ 李博一等（2021）指出，新形势下的国际治理实践正经历着区域化的历史转向，鉴

---

① 波特于 1990 年在《国家竞争优势》一书中正式提出"产业集群"概念，集群理论的基本精髓是与公共治理的各主体合作形成合力，从而提升区域竞争力，其目标是一致的。

② 全永波、叶芳：《海洋环境跨区域治理研究》（修订版），中国社会科学出版社，2020 年版，第 11 页。

③ 张云：《新冠疫情下全球治理的区域转向与中国的战略选项》，《当代亚太》，2020 年第 3 期，第 141 – 165 + 168 页。

于中国当前的准全球性大国身份，区域治理正在成为中国外交实践的重要环节。从现实基础看，面对国际治理的区域转向，中国通过秉持规则共商、制度共建、成效共享以及责任共担的原则可以推动这一新型国际实践。这为构建周边命运共同体营造稳定可靠的区域秩序奠定了坚实的基础。①姚全等（2021）指出，全球问题的区域化和区域问题的全球化使得全球治理与区域治理紧密联系，大国领导在其中发挥重要作用，大国在其中扮演的角色主要是：直接领导、间接领导、共同领导，以此推动区域治理与全球治理以及两者的正向互动。②陈伟光等（2022）认为，统筹国家治理与全球治理，加强两者的互动协调，有助于为新发展格局形成提供良好的制度保障，以塑造我国参与国际合作和竞争新优势，实现高水平的自立自强。③

二、区域海洋公共治理的模式和机制研究

随着区域海洋管理研究的深入，在政治学界特别是行政学界，关于区域海洋治理的研究也不断增多。相关研究主要集中于两个领域：一是何为区域海洋治理，怎么界定区域海洋治理，其基本模式是什么；二是怎么构建区域海洋治理机制，基于生态系统的区域海洋管理方式和基于行政区划的海洋管理体制如何相融。

（一）区域海洋公共治理的基本模式研究

海洋管理由管理到治理的转变，必然要求建立与之相适应的治理模式。王琪等（2006）认为，治理是为了实现与增进公共利益，政府部门和

---

① 李博一、黄德凯：《新形势下的国际治理：区域转向与中国方略》，《印度洋经济体研究》，2021 年第 6 期，第 71 - 96 页。

② 姚全、郑先武：《区域治理与全球治理互动中的大国角色》，《探索与争鸣》，2021 年第 11 期，第 57 - 69 页。

③ 陈伟光、聂世坤：《构建新发展格局：基于国家治理与全球治理互动的逻辑》，《学术研究》，2022 年第 1 期，第 88 - 95 页。

非政府部门（私营部门、第三部门或公民个人）等众多公共行动主体彼此合作，在相互依存的环境中分享公共权力，共同管理公共事务的过程。[①]郑海琦（2020）通过对欧盟海洋治理模式的分析，将治理模式依据治理能力分为竞争型和主导型两种，竞争型治理是以制度竞争为主要手段，通过国际规则来处理与全球其他行为体之间的互动关系，主导型治理则是发挥关键性作用，推广规范和标准。[②] 朱锋（2021）认为"海洋命运共同体"理念是 21 世纪推进全球海洋治理与合作的战略性思想，丰富和拓展"海洋命运共同体"的理论与实践，需要务实推进国家间的海上安全合作、深化全球海洋治理和进一步走深走实"一带一路"建设。[③] 于航（2021）认为，把握海洋社区治理问题就是把握了海洋治理问题的源头，目前海洋社区治理面临着主体客体纷繁复杂、缺乏统一的科学指导理念等问题，通过对海洋社区治理问题的动态研究，有利于讨论如何提升海洋治理能力。[④]马金星（2020）认为，需要站在人类整体利益的视角上，推进海洋治理的国际合作，才能实现共同发展。他提出秉持共商共建共享、倡导和平合作的海洋共同体治理理念，是实现有效全球海洋治理的行动指南。[⑤] 吴士存（2020）提出全球海洋治理在实践中形成两种路径，分别是"区域主义路径"和"全球主义路径"，但从国际实践和已有案例表明，这两种路径的局限性都比较明显，混合主义的全球主义路径或将是历史的选择。[⑥]

如何设计区域海洋治理模式的理论主张也主要分为两类，一类认为应效仿美国的经验，在"大社会，小政府"的管理模式下设计一种"柔和"

① 王琪、刘芳：《海洋环境管理：从管理到治理的变革》，《中国海洋大学学报（社会科学版）》，2006 年第 4 期，第 1 – 5 页。

② 郑海琦：《欧盟海洋治理模式论析》，《太平洋学报》，2020 年第 4 期，第 54 – 68 页。

③ 朱锋：《从"人类命运共同体"到"海洋命运共同体"——推进全球海洋治理与合作的理念和路径》，《亚太安全与海洋研究》，2021 年第 4 期，第 1 – 19 页。

④ 于航：《海洋社区治理：提升海洋治理能力》，《中国社会科学报》，2021 年第 11 期。

⑤ 马金星：《全球海洋治理视域下构建"海洋命运共同体"的意涵及路径》，《太平洋学报》，2020 年第 9 期，第 1 – 15 页。

⑥ 吴士存：《全球海洋治理的未来及中国的选择》，《亚太安全与海洋研究》，2020 年第 5 期，第 1 – 22 页。

的海洋治理方式，① 成立海洋跨界委员会，由海洋跨界委员会就海洋区域治理问题在沿海各省之间进行协调和沟通，不一定是具体的、可衡量的目标管理。另一类则认为，应通过国家立法设计一套自上而下海洋跨区域治理体制，明确界定区域海洋治理中政府的主导地位、管理范围、管理依据、管理职能、管理手段等，推行强势政府主导下的社会多元主体共同参与的区域海洋治理，强制各相关主体按程序开展海洋区域治理合作。纵观现有研究成果，两类研究各有不足，如主张设计"强硬"的海洋区域治理方式的相关学者，对于海洋区域治理的管理依据、程序等方面的具体设计论及很少；而提出"柔和"的海洋区域治理方式的学者，对于海洋跨界委员会的具体机构设计安排，以及与沿海市县级海洋管理部门的沟通机制并未做出系统性的论述。

（二）区域海洋公共治理的机制研究

关于区域海洋治理机制的研究，当前主要分为两派，一派认为区域海洋治理的方式要以"大海洋生态系统"为基础，强调海洋生态系统结构、机能的完整性，按生态系统空间范围的标准划定海洋管理边界；② 另一派则认为区域海洋治理仍然是海洋管理，是基于多元主体参与的管理手段，强调海洋管理纵横合作沟通的综合管理，③ 突出政府在海洋管理中的主导作用，以及政府、社会、市场等多方利益主体协同参与的公共治理，主张借助建立一个共同的法律体系，形成对治理主体进行约束的机制，④ 这种机制超越管理，在合作的基础上形成对治理主体管理的行为。当然，也有学者提出要用全球治理的理念对海洋进行有效治理。他们认为，全球化的

---

① 徐祥民、于铭：《区域海洋管理：美国海洋管理的新篇章》，《中州学刊》，2009 年第 1 期，第 80－82 页。

② 丘君、赵景柱、邓红兵、李明杰：《基于生态系统的海洋管理：原则、实践和建议》，《海洋环境科学》，2008 年第 1 期，第 74－78 页。

③ 王刚、王琪：《海洋区域管理的内涵界定及其构建》，《海洋开发与管理》，2008 年第 11 期，第 43－48 页。

④ 孙悦民：《海洋治理概念内涵的演化研究》，《广东海洋大学学报》，2015 年第 2 期，第 1－5 页。

延伸和全球海洋问题等实际因素推动了全球海洋治理的产生,① 这是将国际政治合作的思维运用到了海洋治理的具体实践之中。但具体到区域海洋治理制度化的可操作性,认为全球性合作很难适用于区域性海洋。② 梁甲瑞（2021）指出,南太平洋应用地理科学委员会称,区域海洋政策尚未在世界其他任何地方正式实施,太平洋岛屿地区海洋治理对全球海洋治理在理念层面和实践层面产生了一定的启示。传统海洋治理模式同现代海洋治理模式各有优势,未来较为合适的海洋治理模式应是将二者有机结合起来。③ 丁黎黎等（2021）指出,海洋经济系统发展具有分层的态势,海洋开放发展的区域分化严重。但从区域差距形成上来看,完善海洋资源环境系统、建立协调发展的理念是未来缩小区域海洋经济高质量发展差距的重要突破口。④ 针对海洋治理的相关制度建设,黄武（2020）提出提升海洋治理体系和治理能力现代化水平对建设海洋强国有重大意义,就如何有效提升海洋治理体系和治理能力现代化水平,提出三点建议:一是健全完善海洋法律和制度保障体系,尽早出台"中华人民共和国海洋基本法",建议把海洋基本法列为"十四五"规划的重要立法项目;二是构建集中统一的海洋执法管理体系,加强陆地和海洋生态环境监管体系的衔接,建设海洋综合执法机制;三是加强海洋资源及生态环境的基础性工作,为提升海洋治理水平夯实基础。⑤

---

① 王琪、崔野:《将全球治理引入海洋领域》,《太平洋学报》,2015 年第 6 期,第 18 – 27 页。
② 区域海洋环境保护法的生成具有明显的区域性特征。它主要虑及区域海洋独特的自然地理特征及社会经济与人文因素,而《联合国海洋法公约》等全球性海洋环境协议只从海洋环境问题的共性出发为采取全球性行动提供指南,没有考虑到海洋环境问题的区域性特征。参见李建勋:《区域海洋环境保护法律制度的特点及启示》,《湖南师范大学社会科学学报》,2011 年第 2 期,第 53 – 56 页。
③ 梁甲瑞:《从太平洋岛民海洋治理模式和理念看区域海洋规范的发展及启示》,《太平洋学报》,2021 年第 11 期,第 53 – 65 页。
④ 丁黎黎、杨颖、李慧:《区域海洋经济高质量发展水平双向评价及差异性》,《经济地理》,2021 年第 7 期,第 31 – 39 页。
⑤ 黄武:《提升海洋治理体系和治理能力现代化水平》,《人民政协报》,2020 年 11 月 3 日。

三、区域海洋公共治理具体领域的研究

近年来，在全球海洋治理、生态文明战略实施、我国区域海洋发展等背景下，区域海洋公共治理在一些具体领域的研究逐渐兴起，主要包括全球海洋治理背景下的区域治理、区域海洋环境治理、中国区域海洋公共治理等。

（一）全球海洋治理背景下的区域治理的研究

海洋的流动性、整体性等特点决定了区域海洋公共治理在全球海洋治理体系中的必要性，[①] 学术界围绕以下三个方面展开相应研究。

1. 全球化背景下海洋跨界治理制度和机制研究

Weiss K 等（2012）强调政府在跨界海洋治理中的主导作用，在跨界海洋管理中关注利益相关者因素，可以通过开发网络中利益相关者角色的类型"地图"，以描述每个利益相关者的知识贡献和影响政策的能力，帮助确定网络联系中的差距或重叠。[②] 钭晓东（2011）提出海洋生态系统的区域相对独立性及近海水域海洋环境的恶化，使海洋环境问题的区域性彰显。无疑，区域化调整方法是破解海洋环境治理难题之钥，区域合作则是实现海洋环境问题区域化调整的重心及主要路径，在制度创建上运用"区域海"机制确定海洋跨界治理的制度框架。[③]

2. 我国参与全球海洋治理的研究

庞中英（2013）认为，就现存国际制度存在的问题与现实情况而言，

[①] 徐祥民、刘旭：《从海洋整体性出发优化海洋管理》，《中国行政管理》，2016 年第 6 期，第 99－102 页。

[②] Weiss K，Hamann M，Kinney M，et al．. Knowledge exchange and policy influence in a marine resource governance network. Global Environmental Change，2012，22（1）：178－188.

[③] 钭晓东：《区域海洋环境的法律治理问题研究》，《太平洋学报》，2011 年第 1 期，第 43－53 页。

对如何实现新的全球治理，通过走向有效的全球治理的方式、手段和模式
上的创新有其一定的必要性与迫切性。① 叶泉（2020）指出，治理理念落
后、治理结构的民主性缺失、治理机制的碎片化以及治理责任的赤字，导
致全球海洋治理体系不能有效应对海洋问题，因此对全球海洋治理体系进
行变革势在必行，要推动全球海洋治理体系向"善治"发展。② 卢静
（2022）指出，构建完善海洋命运共同体的知识话语体系，并且加强构建
海洋命运共同体的制度化建设，对于打造多元参与的协同治理格局具有重
要意义。③

3. 全球海洋治理背景下区域公共治理的机制构建

　　孙悦民（2015）从海洋治理的法制基础、内容载体等方面对海洋治理
的内涵有进一步的深入认识。海洋管理、海洋行政管理以及海洋综合管理
等现有研究成果为海洋治理概念形成奠定了坚实的基础。④ 王琪等（2015）
认为海洋的自然特性、全球化的不断扩展、全球海洋问题频发等多种现实
因素共同推动了全球海洋治理的产生，全球治理理论则为全球海洋治理提
供了基本的理论来源。⑤ Germond B 等（2016）提出国家和区域组织对海
洋治理和海上安全的控制，分析了地缘政治中的海洋治理和海上安全，以
及欧盟实践的借鉴性，⑥ 其中区域海洋治理相关的内容对本研究有一定的
参考价值。郑凡（2019）指出，海洋区域合作有其独特的内在机理，主要
包含全球性海洋法中区域合作的法律基础和具体区域性海洋合作机制两个

　　① 庞中英：《全球治理的"新型"最为重要——新的全球治理如何可能》，《国际安全研究》，2013 年第 1 期，第 41－54 页。
　　② 叶泉：《论全球海洋治理体系变革的中国角色与实现路径》，《国际观察》，2020 年第 5 期，第 74－106 页。
　　③ 卢静：《全球海洋治理与构建海洋命运共同体》，《外交评论》，2022 年第 1 期，第 1－21 页。
　　④ 孙悦民：《海洋治理概念内涵的演化研究》，《广东海洋大学学报》，2015 年第 2 期，第 1－5 页。
　　⑤ 王琪、崔野：《将全球治理引入海洋领域——论全球海洋治理的基本问题与我国的应对策略》，《太平洋学报》，2015 年第 6 期，第 17－27 页。
　　⑥ Germond B, Germond-Duret C . Ocean governance and maritime security in a placeful environment：The case of the European Union. Marine Policy, 2016, 66：124－131.

层面，并且结合海洋区域主义的发展机理与趋势，为海洋区域治理提出了
建议。^① 马金星（2020）以治理理念为切入点，提出全球海洋治理具有多
行为体和多维度的特征，海洋命运共同体以追求人与自然和谐统一、国家
间共存共生为目的，是对人类共同追求的海洋治理观的具体表达。^② 张乐
磊（2021）提出全球海洋治理是全球治理的重要领域，也是国际社会对于
全球性问题的集体行动，全球海洋治理是一个由目标、规则、主体、客体
等四要素构成的有机整体。^③

（二）关于区域海洋环境治理的研究

徐祥民等（2009）认为区域海洋管理是一种全新的海洋管理模式，它通
过综合考虑一个相对封闭的海洋生态系统中各种因素的相互作用来实现对海
洋和海岸资源的可持续管理，有利于避免单一部门管理只注重本部门利益而
忽视其他部门利益的情况发生。^④ 余敏江（2013）从社会学制度主义的视角
分析，区域生态环境协同治理的实施过程，是其强制性规章制度的建立、
管理运行机制的规范以及地方政府、企业和社会公众对协同治理的认同这
三个层面的因素共存且互相影响的过程。有必要通过完善法规制度、增进
共容利益、培育社会资本等措施来进行制度补给，以促进区域生态环境协
同治理的实现。^⑤ 曹树青（2013）认为区域环境治理理念包括分区治理、
区域整体治理和区域合作治理等理念。区域治理理念下的环境法制度变迁
对现阶段的环境治理实践具有深刻指导作用。^⑥ Gjerde K M 等（2013）认

---

① 郑凡：《从海洋区域合作论"一带一路"建设海上合作》，《太平洋学报》，2019 年第 8
期，第 54 - 66 页。
② 马金星：《全球海洋治理视域下构建"海洋命运共同体"的意涵及路径》，《太平洋学
报》，2020 年第 9 期，第 1 - 15 页。
③ 张乐磊：《全球海洋治理视阈下的"北南治理模式"研究》，南京大学博士学位论文，2021 年。
④ 徐祥民、于铭：《区域海洋管理：美国海洋管理的新篇章》，《中州学刊》，2009 年第 1 期，
第 80 - 82 页。
⑤ 余敏江：《论区域生态环境协同治理的制度基础——基于社会学制度主义的分析视角》，
《理论探讨》，2013 年第 2 期，第 13 - 17 页。
⑥ 曹树青：《区域环境治理理念下的环境法制度变迁》，《安徽大学学报：哲学社会科学
版》，2013 年第 6 期，第 119 - 125 页。

为海洋环境治理要以"大海洋生态系统"为基础按生态系统空间范围的标准划定海洋管理边界，提出生态系统的集成促使不同国家的政府及非政府组织之间建立合作伙伴关系，构建生境保护机制，强调解决当前海洋治理中关键弱点和差距的各种选择。① 全永波（2017）全面分析了当前海洋环境治理在区域化大背景下的困境、影响因素、主体要素等，形成海洋环境治理跨区域治理的逻辑基础。从实施路径上，建议将区域海洋环境治理的机制构建、制度实施与相应的海洋污染刑法规范相结合，以更好地推进海洋环境治理的制度化水平。② Mahon R 等（2019）分析了区域和次区域各级在全球海洋治理中的重要性和突出地位，认为相关的多边协定对区域海洋治理能起到一定的作用，同时多中心区域集群对实现全球和区域海洋治理的目标有积极的推动作用。③ 宁靓等（2021）指出，海洋生态环境治理困境产生的原因主要是多元治理主体内部及主体间的利益冲突，提出从制度安排、利益补偿、利益争端调解和利益共享保障机制等方面来提升我国海洋生态环境治理效率。④ 李昕蕾（2022）认为在各种新型海洋环境危机不断出现的情况下，治理规范与国际标准仍存在许多空白，因此海洋环境治理已成为全球规则竞争的焦点，中国需要持续加强参与全球海洋环境危机治理的能力建设，推进危机治理新领域的标准与规则制定，最终建立系统性、长效性的全球海洋环境危机协作机制。⑤ 部分学者通过对地中海、波罗的海、南北极等案例研究，形成海洋环境跨界治理的全球经验，揭示了管理问题的复杂性，认为了解科学和科学知识在海洋综合管理过程中具

① Gjerde K M, Currie D, Wowk K, et al.. Ocean in peril: Reforming the management of global ocean living resources in areas beyond national jurisdiction. Marine Pollution Bulletin, 2013, 74（2）: 540 – 551.

② 全永波：《海洋环境跨区域治理的逻辑基础与制度供给》，《中国行政管理》，2017 年第 1 期，第 19 – 23 页。

③ Mahon R, Fanning L. Regional ocean governance: Polycentric arrangements and their role in global ocean governance. Marine Policy, 2019, 107（SEP.）: 103590. 1 – 103590. 13

④ 宁靓，史磊：《利益冲突下的海洋生态环境治理困境与行动逻辑——以黄海海域浒苔绿潮灾害治理为例》，《上海行政学院学报》，2021 年第 6 期，第 27 – 37 页。

⑤ 李昕蕾：《全球海洋环境危机治理：机制演进、复合困境与优化路径》，《学术论坛》，2022 年第 2 期，第 1 – 15 页。

有一定的作用。科学家们被要求就这些问题提供动态的观点,并提供推动政策制定任务的重要材料。① 在全球跨区域治理案例研究中,有学者提出建立海洋保护区的解决方案,研究还关注国家管辖范围外海域生物多样性(BBNJ)协定谈判中涉及的公海保护区治理问题,认为核心是体制安排问题,在 BBNJ 协定讨论的筹备委员会(筹委会)阶段,"全球""区域"和"混合"三种模式是海洋保护区体制的三种安排。②

(三)我国区域海洋公共治理研究

随着我国海洋战略地位的提升,区域海洋公共治理研究也逐渐成为不同领域学者研究的重点。近年来,我国海洋公共治理体系逐步得以完善,众多学者也从不同学科角度研究我国区域海洋公共治理的情况。林千红(2005)从政治学的角度进一步指出,协调是构成区域海洋公共治理的核心部分,需要通过建立新型的决策机制来解决海洋区域治理中各种海洋利用的冲突和矛盾,尤其是政府部门之间的协调问题,这样才能确保政府部门的行政管理不会对海洋区域治理产生不利影响。③ 王琪(2007)则从管理学角度提出,海洋综合管理侧重于海洋行业管理,它强调海洋管理横向之间的沟通、协作,更注重海洋各个行业之间的统一协调管理。④ 而闫枫(2015)则从多学科的角度指出,区域海洋公共治理的研究方式正趋向多学科领域、多行业方向的综合应用,也更加体现自动化、信息化和立体化的趋势。⑤ 这说明,我国关于区域海洋公共治理的探索已经呈现出跨学科、多角度和多样态的研究态势。同时,在区域海洋公共治理的制度建设上也

---

① Knol M . Scientific advice in integrated ocean management: The process towards the Barents Sea plan. Marine Policy, 2010, 34 (2): 252 – 260.

② Clark N A . Institutional arrangements for the new BBNJ agreement: Moving beyond global, regional, and hybrid. Marine Policy, 2020, 122: 104143.

③ 林千红:《试论海洋综合管理中的区域管理》,《福建论坛(人文社会科学版)》,2005 年第 7 期,第 113 – 116 页。

④ 王琪:《海洋管理:从理念到制度》,海洋出版社,2007 年版,第 92 – 94 页。

⑤ 闫枫:《国外海洋环境保护战略对我国的启示》,《海洋开发与管理》,2015 年第 7 期,第 98 – 102 页。

存在一些问题。高锋（2007）以东海的区域公共问题为研究导向，以东海的实际调查为基础，归纳并总结了东海区域在海洋环境、海洋资源、海洋权益、海洋安全等方面存在的诸多公共问题，并对这些问题产生的原因做出分析。① 刘集众（2011）则从我国海洋管理体制改革过程中总结出我国海洋管理主体众多，相互之间权限不明、职责不清等问题。② 于思浩（2013）在我国海洋强国建设时代背景下提出我国海洋公共治理存在的问题大致汇总为制度体系缺乏、海权中缺乏治理权、治理机制空白等问题。③ 总的来说，我国海洋公共治理在制度建设加快，众多空白得到弥补的同时，还存在海洋公共治理有关法律体系尚未形成、治理体制机制仍未完善和行政区划不合理等问题。面对这些问题，我国学者也提出了相关治理的范式。阎铁毅等（2016）从我国区域海洋综合治理机制以及协调机制方面提出，"我国必须要建立统一的行政管理体制和相对集中的海洋综合管理机构及协调机制，尽快构建海洋、海事、环保和渔业等多个执法部门共同合作的执法机制与长效合作机制"。④ 吴士存（2020）认为我国海洋治理应选择区域主义路径，这不仅能够使我国南海、东海等地区在应对本区域共同挑战时更具有绝对的话语权和决策地位，而且有助于摆脱西方发达国家的负面影响，挣脱以美国为中心的海洋治理困局。⑤ 王印红等（2017）则将我国海洋治理实践范式的变迁划分为行政区行政、区域治理、整体性治理。认为"行政区行政"范式下多种海洋问题凸显使海洋行政区行政范式治理失灵，迫使海洋治理范式进一步变迁为海洋区域治理，并且提出海洋区域治理范式应关注海洋环境、突发事件等跨行政区公共问题解决或公共物品供给。⑥ 于霄等

① 高锋：《我国东海区域的公共问题治理研究》，同济大学硕士学位论文，2007年。
② 刘集众：《我国海洋管理体制改革模式研究》，广东海洋大学硕士学位论文，2011年。
③ 于思浩：《中国海洋强国战略下的政府海洋管理体制研究》，吉林大学博士学位论文，2013年。
④ 阎铁毅，付梦华：《海洋执法协调机制研究》，《中国软科学》，2016年第7期，第1-8页。
⑤ 吴士存：《全球海洋治理的未来及中国的选择》，《亚太安全与海洋研究》，2020年第5期，第5页。
⑥ 王印红、刘旭：《我国海洋治理范式转变：特征及动因》，《中国海洋大学学报（社会科学版）》，2017年第6期，第11-18页。

（2022）在区域性海洋治理机制的研究中提出，在加强个体机制的基础上，尝试运用非正式的合作与协调，以大海洋生态系统作为突破口进行不同治理机制的整合。①

作为学术反映和制度实践，国内外的相关成果为本研究积累了较好的基础，但仍存在一定的不足之处，表现为：

第一，国内学者对区域治理机制的研究比较深入，但区域治理研究大多局限在都市、流域、乡村等局部范畴，海洋治理机制的研究尚处于起始阶段。国内多数研究治理理论的学者研究的范畴多体现为两个维度，一是区域公共治理问题的研究：源于国内外区域联合引发了大量的跨区域公共问题，学者们开展了对大都市和城市群区域治理、流域治理区域发展政策工具、府际关系下的府际竞合与府际冲突等方面的研究；② 二是区域合作治理的研究：大多数学者研究的视角仍是以陆地为中心，以中央与地方政府间关系、地方与地方政府间关系、政府与社会的关系为研究视角，形成了区域公共治理体系的相关研究，较少学者针对海洋的公共治理问题进行全面的理论阐释，同时已有研究中更多关注海洋的权益价值，作为区域公共治理的制度设计被忽视。

第二，对海洋区域治理的研究已经形成了一定的体制、机制和制度层面的设计，但对于海洋区域公共治理概念、内涵、体系的研究仍是碎片化的。学界对区域治理领域的研究虽成果积累较多，但仍在概念描述上存在混淆的现象。海洋治理定义方面，虽已明确海洋治理是一项应由多元利益主体共同参与的活动，但并未明确界定各利益相关主体，而是笼统地概括为政府、社会和个人。此外，关于各利益主体在海洋治理活动中各自的行为逻辑及其相互作用关系的探讨在现有文献中所见较少。海洋区域治理实现方式方面，当前的研究倾向于"合作"的方式，认为通过强化政府、社

---

① 于霄、全永波：《区域性海洋治理机制：现状、反思与重构》，《中国海商法研究》，2022年第2期，第82-92页。

② 陈瑞莲、杨爱平：《从区域公共管理到区域治理研究：历史的转型》，《南开学报（哲学社会科学版）》，2013年第2期，第48-57页。

会组织和个人在海洋治理方面的合作，可以妥善解决海洋公共区域治理的问题。宁凌等（2017）认为合作主要是处理好海洋治理主体间的矛盾，建立有效的、多元主体共同参与的海洋治理模式。①"合作"的前提是自愿，而并未对各方的行为形成强制性的约束力，如若在治理的过程中各主体间发生了利益争论，这一治理"合作"将被打破，因此，将海洋区域治理行为制度化，通过明确的制度规范海洋区域治理中各利益相关主体的行为才是确保海洋区域治理实现的前提。而现有文献中在海洋区域治理制度上的讨论相对较少，已有研究也大多集中于全球海洋相关的国际公约的讨论上，对于国内各沿海省市之间的海洋区域治理制度的讨论相对不足。国内外对海洋环境治理的内涵、现状和制度机制设计进行了广泛而深入的讨论，积累了较好的前期研究基础，但在区域海洋治理的机制构建及其适用性，对 BBNJ 协定为代表的全球海洋生态环境治理机制的动态研究及治理效果评价有待深入挖掘。

第三，已有成果对陆域性区域治理的研究比较成熟，但很少涉及海洋区域治理的主客体关系、制度利益等理论，区域海洋治理理论的逻辑基础不明确。关于海洋治理与陆域治理的关联和区别的研究缺失。当前国内的相关研究大多停留在理论探讨方面，往往从当前海洋治理中存在的问题出发，分析当前区域自治情况下的海洋治理"外部性"问题，即：各地区都倾向于从自身海洋经济发展的角度出发侵占、过度利用海洋资源，而在海洋治理时相互推诿，希望其他相邻区域来承担治理的成本，强调区域治理的必要性和重要性，但少见提出区域治理具体实施路径的研究。国外注重的"全球治理"体系下的国家合作、政府合作和组织合作，是协同治理、多中心治理，还是网络治理、整体性治理？在我国学者的研究逻辑上并未明确，而在国内的海洋区域治理研究上也更多采用国外的理论支持，本土化的创新研究不够。

---

① 宁凌、毛海玲：《海洋环境治理中政府、企业与公众定位分析》，《海洋开发与管理》，2017 年第 4 期，第 13 – 20 页。

第三节　研究内容、方法与创新

综合上文分析的区域海洋公共治理的研究背景和现有研究基础，本研究提出把区域海洋公共治理视作海洋强国建设的全局性、战略性和关键性构成，系统开展区域海洋公共治理的理论基础和架构研究，在分析现有区域海洋公共治理的多重范畴基础上开展国际比较和国内现状研究，着力探索构建以多方参与的共治体系为导向，从理论基础、模式建构和机制优化等方面探索加快推进海洋治理能力现代化的科学性、可行性和可持续性的路径。本节重点从研究内容、研究方法和研究创新等方面展开系统性研究。

一、研究内容

本研究的基本内容可以概括为：通过对海洋治理、区域公共治理、区域海洋治理的规范化研究，归纳区域海洋公共治理的分析框架和理论支撑，全面分析和测量区域海洋公共治理的影响因素、主体间的利益博弈，系统分析区域海洋公共治理的基本模式、现有机制，描述全球和中国区域海洋治理的现状、制约因素。在此基础上，对典型案例和典型区域进行实证分析，验证区域海洋公共治理的研究框架，最后系统性地提出区域海洋公共治理的模式优化、机制构建和相关制度建设建议。

（一）对区域海洋公共治理进行规范化界定和理论建构

通过比较和分析区域、海洋治理、区域治理的国内外理论和实践，得出在中国发展语境下区域海洋公共治理的基本概念、内涵，通过数据搜集和案例分析，剖析当前全球以及中国海洋治理的问题、区域海洋公共治理的现实困境和制度现状。通过挖掘公共治理相关理论，剖析区域海洋公共治理的多元主体及主体间的基本逻辑关系，构建基于整体性治理、利益衡量理论、府际关系理论、多层级治理理论的区域海洋公共治理的理论基础和研究框架。

（二）开展对区域海洋公共治理的政策演进、运行模式和评价研究

总结和归纳当前国内外区域治理的既有模式，发现和提炼区域海洋公共治理的影响因素，评价区域海洋公共治理的现有实践，探索区域海洋公共治理的制度逻辑。区域海洋公共治理与区域经济发展存在一定关联，与外部的其他要素存在关联，各利益主体的利益诉求存在关联，区域海洋公共治理的每一阶段的发展进程代表区域海洋经济发展的政策导向和实践诉求，在全球层面则代表海洋权益主张的持续升温，必然需要分析区域海洋公共治理的政策演进和模式构建。因此，本研究需要在考察区域海洋公共治理的多元主体、多类因素的基础上，考察区域治理不同模式在不同国家、国内行政区不同治理因素基础上的实际效用和政策的可能性，得出效用最佳的区域海洋公共治理的机制、制度逻辑。

（三）开展对区域海洋公共治理的多重范畴的理论、类型、模式和机制的分析

随着海洋事业发展的"区域化"演进，区域海洋公共治理的类型化研究是本研究的一个着力点方向，重点在海洋权益与区域治理、区域海洋资源开发保护与公共治理、区域海洋生态环境治理、海洋区划与海岸带治理、海洋保护区治理、区域海洋公共危机治理等方面展开系统性分析，归纳类型化治理的范畴、特点、模式和机制，体现出区域海洋公共治理在不同层级、不同模式和不同机制框架下的研究难点和研究突破的重要性。

（四）开展对区域海洋公共治理的实践分析和探索经验归纳

本研究通过实践案例验证区域公共治理理论在海洋领域的特殊性，同

时也是为完善区域公共治理理论，并对全球海洋治理、国家内部区域海洋治理的政策、制度出台提供研究参考。本研究将着重从全球范围内的区域海洋治理的案例和事件分析、中国沿海地区如环渤海、长三角、珠三角以及近海典型区域海洋治理案例和政策分析中获得经验归纳，另外本研究还专门针对浙江省在区域海洋经济发展中的海洋公共治理的政策探索，展现区域海洋公共治理理论发展的现实之维、实践之光，为完善理论基础、优化政策体系、夯实制度设计提供现实保障。

（五）开展对区域海洋公共治理的模式优化、机制完善研究

区域海洋公共治理研究最终要切实解决全球区域海洋国家间、政府组织间、国内行政区之间的发展与协同，探索国内区域政府间以怎样的模式参与海洋治理，国际间主体以怎样的模式开展海洋环境治理。本研究拟较全面地考察分析当前区域海洋治理的制度现状和演进、国家和区域政府的实践探索、政策推进上的经验和不足，研究治理主体的利益诉求，得出区域海洋公共治理的政策变量，从而有效开展对区域海洋公共治理的模式优化、机制完善和制度设计。

二、研究方法

本研究以构建与完善区域海洋公共治理体系、推进治理能力现代化为主线，在前期选择理论视角与研究范式的时候，需要从以下层面予以考虑：第一，影响区域海洋公共治理的因素是多种多样的，既包括国内因素，也包括国际因素，为此本研究在理论分析、比较研究的基础上，强调政治学、公共管理学、环境资源法学、区域经济学、计量经济学、海洋学等多学科交叉研究；第二，区域海洋公共治理机制、制度构建涉及国际、国家层面以及地方层面，关注不同方向区域海洋治理的类型化研究，因此本研究须综合运用管理学内部不同学科的理论与范式，包括公共管理学、公共政策学、治理理论、博弈论等学科及方向；第三，构建与完善区域海

洋公共治理体系、机制和制度涉及理论基础研究、具体经验调查、新型模式探索、机制路径创新以及法律保障变革等问题，应当综合运用政治学、公共管理学、评价模型等理论与方法。由于研究内容与研究对象广泛，整体结构性较强，那么针对不同的对象应采取不同的研究方法与之对应，具体拟采用以下研究方法。

（一）文献演绎法

文献演绎法首先对国内外相关文献进行搜集与整理，通过大致阅读文献内容，对所搜集的文献进行筛选，最终确定与本研究相关的文献资料；其次，根据筛选的结果总结出目前与课题研究内容相关的理论基础与最新研究成果，提炼出相关的研究范式与研究方法，从而确定研究的起点与大致的研究方向；最后，通过对总结出来的理论基础、研究成果、研究方法与范式分析，选择本研究的研究视角、研究思路以及研究方法等。

具体来说，本研究拟运用文献演绎法重点研究以下内容：①归纳总结区域海洋公共治理理论，包括区域公共治理理论、整体性治理理论、利益衡量理论、府际关系理论、多层级治理理论等；②回顾国内外区域海洋治理的相关文献，总结进展与不足，为研究构建与设计奠定基础；③总结国内外区域海洋公共治理相关法律法规和政策的文献。

（二）案例研究法

本研究基于区域海洋公共治理的理论基础，重点比较研究全球、区域和发达国家的海洋治理体系，剖析国内湾区的经验、新型模式探索以及国内典型海洋公共治理事件等问题，不管是从前期的发现问题、选择研究视角与理论，还是理论模型的构建与证明，案例研究法均发挥重要的作用。

本研究拟从以下几个步骤运用案例研究法：①研究问题的确定，主要是针对研究背景和研究内容，根据前期设计的技术路线，确定需要通过案例分析解决的问题；②相关案例的选取，是根据研究问题的需要，选择相关的国际海洋区域、海洋国家以及我国长三角、环渤海、珠三角和浙江省等区域海洋治理的案例；③研究资料的收集，主要收集研究对象（国家、地方以及相关机构）关于区域海洋治理法规、政策等方面的资料；④相关资料的分析，是对所有收集到的案例研究对象的相关资料开展案例内分析以及案例间的比较分析，这是一个循环往复的过程，直到可以对前期的问题做出判断，对各个问题得到研究结果；⑤研究结果的汇总，对案例分析得出的所有结果进行汇总以及比较分析，包括对概念性问题、理论的延伸以及新的发现。

（三）理论建模法

本研究的根本问题是在区域海洋公共治理相关理论支撑下，研究全球和国内区域海洋治理的经验，分析类型化的区域海洋治理机制、模式，从理论、机制和制度层面构建区域海洋公共治理的基本体系，寻求解决问题的现实路径。因不同国家与区域具体实现治理的工具具有多样性，区域海洋公共治理的模式及推进机制也各不相同，本研究将在文献研究与案例研究的基础上，选择合适的理论去解释其背后的运行逻辑和支撑条件，并试图构建理论模型，为深入展开研究指明方向。

本研究拟运用理论建模方法分析以下具体问题：①通过构建区域海洋公共治理的评价指标体系明确影响区域海洋公共治理的关键要素，剖析各种关键要素间的关系机理及内在逻辑；②综合运用动态演化博弈理论建模，揭示国家海洋管理部门、地方政府部门、涉海企业等多主体之间的博弈，基于整体化的视角，寻求区域海洋公共治理的均衡策略；③在文献研究与案例研究的基础上，选择合适的理论去解释区域海洋公共治理的特殊性，并试图构建形成基于主体为架构的海洋公共治理体系和运行机制。

（四）问卷调查法

本研究内容主要涉及全球、国家、地区层面的区域海洋公共问题，为深入了解区域海洋公共治理的具体内容，本研究将选取全球、国家和地区三个层面，在国际及全国范围内寻找合适的研究样本，选取参与问卷调查的人员，特别将政府工作人员、学者、相关企业高层管理人员等作为调查对象，采取问卷调查与实地访谈的方式，获取研究相关的数据。同时结合已掌握的数据资料，建立本研究所需的区域海洋公共治理的数据资料库。

具体来说，本研究运用的问卷调查方法包括以下几个步骤：①前期问卷的设计，根据文献研究以及专家访谈的结果，开展相关内容的问卷设计；②调查对象的选取，根据问卷内容需要，选择问卷调查的对象；③调查问卷的发放与回收，实地调研沿海部分重点省份、重点海域和重点湾区海洋资源管理部门、相关国际间组织和非政府组织驻华部门等单位，发放与回收问卷，获取第一手资料，并在调研过程中通过深度访谈，进行探索性研究；④问卷的整理与分析，从回收的问卷以及访谈信息中提取相应的数据资料，对调查的问卷进行信度（Reliability）与效度（Validity）检验，效度检验包括建构效度（Construct Validity）、内容效度（Content Validity）、外在效度（External Validity）等。问卷调查法主要是为相关研究的问题提供相应的资料，为本研究的理论建模与实证分析提供必要的数据支持。

三、研究创新

（一）开创性地系统研究区域海洋公共治理的相关理论

如前所述，现有的区域海洋公共治理的理论基础研究比较分散，没有学者系统地总结过区域海洋公共治理的现实基础和理论依据。党的"二十大"报告提出，"加快构建新发展格局，着力推动高质量发展"，促进区域协调发展，"发展海洋经济，保护海洋生态环境，加快建设海洋强国"，因此必须加快海洋领域的研究，探讨区域海洋公共治理在国家海洋事业发展中的定位、基本内容、基本原则和基本方式，为构建区域海洋公共治理机制、制度体系打下坚实的理论基础。

（二）开创性地统筹系统研究区域海洋公共治理的体制、机制等问题

如前所述，目前国内外对于区域海洋公共治理体制、机制等方面的统筹系统研究几乎空白。尽管我国的海洋公共治理属于国家治理体系的范畴，但鉴于海洋的一体性、流动性，国家海洋治理是全球海洋治理不可或缺的一部分，连同双边、区域性和多边海洋治理都属于全球治理的有机组成部分。但是，由于对国家治理与全球治理内在联系的认识不足，目前协调推进两种治理的制度与政策也就被忽视了，不能连成一体统筹考虑。只有自觉地确立起整体治理观，在当代中国的全球治理与国家治理两个大局中，我们才能统筹协调，更好地实现国家治理现代化的目标。将国家治理与全球治理整体研究，也符合我国内外政治二元协调的外交手段。内外政治二元协调是中国对外关系的一种独特模式，这一模式贯穿着海洋公共治理的进程，确保了中国以合作和负责任大国态度处理全球性问题，促进了全球治理和国内治理在结构上的相互支持。

（三）促进和夯实相关学科的融合，推动协同创新

本研究内容广泛，涉及我国国家海洋治理和中国参与全球海洋治理体系的多个方面，一些基础理论和现实状况的研究工作需要许多人为此付出辛勤的劳动，深入研究则需要团队专家学者的互相配合、通力协作。因此，通过研究，可以培养和锻炼一批从事现代海洋治理研究的优秀学术人才，构建良好的学术交流平台。此外，本研究不仅涉及法学、经济学、公共管理学、政治学等社会科学学科，而且与环境科学、海洋学等自然科学学科关系密切，有利于实现学科交叉与融合。本研究成果对于相关学科也有一定参考价值，有助于推动相关学科的协同研究及跨学科的拓展。

第二章

区域海洋公共治理的理论建构

海洋作为21世纪人类生存和发展的重要空间，也是最大的环境公共物品，人类在海洋的开发与保护过程中产生了十分复杂的政治、社会、法律、经济等问题，这些问题的解决需要遵循相应的原则，建立相应的制度规范和运行机制。海洋因其特有的物理形态，在跨国家和行政管辖区域的特征上尤其明显，治理最大的特点是各主权国家、行政区均存在独立的权力体系，治理机制和规则的设计往往受到强权国家、地方政府的力量影响，因此，海洋公共治理的理论基础、运行模式和机制有一定的特殊性。从国家和区域利益的视角看，这些力量的影响使区域海洋公共治理的政策具有一定排他性，故而区域海洋公共治理的模式确立、机制构建均需要在研究相关理论基础、概念范畴、基本逻辑等基础上展开。

第一节 区域海洋公共治理的相关概念

伴随着全球和海洋国家对海洋治理的重视，加之海洋治理的区域化特征逐渐显现，区域海洋公共治理才有理论延展和实践探索的可能。《联合国海洋法公约》第一九七条提出各国"应在全球性的基础上或在区域性的基础上，直接或通过主管国际组织进行合作，同时考虑到区域的特点"。

本研究从概念范畴出发，重点关注区域和区域治理、全球海洋治理、区域海洋治理等方面的基础研究，作为本研究理论基础的铺垫。

一、区域和区域治理

（一）区域的范畴

区域是一个意蕴丰富而外延宽泛的概念，在社会科学领域，诞生于公元前 3 世纪的地理学是最早研究区域的学科，认为区域是地球表面的地域单元，地球则由无数区域组成。在现代经济与社会发展的大背景下，区域的概念在不同学科框架下有不同的界定，政治学中的区域是进行国家管理的某一行政单元；经济学认为区域是由人的经济活动所造成的、具有特定的地域特征的经济社会综合体；社会学和人类学则将区域视为具有相同信仰、相同语言和民族特征的人类社会群落，等等。①《简明不列颠百科全书》对于区域的定义则是："区域是指有内聚力的地区。依据一定标准，区域具有同质性，并以同样标准与相邻诸区域、诸地区相区别。区域是一个学术概念，是通过选择与特定问题相关的特征并排除不相关的特征而划定的"。无论如何界定区域，它具有一个不会改变的基本属性，即美国著名区域经济学家埃德加·M·胡佛所指出的："区域是基于描述、分析、管理、计划或制定政策等目的而作为应用性整体加以考虑的一片地区"。②把区域的范围扩展到海洋，则可以认为彼此相关的海洋区域，可能是因行政原因、生态原因或是经济原因、政治因素而形成的，这里的区域包括地球表面一个连续的地理单元和不连续的地理单元。总而言之，区域治理中的区域可以理解为基于一定的经济、自然、政治、文化等因素而联系在一起的地域或者水域。③

---

① 陈瑞莲：《区域公共管理导论》，中国社会科学出版社，2006 年版，第 2 - 5 页。
② ［美］埃德加·M·胡佛、弗兰克·杰莱塔尼：《区域经济学导论》，郭万清等译，上海远东出版社，1992 年版，第 2 页。
③ 马海龙：《区域治理：内涵及理论基础探析》，《经济论坛》，2007 年第 19 期，第 14 - 17 页。

区域基于一定的地理界限但又超越地理意义，根据某个或多个特定的社会、经济、政治等多重关系元素建构，且具有相当规模的社会生活功能空间。区域主要作为经济、政治、文化组织的回归，区域发展进程中经济因素是重要变量，但也不再是唯一变量。① 区域是一个基于行政区划又超越于国家和行政区划的经济地理概念。② 可见区域分为两大类，一类是国家层面之上的各类区域，另一类则是国家层面之下的。全部的定义都把区域概括成为一个整体的地理范畴，因而可以对其进行整体分析。也正是区域内在的整体性使得我们要去考虑如何更好地协调区域内各部分之间的关系。

20 世纪后半叶以来，全球化浪潮推动了政治、经济、社会区域化的发展，进而使区域主义成为国际经济和政治发展的重要现象。区域主义主要指通过地理上彼此相连的国家或地区，以政府间的合作和组织机制，加强地区内社会和经济的互动。③ 区域主义的一个重要特征是基于区域内以政府为主导的多元主体间共同的利益，在物理空间上具有相连性和共通性。但全球化进程加快的背景下，地理空间的界限实际很难被固化，政府以及区域内外主体往往会突破原先设定的地理区域，"区域"被不断地调整。美国学者詹姆士·米特尔曼提出"新区域主义"以及相关分类，包括宏观区域主义、次区域主义和微观区域主义。④ 他运用全球治理的视角，分析认为宏观区域是洲际国家之间的组织区域范畴，如东南亚、中东等；次区域主要指一个单独经济区域的跨国家或跨境的多边经济合作区域，如图们江区域；微观区域则是一国内部的省际间、地区间的区域，如中国长江三角洲、美国密西西比河流域等。新区域主义的这种划分其核心特征仍然没有脱离"区域"的本质性问题及区域内以国家或地方政府为主导的利益统

---

① 吴瑞坚：《新区域主义兴起与区域治理范式转变》，《中国名城》，2013 年第 12 期，第 4 - 7 页。

② 陈瑞莲、刘亚平：《区域治理研究：国际比较的视角》，中央编译出版社，2013 年版，第 2 页。

③ 傅梦孜：《亚太战略场》，时事出版社，2002 年版，第 539 页。

④ ［美］J H 米特尔曼：《全球化综合征》，刘得手译，新华出版社，2002 年版，第 134 页。

一体，多元利益主体间在地理上存在相应的邻接性，只要在未来出于某种政治、经济和社会发展的需要，"区域"一定会迅速形成。

随着区域治理的实践推进，学术界提出了"跨区域"的概念。"跨区域"与"区域"在文字上似乎存在一定的区别，但区域因经济社会利益平衡与合作需要而产生，随着区域合作等形式的形成，区域间的竞争不断加剧。如东南亚国家建立了综合性区域组织"东盟"，该组织的建立为东南亚国家之间的政治、经济合作提供了良好的平台，组织可以形成共同的利益规则，开展集体行动，有助于维护组织成员的共同利益。基于政治经济利益考虑，区域组织与区域外组织、国家或地方政府之间就必然存在经济的合作与竞争，这种合作与竞争则属于"跨区域"。本研究认为，跨区域的范畴比较宏观，一般指的是尚未形成区域治理现实的地理范畴，或在政治、经济、社会、生态等领域未"区域化"，合作有难度、治理存在困境的一种经济地理状态。跨区域既指跨越行政区域，也包括跨越功能区域、跨国界，如海洋与陆地的跨越、海洋国家边界的跨越、海洋行政区的跨越等。随着区域化进程加快，跨区域问题也有可能演变为区域内的问题。

（二）区域治理的内涵与延伸

随着全球化、区域化、合作化进程的不断加快，基于政府单一角色的管理行为已经不再适应新的时代要求，不论从全球层面还是从国家内部最基层的管理，都已经必然地要追求不同社会主体多方面介入的，谋求调和相互冲突的或不同的利益并采取联合行动的过程。全球治理委员会指出："治理不是一整套规则，也不是一种活动，而是一个过程；治理过程的基础不是控制，而是协调；治理既涉及公共部门，也包括私人部门；治理不是一种正式的制度，而是持续的互动"。[1] "治理"成为一个不断发展的概念，涉及政治学、经济学、法学、社会学等许多个领域。20 世纪 90 年代

---

[1] 全球治理委员会：《我们的全球伙伴关系》，牛津大学出版社，1995 年版，第 23 页。

以来，国内的治理理论研究逐渐兴起，成为公共管理研究领域的重要内容。关于"治理"一词的定义，国内学者莫衷一是，俞可平提出"'治理'一词的基本含义是指在一个既定的范围内，为了满足公众的需要而运用权威维持秩序，其目的是在各种不同的制度关系中运用权力去引导、规范和控制公民的各种活动，以最大限度地增加公共利益"，① 这一观点大体上被公众所接受。

区域治理（Regional Governance，RG）实际上是治理理念或理论在区域公共事务管理中的具体运用，它起初是一个"舶来"概念，流行于欧美学界，我国台湾地区学者较早与之接轨，但他们一般惯用跨界（域）治理（Trans-border Governance）、都市及区域治理（Urban and Regional Governance）等概念。区域公共治理研究属于公共治理领域在区域化日益盛行背景下的产物，缘起于欧美，肇始于 20 世纪后期。其实践背景在于：一是市场化下区域性公共问题的凸显与区域合作的推进；二是全球化下新区域主义的崛起与区域一体化的发展。国内对区域治理相关研究起步较晚。从 20 世纪 80 年代初至 90 年代末对区域行政研究阶段，基于公共治理涉及的政府间关系研究以及具体探索中的省管县、市管县体制研究逐渐推开，并率先对新加坡及我国香港特别行政区、广东省的行政模式进行比较借鉴。20 世纪 90 年代末以来，国内关于区域治理研究的基本框架基本形成，逐渐明晰了区域治理研究的基本路向，构建了区域公共治理的研究体系。其中，对于区域治理基本理论研究基础上的区域治理中政府间竞合关系、流域治理中各主体间关系与制度架构等领域研究较为成熟，海洋区域治理的研究也开始起步。近年来，随着区域经济与社会发展的实践要素不断提升，国家重点关注区域经济发展对整体性发展的重要性，区域公共治理的研究也呈现出新的特点：一方面，以区域为单位范畴的经济发展活力显著提高，促使区域内及跨区域间合作的深度和广度进一步加深；另一方面，区域内公共治理具有非均衡性，跨区域发展主体则存在政策沟通不足、区域内利

---

① 俞可平：《治理与善治》，社会科学文献出版社，2000 年版，第 5 页。

益关注过多而影响区域的可持续发展等问题。可见，区域一体化必然是一个在前行中不断被争议的改革过程，区域治理中亟须解决制度、区域内与区域间的政策鸿沟和壁垒，成为当前区域公共管理的热点问题。① 合理明确区域内和跨区域治理主体的治理导向、治理内容以及程序机制，理性选择治理模式和治理工具是解决上述矛盾的突破方向。

区域治理进一步延伸的概念是"跨界治理"。跨界治理是由当今组织变革化、产业融合化、经济全球化而引出的一种全新治理思维和战略选择，包括了跨部门治理、跨边界（地理）治理和跨公私合作伙伴治理。② 具体地说，跨界治理一般分为跨行政区域边界、跨行政部门边界、跨行政层级边界以及跨政府、市场和社会组织边界这四个类型。③ 跨界治理是因为两个或两个以上的不同团体、部门或行政区，因彼此间的功能、业务或疆界相接及重叠而逐渐模糊，导致无人管理、权责不明与跨部门的问题发生时，藉由私部门、非营利组织以及公部门的组合，通过社区参与、协力治理、契约协定或公私合伙等联络方式，解决原来诸多难以解决的问题。④ 跨界治理目的在于建立一套相互联系、各有侧重、互动合作的治理运行体系，构建出一种多中心、多层次的合作治理模式。

在跨界治理中，政府成为公共价值的促进者，在多元化组织构成的网络化结构中具有促进协商、达到协调和合作的作用。③ 跨界治理为区域治理研究提供了较好的思路和理念，跨界治理在跨行政区域上融合了跨区域治理的内涵（图 2-1）。两者在以下的治理路径上有共同点：建立在共同利益和区域认同之上的合作；摆脱了政府部门的单一管理，确立了网络式的合作治理；摈弃了市场的单一操纵模式，从而倡导一种基于谈判合作、以

① 陈瑞莲：《区域公共管理理论与实践研究》，中国社会科学出版社，2008 年版，第 10 页。

② 陶希东：《跨界治理：中国社会公共治理的战略选择》，《学术月刊》，2011 年第 8 期，第 22-29 页。

③ 蒋俊杰：《跨界治理视角下社会冲突的形成机理与对策研究》，《政治学研究》，2015 年第 3 期，第 80-90 页。

④ 申剑敏：《跨域治理视角下的长三角地方政府合作研究》，复旦大学博士学位论文，2013 年，第 16 页。

激励兼容为目的的协调机制。①

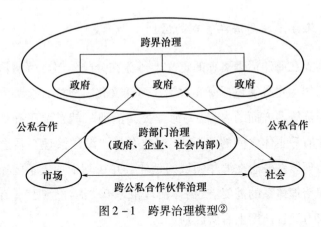

图 2 - 1　跨界治理模型②

在区域治理机制形成过程中，跨界治理概念的引入对区域治理的模式构建和机制导向是具有积极意义的。这包括协作网络的构建、政府部门等主体的控制突破、合作领域的非单向性等，促使治理理论在多领域的创新成为可能。

二、海洋治理

让相互冲突的不同利益得到调和是治理的核心要义。治理的这个特性让其在不同的领域均存在和推进的可能。海洋治理则应国家治理的需要，并因其治理空间、复杂环境和主体的差异，有其特有的治理逻辑和治理框架。一般认为，海洋治理是指为了维护海洋生态平衡、实现海洋可持续开发，涉海国际组织或国家、政府部门、私营部门和公民个人等海洋管理主体通过协作，依法行使涉海权力、履行涉海责任，共同管理海洋及其

---

① 娄成武、于东山：《西方国家跨界治理的内在动力、典型模式与实现路径》，《行政论坛》，2011 年第 1 期，第 88 - 91 页。

② 陶希东：《跨界治理：中国社会公共治理的战略选择》，《学术月刊》，2011 年第 8 期，第 22 - 29 页。

实践活动的过程。①

（一）海洋治理与海洋管理的区别

尽管学界在海洋治理概念的定义上还存在分歧，但已普遍认同的是海洋治理体系的构建必须包括海洋政治、海洋文化、海洋社会、海洋生态文明、海洋经济等多方面的内容，"海洋公共治理"就是要正确处理以及协调市场、政府等主体之间的关系。② 当前有关"海洋治理"概念的界定大多为国家治理体系概念在海洋领域的延伸，并在其中加入了国家融入或参与全球海洋治理体系的需要。③ 海洋治理相对于"海洋管理"，在主体、工作方法和权力运行向度上有所区别。

第一，从主体上来看，"海洋管理"一般认为管理海洋的"公共权力中心"大多以政府及其行政管理部门或其他具有国家公权力的主体为主。而"海洋治理"一词所代表的"公共权力中心"则出现了多元化趋势，包括除政府外的各种机构、公众等，海洋治理的权力中心不再是政府，政府与其他权力主体之间逐渐形成了多元合作、互动互通的新型关系。

第二，从工作方法上来看，"海洋管理"一般指在社会中占统治地位的主体，在国家法律框架下对政府权力所及领域内开展的行政管制工作，带有明显层级分明的管理意图并具有强制性。而"海洋治理"是由政府、企业等构成的多元治理主体通过法律为基础的各种非国家强制性契约，具有明显的民主协商性特征。

第三，从权力运行向度上来看，"海洋管理"一般所指的权力运行向度是一元的，即"自上而下"的，由海洋管理的主体发号施令，下属机构

① 孙悦民：《海洋治理概念内涵的演化研究》，《广东海洋大学学报》，2015 年第 2 期，第 1 - 5 页。

② 刘大海、丁德文、邢文秀等：《关于国家海洋治理体系建设的探讨》，《海洋开发与管理》，2014 年第 12 期，第 1 - 4 页。

③ 赵隆：《海洋治理中的制度设计：反向建构的过程》，《国际关系学院学报》，2012 年第 3 期，第 36 - 42 页。

和个人根据指示行事。而"海洋治理"的权力运行是多向度的，即在更为宽广的海洋公共领域中既可自上而下，又可自下而上或是平行等多向度开展的海洋治理工作。这意味着在新的历史条件下，海洋治理成为推动海洋事业发展的新核心理念。

（二）海洋治理与陆域治理的区别

党的十九大报告提出"坚持陆海统筹，加快建设海洋强国"，海洋治理与陆域治理的统合性进一步加强。但海洋因其特有的生态系统、海水的流动性、跨行政区域性和跨国性，使得"海洋治理"与"陆域治理"有明显区别。"海洋治理"与"陆域治理"的区别主要由"海洋"和"陆域"这两个治理对象各自不同的特征所决定，其中海洋的特征主要体现在：

其一，海洋水体的流动性及其带来的关联性。海洋不同于陆地，陆地是连续固定可分割的，而海洋由于其水体的流动性，在某处的海洋资源或环境经开发后遭到破坏，不仅会影响本海域后续的开发利用，更会危害其他邻近海域的生态环境。

其二，海洋空间的三维立体性导致海洋空间复合程度极高。由于海洋拥有远超陆地的深度，在海洋的不同深度分布着不同的资源，海洋的每一部分都拥有其特有的价值与功能，导致在开发海洋过程中必然出现多行业并存的"立体开发"，当这种开发模式得不到有效协调和控制时，会引发多行业对同一海洋资源的争相开发，这种无序开发的状态会使海洋环境受到"立体式"负面影响。

其三，海洋在空间上难以准确划定治理边界，造成海洋资源的公共产品性特征突出。因为海洋的物理边界区分困难，使海洋资源成为典型的纯公共产品，除法律法规明确规定外，所有人都可以获取海洋所带来的利益而不用承担成本。海洋治理还存在跨地区、跨行业等现象，涉及多种逻辑要素影响，因此难以将海洋治理责任很好地分摊给区域内外的利益主体，通常最终都落在政府身上。

（三）海洋治理的特性

海洋治理因以海洋作为治理对象，涉及的治理主体存在多元化、异质性和跨国家性，治理难度大，因此，海洋治理有别于陆域治理，并具有以下特性：第一，治理机制制度化。因为海洋的主权特性和管理规制的难度较大，需要通过在涉海国家之间形成契约，并健全涉海国家的相关涉海法律制度体系，共同规范和约束海洋实践活动。涉海私营部门和公民个人亦需要遵守涉海法律法规制度，依法开展涉海实践活动。第二，治理主体相对复杂。多元治理主体包括涉海国际组织、主权国家和政府，同时也包括其他涉海私营单位以及公民个人等。第三，政府为主体的元治理。元治理属于治理的治理，基于海洋权益需要和管理的有效性，需要以政府为导向通过维护共同建立的法律制度，去引导治理主体的管理行为。[①] 海洋治理有自己的内涵，也有其外延。海洋治理的表现形式主要分为两个层次：国际海洋治理和国家海洋治理。国际海洋治理强调涉海国家和实践主体自觉保护海洋生态平衡，互相尊重海洋权益，综合协调海洋渔业资源分配等，通过协商、合作来一起建设和谐海洋。国家海洋治理是在一个国家内建立健全涉海法律制度，依法治海，从而形成良性的海洋治理机制，以实现这一治理系统的自我运行、自我修正和自我制约。这两个类型的治理其共同特征为公众参与，公众参与海洋治理可以提高全民的海洋意识和责任，促使公民自觉维护海洋权益及环境等。[①]

三、全球海洋治理与区域海洋治理

近年来，我国在多个国际场合提出"海洋合作"的倡议，海洋治理被赋予较多的政治合作的内涵。以国家为主体的海洋治理行动在各区域海洋

---

① 孙悦民：《海洋治理概念内涵的演化研究》，《广东海洋大学学报》，2015 年第 2 期，第 1 - 5 页。

有序展开，呈现出各成员国协商一致、归属于一体化进程下的功能合作、区域外部大国共同参与的特征。[①] 党的十九大报告提出要"积极参与全球环境治理"，国家"十四五"规划提出要"深度参与全球海洋治理"，党的二十大报告进一步提出"发展海洋经济，保护海洋生态环境，加快建设海洋强国"，伴随着 21 世纪海上丝绸之路的推进，我国迎来了蓝色经济全面开发、开放的新机遇，同时也需要面对当前的海洋公共治理新挑战。中国的海洋治理既应注重本国治理能力和治理体系现代化的建设，更要关注当前全球海洋治理发展的趋势和规则，参与到全球海洋治理的进程中，为完善我国国家治理体系建设提供重要的支撑。

（一）全球海洋治理的内涵

全球海洋治理的产生是海洋的自然特性、全球化的深入、全球海洋问题的频发、全球治理理论的发展等多种因素共同作用的结果，是一种客观的历史现象。其主要研究来源是国家海洋权利的需要、全球治理理论和实践的推进。罗西瑙（1992）在"Governance, Order and Change in World Politics"中正式提出全球治理的定义，联合国全球治理委员会 1995 年发表了一份题为《我们的全球伙伴关系》的研究报告，该报告对全球治理做出了如下界定："全球治理是个人和公共或私人机构管理其公共事务的诸多方式的总和。它是使相互冲突的或不同的利益得以调和以及合作性行动得以采取的一种持续性过程"。党的十八大以后，海洋治理研究进一步展开，基于全球治理和海洋权益的研究基础，全球海洋治理顺势提出，可见，"全球海洋治理"的提出是基于国家治理体系概念在海洋领域的延伸，但又应对于国际海洋制度的需求导向而形成的理性选择，是应国家参与或融入全球海洋治理体系的需要而形成。全球海洋治理是全球治理理论的具体化与实际应用，是治理理论在全球事务上的延伸与拓展，而将全球治理理论引入到海洋领域，即产生了"全球海洋治理"。全球海洋治理是指在全

---

① 王光厚、王媛：《东盟与东南亚的海洋治理》，《国际论坛》，2017 年第 1 期，第 14 – 19 页。

球化的背景下，各主权国家的政府、国际政府间组织、国际非政府组织、跨国企业、个人等主体，通过具有约束力的国际规制和广泛的协商合作来共同解决全球海洋问题，进而实现全球范围内的人海和谐以及海洋的可持续开发和利用。①

（二）全球海洋治理体系的内容

全球治理是通过国际制度（国际规则、国际规范）和国际合作进行的，联合国等有关国际组织在解决海洋问题中发挥着关键的作用，参与海洋治理的国家行动者和非国家行动者都是围绕着联合国等国际组织进行的。② 同时，非联合国体系的国际组织（地区组织）和非正式的国际论坛等在全球海洋治理中变得越来越重要，成为全球海洋治理的重要机制组成。

从现实看，以国际规则的制定确定国际区域的海洋治理体系成为当前全球海洋治理的基本趋势。但全球海洋治理最大的特点是各主权国家均存在独立的权力体系，因而治理机制和规则的设计往往受到强权国家的力量影响。1982 年，《联合国海洋法公约》通过，在全球治理的趋势下，海洋问题进一步纳入以联合国为中心的全球治理体系，但同时由于《联合国海洋法公约》对于海洋治理的规制性较弱，全球海洋治理在实践中往往被主权国家的利益左右。另外，区域性的国际组织在全球海洋治理中的作用也越来越突出，成为全球海洋治理的重要力量，各种区域性的海洋组织为维护区域海洋利益，在近几十年间纷纷成立，其提出的海洋政策具有一定的排他性，②使得全球海洋治理体系呈现出形式上的多层次性，实质上的碎片化状态。我们认为，全球海洋治理基本形成了以《联合国海洋法公约》为中心并主导的治理体系，但随着全球海洋治理的深化，以区域性、行业性、国家参与等多层次治理为补充导向的治理格局逐渐形成。

---

① 王琪、崔野：《将全球治理引入海洋领域——论全球海洋治理的基本问题与我国的应对策略》，《太平洋学报》，2015 年第 6 期，第 17 - 27 页。

② 庞中英：《在全球层次治理海洋问题——关于全球海洋治理的理论与实践》，《社会科学》，2018 年第 9 期，第 3 - 11 页。

（三）区域海洋治理

海洋治理是区域治理的重要内容。随着区域海洋公共治理领域的不断实践和探索，海洋治理的区域化日益显现：一是海洋区域是国家自然地理区域的组成部分，从物理性质看构成了不同区域属性的海洋间的治理、陆地与海洋间的区域治理、陆地与海洋兼具的区域间的治理等类型；二是这些自然属性基础上的治理跨界同时带有区域间政治资源的跨界，如海洋相邻国家间的区域海洋治理、同一国家的地方治理等。国内学者尽管对海洋治理的概念存在不同的理解，但大多认同海洋治理是国家治理中经济治理、政治治理、文化治理、社会治理和生态治理的多元结合。

随着海洋公共治理的重点向区域性海洋公共问题转移，一系列可能存在的隐患以及已经爆发的海洋区域问题均在跨国际海域的邻近国家之间发生，如 2010 年美国墨西哥湾漏油事件、2011 年日本福岛核泄漏事件等，均对区域海洋治理的制度建设产生了促进作用。虽然这些沿海国家均根据一定的国内法规范和处置相关事件，但对于多国参与的海洋问题一般仍以区域海洋公约、双边协议或条约确定的方式进行协作或调处。

区域性海洋治理的制度建设以发达国家为引领，在以欧洲地区国家为代表的跨国家区域海洋治理过程中逐渐形成了以 "区域公约" 为主要模式的海洋合作治理的制度框架。如发生于 1967 年的 "托利·堪庸" 号油轮事故引发了一连串的国际法律问题。为此，北海 – 东北大西洋区域的海洋国家签署了《应对北海油污合作协议》。其目标是使受威胁国家具备单独或共同的反应能力，通过相互通报污染情况来制定干预措施，以便这些国家可以迅速做出适当并且成本较小的反应。[1] 该协定的缺陷是对海洋的整体保护的关注不够。之后，北海 – 东北大西洋区域国家还制定了应对海洋倾倒废弃物的《防止船舶和飞机倾倒废弃物造成海洋污染公约》（1972）

---

[1] 张相君：《区域海洋污染应急合作制度的利益层次化分析》，厦门大学博士学位论文，2007 年，第 11 – 14 页。

（简称《奥斯陆公约》）、防止陆源污染物污染海洋的《巴黎公约》
（1974）、《应对北海石油以及其他有害物质污染合作协议》（1983）以及
《东北大西洋海洋环境保护公约》（1992），上述公约和法律法规制定后，
该海洋区域海洋治理的制度体系基本得以完善。

　　区域海洋公约的订立和执行需要沿海国有共同的利益、制度背景和执
行能力，否则就算制定了制度而执行却有困难。如波罗的海6个沿海国家
在1974年缔结了《保护波罗的海区域海洋环境公约》（简称《赫尔辛基公
约》），共同治理波罗的海区域海洋环境污染问题。此公约设立了一个实施
公约的机构——波罗的海海洋环境保护委员会，从整体性保护出发，旨在
减少、防止和消除各种形式的污染。对海洋环境保护所涉及的具体问题，
波罗的海海洋环境保护委员会再通过公约附件的形式进行规制。1976年，
地中海沿岸国签署了《保护地中海免受污染公约》（简称《巴塞罗那公
约》）。此公约对地中海沿岸各国的发展水平都进行了充分的考虑，确立了
两个层次的治理框架——"公约-附加议定书"制度模式，也即"综合-
分立"的模式。该公约在1995年进行修改，引入了污染者负担原则、预
防原则、可持续发展原则等新内容。在《巴塞罗那公约》达成之后，则以
议定书的形式引入更为严格的义务规范。[①] 受1992年里约热内卢环境与发
展会议通过的《21世纪议程》影响，地中海沿岸国家在2008年又制定了
《地中海海岸区域综合管理议定书》，反映出海洋环境保护合作向公海和海
岸区域扩展的趋势。

　　与我国相关联的西北太平洋地区的区域海洋治理制度建设一直处于滞
后的状态。到目前为止，东北亚地区除了东亚海环境管理伙伴关系计划
（PEMSEA）外，西北太平洋区域内各国政府的有关代表在与联合国环境规
划署（UNEP）和其他联合国系统内的组织进行协商后，《西北太平洋海洋

---

　　① 相关议定书包括：1976年《关于废物倾倒的议定书》、1976年《关于紧急情况下进行合
作的议定书》、1980年《关于陆源污染的议定书》、1982年《关于特别保护区的议定书》、1995年
《关于地中海特别保护区和生物多样性的议定书》（该议定书取代了1982年《关于特别保护区的
议定书》）、1994年《关于开发大陆架、海床或底土的议定书》以及1996年《关于危险废物（包
括放射性废物）越境运输的议定书》。

和沿海区域环境保护、管理和开发的行动计划》在 1994 年正式通过,并得到了俄罗斯、日本、韩国和中国的支持,① 但目前尚未形成制度性的合作机制。不过,东北亚区域国家也清晰地看到海洋区域合作的重要性,通过领导人会晤、政府间磋商等方式加强合作,在重大海洋突发事件、海洋垃圾防治等领域加强政府间协作。虽然因政治关系等因素影响,特别是 2022 年 2 月以来的俄罗斯与乌克兰的军事冲突,使得黑海区域海洋治理因权益的问题变得更加复杂,当今全球区域海洋仍存在一些海洋权益矛盾,但国际社会对区域海洋治理需求不断增加,相关国家应把合作关系"机制化",这将有助于逐步解决诸多的区域海洋冲突问题。

四、区域海洋公共治理

随着沿海区域经济社会的发展,区域海洋公共问题开始大量出现,如跨行政区的海洋环境资源保护、海洋污染治理、突发性海洋公共危机的处理、海洋公共产品的供给和地方海区治理问题、区域发展规划问题和基础设施建设问题等。面对这些急剧滋生的区域海洋公共问题和日趋复杂与多样化的区域公共事务,以往由一个地方政府进行的单边公共行政已力不从心,必须倚赖区域政府、企业、社区组织、公民社会团体、居民等区域利益相关者合作共同治理。区域海洋公共治理应运而生。

区域海洋公共治理是在一定海洋区域范围内为了实现某一特定的海洋治理目标,相关主体利用区域海洋资源平等地合作、协调,实现对区域海洋公共事务治理的过程,其开展的关键在于确立多元主体的构成以及主体间的相互关系、形成多元主体间的合作手段。其中,对于区域海洋公共治理多元主体的确立,主要有两种观点,一种为"政府-非政府"观,即认为区域海洋公共治理的出现是为了将政府从繁重的单一主体管理负担中解放出来,通过引入企业、非政府组织、社会、公民等非政府主体及其各自的

---

① 朝鲜目前只作为观察员身份,尚未从法律程序上正式批准该区域行动计划。

优势与资源，形成互补，从而实现对区域海洋公共治理效率与公平的兼顾；另外一种观点认为，区域海洋公共治理中的多元主体是为一种相互平等的关系，涉及行政、市场、社会等多种要素，构建政府、非政府组织、企业、公民等多元主体对海洋整体治理的机制，最终实现对区域海洋公共事务的多元共治。基于上述分析，本研究认为，区域海洋公共治理具有如下含义。

（一）区域海洋公共治理的主体：区域利益相关者

区域不只是政府的区域，区域问题涉及方方面面的利益，包括政府、企业和社会公众等方面。因此，区域海洋公共治理不是单靠政府的力量，而是通过多元化主体的联动治理，实现政府主导，企业、非政府组织和公众共同治理的局面。区域治理的利益相关者有：

一是政府。区域政府是区域海洋治理的主体，它负责有关区域涉海法规的制定和实施、大部分区域海洋公共服务的提供。政府包括区域政府、中央政府及派出机构（如生态环境部和自然资源部海区派出机构）、公共事业机构（如生态环境部和自然资源部下属事业单位）等。

二是企业。企业通常被认为是以利润最大化为目的，它往往积极参与区域海洋公共治理，以实现其利润目标，企业参与区域海洋公共治理的目的是在税收和政策方面获得一定的优惠，从而降低运营成本。

三是非营利组织。包括涉海社会团体、涉海公益性组织。涉海社会团体以公共组织的身份出现，可以弥补政府与市场的不足，提供一些海洋公共服务，同时，代表区域内成员的利益与政府和其他组织进行协商和博弈，为区域内成员谋取更多的利益。

四是居民。居民是区域海洋公共治理的重要参与者，他们通过参与地方海洋事务来介入公共事务，维护自身的利益以及区域海洋公共利益。如渔民通过对区域渔业管理政策执行的参与来实现自身渔业利益。

（二）区域海洋公共治理的内容：区域海洋公共事务

区域海洋公共事务是在一个区域内，跨越行政界限的海洋公共物品和海洋公共服务等，对实现区域发展的目标，保障区域海洋事业发展的安全和秩序等都有着重要影响作用。区域海洋公共事务包含区域海洋社会、经济、生态环境以及文化教育等方面，并呈现复杂化、多样化趋势。如区域海洋公共资源的治理、海洋环境保护问题、涉海重大产业布局、区域海洋规划等。区域海洋公共事务涉及的跨地区需要中央政府、区域内地方政府、企业、非营利组织等区域利益相关者合作治理。

（三）区域海洋公共治理的运行体系：区域多中心治理

区域多中心治理是为了有效地进行海洋公共事务管理和提供海洋公共服务，实现持续发展的绩效目标，由区域中多元的独立行为主体，基于一定的集体行动规则，通过相互博弈、相互调适、共同参与合作等互动关系，形成多样化的区域海洋公共事务管理制度或组织模式。区域多中心治理作为一种以政府为主体、多种公私机构并存的新型海洋公共事务管理模式，是建立在市场原则、公共利益和相互认同基础之上的国家与公民社会、政府与非政府组织、公共机构与私人机构的合作，政府在管理区域海洋公共事务方面可以将其一部分职能转交给公民社会，而且应当拥有多种管理手段与方法，以增进和实现公共利益。如海洋环境治理需要政府的管制、企业的自我管理和技术提升、社会组织和公民的监督。

第二节 区域海洋公共治理的理论基础

20 世纪 70 年代以来，在新制度主义、新公共管理以及治理理论的影响下，国内外相关学者主要将奥斯特罗姆（Elinor Ostrom）的多中心治理理论、奥尔森（Mancur Olson）的集体行动理论、希克斯（Perri Six）和邓利维（Patrick Dunleavy）的整体政府等新理论与区域公共治理的具体场域问题、案例相结合，为区域海洋公共治理研究奠定了相关理论基础。海洋治理理论研究则是在同一时期基于全球海洋法治实践而兴起的（Rosenne，1975），1982 年《联合国海洋法公约》通过后，区域治理理论在海洋治理过程中得到关注（J N 阿姆斯特朗、P C 赖纳，1986）。近年来，国内学者在研究治理的外部性理论、区域发展公正理论等基础上，从基本要素、法律制度、治理模式等因素对海洋公共治理的理论、机制和制度展开了研究。通过对国内外海洋治理研究的宏观考察发现，海洋治理范式实际上经历了从国家海洋管理到区域合作治理，再到全球多层级治理的变迁过程，并在海洋治理机制上形成了"单一管理—区域参与—全球合作"的演化脉络。

一、治理理论的几个维度

区域海洋公共治理在根本上都受公共治理理念的指引和公共政策的影响。当前的区域治理理论主要包括区域网络治理、协同治理、多中心治理和整体性治理等。上述治理理论均涉及海洋治理的各类主体，而主体间的关系是海洋治理的逻辑基础，其核心议题为合作或协作。网络治理的目的是公共利益的增进或实现，政府部门和非政府部门等位于相互依存的环境中实行公共权力的分享，实施公共事务的共同管理。协同治理是从 20 世纪 90 年代初开始受到关注，被联合国全球治理委员会定义为："个人、各种私人或是公共机构管制其共同事务的各种方式之和，协同治理调和了共同冲突的不同利益主体且采取持续联合行动的过程"。在 20 世纪 90 年代，诺贝尔经济学奖获得者埃莉诺·奥斯特罗姆及其丈夫文森特·奥斯特罗姆一同提出了多中心治理。此理论来自公民社会意识的觉醒，并且注重多元化管理。其观点是："在管理现代公共事务的过程之中，除去政府以外，应激励更多的社会公民组织积极参与经济、社会、政治等公共事务的管理。现代公共事务的治理过程仅仅依靠政府运用政治权威对社会事务进行单一的管理是行不通的，而应是形成一个包含'社会、市场与国家'的多元化架构协同运行，形成各个主体互相制衡，上下联动的管理过程。"①多中心治理理论以理性选择的逻辑论证及缜密的制度分析，充分表现了此理论独特的制度理性选择学派的魅力。多中心海洋治理是将区域海洋作为重心，多元治理主体如政府、国际组织、民间团体、公民、地方社群自治体、非政府组织等协作发挥共同作用的复杂过程，在权力的向度上不但存在内外互动，并且有上下互动。

在多中心治理理论倡导以自主治理为核心的治理框架内，国家的主导性逐渐丧失。在西方部分国家，因自治组织和社群运作机制发达，自主治理是可能实现的。但区域海洋治理的一般载体就是海域或海岸带，没有一定的海洋科学和技术难以让治理成为一件十分方便的事。因此，治理的现代化和有效性是否必然伴随国家为主导的治理机制的不断强盛和社会自主治理机制的逐渐衰弱，即面临着国家治理与社会治理的矛盾，② 这种现象在近年逐渐呈现一定的回潮。海洋治理的国家能力和权力的主导性，促使区域海洋公共治理必然仍以国家权力主导的方式出现，摆脱国家权力的治理并不能被完全否决，因为治理也包含着失败的几率，③ 而国家的权力介入对治理的兜底效应明显。政府之间积极合作和沟通是整体性治理所强调的，整体性治理提出政府各个部门之间的整合，实现信息的资源共享，彼此之间协调统一，拥有一致的治理目标，着力提供接连的无空隙的公共服务。④ 因此，区域海洋治理需要在适应于海洋整体性治理思考的基础上，对海洋系统有效控制并达到治理效果的基础上做出。

二、基于整体性治理理论的海洋治理

在 1997 年出版的《整体性政府》一书中，希克斯提出了整体性治理

---

① 高明、郭施宏：《环境治理模式研究综述》，《北京工业大学学报（社会科学版）》，2015年第 6 期，第 52 页。

② 郁建兴、王诗宗：《当代中国治理研究的新议程》，《中共浙江省委党校学报》，2017 年第1 期，第 28 – 38 页。

③ 王诗宗：《治理理论的内在矛盾及其出路》，《哲学研究》，2008 年第 2 期，第 84 – 89 页。

④ Perri 6，Diana Leat，Kimberly Seltzer，Gerry Stoker. Towards holistic governance：the new reform agenda. Palgrave，2002：75.

理论，这是第一次系统地对"整体性治理"下定义，之后在《迈向整体性治理》一书中清楚地表明了整体性治理产生的主要内容、目标和背景等。其阐述的整体性治理就是以整合、责任、协调作为机制，将公民的需求视为导向，采用信息技术对碎片化的信息系统、功能、治理层级和公私部门关系等进行有机结合，不断地"从分散走向集中，从部分走向整体，从破碎走向整合"，① 为公民提供了无空隙且非分离的一体化服务的政府治理模式。

　　整体性治理理论的核心思想与核心观点是协调和整合。整体性治理将政府、市场和社会放在同一个治理框架内进行思考，在为维护政治秩序、市场秩序和社会秩序形成不同的治理机制的基础上，确定共同的整体性目标，以此为基础进行制度构建。整体性治理的整合包括政策整合与组织整合，即借助于文化、激励、权威结构把各类政策与组织努力结合起来、横跨组织之间的界限以此来应对非结构化的重大问题，而协调则是通过诱导和激励各个部门和单位、专业机构、任务组织等朝着一致的方向行动或至少不要侵蚀互相的工作基层。其对于服务、监督、政策、管制等全部层面上的整体性运作显示于以下三个方面：政府部门同非政府部门或同私营部门之间、公共部门内部进行整合；同一层次或是不同层次的治理进行整合；功能内部进行相互协调。②

　　区域海洋公共治理内容庞杂，包括船舶航行与作业、各类陆源污染物排放海洋、养殖海域、涉海工程建设等一系列需要政府为主导协调管理的海洋综合治理系统，整体性治理的理念显然符合海洋治理的现实需要。由于海洋开发领域不断拓展，海洋的价值不仅仅限于航行和捕鱼，特别是海洋能源的开发、海洋空间和资源利用的发展，以及新型海洋战略价值的确定，使得包括国家、地方、相关组织、企业、个人等怀有各种动机的利益群体纷纷进军海洋领域。但是海洋资源并不是取之不尽、用之不竭的，而

---

① 竺乾威：《从新公共管理到整体性治理》，《中国行政管理》，2008年第10期，第52-58页。
② 吕建华等：《整体性治理对我国海洋环境管理体制改革的启示》，《中国行政管理》，2012年第5期，第19-22页。

是稀缺的、有限的。对于海洋公共地这一特殊资源而言，单个资源获取者的最佳决策往往是在一定时间内最大限度地采撷，以达到最大产出，获得最大经济效益。在追求效益的过程中，海洋污染物排放成为减少成本获得经济效益最可能的手段，这种个人的局部理性判断反而造成了整体的非理性。[①] 因此，区域海洋公共治理不应局限于碎片化的治理模式，基于整体的集体理性和治理框架的制度设计是区域海洋公共治理的基本路向。

三、基于利益衡量理论的海洋治理

利益衡量作为一种解释方法论源于德国民法学，在法学发展的进程中逐渐被公共管理等学科吸收借鉴，特别在公共政策制定中分析多元主体关系的利益冲突时成为制度化的解释工具。利益衡量论认为在处理两种利益之间的冲突时，强调用实质判断的方法，判断哪一种利益更应受到保护。[②] 在公共政策制定中，制度化是一种主要的路径，与利益衡量方法衔接的制度化即为立法的过程。立法者在立法过程当中，按照相关的程序与原则，为了促使利益均衡的实现，需要识别多元利益，并进行比较和评价，在此基础上做出利益选择或取舍称为利益衡量。至于利益以何种标准进行判别，利益价值的判别是立法者利益衡量不可避免的难题。且利益的价值在一开始没有法律上的标准，更多是社会道德、风俗习惯等影响下的判断，而利益衡量的结果是从立法上需要建立一种新的制度来重新平衡当事人双方的关系，或者对原先制度调整从而重新建立起新的利益平衡关系，并且这种从空白法律到创设法律，极易形成主观上的恣意。[③] 所以，如何避免这种在海洋治理领域的诸多利益平衡关系确立过程所造成的恣意，找寻出

---

① 高锋：《我国东海区域的公共问题治理研究》，同济大学硕士学位论文，2007 年，第 26 页。

② 梁上上：《利益的层次结构与利益衡量的展开——兼评加藤一郎的利益衡量论》，《法学研究》，2002 年第 1 期，第 52 - 65 页。

③ 日本学者加藤一郎认为，"利益衡量论中，有不少过分任意的或可能是过分任意的判断"。参见加藤一郎：《民法的解释与利益衡量》，梁慧星译，载梁慧星主编：《民商法论丛》第 2 卷，法律出版社，1995 年版，第 338 页。

尽可能的稳妥，可依据海洋治理中的利益衡量价值目标，并注意如下几个方面的问题。

第一，依据海洋发展的正义理念判别所保护的治理利益是合理的，并契合各国或各跨区域主体，政府、市场和社会普遍认可的一般观念或社会情感。

第二，在海洋政策实行过程中要考虑有区别的利益价值。依照利益衡量所要求的，可以将利益分为"群体利益"、"制度利益"（即法律制度的利益）、"当事人的具体利益"、"社会公共利益"①，环境跨区域的群体利益、制度利益、当事人的具体利益、社会公共利益则会形成相关的层次结构。

第三，将利益进行上述分类之后的利益层次确定和排序，决定海洋治理的机制制度化导向，则是一个更为复杂的问题。这就需要对区域主体关系进行重新梳理，对各主体基于海洋、陆域而形成的权利性质和位阶进行考量，以此为基础判断利益的排序。

众所周知，由众多权利主体进行对特定海域的利用，这便是共享性在海域资源上的体现，② 一个主体（包括法人与自然人）的利用行为一般情况下均会影响其他人对此的利用。海水具有的流动性，使海洋治理往往具有不确定性，所以有必要对各种利用行为采取有效的管治。在海洋利用过程中，政府代表国家或地方的公共利益，企业代表部分社会主体的利益，但由于企业在运行过程中缴纳税收、解决劳动力就业，与政府、社会公众利益息息相关。公民个人的海洋利益或权利，如渔民的捕捞权、海域使用权，虽是"当事人的具体利益"，但却是维系这些当事人生存的"基本权利"；而国家制定法律所追求的"制度利益"最终目的是国家发展、人民幸福，因此所有利益之间相互交织、互为影响。基于利益衡量理论基础上的区域海洋治理就是当各利益主体的利益发生冲突后，在划分利益层次的基础上进行利益衡量，在利益平衡后展开制度构建。

---

① 梁上上：《利益的层次结构与利益衡量的展开——兼评加藤一郎的利益衡量论》，《法学研究》，2002年第1期，第52-65页。

② 关涛：《海域使用权研究》，《河南省政法管理干部学院学报》，2004年第1期，第3页。

四、基于府际关系理论的海洋治理

府际关系也叫"政府间关系"，是不同层级政府之间的关系网络，也包括政府内部各部门间的权力分工关系，从宏观上看还包括国家之间的政府关系，主要包括三类。一是上下级政府的关系。这种组织层级关系为"下级服从上级"的层级管理关系，是主动顶层设计、纵向性、单向度的管理模式，当下级之间协作发生困难时，上级政府可能充当协调甚至合作的角色。二是同级别政府间的关系。一级政府一般以管辖本行政区内事务，在必要时和同级政府、不同级但跨行政区政府协作的方式开展跨区域治理，其治理的方式多为合作、协商，创立合作型的组织结构也被府际管理所注重，其主张实现多方调和、协商的合作机制。三是跨国界政府间关系。这类关系涉及不同制度和法律背景的国家关系，国家间的府际管理突破了金字塔型的层级限制，跨国界治理是为了实现不同政府间的资源共享，达到资源配置优化。

区域海洋公共治理是各类陆源排海、船舶作业活动、涉海工程建设、重点养殖海域等一系列海洋活动的政府之间的综合治理系统，是现代海洋治理与府际关系两个理念相互融汇发展的产物。[①] 府际管理模式的发展，对海洋公共治理具有巨大的正向借鉴意义。一是府际管理助力于变革海洋治理观念。海洋是具有流动性的，海洋的整治不能仅依靠于单一地区的政府，更需把视线从单一政府拓宽到纵向与横向的政府间关系、企业和政府间的关系、市民与社会团体间的关系，遵循府际关系的海洋整治可以突破纯区域政府的界线，引导政府向跨区域政府、市场和社会寻求帮助。二是府际管理有利于政府间协同创新。在海洋发展中，政府间由于存在地方利益的考虑，常常会产生合作不够、地方性保护等现象。在海洋事业发展上，府际管理提倡政府间运用协调规划经营、资源共同配置、信息共享等

---

① 戴瑛：《论区域海洋环境治理的协作与合作》，《经济研究导刊》，2014年第7期，第109页。

方式，为解决共性的海洋发展问题带来新创新、新思路。三是府际管理有利于提高公共产品的供给效率。一些跨地区的海洋公共物品与服务，往往因跨区域、投入大、影响广，在跨国家之间还因主权问题造成较大障碍，府际协作可以激发起个人、企业、政府等各类主体间的合作和适度竞争，并能在跨区域的协同海洋执法、污染防治等方面提高公共服务的供给效率。

总之，区域海洋公共治理就是跨行政地区、跨国家的地方政府对其所辖海域问题进行共同合作整治。但随着大海洋生态系统的研究与实践推进，区域海洋公共治理应考虑海洋自然区域的生态性，将区域政府间协调整治理论引入海洋公共治理领域，通过对毗邻同一海域的各行政区的协同治理实现海洋公共问题治理的有效性。

五、基于多层级理论的海洋治理

多层级治理是一种独特的治理结构，它是由相互联系和相互补充的动态复合治理体系所构成的。多层级治理的特性表现为权威的来源多样化，不限于政府；不是强制力统治，而是基于各层级的认同和共识。多层级治理本身具有多层级性，它的决策权威分布在以地域为界的不同层级中。这些不同层级包括超国家行为主体、国家政府、区域行为以及拥有执行权利的代理机构等。具体而言，多层级治理体系是一种囊括了全球层级、区域层级、国家层级、地方层级和社会层级的系统，在每个层级上，工业、交通、建筑等各个部门参与其中，政府、市场和社会多元互动的一种治理架构。这些层级均是决策的主体，可以直接参与决策。多层级治理也具有动态性，即各层级的功能和职责不是一成不变的，不同时间段、不同政策任务、不同政策领域需要不同的主体和层级的参与。但在每一个层级运行中，总需要有相应的"引领者"带领其他主体互动和做出决策，以达到海洋治理的有效运行。

多层级治理最初来自欧盟，也非常适合于区域海洋公共问题的治理。以海洋环境治理为例，1982 年《联合国海洋法公约》专门规定了海洋环境保护的国际合作机制，此后，以欧盟为代表的区域组织和相关海洋国家出台了相应的区域环境保护制度，强化所在国海洋环境保护的体制机制，波罗的海、地中海、加勒比海等区域海洋环境协同计划纷纷签订并实施。近年来，中国在国家层面加快机构改革，对《海洋环境保护法》进一步修改，促进海洋生态环境的协同治理，在地方和基层推进如"滩长制""湾长制"为代表的小微环境治理机制等，这些都代表了海洋生态环境治理正呈现出多层级的趋势，也正被更多的学者和实践人士所关注。多层级治理模式下的海洋治理机制表现为以下三个特性。

1. 多层级治理决策模式的多样化

多层级治理决策模式主要包括以下五种：相互调整模式、政府间协调模式、超国家模式、共同决策模式以及公开协调模式。其中，在海洋决策模式中，相互调整模式允许各国间的自由博弈，然而在海洋公共领域实现相互调整模式容易形成零和博弈，造成海洋公地悲剧。政府间协调模式是全球海洋问题治理中最主要的模式，各当事国就海洋治理中的相关利益进行协商，容易在博弈中达成一致。超国家模式需要各国具有全球海洋治理思维，这种思维也是建立超国家模式的关键所在，相关利益者将各自的利益博弈超越国家，进入集体理性轨道，集体理性对待海洋公共问题治理具有优先性和独到性。而共同决策模式是通过协商的方式，在引导各利益相关者博弈的基础上，吸收了网络化治理的精髓，充分地听取利益相关者的利益诉求，不仅实现集体利益最大化，也照顾各个利益相关主体的利益。公开协调模式具有分散性和多元性特征，成员国在不同政策领域可以采取不同措施，但在区域层次上可以进行一致的政策协调，从而使得各种分散的政策能够实现有效衔接，避免政策摩擦。

2. 多层级治理主体的集体行动

从国际关系理论政府间主义的视角来看，建立一种具有集体理性思维的国家组织，对于实现各成员国之间的海洋治理目标具有很大裨益，当然其行动的合法性来自成员国之间共同达成的协议和政策。如欧盟环境治理政策的创议和形成过程都有多层级行为体的参与和介入，协议和政策的形式采取相互调整模式。在这一模式中，各层级和各个成员间没有共同行动的义务，每个层级和成员都根据自身的情况自主地支配自己的行动。然而，每个层级和成员做出的政策选择都是基于对其他层级和成员的行为判断，各层级和成员的政策也会因其他层级和成员政策的调整而调整，并最终形成各方都能接受的政策。这种多层级互动政策模式不仅很好地兼顾了各层级和各成员国之间的利益，而且有效地保障了每个层级和成员在集体行动中的利益。

3. 多层级治理模式的政策开放性

不论在国家内部各层级之间还是国际区域海洋公共治理都显示出政策的开放特征，如国内海洋公共治理过程中要充分尊重各级政府在海洋公共问题治理中的特殊性，全球海洋治理也需要建立一种在完善制度保障基础上的政策开放性，允许各成员根据自身的行为参与海洋治理，尊重各国的主权和权益表达，以便于达成海洋公共问题治理的有效性，当然这种开放表达需要完善的制度体系和政策体系作为保障。多层级的治理模式体现在区域内国际协议、国际条约、国际法律对超国家机构和主权国家在海洋治理中的权力分配的界定，以及法律在整体层次、成员国国家层次的适用性。这种治理模式有效地避免了海洋治理合作中的"公地悲剧"困境。

第三节　区域海洋公共治理的基本逻辑关系

针对区域或跨区域的治理需求，国内区域海洋公共治理往往能在政府导向基础上形成合作互动的治理网络机制，但跨国家区域的海洋公共治理最大的特点是各主权国家均存在独立的权力体系，往往以国际规则的制定确定跨国家区域的海洋治理体系，因此形成的可能是国际公约约束下的"区域海"模式或基于一致行动的合作式海洋治理机制，但这种机制的规则设计往往受到强权国家的力量影响。基于此，区域海洋公共治理的制度构建需要在治理理论主导下形成一定的运行逻辑。

一、区域海洋公共治理中"区域"的范畴界定

基于海洋领域的"区域"范畴可以作多维度的解释。区域作为一个综合性概念，除了有生态区、功能区、国界的区分外，还可以是社会区域和行政区域，也可以是自然区域和经济区域。① 一是基于行政管辖范围的"区域划分"，这类划分类同于陆地区域的划分，按照国家内部的行政层级管辖把海洋也"区域化"了。二是按照海洋自身的地理特殊性和功能区别将海洋"人为"地分割为许多"区域"，以实现海洋有别于陆地的特有功能。这个"区域"不是基于省、市、县的行政地理概念，而是一种地理概念的延伸。这种大区域治理形成的前提是政治、经济的合作，不仅要考虑主体的参与，还要考虑一定地理区域内国家间、行政区间、海区间的合作治理。② 大范围来看，大洋或海域范围的国家往往由于海洋特殊性而形成互通，一个国家内的海洋也是诸多行政区共享，所以不管是小到局部国家的海洋公共问题还是大到全球范围的海洋问题，它的主体内容都可以归纳到区域性海洋公共问题中来，并且需要区域内多元化主体的共同合作治理。

除了行政区、国家疆域划分形成的海洋治理的跨区域现状外，区域海洋治理也包含了海洋作为一个整体在政府管理上的区分，基于《联合国海洋法公约》将海洋划分为具有管辖意义的各种海域，包含领海、国际海底区域、大陆架、专属经济区、毗连区、群岛水域、公海、内水及用于国际航行的海峡等，③ 沿海国家或国际组织确定了各国在以上海域中从事各种

---

① 这种基于公共管理的视角对区域范畴的研究，必须根据不同区域类型和区域问题创设不同的治理安排，参见陈瑞莲、张紧跟：《公共行政研究的新视角：区域公共行政》，载于《公共行政》2002 年第 3 期。

② 全永波：《区域合作视阈下的海洋公共危机治理》，《社会科学战线》，2012 年第 6 期，第 175 – 179 页。

③ 全永波：《海洋法》，海洋出版社，2016 年版，第 3 页。

活动的原则、规则和规章制度。海洋的这种划分和管理实际上也体现了海洋的分区域管理。另外，虽属于同一性质（如领海、内水），但出于不同生态系统或不同开发功能的考量，政府往往对海域进行功能区划分，如《舟山国家级海洋特别保护区管理条例》（2016）显示，将对国家级海洋特别保护区"实行功能分区管理制度"，根据实际情况划定，如生态与资源恢复区、重点保护区、适度利用区等不同级别、功能的保护区。① 因此，海洋"区域"划分分类的多元化，致使海洋治理必须兼顾各类复杂自然因素、政策因素、国际制度规则等。

从一个国家行政层级管辖的分布看，沿海的行政区可能既管辖一定的陆域也管辖相应的近海海域。同样，由于海域的相通性，多数行政区不可能就某一海域行使全部管辖权，故海洋治理多数是跨行政区、跨陆域海域的。如果海域相对狭窄，存在若干个邻近国家分享对海域的管辖，则海洋治理就存在跨国界问题。另外，《联合国海洋法公约》在确定海洋管辖的"多元"体系后，海洋权益功能区不断增多，加上本国内由于生态保护和经济发展需要也确定了诸多海洋功能开发区、保护区等，使得海洋治理的范畴复杂化。海洋公共治理的区域一般可以分为以下几种类型。

1. 行政区域

行政区一般指的是在一个国家内的省、市等行政区划。就海洋而言，近海海域具备跨越行政区的特征，该海域就属于多个行政区的总和。如浙江省舟山市的海域由舟山市人民政府直接管辖，与这个行政区相连接的海域还有上海市、江苏省管辖海域，连接省内的海域还被嘉兴、宁波、杭州、绍兴、台州等市管辖，舟山海域的部分使用权被上海、宁波等行政区共享，如洋山港开发、宁波舟山港共建等，海域开发产生的问题必然形成跨行政区域的特点。

2. 生态区和功能区

海洋（海域）根据"功能"分为三类。一是跨陆地和海洋的区域，陆

---

① 《舟山市国家级海洋特别保护区管理条例》第十条。

地和海洋统筹管理，一般称之为"海岸带"。因陆地与海洋在生活、生产等功能方面差异巨大，海洋治理的模式和状态也与陆地有明显区别，跨"陆域"和"海域"的治理是当前解决我国区域海洋问题的重要难题。二是生态功能区。我国在海洋事业发展过程中，根据地方经济社会发展的不同需要，结合海洋自身的生态环境系统的特殊性，设置了不同类型的海洋功能区，小的如海洋自然保护区、海洋特别保护区、海洋公园等，大的如我国渤海、黄海、东海、南海四大近海就具有独立的海洋生态系统。三是"权益"功能区。《联合国海洋法公约》以及我国《领海及毗连区法》《专属经济区和大陆架法》等因海洋权益管理需要将海域划分为内水、用于国际通行的海峡、专属经济区、毗连区、群岛水域、领海、大陆架、公海等，① 每一类海域对沿海国和其他国家均有不同的权利义务设置。

3. 国际海洋区域

海洋面积占全球面积的 71%，地球上大部分被海洋覆盖，只要是海洋，水体都是相通的。世界上所有的"洋"和大部分的"海"是跨国界的。如中国四大近海中除了渤海完全属于内水外，黄海跨中国、朝鲜、韩国等 3 国，东海跨中国、韩国、日本等 3 国，南海跨中国、越南、菲律宾、马来西亚、泰国、印度尼西亚、文莱、新加坡、柬埔寨等 9 国。一旦发生重大海洋公共事件，邻近国家就会共同应对公共危机。另外，联合国设置的 18 个"区域海"、海洋保护区等都涉及国际海洋区域，在海洋公共治理政策上有一定的特殊性安排。

二、区域海洋公共治理中各主体的角色分析

区域海洋公共治理涉及国内的行政区、生态功能区和国际海洋区域。其中，国内的相关主体主要为政府（包括中央政府和地方政府）、功能区

---

① 本研究将这些区域划分按照权益功能区的内涵来确定，与国内法一般以经济或生态功能区划定有一定区别。

管理委员会（实质在履行政府职能）、企业、社会组织和公众，跨国家间的主体主要是政府，或非政府组织。各类主体之间存在管理与被管理的关系、利益合作与冲突关系等。

1. 政府

在我国的海洋治理中，政府作为一个公共权力主体和国家意志的执行者通常承担着集合体的重要职能，起到总体规划、组织、支持及协调的作用。而在具体运行操作上，"政府"可被分解为纵向和横向两方面。纵向功能通常表现为从中央到地方，即为自上而下的治理政策、方法的实施。横向功能通常表现为在横向上政府各具体职能部门间为达成同一治理目标而进行的合作管理活动。我国在 2018 年机构改革后，自然资源部、生态环境部吸收了原环境保护部和国家海洋局的海洋国土、环境保护职责，整合环境保护和国土、农业、水利、海洋等部门相关执法职责、队伍，分别实行海洋自然资源权益保护、生态环境保护执法等。[1] 海洋公共治理在政府体系设计上逐渐走向大部制、综合性，但从中央到地方的这类整合还需要一个过程，还有海事、港航部门以及海警、军事部门等，各部门都具有自成体系的管理系统。

政府在区域海洋治理中主要承担纵向的管理职能、横向的协调职能，其背后代表的是国家和社会在海洋治理上的利益追求，并通过推进国家立法、按照国家法律或其他的制度形式固化政府在海洋治理上的利益诉求。

2. 企业

与政府的公共性相比，企业具有营利性特点，企业在生产过程中占用一定的公共资源，也可能需要排放一定数量的污染物。企业作为逐利的主体，往往会为了节约减排的运行成本而选择利益的最大化，进而影响其他社会主体和公众的环境保护动能。同时，企业也对海洋公共治理提供积极

---

① 中共中央《深化党和国家机构改革方案》（2018 年 3 月 21 日）。

的正面行动，如上缴利润、提供援助资金给社会，自行减少污染物排放，对于解决或减轻海洋公共问题起到重要作用。① 涉海类企业对海洋公共问题的双重影响，决定了企业在海洋治理中的特殊地位。若海洋公共治理中缺少企业的参与，将不可能真正取得成效。可见，企业作为海洋治理的利益相关者，其地位不可忽视。

3. 社会组织

在我国区域海洋治理中，民间海洋组织是社会组织中的一类，本研究所指的"社会组织"重点为民间海洋组织，它的群体性使其对海洋治理的影响程度远超作为个体的公民。如在海洋环境治理中，民间海洋环保组织在成立时就抱有公益性的目的，这与企业的营利性不同，因此这些组织天然具有积极性和参与性，它们通过沟通、彼此激励、相互竞争与合作，有助于让公共治理进一步规范化。

社会组织的组成人员也具有多元性。在海洋治理的社会组织成员构成上，大多为德高望重的老渔民、热心公益的社会贤达、退休的老干部等，他们既具有"草根性"，能深入民间宣传海洋公益的重要性，又可以及时组织企业、公众将相应的诉求反馈给社会、政府，逐渐将大多数公众的消极观望情绪转化为积极行动，因此，这些民间社会组织有时可起到关键的联通纽带作用。

4. 公众

在我国海洋治理行动中，公众指的是具有共同利益基础、共同爱好或社会关注点相同的社会大众，他们往往具有某种共同的价值取向和思想意识基础，本研究所指的"公众"代表了利益群体的多数人。

制定和执行公共决策的过程可以表现为海洋治理的政策重构，而对社会共同利益的权威性分配是公共决策的本质。因此，在治理环节中，公众参与这个角色不仅需要参与对海洋治理工作的监督、对海洋环境的保护，

---

① 王琪等：《公共治理视野下海洋环境管理研究》，人民出版社，2015年版，第133页。

还包括对海洋公共治理决策的制定和执行等。公共利益最大化的实现需要公众和政府等其他参与要素之间形成职能互补。符合社会公共利益要求的政策输出,保证整个社会利益分配的总体平衡,促进海洋治理决策的实施,这就需要多元化的利益格局和制约关系的形成——公民利益群体中成员间信息交流的平等,决策、执行的透明化。

公众参与海洋公共治理的利益诉求往往具有碎片性和个体性,在某些时候公众利益在一致化后具有较强大的力量影响政府或企业的决策。公众既希望海洋公共问题迅速解决,保证周边生活环境的质量,又从国民性视角关注区域内外海洋公共问题的解决,以参与讨论、推进治理。但公众的另一利益追求特性就是自利性,如果为了满足自己的局部利益,会对实际可能产生的危害行为视而不见,善于"搭便车"、放任公共危害行为的加剧而形成"公地悲剧"。

三、区域海洋公共治理的路径导向与主体关系

区域治理因有"区域"的机制作为支撑,区域内有共同的利益作为基础,治理难度系数不高。对我国区域海洋治理而言,主要面向一定的具有相对独立的生态系统的海区的治理,如我国近海的东海区、南海区的海洋环境治理。但这些海区邻接着属于不同层级的国内政府以及沿海的其他国家,因此需要有一个整体性思考,去应对基于生态系统的区域海洋治理。

本节以"整体性治理理论"为例讨论区域海洋公共治理的多主体关系和机制设计。整体性治理是指经过将原来碎片形式的治理要素与机制进行统一之后所构成一体化的要素逻辑关系。以公民的需求为基础,利用协调、整合和责任等机制,有机结合信息系统、公私部门,使碎片化的治理层级"从分散走向集中,从部分走向整体,从破碎走向整合"。[①] 整合与协

---

① 竺乾威:《从新公共管理到整体性治理》,《中国行政管理》,2008 年第 10 期,第 52 - 58 页。

调就是整体性治理理论的核心思想与中心观点。海洋治理中所存在的基本逻辑要素包括社会组织、政府、公众和企业，图2-2展示了国内区域海洋治理过程中各层级要素之间的多层次交织关系，在整体性治理背景下，参与治理的每一方都是不可或缺的。

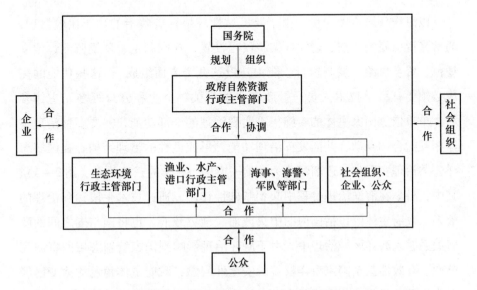

图2-2 我国海洋"整体性治理"中内部逻辑要素间关系

在图2-2中，政府虽然已经不是唯一的权力中心，但实际仍起到运行的指挥者和协调者的角色，他们出台海洋公共治理的政策、拨付经费、动员企业和社会组织参加治理活动，并对这种合作体系进行监督，服务于公众。这种整体性治理的框架模式符合当前中国的现实，比较有效地纳入了多元参与要素，形成了初步的治理网络关系。

四、区域海洋公共治理的基本分析框架

区域海洋公共治理在实质上均受公共政策的干扰与公共治理理念的引导，提出通过伙伴关系、论坛与网络形成一种"善治"模式，重视其他社会主体与政府之间的相互依存，构建出一个区域性海洋的公共治理体制，

促使区域治理网络体系的形成。① 在治理所涉及的三个领域即政府、市场和社会关系上，区域海洋治理已经演变为一般治理领域复杂的主体间关系的整合。

1. 治理主体间的行为互动

以海洋环境治理为例，由于跨区域性环境污染整治的功能比较繁琐，通常来说由履约核查、建立框架、议程设置、规则制定、环境监测、建立规范、资金供给、强制执行、能力建设这九个方面组成。② 这些功能的完成必须要有科学技术人员、行政和立法机关、企业和公众等多元主体参与，单单依靠国家主体的实施很难实现治理的全部功能，需要多种治理主体相互配合和互动，共同发挥治理功能，形成良性的治理结构。在区域海洋公共治理实践中，逐渐演化为政治—市场—科学的三环关系（图 2 - 3）。其中，科学在海洋治理过程中起到基础性作用，通过技术手段达到治理的效果。政府主体既包括国内的中央政府、地方政府，也将国与国之间的政府关系融入海洋区域治理中，由于海洋治理影响到国家管辖海域的资源完整性、有效性甚至国家海洋权益的安全性问题，政府主体角色的演变已经上升为政治的领域。市场的主要主体企业在营利为基础条件下，持续性营利的基础与海洋治理的目标和有效性是一致的。在政治、科学、市场三个环节中，各治理主体已经不是单纯地扮演各自的治理角色，而是相互之间不断影响，如在许多国家，科学机构多数并不是按照科学的模式治理海洋，而是从属于政治，有可能将海洋问题特别是污染转嫁给附近国家或附近区域；政治不断向市场施加压力，要求市场对海洋相关问题采取严格治理措施，增加治理成本。

2. 治理主体之间的利益比较

因为区域海洋治理具有区域性特征，关系到公众、不同政府主体与非

---

① Rhodes R. Governance and public administration. In：J Pierre （ed.）. Debating Governance. New York：Oxford University Press，2000.

② Peter M Haas. Addressing the Global Governance Deficit. Global Environmental Politics，2004 （4）：1 - 15.

政府组织，在海洋整治协作过程中一定会有利益的博弈与冲突。其一，根据法学方法中的利益衡量，可把区域海洋公共利益中所牵涉的制度利益层次划分成个体利益、组织利益、社会利益及国家利益。根据不同的利益层次，顾全利益对个体、社会乃至于国家的需要，依据权利结构进行位阶分类，顾全社会公众的价值观、思索既定法律秩序以及公共政策的方向，在指出某些利益矛盾与平衡的过程当中，对其相关的权利与利益进行克减。在平衡国内主体利益的时候，根据海洋区域治理的区域间利益诉求、社会公众利益导向以及国家政策相关需求，把组织或是个体的利益诉求作一定的局限；在整治跨国界海洋性问题特别是海洋污染时，国家之间的环境利益诉求势必要兼顾双边的战略互惠、人口支援与国家经济的依附性等因素确定双边抑或多边的海洋协调机制。其二，根据制度需求的解释，西方政治学者普遍认为政治制度能影响公共政策，当发达国家经济发展至某种程度之后，社会大众对于治理效果的评论更为敏感，就此转变为政策行动变得困难，因此关于海洋问题的整治则更看重于切实的行动付出与支持国际性的协议。[1]

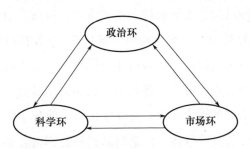

图 2-3　区域海洋治理的三环过程模型[2]

基于以上分析，本研究提出"主体关系—利益衡量"这一理论分析框架，用于解释区域海洋公共治理的模式构建、机制和制度设计。第一，这

① R D Congleton, H Sheik, C Raj. Political Institutions and Pollution Control. Review of Economics and Statistics, 1992, 74 (3): 412–421.

② 区域海洋治理无外乎是在科学研究、政治-政策和市场这三个相互影响的领域中进行的；而国家、国际制度组织、跨国公司、非政府组织及其跨国网络、科学机构及其跨国网络这五种治理主体，则分别在上述三个领域中发挥作用、行使治理权威。参见杨晨曦：《东北亚地区环境治理的困境：基于地区环境治理结构与过程的分析》，《当代亚太》，2013 年第 2 期，第 77－99 页。

一分析框架将海洋治理行为因治理主体中利益主体的不同，以及利益逻辑关系的复杂性、机制制度实践的可能性，来确定治理的导向问题。区域海洋治理的模式优化和机制完善是本研究的主要目标，那么只要符合公共治理的目标导向，其实施路径在合理的框架内应予以支持。第二，在目前全球范围内与全国范围内的区域海洋治理实施中，主体多元化总存在利益博弈的现在时、过去时和将来时，必然要采用不同治理模式基础上的制度化缓冲或既定，来明确区域海洋治理的治理路径。第三，区域治理的多主体性特征，必须要求治理模式优化和机制完善不可"一蹴而就"，在治理机制构建过程中，具有强政府或强区域组织的海洋治理必然和用复杂模式、柔性机制支撑的区域海洋治理，在未来治理模式中并存。其中，跨国界区域的海洋治理机制应会兼顾国家的利益诉求与价值观导向，且必然被区域内的主要力量所干扰，其身后展示了强权政治涉及的因素。

基于这一分析框架，本研究的分析策略是：首先，试图构建支持区域海洋治理的总体性分析思路，即围绕以海洋区域主体关系为基础的治理理论展开，综合考虑政府、市场和社会各主体在区域海洋治理的复杂情形中如何达到主体间的互动、合作与竞争。区域海洋国内治理框架比较成熟，而跨国家的海洋治理该如何互动与构建合作机制，就需要分析区域海洋的基本状况、国家间合作的可能、现有治理机制的实现进程。其次，通过不同类型区域海洋治理的模式分析，选取解析海洋治理主体的协作可能性与构建规则的必要性及其可行性，从逻辑基础层面剖析各类型区域治理的制度需求。现实中，治理主体的利益冲突是制度逻辑形成的基础，利益衡量必不可少。治理理论的多维视角必然在不同情形的区域治理模式构建中得以应用，进而为机制完善、制度构建确立相应的治理基础。再次，通过全球、区域、国家等多层级的海洋治理实践和案例剖解，提出区域海洋治理的模式、成效和经验，验证区域海洋治理分析框架的可行性，重点关注全球范围内的重点区域治理，如波罗的海、地中海、加勒比海等，以及国内的环渤海、长三角、珠三角的区域海洋治理模式，并以浙江的区域海洋治理实践为分析对象，为进一步优化治理模式、完善治理机制提供决策支持。

第三章

区域海洋公共治理的演进历程与基本模式

区域海洋公共治理建立在重叠共识与公共空间基础之上，在区域经济社会一体化的进程中，任何一个地区的区域海洋问题的发生都可能引发区域性海洋公共危机问题，从而导致区域内各国家间、地方政府间、政府和社会间合作治理的加强。在当代中国，区域海洋公共治理已走过了分散性治理到整体性治理的过程。然而，区域海洋生态系统的整体性，使得其治理方式难以照搬陆地模式，必须创新区域海洋公共治理模式，推动海洋治理体系与治理能力现代化。

第一节　区域海洋公共治理的演进历程

区域海洋公共治理是推进国家海洋治理体系和治理能力现代化的重要支撑。对区域海洋公共治理的研究，重点需要梳理我国区域海洋公共治理的演进历程和基本模式，进而对理论展开、问题发现和机制构建提供借鉴。我国区域海洋公共治理已经走过了分散治理阶段到综合治理阶段再到整体治理阶段，这三个阶段也体现了我国区域海洋公共治理逐步走向完善。中华人民共和国成立以后，尤其是进入新时代，国家加大了区域海洋公共治理力度，完善了区域性海洋治理体制、海洋法治体系和区域海洋合作体系。建设海洋强国，必须着眼于建设社会主义现代化强国，着眼于完善的区域性海洋公共治理效能，必须从深层次、多角度和宽领域推动区域海洋治理体系与海洋治理效能之间的互动，逐步实现治理效能的跃升。

一、区域海洋公共治理的分散型阶段

所谓分散治理是指我国在建国初期的比较长的一个阶段，由于国家整体经济水平、海洋科技水平和海洋管理水平比较落后，在区域海洋公共治理上只是对部分领域、部分区域进行了分散性、局部性的治理，还未达到系统治理。

中华人民共和国成立初期，国家已经意识到加强海洋治理的重要性，但是国内一穷二白、百废待兴，这一阶段我国海洋治理体制采取简单的分散性行业管理模式。政府根据海洋的自然属性和行业特点将陆地行政管理模式延伸复制到海洋管理上，从中央到地方都由相关行业部门对陆地和海洋实行统一管理。这一阶段在区域海洋治理体系上建立起海洋管理的框架机构，但是散布于各部委之中。在区域海洋渔业领域主要以恢复渔业生产为主；在海洋交通领域主要是以发展海上船舶航行和基础设施建设为主；在海洋环境领域主要以海洋环境调查、监测为主。一直到 1964 年 7 月成立了国家海洋局，从此我国有了专门的海洋工作领导部门，我国的海洋事业也进入了一个新的发展时期。当时，国家赋予国家海洋局的建局宗旨是负责统一管理海洋资源和海洋环境调查、资料收集整编和海洋公益服务，目的是把分散的、临时性的协作力量转化为一支稳定的海洋工作力量。同时，我国也开始加强区域海洋公共治理，国家海洋局成立组建了北海分局、东海分局和南海分局，但是各沿海省份的地方海洋局或海洋与渔业局等机构还未成立。

（1）区域海洋渔业治理上，中华人民共和国成立后各级政府立即着手恢复渔业生产。1949 年 12 月 13 日，中共中央决定水产工作由食品工业部领导，部下设水产组，负责全国水产（包括海洋渔业）的恢复和建设工作。1950年12月，政务院决定撤销食品工业部，水产工作划归农业部管理。12月14日，根据政务院的决定，轻工业部将原食品工业部所辖水产工作移交农业部，农业部下设水产处，负责全国水产工作。同时，及时组建地方的水产管理机构。1951年1月，第二届全国渔业会议明确了渔业"仍以恢复为主"。在党和国家的推动下，1952年全国海洋渔业产量为106万吨，超过1950年55万吨近一倍，到1956年，海洋渔业产量增加到了171万吨。[①]

（2）区域海洋交通运输治理上，遵照"发展生产，繁荣经济"的方针，1950年8月恢复了长江口以北的沿海运输，1951年9月恢复了华南沿海航线。1953年第一个五年计划开始后，一方面积极发展沿海运输，一方面发展远洋运输。随着我国对外贸易的增长，与我国通航的外国商船逐渐增多。到1954年，就有17个国家的商船同我国通航。远洋货运量不断增加，由1950年的8万吨到1956年的69万吨。[①]

（3）区域海洋环境治理上，这一阶段我国初步建立了海洋环境调查和监测体系，区域海洋环境质量调查、现状评价、预断评价体系等。1973年成立的国务院环境保护领导小组是中国全面管理环境保护工作的专门机构，该领导小组自成立之后，在组织海洋环境监测、调查和预防海洋污染方面开展了一系列工作。1976年，该领导小组组织召开了防治渤海、黄海污染会议，结合防治渤海、黄海污染的规划和措施，决定成立渤海、黄海海域保护领导小组及其办事机构。这一机构的主要任务是制订防治渤海、黄海污染规划和计划，并督促检查、组织实施；拟定保护海域的条例和水质标准；组织开展污染调查、监测和科研工作。这一机构是中国专门为解决海洋环境问题而设立的第一个综合性管理机构。1973年起，沿海省（自治区、直辖市）先后成立了环境保护机构，起初多数省市因为力量所限，还只是停留在近岸海域环境的污染调查、陆源污染物的管理等一般性的海洋环境保护工作上。

---

① 罗钰如等：《当代中国的海洋事业》，中国社会科学出版社，1985年版，第14-15页。

二、区域海洋公共治理的综合型阶段

所谓综合治理阶段是指在这一阶段我国海洋治理在海洋管理体制上采取综合管理体制，海洋环境法治建设方面出台了多部综合法律法规，在参与全球海洋治理上主动加入了多个综合性国际组织，是综合性、多方式治理阶段。总之，在这一时期，我国在海洋公共治理上已经取得了飞速进步，我国积极调整海洋管理体制、加快海洋法治建设、积极参与国际海洋治理建设，海洋事业取得世界瞩目的成绩。

在海洋管理体制上，我国建构起了综合式的海洋管理体制。20世纪80年代以来，我国海洋事业迅速发展，海洋管理体制也日益完善。各级海洋管理机构逐步建立，涉海领域的管理进一步加强。国家海洋局系统负责组织海洋环境的调查、监测、监视，开展科学研究，并主管防止海洋石油勘探开发和海洋倾废污染损害的环境保护工作；环境保护部门对环境保护工作实施统一监督管理；水产部门负责海洋渔业和渔船渔港管理；轻工部门负责海盐管理；交通部门负责海上航运和港口管理；石油部门负责海洋油气开发及管理；冶金部门负责固体矿物开发管理；地质矿产部门负责矿产资源勘探工作的管理；气象部门负责海洋气象预报；公安边防部门负责渔民出海和船舶治安管理。与海洋管理有关的系统有：国家海洋局海监系统、交通部门港务监督系统、农业部渔政渔港监督管理系统和渔船检验系统、沿海公安边防管理系统、海事法院、海军和海关。其中，国家海洋局管理系统有国家海洋局及其下设的北海、东海和南海3个海区分局，各海区分局又设了许多管区。[①] 沿海一些省份也成立了以"块块"为主的海洋管理机构。在海洋渔政渔港监督管理系统中，农业部设立了渔业局和渔船检验局，黄渤海、东海和南海3个海区渔政局，各海区渔政局又派出了直

---

① 崔旺来，钟丹丹，李有绪：《我国海洋行政管理体制的多维度审视》，《浙江海洋学院学报（人文科学版）》，2009年第4期，第6-11页。

属渔政站，沿海各省市县和重点乡镇都设立了以"块块"为主的渔政、渔监和船检机构。交通部和沿海各省市以及各大港口均设有港监机构，负责沿岸水域的交通安全和船舶污染的环保工作。

在海洋法治建设上，1983 年我国颁布实施了《中华人民共和国海洋环境保护法》，我国海洋环境保护法律进入了形成体系与不断完善的阶段。为了使《中华人民共和国海洋环境保护法》更好地予以落实，国家于 1983 年之后相继颁布了《中华人民共和国海洋石油勘探开发环境保护管理条例》《中华人民共和国防止船舶污染海域管理条例》和《中华人民共和国水污染防治法》，20 世纪 90 年代又颁布了《中华人民共和国领海及毗连区法》和《中华人民共和国专属经济区和大陆架法》，初步形成了中国海洋法律体系框架。进入 21 世纪，《中华人民共和国海域使用管理法》《中华人民共和国海岛保护法》《防治海洋工程项目污染损害海洋环境管理条例》等法律、条例陆续出台，填补了我国在相关领域海洋管理政策上的空白。

在参与国际海洋治理建设上，我国积极加入国际组织和参与国际条约修订，同时根据国际条约修改我国海洋环境保护法规。《联合国海洋法公约》制定后，我国成为签字国。这之前，我国于 1981 年加入了《1969 年国际油污损害民事责任公约》，对油污损害的民事责任开始适用该公约。1983 年，我国加入国际海事组织的《1973 年国际防止船舶造成污染公约的 1978 年议定书》。此外，我国还加入了《1972 年防止倾倒物及其他物质污染海洋公约》，即《伦敦倾废公约》。

三、区域海洋公共治理的整体型阶段

所谓整体治理是指我国在海洋环境综合治理上日臻完善，对区域海洋法治建设、海洋生态保护和监测达到一定的高度，区域海洋公共治理体系也逐步形成。

区域海洋公共治理是近年来国家和社会共同关注的内容，也是我国海洋治理体系和治理能力现代化的标志。具有代表性的是 2016 年《中华人

民共和国国民经济和社会发展第十三个五年规划纲要》提出要"坚持陆海统筹，发展海洋经济，科学开发海洋资源，保护海洋生态环境，维护海洋权益，建设海洋强国"，强调加快区域海洋经济发展，推进海洋主体功能区建设，优化近岸海域空间布局，维护海洋权益，这表明我国在区域海洋公共治理上已经走向全面治理。2021 年《中华人民共和国国民经济和社会发展第十四个五年规划和 2035 年远景目标纲要》提出要"坚持陆海统筹、人海和谐、合作共赢，协同推进海洋生态保护、海洋经济发展和海洋权益维护，加快建设海洋强国"，建设现代海洋产业体系，提高北部、东部、南部三大海洋经济圈发展水平，探索建立沿海、流域、海域协同一体的综合治理体系，深度参与全球海洋治理。这系列规划落实点的政策设计，显示出我国区域海洋公共治理体系逐步形成，主要表现为以下几方面。

(1) 在区域海洋法治体系上，2014 年 3 月修订了《中华人民共和国渔业法》、2016 年 5 月颁布了《中华人民共和国深海海底区域资源勘探开发法》、2017 年 11 月修订了《中华人民共和国海洋环境保护法》、2018 年 12 月修订了《中华人民共和国港口法》、2021 年 4 月修订了《中华人民共和国海上交通安全法》。经过数年呼吁，"海洋基本法"也已列入全国人大常委会预备立法项目。此外，国家海洋行政主管部门还在围绕海岸带利用和管理、海洋经济发展、海洋防灾减灾、海洋科学调查、海水利用、南极立法等领域推进相关立法工作，并探索研究渤海环境区域保护立法。沿海省市也配套出台了近百部相关的地方性法规、规章。这些法律法规的出台，不仅丰富和发展了具有中国特色的区域海洋治理法律体系，而且对联合国所倡导的海洋综合管理模式做出了有益探索，更是为依法治海提供了执法依据。

(2) 在区域海洋合作治理上，我国已初步形成以海区为单元的治理方式，最早形成的是环渤海区域公共治理，通过联合海洋环境监测演变为区域协同治理，发布《渤海碧海行动计划》，通过省部际会议协调渤海治理问题；长三角也形成了以东海海区为单元的区域治理方式，通过长三角城市合作论坛、长三角海洋行政主管部门会议协同治理东海海洋问题；珠三角也已形成跨行政区域的海洋治理模式，包括制定《泛珠三角区域环境保护合作协议》《泛珠三角区域跨界环境污染纠纷行政处理办法》《泛珠三角区域环境保护合作专项规范（2005—2010年）》等。

（3）在区域海洋治理体制上，国家加大了机构改革力度，提升了区域海洋治理效能。党的十九大以来，特别是2018年的机构改革方案将海洋环境治理划归生态环境部为主，自然资源部重点实施海洋资源管理，这种治理模式将原来"九龙闹海"式的海洋管理改为专业性、整体性的海洋治理。根据国务院机构改革要求，海洋环境保护职责划入生态环境部，成立海洋生态环境司，负责全国海洋生态环境监管工作。生态环境部将以陆海统筹为原则开展海洋环境监测工作，打通"陆地和海洋"的治理障碍。海洋综合管理职责划入自然资源部，成立了海洋战略规划与经济司和海洋预警监测司。海洋战略规划与经济司负责海洋经济发展、海岸带综合保护利用、海域海岛保护利用、海洋军民融合发展等规划并监督实施。海洋预警监测司主要开展海洋生态预警监测、灾害预防、风险评估和隐患排查治理，发布警报和公报，建设国家立体海洋观测网。

第二节　区域海洋公共治理的现实困境

长期以来，我国采用的是"条条管理为主，条块结合"的海洋管理体制，但随着市场经济的发展，这种弊端逐步显现。由于缺乏对海洋生态系统和海洋资源特性的关注，导致区域海洋治理过程中的偏差和缺失。

一、区域海洋公共治理机制缺乏府际合作

区域海洋层次的差异性和复杂性，使得海洋治理涉及多个治理主体，是复杂程度较高的管理过程，需要各主体的分工与合作。我国区域海洋公共治理中存在着治理机制上府际互动的缺失问题，主要表现为以下三个

方面。

（一）区域海洋治理政策的制定和执行缺乏统一性

不同涉海管理部门之间、不同地区之间容易产生各种矛盾，且这种矛盾又由于多头管理、职责交叉及缺乏协调机制等问题而导致矛盾难以及时有效解决，不能够适应区域海洋治理的复杂性、综合性和权变性的需求。[①]区域海洋公共治理是为了维护海洋权益、发展海洋经济、保护海洋环境和资源、协调涉海部门之间矛盾而建立的管理组织结构和运行制度，是实施海洋政策的组织保障。[②] 由于区域海洋界限的分段管辖，导致区域内海洋治理的政策制定缺乏连续性和衔接性，在制定区域海洋治理政策时，缺乏从整体上对区域海洋治理工作进行统筹考虑和全面规划。各涉海部门在进行海洋活动时，往往只考虑本部门或者本行业的政策和制度的执行，同样缺乏统筹考虑和全面管理。在海洋开发和保护的过程中，各个海洋治理主体往往只考虑自己本行业的政策执行力，缺乏统一的领导与执行。

（二）区域海洋治理府际协调不足

府际治理理论强调政府间的互动、联系、协调与沟通。在没有统一的管理机构进行管理时，涉海部门会在潜意识当中从自身的职能和利益角度出发去考虑问题。目前，涉海管理的机构在中央层面涉及自然资源部、生态环境部、农业农村部、交通运输部等多个部门，在地方政府层面涉及自然资源、海洋与渔业、生态环境、林业、农村农业、交通等部门。这些部门依据不同的法律、法规对海洋活动进行管理和监控，各自为战，缺乏整体的协调和管理，难以形成合力。在各部门进行海洋执法的过程中还容易出现多部门之间的工作职责不清、管理主体权限不清等现象，容易滋生相

---

① 于思浩：《海洋强国战略背景下我国海洋管理体制改革》，《山东大学学报（哲学社会科学版）》，2013 年第 6 期，第 153 - 160 页。

② 国家海洋局海洋发展战略研究所：《中国海洋发展报告 2010》，海洋出版社，2010 年版，第 420 页。

互推诿扯皮的现象。多年来,我国区域海洋资源的开发与利用缺乏统一的政策和规划,尤其是跨行政区域的地方政府之间合作力度不够,缺乏统一的领导和规划,府际之间缺乏合作机制、信息共享不到位,造成区域海洋治理的不协调。

(三)海区间公共治理的跨部门协同机制不够有力

21 世纪以来,伴随着国际上对海洋开发和利用的高度关注,区域海洋治理中暴露出的严重分割的行政问题已引起国内外学界日益广泛的关注。传统的海洋管理往往是行业分割管理,不同行业和不同行政边界之间的海洋资源利用矛盾与日俱增。

由于我国区域海洋治理中涉及的部门行政主体众多,制度规则和部门管辖边界往往是分立设置,分割行政的弊端表现得尤为突出,严重影响了区域海洋治理绩效的持续提高。政府对于复杂公共事务的管理往往是通过跨部门联合行动的方式实现的。跨部门协同强调公共政策目标的实现应在不取消部门边界的前提下实行跨部门合作。这就要求涉海部门之间要形成紧密的协同关系,建立起良性互动机制。而目前的区域海洋治理中,尽管部门间合作有了一定发展,但在涉及各部门的核心职能,需要推进不同部门涉海职能的深度合作及融合时,跨部门协同机制的建立就会遇到难以跨越的屏障。

二、区域海洋法律法规建设滞后

要保证区域海洋治理体系的建立健全,就要保证法律的建设和实施。同样,完善的法律法规也是开发海洋资源的有力保障。我国海洋法律法规尚不完备,没有形成完善的海洋法律体系,区域性海洋法规如"海岸带管理法""海洋资源管理法"等综合性管理法仍属空白,涉海行业、部门或地区之间争海域、争空间、争岸段、争滩涂、争资源等冲突的调节无法可依。

（一）区域海洋公共治理立法体系尚不完善

尽管我国在海洋立法上取得了很大成绩，但是现行的海洋法律法规建设速度比理论和实践的发展要缓慢得多。海洋立法主要着力于保护海洋环境和发展海洋权益，缺乏海洋经济方面的立法，缺少海洋新兴产业法律法规，海洋资源立法缺少生态化内容，缺乏针对各种海洋执法类型的统一执法规范和细则，[①] 尤其是对海洋经济发展中出现的一些新颖的、比较热点的问题，缺乏严密而适用性强的法律规范。

区域海洋治理体系想要得到长足发展，就离不开法律法规的支持。区域海洋治理法律法规的建设远落后于区域海洋治理理论的发展。当前，我国的区域海洋治理类法律主要包括《中华人民共和国海域使用管理法》《中华人民共和国海岛保护法》《中华人民共和国海洋环境保护法》《中华人民共和国海上交通安全法》《中华人民共和国渔业法》《中华人民共和国深海海底区域资源勘探开发法》《中华人民共和国专属经济区和大陆架法》《中华人民共和国领海及毗连区法》等，然而这些法律以及相关配套的法律法规的强制性有限，不能很好地在各行各业对海域开发热情日益高涨的形势下有效制止违法行为，无法维护有效的区域海洋治理。此外，在区域海洋治理的众多领域中都涉及与法律相关的问题，如海洋资源争端的国际诉讼问题、涉外渔业管控的法律规制问题、海洋生态（渔业）补偿的法律机制问题、涉渔三无船舶治理的法律适用问题等，无法在现有的法律法规中找到相应的立法依据。[②] 同时，海洋经济的发展，需要国家的海洋法律体系予以支撑。目前，我国涉海立法中，大多数为行业立法，立法对象单一，缺乏海洋与陆地的统筹、开发与保护的统筹、传统行业与新兴产业的统筹等。另外，国家尚未出台"海洋基本法"，区域海洋公共治理缺乏综合性立法支撑。

---

① 初建松、朱玉贵：《中国海洋治理的困境及其应对策略研究》，《中国海洋大学学报（社会科学版）》，2016 年第 5 期，第 25 页。

② 张铎：《中国海洋治理研究审视》，《社会科学战线》，2021 年第 7 期，第 269 - 274 页。

（二）区域海洋事务违法成本过低

当前，我国涉海法律对破坏海洋资源的处罚力度不够。如，《中华人民共和国海洋环境保护法》规定了针对防治陆源污染物、防治海岸工程、防治海洋工程、防治倾倒废弃物以及防治船舶及有关作业活动的污染处罚，总体来说处罚力度不强；《中华人民共和国海岛保护法》规定了违反规定开发有居民海岛或无居民海岛的处罚措施，但是违法成本相对较低，如该法第四十七条规定"在无居民海岛进行生产、建设活动或者组织开展旅游活动的，由县级以上人民政府海洋主管部门责令停止违法行为，没收违法所得，并处二万元以上二十万元以下的罚款"。《中华人民共和国海域使用管理法》规定了改变海岸线、以及擅自或违反规定使用海域的处罚规定，但与海岸线、海域环境的难以恢复性相比处罚程度相对较低。

尤其是对海洋环境污染的处罚力度更是难以达到"以儆效尤"的效果，往往导致有的排污工厂宁可交罚款，也不愿意投入资金治理污染，再加上有些地方政府一味地为了发展经济，不愿意对造成污染的企业进行处罚，结果导致海洋环境的污染不断加剧。同时，海洋具有流动性、关联性的特点，一个地方的环境污染甚至会破坏整个生态系统，从而引发更加严重的问题。跨域海洋环境相关的法律规范中，对违法的法律责任的处罚标准都相对较低。如《中华人民共和国海洋环境保护法》第七十三条规定的四类情形，其中两类处罚三万元以上二十万元以下的罚款，另两类处罚二万元以上十万元以下的罚款。这部分的罚款与其获得的利益不相对称，导致许多企业或者其领导人敢于"以身试法"。大多数环境违法行为仍然是依靠行政手段来解决，行政手段的效力明显不如刑罚的效力。

（三）政府海洋治理的相关法律责任不明晰

我国《环境保护法》《海洋环境保护法》对政府环境管理、海洋环境管理的责任是不明确的，《海洋环境保护法》第五条对地方海洋环境保护的管理责任是模糊的，明确了国家环境保护行政主管部门、国家海洋行政主管部门、国家海事行政主管部门、国家渔业行政主管部门、军队环境保护部门等部门的职责，但对地方政府部门的职责，却只规定"由省、自治区、直辖市人民政府根据本法及国务院有关规定确定"。同时，对于区域性海洋环境问题，大多数地方政府往往不愿主动积极承担责任，而是"理性地"选择逃避和不作为，在区域内各地政府容易互相效仿形成集体的非理性选择，造成海洋环境问题的"公地悲剧"、陷入环境治理的"囚徒困境"，致使区域海洋环境治理走向恶性循环。在缺乏有效且有力的法律法规的情况下，我国海洋环境监督部门在实际执法过程中也常常遭遇有权无力、有责无权、责权分离的尴尬局面，从而影响了我国海洋监督执法的权威性。

三、区域海洋公共治理中的利益不协调

区域海洋公共治理对象和内容的复杂性决定了海洋治理存在着与其他公共管理所不同的特有的矛盾体系。从我国海洋治理关系的相对人而言，治理对象涉及涉海企业、公众、相关非政府组织，甚至包括某些与中国有海洋权益之争的沿海国家，各方力量都作为海洋治理系统中的一个要素而存在，各个要素都存在一定的利益需求，如果彼此之间关系不能协调、矛盾冲突得不到解决，那将使整个管理机制无法正常运行。[①]

（一）区域海洋邻国之间作为不同的利益主体存在一定矛盾

《联合国海洋法公约》签署以后，沿海国海洋管理的范围已经拓宽，从近海延伸到外海。就国家而言，在近海资源日益匮乏，公海开发、远洋捕捞大力发展的今天，处理海洋开发中的国与国之间的纠纷成为海洋管理的新常态。当前，世界沿海各国加速对国家管辖海域的国有化进程：一方

---

① 全永波：《公共政策的利益层次考量——以利益衡量为视角》，《中国行政管理》，2009 年第 10 期，第 67－69 页。

面强化本国管辖海域海洋资源的实际享有和专属性，另一方面加速国家管辖范围以外海洋资源的抢占和开发，主要手段包括加速国内立法、扩大海洋资源跨国合作开发，并积极抢占公海资源。① 可见，在海洋开发与管理的进程中，哪个国家在海洋开发与利用方面先行一步，哪个国家就不仅能为自己的民族赢得巨大的利益，而且实际上也为本国争得了未来的战略主动权。这种国家之间的海洋利益的争夺，势必导致海洋邻国之间产生矛盾和纠纷。

（二）涉海各管理部门之间存在管理利益冲突

海洋治理所涉及的行业和领域十分繁多，历史上传统的陆海一体化管理理念使海洋管理遵循着与陆地管理一样的模式，往往由于行业部门分工和利益的需要形成了相应的管理体制。我国在几十年的实践中逐步形成了一套中央与地方相结合、综合管理与部门管理相结合的海洋管理体制。在海洋管理运作过程中，主要实行的是根据海洋自然资源的属性及相关开发产业的特点，以行业部门管理为主的管理模式。在这一体制中，行业和部门管理占有重要地位，并发挥着关键性的作用。按照这一管理模式，主要涉海产业的部门分工是：海洋渔业资源及其开发由国家和各级政府的水产主管部门管理；海上运输和海上交通安全由交通部门及所属的海事部门管理；海上油气资源的勘探开发由石油部门管理；海盐业由轻工部门管理；海滨旅游由旅游部门管理。一般而言，这种体制作为全部海洋管理的基础和依托有其行之有效的一面，但是，海洋管理多年的实践已证明，涉海各行业管理部门之间由于管理的权责不同而产生了行业利益和部门利益，这种利益的存在结合该部门的行政管理的性质即会形成权力寻租现象，因此仅仅依靠单纯的行业管理已经越来越难以解决海洋开发利用、海洋环境保护以及维护国家海洋权益中出现的复杂问题。

（三）中央政府和地方政府在海洋管理中的利益冲突

中央政府和地方政府都是海洋管理的主体，在根本利益上是一致的。

① 王琪：《海洋管理从理念到制度》，海洋出版社，2007 年版，第 114 页。

但由于海洋的地位越来越重要，地方政府迫切要求尽早、尽快、尽量多地开发利用海洋以产生经济效益，致使中央政府和地方政府在海域管理范围及其事权划分等方面存在着诸多矛盾。特别是在填海造田以及海岸带开发利用问题上，矛盾纠纷尤为突出。

（四）海洋综合管理部门与行业管理部门的矛盾

长期以来，我国的海洋管理实行综合管理与行业管理并存的状态，如海洋、渔业、海事、港口等海洋领域分属不同部门管理，综合管理部门与行业管理部门之间存在交叉、重复管理的领域和区域，由此产生矛盾和纠纷在所难免。为了避免和减少上述矛盾，2013 年 3 月第十二届全国人民代表大会第一次会议审议通过《国务院机构改革和职能转变方案》，重新组建国家海洋局，接受国土资源部管理，并承担国家海洋委员会的具体工作；成立"中国海警局"开展海上维权执法，接受公安部业务指导。2018 年 3 月，《深化党和国家机构改革方案》推出，组建自然资源部，将国家海洋局的职责整合，对外保留国家海洋局牌子；组建生态环境部，将国家海洋局的海洋生态环境保护职责整合。不再保留国土资源部、国家海洋局、环境保护部等部门。地方上的海洋机构改革也随之进行。目前，我国海洋管理实行的是统一管理与分部门分级管理相结合的体制形式，自然资源部代表国家对全国海域实施综合管理，生态环境部统一管理陆域海域的生态环境，沿海省、市（地）、县三级分别成立了地方海洋管理、生态环境环境保护机构，基本形成了中央与地方相结合自上而下的海洋综合管理体系。但与此同时，渔业、海事、港口等的行业管理仍然并存，使得海洋综合管理部门与行业管理部门的管理职责交叉以及由此产生的矛盾仍将在一定时间内存在。

（五）海洋管理部门与涉海企业的矛盾

海洋管理部门主要是政府部门，代表的是公共利益，涉海企业代表的是个体利益。涉海企业追求自身的利益最大化必然会损害公共利益，对海洋环境、公共资源等造成破坏。由此造成海洋管理部门与涉海企业处于长期的对立状态。

当前海洋区域治理问题影响着政府对海洋的管理和开发，考验政府的治理水平。府际间缺乏互动合作、法律法规建设滞后、用海者利益的不协调构成了海洋区域治理中存在的问题。在处理海洋问题的时候，涉及的往往是多个涉海部门和行业、中央政府与地方政府、地方政府之间的互动，利益主体之间通过协同合作的方式来实现共同治理的目标。

许多从事海洋开发利用的个体或企业往往都是从自身利益出发，他们更关注自身经济利益的最大化，而经常忽视社会利益和社会效益，忽视自身行为对海洋环境这一公共资源的破坏或损害。而海洋管理部门作为公共利益的代表，其目标是向社会提供优良的公益物品，所以他们更关注的是整个社会效益，关注企业的行为是否与政府管理目标保持一致。价值目标的不一致，使海洋管理部门与涉海企业在海洋管理中往往作为对立的两极，二者长时期处于管与被管的矛盾之中。

第三节　区域海洋公共治理的基本模式

区域海洋生态系统的整体性，使得其管理方式难以照搬陆地模式，必须创新区域海洋公共治理模式，尤其是在海洋生态环境治理、海上社会治理过程中更是需要根据特殊的资源和环境特性，秉持"公共池塘"思维开展公共治理。

一、科层制治理模式

（一）科层制治理模式分析

区域海洋公共治理更多体现本区域海洋问题的干涉和解决。这是现有行政体制约束所带来的现实困境。一般而言，沿海地方政府基于行政管辖的原因，只能对本区域内海洋事务进行处理。区域海洋公共治理的基本逻辑是建立完善而有效的科层体制。因此，建立区域海洋科层制模式具有现实的可行性和必要性。科层制模式奉行"一个区域，一个政府"的理念，通过在一定区域范围内形成一个统一的权威来自上而下地行使区域规划，管理区域性公共事务，带有集权化的色彩。其典型代表包括区域政府和专项区域管理机构。因此，区域海洋公共治理需要利用沿海地方政府行政性权威来管理区域海洋内的公共事务，包括沿海地方政府和处理海洋事务的地方海洋管理部门，如地方海洋行政主管部门，以及区域内海区管理机构，如自然资源部下辖的海区分局和生态环境部下辖的海区环境监督管理部门。

1. 沿海地方政府

通过结构调整方式消除区域内众多的地方政府单位，建立一个统一的具有正式权威的区域政府，负责区域海洋经济社会的统一与协调发展。如，为了更好地管理舟山群岛，1953 年经国务院批准成立舟山专区。1967年 3 月，舟山专区改称舟山地区，建立了单一机构的区域政府，接管了县域的职能。1987 年 1 月，撤销舟山地区，建立舟山市，辖定海、普陀两区和岱山、嵊泗两县。这种行政机构的变迁大大提升了地方政府管理东海和舟山渔场的作用。又如，2020 年 6 月 5 日经国务院批准撤销蓬莱市、长岛县，设立烟台市蓬莱区，将山东所属的渤海海域的管辖权进行了调整。由此可见，地方政府治理区域海洋通过建立权威性政府来有效治理辖区海洋。同时，为了更好地治理，地方政府会成立专门的海洋管理机构，如海洋局或海洋与渔业局，这些专门性机构的成立，能够更好地治理本区域内海洋事务。

2. 专项区域海洋管理机构

2018 年国务院机构改革后，实现了海洋资源管理和海洋生态监管专业化治理。从海洋生态环境治理的角度，本轮改革以陆海统筹治理视角，在部委司局级成立海洋生态环境司，负责全国海洋生态环境监管工作；在派出机构上，成立海河流域北海海域生态环境监督管理局、太湖流域东海海域生态环境监督管理局、珠江流域南海海域生态环境监督管理局（图3－1）。从性质上看，这些机构是生态环境部下属职能机构，专门负责海区的生态环境监管。从海洋资源开发的角度，本轮改革以海洋生态资源利用视角，在部委司局级成立海洋战略规划与经济司和海域海岛管理司；在派出机构上，北海局、东海局、南海局，负责海区海洋自然资源管理工作。

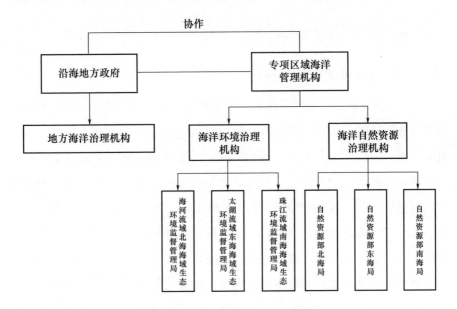

图3－1 区域海洋科层制治理模式

现有区域海洋科层制治理模式具有以下优势：第一，在设立之初，其职责、决策权、执行权和经费等就有了体制保障，从而具有较强的执行力，能对区域地方政府的行为实施约束；第二，区域海洋组织和机构可在管辖海洋空间内实施整体规划，提高资源配置效率；第三，作为统一的整体消除了沿海地方政府机构的重复设置、职能交叉和责任推诿，有利于行政效率的提高；第四，突破了陆海边界，实行统一性海洋公共治理，避免了陆海职责不清；第五，突破了原有单一的沿海地方政府的法定边界，可以在整个海区范围内更好地控制公共服务的外部效应，避免"搭便车"现象。

实际工作中，面对跨域海洋生态环境保护、海洋公共危机处置、湾区治理、海区治理、海洋资源开发、涉海基础设施建设等问题，科层制治理都存在"失灵"现象。地方政府对跨域海洋事务重要性的认识有待提高，科层制治理的效果也大打折扣。因此，传统的科层制治理模式更多适应在不跨省区域治理和外部效应显著的专项区域问题。当前我国实行的地方政府和专项区域海洋管理机构的双层管理机制，有效避免了传统的科层制带来的行政失效、行政失灵和效率低下等问题。

（二）科层制治理模式运行

1. 建立更加灵活有效的管理机制

科层制模式的核心在于发挥政府的集权化作用。对于区域海洋公共事务治理有其需要建立统一性的地方政府，发挥地方政府在海洋生态环境、海洋资源管理、海域海岛管理、渔业渔场管理等事务中的作用。而这些事务在地方层面往往归属于相关部门，如海洋生态环境归生态环境局，海洋资源管理归自然资源局，渔业管理归海洋与渔业局。因此，需要建立统一、完整、灵活、有效的海洋管理机制。一是需要发挥地方人民政府在统辖区域海洋事务中的作用，通过成立海洋管理委员会或者实现专属机构管理海洋相关事务。二是明确相关海洋事务的责任边界与统一协调，划清责任边界能够使区域海洋事务有"人"管理，统一协调能够使区域海洋事务有"部门"管理。三是建立畅通的信息沟通、信息甄别、信息披露与信息交流渠道及其相应的制度机制，建立起区域海洋监管的信息传输与管理系统。

2. 形成"海区＋地方政府"的科层制模式

建立超越传统的科层制，需要完善沿海地方政府与海区管理部门的协调机制，形成"海区＋地方政府"的科层制模式。这就需要建立"竞合"思维，强化互动和协调合作。具体而言，一是要做好地方政府与海区海洋生态环境部门的合作。海洋生态系统的完整性，使得地方政府无法用传统的科层制来治理区域海洋生态问题，必须做好与海区监管部门的合作，使得地方政府的海洋生态行动与海区整体的生态环境活动一致和协调。二是要做好地方政府与海区海洋资源管理部门的合作。地方政府的海洋事务活动，如海域海岛利用、渔业捕捞、渔场建设、海洋经济发展等需要与海区内管理部门进行协商，尤其是处理海上公共危机事件时，需要加强沟通协调。三是海区海洋生态环境监管部门与海洋自然资源管理部门的合作。海水的流动性和生态系统的完整性，使得海洋事务无法人为切割，必须统筹海洋生态环境管理和海洋资源管理。

3. 完善科层制的规章制度

区域海洋科层制的核心是地方政府和海区管理部门，尤其是地方政府的区域海洋治理的权限和约束。因此，需要建立一整套完善的规章制度，利于协调管理。一是建立问责机制，监督和制约各行动者在区域海洋治理过程中权力的行使。二是均衡性供给资源，根据各区域的经济发展水平实施有层次、有重点、差异化的海洋资源供给策略。三是建立跨区域的海洋治理机制，根据海洋问题跨区域特性，建立协调合作、信息交流和集体行动等机制。

二、府际合作治理模式

我国区域海洋治理的碎片化与海洋生态系统的整体性并不是绝对对立的，流动的海水是可以治理好的，这需要构建一套完善有效的跨区域海洋公共治理体系。各行政区之间的府际合作，有助于提升区域海洋公共治理的正外部性。

（一）府际合作治理模式分析

我国区域海洋公共治理的困境出现与现有的海洋管理体系有一定的关系。我国海洋管理机构设置实行的是海洋资源管理和海洋环境保护分割管理的体制，导致整体性的区域海洋治理被专业化的行政机构所割裂。我国目前的海洋管理基本属于"行政区"或者"海区"模式交织，海洋公共治理被行政区划所分割，各地沿海政府只对本辖区的海洋事务负责。这种"部门分割""区域封闭"的海洋管理体制显然难以满足跨区域海洋事务（尤其是海洋环境治理）协同发展的要求。

在一个区域范围内，各行政区之间存在发展的差异，发展程度的差异使得各行政区对于海洋监管和海洋发展需求也存在差异。例如，经济发达的区域往往更倾向于投入更多的力量来保护海洋环境质量，而经济欠发达区域则通常更倾向于发展经济。如此，在区域发展过程中容易造成"地方保护主义"和"搭便车"的状况。区域海洋治理模式或说属地治理模式忽略了排污地方政府与相邻地方政府，即排放入海的污染物易转移至相邻地区，也忽略了多元主体参与区域海洋治理。在地方经济利益的驱动下，以行政区划为基础划定海洋事务范围和治理边界，以行政区经济为中心，以行政区政绩为导向，在行政区内组织生产要素和安排资源，使得地方政府缺乏治理海洋环境污染的积极性，很容易产生地方政府"搭便车"行为。仅仅依靠污染物排放地人民政府的污染管理，既无法应对海洋污染的流动和累积，也无法发动社会力量参与区域海洋治理。对于区域海洋治理需要统筹考虑区域内各个行政区的经济发展状况、产业结构特点，进行统一协商和统一规划，建立协同合作机制。

府际治理是指在现有体制下，通过不同政府、部门之间充分的协商和博弈，最终达成集体治理共识，进而实现公共事务的合作、协同治理。因为府际治理依据的是主体之间的行动共识，各方利益实现最优化，所以参与者具有较高的行动积极性，治理的目的较为容易实现。而且，传统的国家治理体系很难对层出不穷的跨行政区域海洋环境问题做出具体规范，而且无论生态行政、生态立法还是司法裁决，都需要花费较大的人力、物力、财力，还有付出高昂的时间成本，往往治理的结果并不如人意。

基于此，我们认为建立一种基于府际间合作治理的区域海洋治理体系是科学的，也是现实需要的。区域海洋公共治理系统是一个由区域内各地方政府和海区政府共同组成的复杂、动态和开放系统，各个地方政府和海区政府之间存在竞争与合作关系，同时与外部环境之间保持着物质、信息和能量的交换，这样形成府际合作（协调）关系（图 3 - 2）。构建区域海洋府际合作治理需要建立理念引导机制、利益激励机制、制度保障机制和信息沟通机制。

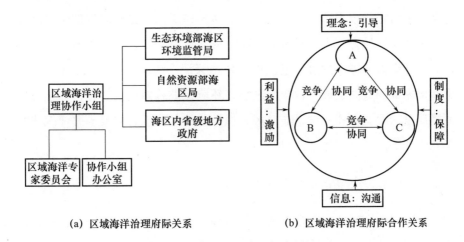

(a) 区域海洋治理府际关系　　　　　(b) 区域海洋治理府际合作关系

图 3 - 2　区域海洋府际合作治理模式

这种模式可以分为两种具体模式：一种是省际间自发的合作治理模式，另外一种是国家海洋环境主管部门与省际政府之间的合作治理模式。我们认为，"府际合作治理"需要建立合作网络，发挥国家部委在海洋治理中的积极作用，合作网络也要由传统的"权威—依附—遵从"和"契约—控制—服从"交叉的统治控制模式，向"竞争—管理—协作"的管理型模式和"信任—服务—合作（协同）"的区域海洋公共治理模式转变。即国家部委（自然资源部、生态环境部、国家发改委等）与相关省市之间或省际海洋主管部门之间建立协作、信任的治理模式。

1. 省际间自发的海洋治理模式

这种模式发挥省级政府的自主性和能动性，由省级政府根据海洋事业发展需要制定统一空间规划、统一生态修复、统一湾区治理以及统一的协商机制等。如 2002 年苏浙沪就长三角海洋事务自发召开会议，商讨合作事宜；2004 年 11 月还成立了苏浙沪合作共管的"长三角海洋生态环境建设工程行动计划领导小组"，并设立相应的办公室。

2. 主管部门与省际政府间的合作治理模式

这种模式发挥主管部门的业务指导能力，通过与海洋治理相关省际政府建立合作关系，协同治理海洋。目前，我国采取省部联席会议建立合作关系，由海洋行政主管部门参与省域海洋治理工作。如渤海省部际联席会议和环渤海区域合作市长联席会等环渤海省部际联席会议，前身是1986年建立的环渤海环境保护协作组，2009年由天津、河北、辽宁、山东三省一市和国家部委共同组成，旨在推进渤海环境保护总体规划实施，加强海域环境质量状况调查和防治，陆源污染物排放控制，生态修复、海洋执法和应急管理等。

（二）府际合作治理模式运行

跨区域海洋环境府际合作治理的具体实现路径包括"四个统一"，即统一规划、统一评估、统一监管、统一协调。

1. 建立政府间协商决策机制

区域海洋府际合作治理机制，首要的是建立政府间协商决策机制。构建积极有效的跨区域海洋府际合作治理机制，能够有效地推动不同行政区政府之间的合理分工和高效的集体行动。这种协商机制的建立需要以区域海为基本合作治理对象，其协商决策机制以制度化的协商、常规化的沟通制度和区域公约制度为主。区域内不同行政区政府间协商决策的内容主要包括：区域经济社会协同发展的目标，目标可以是综合性的也可以是某个领域的；区域整体产业结构规划；区域内不同行政区污染减排责任分配，通常根据有区别的责任原则来分配。[①] 区域海洋发展规划和区域海洋环境质量规划的编制，应当依据区域地理、海域、海湾、人口分布、工业产业基础、城市布局和区域海洋生态环境承载力合理制定。需要强调的是，区域海洋政府间决策协商过程更应当强调实质上的公众参与。公众参与程序

---

① 张世秋：《京津冀一体化与区域空气质量管理》，《环境保护》，2014年第17期，第30 - 33页。

的引入是基于重大行政决策合法性和合理性的需求，为重大行政决策活动提供更为充分的正当化资源。①

2. 制定区域海洋事务规划制度

区域海洋经济发展和区域海洋环境协同治理，首先强调从战略高度对区域海洋府际合作治理事务进行统一决策和区域规划，这是所有协同机制中最为基础的。区域海洋协同治理需要建立高效的协商机制和决策机制，如此才能推动各行政区政府及其职能部门之间的有效协作。2004 年 11 月苏浙沪联合编制的《沪苏浙"长三角"海洋生态环境保护与建设合作协议》以及"长三角海洋生态环境建设工程行动计划（规划）"代表了长三角区域海洋生态联防联控工作的合作机制形成，该协议及计划的主要内容是建设苏浙沪海洋生态环境保护信息共享机制，为海洋环境监测预报、灾害防治和生态修复提供信息服务。

3. 加快行政立法和行政协议

行政立法是指特定的国家行政机关依法制定和发布行政法规和行政规章的行为。行政立法具有强制约束性，迫使相关海域的省市加大海洋空间布局和环境防控力度。这种行政立法可以是省市之间自发建立的，相关省市共同遵守；也可以是国家部委（主要是生态环境部）指导下，相关省市联合立法。如长三角地区的苏浙沪联合出台《长三角海洋污染防治办法》等。除区域行政立法，还有区域之间的行政协议作为应对区域海洋污染的规范。行政协议的法理基础是区域内各政府之间的法律平等。区域内各行政区之间缔结行政协议的主体是区域内各政府及其所属行政职能部门，对于公众在行政协议缔结过程中的参与容易忽视。

4. 加大政府责任考核力度

区域海洋府际合作治理以政府为治理主体，强调区域内不同行政区政府之间的合作。因此，区域海洋治理效果如何，取决于区域内参与协同治

---

① 桂萍：《公众参与重大行政决策的类型化分析》，《时代法学》，2017 年第 1 期，第 44 - 53 页。

理的行政区政府的履职状况。我国《环境保护法》和《海洋环境保护法》均规定了政府海洋环境质量责任，但是对于政府责任的考核和评价则主要依靠规范性文件进行，这种状况在区域海洋污染防治和区域海洋环境治理的场合同样如此。因此，必须完善基于科学目标考核的政府责任监督机制，如此才能倒逼区域内行政区政府加大区域海洋污染联合防治的力度。我国根据《环境保护部约谈暂行办法》实行行政约谈制度也是促进政府履行职能的制度之一。然而，行政约谈制度并非常态化的机制，只是在特殊情况下才加以运用。现行实行的国家海洋督察制度是作为一种常态化的海洋环境考核制度，对政府的环保绩效考核和责任承担、问题整改具有很好的作用。为了构建常态化的机制，应当以法律法规的形式明确政府环境绩效考核制度，将环境治理状况纳入政府政绩考核内容。

三、网络化治理模式

（一）网络化治理模式分析

区域海洋的网络化治理有四个不容忽视的属性，分别为公共性、外部性、综合性、长期性。区域海洋公共治理是公共事务，其范围跨越不同部门、不同组织，单一的政府主体无法单独解决区域海洋问题，需要政府各部门的协同合作和其他主体的共同治理，因此区域海洋网络化治理具有公共性。实际上，网络中的主体或组织在网络运行中采取的措施、政策等，其产生的结果由其他主体或组织共同承担，具有外部性。如区域海洋内企业和居民既是区域海洋治理受益主体，但又受到一定的专项治理行动的影响，如休渔制度的实施对渔民的影响，海域环境督查对企业的影响等。区域海洋网络化治理跨经济、生态和社会三大领域，这需要依靠行政、法律、民间习惯等复合性治理手段，因此区域海洋网络化治理具有综合性。区域海洋经常遭受台风、风暴潮等自然因素和污水排放、海洋资源开发等人为因素的影响，这些影响都将对治理效果产生消极作用，最终造成反复治理。

本研究认为，区域海洋网络化治理主要包括纵向的"多层治理"和横向的"伙伴治理"（图3-3）。"多层治理"意指中央承担流域海区治理规划、政策的制定和监督执行等职能，不同层级政府根据权责大小承担辖区内海洋治理的责任。"伙伴治理"是指区域内政府通过协商达成协议，或者政府引导企业、社会组织参与区域海洋治理。

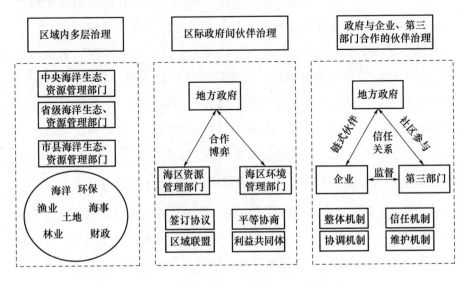

图3-3　区域海洋网络化治理模式

1. 区域内多层治理

区域内多层治理主要包括两个方面的内容。一方面，要建立强有力的统一管理体制机制。区域海洋治理是一个崭新课题。由于地理特征和发展基础等原因，区域海洋内的行政区之间资源、环境、交通和产业基础的发展条件差异较大，导致治理破碎化。不仅如此，区域海洋公共治理是一项系统工程，涉及环保、渔业、海洋、海事、财政、交通、农业、林业等多个部门，需要各部门各司其职、各负其责，密切配合、协调联动。这两方面都要求建立强有力的统一管理体制机制，打破各部门、各省市的利益藩篱。另一方面，要强化激励约束相容的多层级政府治理，建立起以行政区为单元、财权和事权相匹配的分层级管理体制和运行机制。制定中央相关部委、省级政府、市县乡政府的权力清单，在中央统一管理下实行各行政区分包治理，引入激励约束相容的政策工具，要处理好"条条""块块""条块"关系，打破条块分割的局面，提高区域海洋公共治理的积极性。

2. 区际政府间伙伴治理

在传统治理机制下，由于海区内存在多个责任主体，存在利益博弈和冲突。一个地方的海洋治理上做出了较大的努力，而其所带来的正外部效应往往为另一个地方的政府所享有，尤其是海洋生态环境治理上，这种外部性更加明显。若这种状况长期得不到改变，区际政府间就会出现非合作博弈或零和博弈的局面，各政府均选择自身利益最大化的行为，最后得到的只能是对公共利益不利的结果。网络化治理机制倡导建立跨区域的协调机制，区域内政府开展平等协商谈判，订立协议，受益方对受损方进行生态补偿，从而达成某种均衡，实现共赢。

3. 政府与企业、第三部门（社会组织）合作的伙伴治理

这里主要包括三方面的内容：政府与排污企业以及产业链关联企业之间的伙伴关系；海洋环境污染第三方治理中的企业和社会组织参与；政府与第三部门（社会组织）在区域海洋治理中的合作关系。政府与企业、第三部门（社会组织）合作的伙伴治理是建立在信任和必要的规范基础上的，有助于充分发挥企业和社会组织在区域海洋治理中的优势，弥补政府及其职能部门在资金、知识、专业技术等方面的不足。

（二）网络化治理模式运行

1. 培育多元治理主体，建立新型区域海洋伙伴体系

区域海洋网络化治理具有公共性和综合性。在网络化治理中，政府不再是唯一的治理责任主体，企业、社会组织、公众都应参与其中，多元主体之间是合作伙伴的关系。因此，在治理过程中，需要突破传统管理单一主体碎片化困境，实行各组织部门分工合作，积极培育企业、公众和科研机构等新型主体，激励其参与到区域海洋的治理活动中，建立政府、居民、企业和第三部门的多元化公共治理体系。深化地方政府与企业、第三部门的伙伴合作关系，要改变以"命令—控制"行政手段为主的方式，缓解政府与排污企业完全对立的局面，尽可能减少政府监管成本。区域海洋政策的导向应实现从强制约束性为主向激励约束相容转变。在网络化治理机制下，社会组织也是区域海洋治理的重要主体之一。不可否认，受诸多方面因素的影响，我国社会组织还存在参与程度较低、参与能力薄弱、参与监督效果有限等问题，这就要求进一步深化政府与社会组织间的合作伙伴关系，建立和健全社会组织的环保政策和信息知情机制，以及海洋空间规划、海洋环保规划和政策制定的利益表达机制、监督机制和诉讼机制，为社会组织参与区域海洋治理提供便利。

2. 创建纵横联结关系，构建政府主导型网络治理结构

区域海洋网络化治理应构建政府主导型的区域海洋网络治理结构，以制度关系为纵向传统权力线连边，以制度关系、信任关系和契约关系等多种联结为横向合作行动线连边。在纵向维度上，一方面要构建多层级政府间联动伙伴关系。中央、省域要加大区域海洋治理的政策和资金支持力度，对沿海地方政府实行协助与监督，地方政府内部要明确海洋公共事务的部门职责，从而形成自上而下的纵向权力线上各政府部门间的协同治理机制。另一方面，要创建多部门联动合作关系。区域海洋治理工作涉及环保、财政、自然资源、海关等多个部门，对区域海洋事务治理制定科学的总规划，根据海洋生态环境实际情况划分阶段性治理任务，将任务和项目下放分配给各部门，对各部门工作进行指挥和监督，各部门向政府、社会反馈工作成效。在横向维度上，一是要建立约束与激励相融的制度关系。政府积极发挥其权威性，以行政命令为手段出台与区域海洋治理相关的规章制度，与群众和企业建立约束与激励相融的制度关系。二是要建立互利共赢的契约关系。政府推进公共服务市场化和资源交易资产化，使得居民、企业成为公共资源经营者、服务项目承包者、海域海岛使用权者，实现区域海洋治理生态效益向经济效益的转变。三是要建立多元信任关系。信任关系体现为一种社会关系，关系的建立有赖于关系主体存在共同目标，具有无偿性和公益性的特点，多建立在政府、公民与第三部门之间或社会自发形成的自主治理组织之间。

3. 信息流通监督有力，维持网络稳定运行

区域海洋网络化治理具有长期性，这要求：一是要保证网络长期稳定运行，网络各主体持之以恒地参与到区域海洋治理当中。网络信息流畅度和网络监督管理力度是维持网络稳定运行的重要影响因素。沿海地方政府要积极打造信息交流的网络平台，在官方网站公示相关治理项目招标，开设政府信息公开意见箱，公开治理项目申请流程等，改善治理过程中的信息不对称性。二是要构建严格有效的监督管理机制，维护网络治理主体的合法权益，规避信任或者信用危机导致的风险。

四、多中心治理模式

传统区域海洋治理是以政府管制为主，以行政手段和法律手段为特征的单边控制模式。比如，通过制定诸如属地管理原则、排污收费原则、污染削减配额管理制度及相关海洋治理法律法规等措施来加强政府对海洋公共事务的行政干预。在单边控制体系中，政府一元独大，拥有绝对的权力，凭借"命令—控制"机制实现中央对地方海洋治理的全方位管制。在这种单边控制模式下，政府垄断海洋治理权力，容易形成科层化，表现为部门之间、部门与地方之间的条块分割问题，进而造成了海洋管理的碎片化和协同治理困难。为应对上述困境，多中心治理的提出恰好关注了多元化的治理主体，在合作的基础上构建区域海洋公共治理的新模式。

（一）多中心治理模式分析

多中心治理是指社会中多元的行为主体（政府组织、企业组织、公民组织、利益团体、政党组织、个人）基于一定的集体行动规则，通过相互博弈、相互调适、共同参与和合作等互动关系，形成协作式的公共事务组织模式来有效地进行公共事务管理和提供优质的公共服务，实现持续发展的绩效目标。造成当前区域海洋资源治理问题的深层次原因可概括为极端实利主义的信仰、过度集中而又分散的政府权力、淡漠的公民海洋意识、没有落实的企业主体责任等方面。从政策层面上看，我国虽然从中央到地方出台了相关海洋治理规定，但多强调政府在区域海洋公共治理中的主导作用，忽视了社会、企业等主体的治理功能。从实践操作层面上看，行政化海洋治理尤其是海洋环境治理虽然有立竿见影之功效，但不能长久，要实现海洋治理效果常态化，需要构筑以政府、社会、公民、企业等不同主体为基础的多中心治理机制。

1. 明确多元治理主体

区域海洋公共治理涉及流域范围内"海区"的政策互动以及利益协调，也跨越多个职能部门和行政层级，利益相关者的关联程度较高。这就要求区域内海洋治理主体应该是不同的主体，而且这些主体之间体现为相互平等、相互依赖的关系。检视区域海洋治理主体不仅涵盖体制内不同区域、不同层级的政府部门，还包括市场组织中的企业、社会领域中的非政府组织和社会公众等体制外力量。这些主体围绕着特定的海洋政策问题，不断地进行利益博弈、协商谈话，继而达成共识，形成共同治理的互动网络关系。

在多主体互动网络中，一方面，各利益主体各具优势，但是海水的流动性和海洋生态系统的整体性，使得各个利益主体很难独善其身，也很难单打独斗，需要集体行动。政府虽有强制力作为保障，但过于刚性，而且全能治理成本过高；市场主体具有追逐利润的本质，往往会无限制地利用海洋或海洋资源，带来盲目性、滞后性问题；社会主体基于公益目的，集体行动意愿较强，能够对政府和市场行为起到监督作用，但缺乏强有力的力量，很难完成海洋保护和发展目标。另一方面，各主体有着自身利益偏好与目标选择，会依靠自身优势，与其他治理主体展开博弈，进行策略性互动，以实现自身利益。因此，要构建区域海洋的多中心治理体系，有效防范区域海洋治理主体的竞争、冲突问题，需要通过资源共享、优势互补，形成区域海洋治理的多赢格局。

2. 实现区域海洋多元参与协同治理

公共组织理论认为，"结构是使组织实现其目标的基本管理工具，是组织躯体的骨架，它表现为工作分工的几何图式及其等级上的排列"。① 不同的组织结构对组织的运行过程和效果会有不同的影响。随着社会分工日益精细和主体不断多元化，社会治理结构越来越复杂，中央政府、地方政府及其相关部门构成了纵向多层级、横向多主体的治理体系，同时，更多的社会组织、市场组织参与到区域海洋治理的行列中，众多主体及其利益诉求共存，构成网式结构。公共资源的利用不受任何一方主体单方面力量所左右，各方行动者需要遵循和谐、平等的价值取向，通过合作、自治的方式建立共治关系，实现资源组合的优化，进而实现公共治理的最优化。从区域海洋治理的各地实践看，各省成立了海洋委员会或海洋经济领导小组，各沿海地市成立了海洋局或海洋与渔业局等组织。这些组织都是政府单位的内设机构或职能部门，重点解决区域海洋发展和公共治理的相关问题，如海洋环境治理、海洋经济发展、海上安全等。然而，这种行政组织成员由行政人员或事业单位人员组成，缺乏社会组织成员、公民等主体，无法实现自我监督。

　　为了促进多主体共同参与区域海洋治理，应该在保持现有海洋管理体制的背景下，形成区域海洋多元参与协同治理机制。多主体区域海洋协同治理应坚持"利益协调、目标统一、合作治理、自我监管"的原则，区域海洋多主体协同治理机制应遵循以下逻辑关系（图3－4）：①在政府与企业之间，二者既是监督与被监督的关系，更是合作关系；企业成为区域海洋治理主动参与者，与政府达成减排协议或高质量利用海洋资源的协议。②在政府与民众之间，政府向民众宣传环境治理知识，提高其主动参与意识；民众对政府采取的海洋环境治理措施进行监督，并提供合理化建议。③在企业与民众之间，企业生产要采取环境友好的方式，对民众负责；民众对企业生产过程和海洋环境治理情况进行监督。④在企业与非政府环保组织之间，二者不是简单的监督与被监督的关系，非政府环保组织会利用自己的专业知识帮助企业进行技术革新，提升减排能力和资源利用能力。

① 陈振明等：《公共管理学原理（修订版）》，中国人民大学出版社，2017年版，第37－38页。

⑤在非政府环保组织与民众之间，民众根据自身的情况选择加入非政府环保组织，利用集体的力量维护自己的环境权利，影响政府的决策，并对企业进行监督；非政府环保组织运用自身广泛影响力向民众普及环保知识。⑥在政府与非政府环保组织之间，主要是合作互补的关系，在政府无法监管的领域，非政府环保组织可以加强协调。①

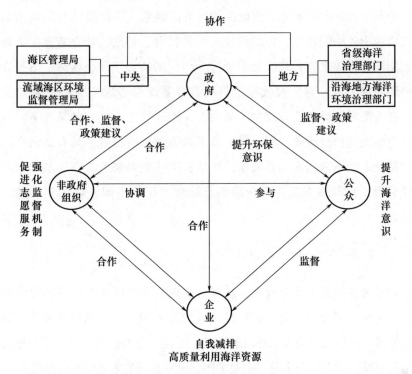

图 3-4 区域海洋多中心治理模式

3. 制定多元政策工具

一般而言，政策工具能够将政府的政策目标转化为具体路径，是政府实现制度创新目标的行为总和②。通过政策工具的选择、运用与优化，既

---

① 汪泽波、王鸿雁：《多中心治理理论视角下京津冀区域环境协同治理探析》，《生态经济》，2016 年第 32 卷第 6 期，第 157－163 页。

② ［澳］欧文·E·休斯：《公共管理导论（第四版）》，张成福、马子博等译，中国人民大学出版社，2015 年版，第 174 页。

可以拓展政府治理的手段、方式与范围，也可以推动公共资源供给的市场化、社会化。结合区域海洋治理实践的情况，本研究认为，在区域海洋治理中存在着行政命令型、市场激励型、社会监督型三种政策工具，而且每种政策工具都有各自的政策特征，并在一定的政策环境下发挥工具价值。行政命令型工具体现行政体制下的强制性措施，包括法律法规、直接提供、公共事业、监督制裁、财政拨款、特许经营。市场激励型工具强调市场在资源配置中的作用，包括税收、用者付费、补贴。社会监督型工具强调利用社会作用来监督政府和市场行为，包括社会组织、媒体、第三方非政府组织和公民。每一种政策工具的选择要综合考虑工具特征和政策环境。在人类对海洋资源开发力度加大、海洋环境恶化严重的情况下，沿海地区更多地选择行政命令型工具，该工具强调政府权威，具有面向全民利益的特性，能在短期内取得成效；而从长期性效果来看，市场激励型和社会监督型工具有助于发挥市场组织、社会组织等不同主体的主动性、积极性。

（二）多中心治理模式运行

区域海洋公共治理过程中，政府为实现海洋经济社会发展和海洋环境保护的平衡，需要在宏观层面把控区域海洋治理方向。从以政府为主导的传统环境治理模式转向多中心治理模式，需要一个渐进的过程，需要梳理合作治理思维，建立政府主导、企业主体、民众参与的多元化的治理模式。

1. 树立一种合作治理的理念

多中心治理强调多元主体对公共事务的共治，其核心是合作理念的运用。多元利益主体在同一制度环境中存在，首先代表着各自的利益，其次才是区域海洋治理方面的利益。不同主体必然存在不同的利益，而利益的差异也会产生利益冲突问题，这就需要各个主体秉承合作治理观念，在强调各自利益的同时，寻找相互合作共存的利益集合，形成共同参与海洋生态保护和海洋资源治理的共同目标。一方面，海洋行政主管部门等单位要主动下放权力，为其他主体参与区域海洋公共治理运行提供合作基础。另一方面，要充分认识到多元利益主体提供公共产品的能力，构建一种合作竞争的环境，为不同主体参与区域海洋公共治理提供制度平台。

2. 确定政府在区域海洋治理中的角色

政府在环境治理中起主导作用。垂直方向上，中央政府和地方政府在区域海洋治理认识上存在差别，中央政府基于全局考虑制定海洋治理的目标，由地方政府去实现，表现为"委托—代理"模式，在现实的实践过程中主要存在中央对地方监管和激励不足，使得央地关系失灵；在水平层面上，地方政府之间由于行政分割、发展差异，在海洋公共治理问题上存在利益博弈和"搭便车"现象。因此，在区域海洋公共治理上需要区域内沿海政府开展合作，平衡地区利益关系。如，针对海洋生态环境保护，可以建立区域内入海排污权交易市场和碳排放权交易市场，引导地区企业参与区域排污权指标有偿分配使用，从而建立"统一市场、统一规则、统一交易平台"的排污权交易模式。建立区域绿色海洋 GDP 核算体系，推动财税改革，建立绿色税收体制。

3. 强化企业自我管理作用

企业生产经营对海洋产生影响，是海洋治理的重要主体。一方面，企业利用和开发海洋资源，取得经济利益；另一方面，沿海企业为了降低生产成本直接向海洋排放污染物。因此，企业的自我管理作用在区域海洋公共治理中具有显著作用，既体现了区域海洋生产效率，也体现了区域海洋环境治理效能。在区域海洋多主体协同治理模式中以突出"自我管理"为主。在传统海洋治理模式中对于政府制定的政策，企业要么被动接受执行，要么对抗政府监管，与政府是一种博弈关系。在多中心治理模式中，企业改变政策被动接受角色，成为环境治理的积极参与者，与政府建立合作关系。主要路径表现为：一是企业与政府自愿达成"排放协议"，这是一种非强制性举措，实行方式比较灵活，可以避免政府出台更为严厉的强制性环境政策手段，受到了企业界的普遍欢迎；二是企业要不断调整能源消费结构，发展新能源技术，以技术革新来促进产业升级发展；三是企业要提升海洋资源利用能力，提高海洋资源利用附加值，并在利用过程中减少对海洋环境的影响。

4. 促进公众多样化参与区域海洋治理

社会公众在区域海洋治理中的角色可以分为普通公众、环境保护主义者以及利益相关者三种情况。无论何种情况，公众均有权利和责任参与海洋治理。因此，建立多样化参与渠道成为社会公众参与区域海洋治理的关键。一是通畅社会公众对海洋环境治理诉求的表达渠道。在多中心治理模式中，赋予社会公众更多的选择、更大的自由，直接或者通过非政府环保组织向政府、企业和社会表达自己的关切。二是发挥非政府组织的作用，通过强有力的活动，形成有力的社会舆论压力，影响政府的环保政策和行动，依靠社会公众力量对企业排污行为随时随地监督。三是发挥媒体的监督作用，通过曝光、减少企业信用，来约束企业海洋活动行为。

五、整体性治理模式

（一）整体性治理模式分析

区域海洋公共治理在根本上受公共治理理念的指引和公共政策的影响。当前的区域治理理论主要包括网络治理、区域协同治理、多中心治理、整体性治理等。这些治理理论均涉及海洋治理的各类主体，而主体间的关系是区域海洋公共治理的逻辑基础，其核心议题为合作或协作。公共治理模式在性质上是合作的，在主体构成上是多元的，在合作范围上是广泛的，在治理手段上是多样的，其运行逻辑是"参与 + 合作"，有别于权威模式下的"权威 + 依附"。跨区域性决定了在治理合作过程中必然存在利益的冲突和博弈，其制度的建设应基于利益平衡的制度逻辑展开。部分学者基于建构主义的视角认为多边合作的国际规范以及全球环境的整体性观念的发展是推动一些国家克服利益阻力参与全球治理的重要因素，这种不完全以主体利益而以国际规范为制度基础的治理政策在大国的海洋事务参与上较为多见。还有一部分学者基于利益分析的视角认为一国的海洋战略取决于其对国家利益的考虑，这部分学者往往倾向于采用利益分析方法，根据海洋问题造成的影响以及对比分析来判断一个国家参与的态度。而这一类以利益为基础的国家公共政策考量正是当前海洋治理的制度合作难点。

基于同一海区的地理存在，各行政单元海洋问题上的共同利益取向使得各自摒弃利益纷争，走向整体性治理。整体性治理以责任和公共利益为理念，以公民需求为导向，以信息化技术为手段，强调不同治理层级、功能、公私部门和信息系统之间的协调和整合，用集中取代分散，用整体涵盖部分，用整合弥合破碎。澳大利亚最早响应并实践整体性治理，取得明显成效。以澳大利亚公共服务委员会为例，引入整体性治理后，新旧两种工作模式间发生了范式转移。其核心是协调整合机制，至少可以实现四个目的：一是消除不同政策间的紧张和矛盾，提升政策效果；二是通过消除不同项目间的矛盾或重复，更好地使用资源；三是改进特定政策领域不同利益相关者的合作，产生协同效应；四是为公众提供无缝隙的公共服务。

基于此，区域海洋公共治理可探索实行"海区"治理，即在国家管辖范围内且生态系统相同的海域视为一个整体构成"海区"，按照整体性治理理念构建区域海洋治理的基本架构（图3-5）。其基本内涵与逻辑为：

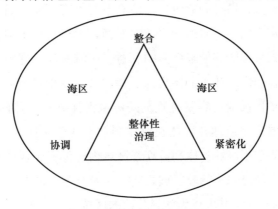

图3-5　区域海洋整体性治理模式

（1）"海区"是以自然地理条件形成和国家对海洋地域划界标准为基础的海域划分，如我国主要有渤海、黄海、东海、南海四大海区。在对海洋区域进行划分之后，"海区"划分中的"区域"打破了原有行政管理区域的范围管理限制，消除了对陆地行政区域有效的行政区域划分对原本没有固定地理边界的海洋的影响。但是不可否认的是，"海区"之间还是有着新的界限，而管理主体受陆地行政区域划分，想要参与到区域海洋中的整体管理中来，就必须跨越这种固有的界限，摆到一种相对平等的位置上来。

（2）"海区"机制运行的基本逻辑是建立在整体性治理理念的基础上。整体性治理以整合、协调、责任为治理机制，对治理层级、功能、公私部门关系及信息系统等碎片化问题进行有机处理，运用整合与协调机制，持续地从分散走向集中、从部分走向整体、从破碎走向整合。在国内的跨区域海洋环境治理上，整体性治理被广泛认同，基于整体性治理要求，政府整合管理职能，增设跨区域海洋治理机构，建立政企合作伙伴关系，解决海洋治理中所存在的部门分立、多头管理及数字信息化发展不完善等困境。

（3）"海区"机制需要完善多元主体的利益平衡。尽管从陆地行政单位僵硬移植过来的海洋管理制度积弊难返，人们还是自发地对海洋区域新的划分有了自己的看法，这是因为更加科学的管理方法能够带来更多的满足人类需求的利益，这种利益包括经济利益与生态利益。而顺应区域海划分的规律，寻求不同主体间治理海洋的平衡，无疑对于不同主体间不平衡的发展治理模式来说能够带来更多的利益。区域海洋治理中利益和制度的二元争论最终在国内的政策上体现为法律法规、规划和区域协议，而区域海洋治理的重要目标或内容就是规范跨区域海洋管理主体间的利益关系，平衡或规范区域海洋治理各主体在海洋利益上的公正性。在秩序价值上，区域海洋治理规定了区域整体利益高于区域内个体或企业的利益的秩序价值，规范自然区域之间、行政区域之间，以及自然区域和行政区域之间的价值秩序[2]。这种观点基本成为学界公认的区域海洋治理的制度逻辑基础。

（二）整体性治理模式的实现路径

治理需要引入非政府组织和非政府权威，优化非政府的激励结构以及创新社会公众的参与制度。① 区域协作治理主体的复杂性,在海洋治理主体界定上更为特殊,以政府为主导的跨行政区域治理的模式常采用政府主导、多元主体参与的模式,为实现区域海洋合作化行为的良性互动和善治的目标,应构建由政府、企业、社会公众多元主体构成的开放性治理结构,并以公共权力、货币、文化政策作为控制参量。②

1. 推进"海区"治理以合作为导向的制度建设

从区域合作的价值出发,可将区域海洋治理视为一个"社会建构"过程,因此,应在提高效率的同时强调公平正义等终极价值,强调区域海洋治理主体之间的平等性、互赖性、互构性,承认海洋治理主体之间的多元性和差异性,倡导区域组织的对话、沟通、学习、理解过程及其担负的伦理责任。③ 政策设计上,主张从合作政府范式的高度来促成海洋治理合作政府的建设,在立法和政策工具上突出应用性,提出应注重治理合作的程序性机制建设。④ 区域治理模式应以统一的政策和立法规制各治理主体的利益关系,建立具有执行力的跨区域管理机构。同时,政府组织应该从传统的金字塔型转变为扁平化结构,淡化政府对区域海洋问题的包办式管理,通过立法提倡和鼓励企业、公民、社会团体的民主参与。

2. 明确"海区"治理主体的定位

"海区"治理机制建设需要关注制度主体、制度设计、制度环境、运行机制等层面的建设问题。需要明确海区治理中涉及的各主体参与的基本要求,明确主体参与的资格。整体性治理的要求是"权威 + 依附",即以政府为主导、其他社会主体参与的区域海洋治理仍将是主要治理模式,而跨国界的区域海洋治理则应以多中心治理作为原则,考虑国家、企业、市

① 俞可平:《治理与善治》,社会科学文献出版社,2000 年版,第 6 页。

② 余敏江:《论区域生态环境协同治理的制度基础——基于社会学制度主义的分析视角》,《理论探讨》,2013 年第 2 期,第 13 – 17 页。

③ 全永波:《基于新区域主义视角的区域合作治理探析》,《中国行政管理》,2012 年第 4 期,第 78 – 81 页。

④ 徐艳晴、周志忍:《水环境治理中的跨部门协同机制探析——分析框架与未来研究方向》,《江苏行政学院学报》,2014 年第 6 期,第 110 – 115 页。

场等多元参与，即"参与＋合作"的模式。

区域海洋公共治理制度的治理手段应该是提升治理决策能力的科学性与开放性，在某一个治理主体中，内部的不同职能部门之间，可以按照产业链、价值链或服务链的原理，实行跨部门、跨职能边界的分工协作与协商配合，当然这需要遵循治理活动流程的连续性和整体性。另外，完善公私之间参与合作机制的有效性也是非常重要的，通过公众参与和协商手段，建立健全多元主体参与和协商机制，开拓利益观念传递渠道，让公共部门、私营部门、非营利组织都参与到治理过程中来，实现涉海公众和相关利益主体参与，让真正和直面利益的受益人表达自己的观点，贡献自己的经验。

3. 建立健全区域海洋公共治理的规则体系

整理性治理是将碎片化的治理手段整合为一个整体性的制度，必须通过立法或政府间一致性的具有法律约束力的行动，实际也是整体性治理的延伸。不管是跨职能部门、跨公私合作领域还是跨行政边界的任何一种治理过程，大多数行动都具有一定的长久性和连续性，需要有共同约束力的规则体系和制度框架，以降低海洋区域合作和治理的管理成本，提高相关利益群体参与治理的牢固性。这种规则体系中最重要的就是制订或完善"海区"立法。如我国《海洋环境保护法》第八条规定："跨区域的海洋环境保护工作，由有关沿海地方人民政府协商解决，或者由上级人民政府协调解决"。该条虽规定了跨区域海洋环境治理由政府协商或上级部门协调，但存在着"协商"在先还是"协调"在先的适用问题，海洋环境主体是否有申请政府"协调"的权利等，均需要细化以便具有可操作性。另外，在实际操作过程中往往会因为利益分配矛盾或者其他的制度不合理原因导致治理主体破坏规则和合作关系，这就需要建立一个有效的监察保障制度，并尝试构建一个可评估区域海洋治理是否处于平稳健康发展状态的利益发展指数，来保障"海区"制度的有效实施。

第四章

区域海洋公共治理效能评价

　　区域海洋公共治理效能评价作为公共治理理论体系的重要内容和组成部分，是测定区域海洋公共治理效果、辨别治理成败的科学工具，也是考量区域海洋公共治理水平的有效手段。立足贯彻落实"创新""协调""绿色""开放""共享"的新发展理念，加快建设海洋强国的发展目标，结合海洋经济"十四五"规划要求和现实基础，本章形成了海洋经济治理、海洋创新治理、海洋生态治理、海洋行政治理、海洋社会治理五个评价维度，以更好地展示我国区域海洋公共治理效能，推进海洋强国建设。

第一节　区域海洋公共治理综合效能评价

一、问题提出

　　中国共产党第十八届三中全会提出全面深化改革的总目标，是完善和发展中国特色社会主义制度、推进国家治理体系和治理能力现代化。党的二十大报告明确指出"以中国式现代化全面推进中华民族伟大复兴"，未来五年是全面建设社会主义现代化国家开局起步的关键时期，要将国家治理体系和治理能力现代化深入推进。二十大报告提出，要"深入推进改革创新"，"把我国制度优势更好转化为国家治理效能"。二十大报告还提出要"促进区域协调发展"，尤其在海洋领域提出"发展海洋经济，保护海洋生态环境，加快建设海洋强国"，这对我国区域海洋治理体系和治理能力现代化的深入推进提出了新的要求，其主要体现为海洋公共治理体制的创新和公共海洋服务供给模式的创新。在创新实践的初级阶段，在厘清各主体关系和明确区域海洋公共治理模式前提下，多维度解构其治理效能对提升区域海洋公共治理水平具有显著的理论意义和现实意义。

区域海洋公共治理是一个时代的新话题，也是公共治理研究的一个重要方向，已引起了国内外学者的高度关注。20 世纪 90 年代末 21 世纪初，海洋治理的英文词组 "Ocean Governance" 已经在国际学术界获得了广泛应用。1991 年美国海洋治理研究小组（The Ocean Governance Study Group）成立，研究目标是重视美国的海洋公共治理、促使美国更加注重海洋及海岸带的管理。PSSAs（Particular Sensitive Sea Areas）同国际海洋治理交织在一起，强调海洋环境保护需要国际间的协作和法律制度的协同。荷兰学者 Jan P M van Tatenhove（2003）[①] 提出在欧盟框架内实施海洋综合管理计划，通过建立相应的法律、制度实现海洋公共治理。海洋治理是复杂的，并受到具有不同世界观和目标的多个驱动因素和参与者的影响。Heymans 等（2019）[②] 根据可持续发展目标（SDG）和联合国海洋十年迈向更可持续的海洋治理的问题，提出解决了海洋事业发展与治理相关的问题，并指出给海洋带来的三大风险：①海洋资源过度开发的影响；②海洋生态系统服务的获取和收益分配不均；③对不断变化的海洋条件的适应不足或不当。Donald F Boesch（2021）[③] 强调科学在海洋治理中的作用，通过建构

---

① Jan P M Van Tatenhove. Marine Governance：Institutional Capacity-building in a Multi-level Governance Setting. In：Michael Gilek and Kristine Kern（ed.）. Governing Europe's Marine Environment：Europeanization of Regional Seas or Regionalization of EU Policies?. Ashgate Publishing, 2015：35 - 52.

② Heymans J J, Besiktepe S, Boeuf G, et al.. Navigating the Future Ⅴ：Marine Science for a Sustainable Future. European Marine Board, 2019.

③ Donald F Boesch. Preserving Community's Environmental Interests in a Meta-Ocean Governance Framework towards Sustainable Development Goal 14：A Mechanism of Promoting Coordination between Institutions Responsible for Curbing Marine Pollution. Political Science, 2021（3）：12 - 23.

科学的模型来衡量海洋治理功效。Robin Mahon（2021）① 运用多中心治理对 165 个海洋治理区域进行了评析。Dong Oh Cho 抽象化了海洋治理的四个基本要素，如综合海洋政策、制度一体化、选民和协调，从而评价了韩国海洋治理的现状，分析了韩国的海洋政策所面临的机遇和制约因素。国内学者对这个概念的提出是伴随着海洋管理走向海洋治理的演进逻辑。黄任望（2014）认为，海洋治理是指在全球化背景下，各国政府和国际组织等相关主体，为追求和应对海洋领域的利益或共同危机，以合作等方式合力解决在海洋活动中发生的问题，这一定义基于海洋问题视阈的治理观。② 孙悦民（2015）认为，海洋治理是为了维护海洋生态平衡、实现海洋可持续开发，涉海国际组织或国家、政府部门、私营部门和公民个人等海洋管理主体通过协作，依法行使涉海权力、履行涉海责任，共同管理海洋及其实践活动的过程，这一定义强调海洋治理的基本要素。③ 也有一些学者指出了海洋治理中存在的一些困境问题，初建松（2016）认为海洋管理体制、海洋法律法规及公众参与机制问题是当前中国海洋治理的主要困境。④ 也有一部分学者对区域中的海洋治理问题进行了评价，赵东霞（2021）以辽宁沿海区域为例，通过构筑经济、生态、社会三大治理体系分析其治理效能。⑤

国内区域公共治理的研究始于 20 世纪末期，经过十几年的探索，已经取得一些成果。这些成果主要集中在国外治理理论的引介与综合、中国区域公共治理实践案例分析以及公民社会的发展等几个方面，而作为区域公共治理组成部分的公共治理评价，特别是区域公共治理评价指标

---

① R Mahon. Governance of the global ocean commons：hopelessly fragmented or fixable？. Coastal Management，2021（12）：24 – 37.

② 黄任望：《全球海洋治理问题初探》，《海洋开发与管理》，2014 年第 3 期，第 48 – 56 页。

③ 孙悦民：《海洋治理概念内涵的演化研究》，《广东海洋大学学报》，2015 年第 2 期，第 1 – 5 页。

④ 初建松、朱玉贵：《中国海洋治理的困境及其应对策略研究》，《中国海洋大学学报（社会科学版）》，2016 年第 5 期，第 24 – 29 页。

⑤ 赵东霞、申方方：《开放环境下辽宁沿海区域海洋治理综合效能测度研究》，《生产力研究》，2021 年第 7 期，第 39 – 47 页。

体系的研究则比较少，成果稀缺。目前能看到的对区域公共治理评价指标的探索主要有：①俞可平（2012）[①]根据民主和善治原则，结合中国的具体实际，发展起一套评价标准，包括民主法治、政务公开、行政效益和政府责任，考察政府对社会政治经济发展的重大战略目标的实现程度。②施雪华等（2010）[②]认为，中国省级政府公共治理效能评价是一个综合性系统，包括评价主体、评价对象、评价价值取向设定、评价指标体系建构、评价实施与操作、评价方法选择、评价模型、制度安排、评价信息使用等。他们从政策、体制、行为三个视角设计了一套评价中国省级政府公共治理效能的指标体系，对于提升我国地方政府的综合治理效能具有重要的理论启示和实践运用价值。③王芳（2021）[③]强调以大数据提升政府治理效能，建立相关评价指数，在政策分析和专家调研基础上，运用 VFT（Value-Focused Thinking）原理确立了指标体系，包括治理绩效、治理能力、制度保障和公众参与。另外，还有一些基于具体领域的探索，包括现代化评价指标体系、全面建设小康社会进程统计监测评价体系、和谐社会评价指标体系、全国文明城市测评体系等。国内区域公共治理评价指标研究文献十分稀少，其原因是多方面的。第一，公共治理评价理论引介于西方，如何将西方的理论同中国的理论与实践相结合是一个有待解决的问题。第二，公共治理是一个抽象的概念，如何设计指标、设计什么样的指标才能反映出治理的实质，并且保证整个评价指标体系的信度和效度，是一个难题。第三，微观层面上的指标考察仍存在较大的空间，特别是在特定的问题情境下对评估指标进行理论建构和实证检验，从而使评估指标在最大程度上适合政府治理实践并反映治理效能现状，还有待进一步探讨。

区域海洋公共治理评价作为公共治理理论体系的重要内容和组成部

---

① 俞可平：《中国社会治理评价指标体系》，《中国治理评论》，2012 年第 2 期，第 2 – 29 页。

② 施雪华、方盛举：《中国省级政府公共治理效能评价指标体系设计》，《政治学研究》，2010 年第 2 期，第 56 – 66 页。

③ 王芳：《以知识复用促数字政府效能提升》，《人民论坛·学术前沿》，2021 年增刊，第 46 – 53 页。

分，是测定区域海洋公共治理效果、辨别治理成败的科学工具，也是考量区域海洋治理水平的有效手段。建立区域海洋公共治理评价体系的核心，是把公共治理的理念和海洋治理的内容融入现代化海洋治理体系中，发挥评价的监督功能和导向功能，纠正偏差的同时引导区域海洋公共治理的发展方向，以持续提高海洋治理水平。本章我们通过构筑区域海洋公共治理效能指标体系，运用熵值法测度 2005—2018 年我国省际海洋公共治理效能，通过聚类方法对区域海洋公共治理进行合理划分，总结不同区域类型的现状特点与问题，提出针对性对策和建议，为拓展海洋治理理论和公共治理理论、推动沿海区域海洋公共治理开发实践提供借鉴，为提升我国海洋治理能力，完善海洋治理体系，建设海洋强国提供建设性参考。

二、指标体系与研究方法

（一）指标体系

1. 政策分析

《国务院关于"十四五"海洋经济发展规划的批复》提出优化海洋经济空间布局，加快构建现代海洋产业体系，着力提升海洋科技自主创新能力，协调推进海洋资源保护与开发，维护和拓展国家海洋权益，畅通陆海连接，增强海上实力，走依海富国、以海强国、人海和谐、合作共赢的发展道路，加快建设中国特色海洋强国。自然资源部、中国工商银行发布的《关于促进海洋经济高质量发展的实施意见》明确重点支持传统海洋产业改造升级、海洋新兴产业培育壮大、海洋服务业提升、重大涉海基础设施建设、海洋经济绿色发展等重点领域发展，并加强对北部海洋经济圈、东部海洋经济圈、南部海洋经济圈、"一带一路"海上合作的金融支持。《国务院关于促进海洋渔业持续健康发展的若干意见》提出，以加快转变海洋渔业发展方式为主线，坚持生态优先、养捕结合和控制近海、拓展外海、发展远洋的生产方针，着力加强海洋渔业资源和生态环境保护，不断提升海洋渔业可持续发展能力；着力调整海洋渔业生产结构和布局，加快建设现代渔业产业体系；着力提高海洋渔业设施装备水平、组织化程度和管理水平。

近年来，我国在海洋生态环境治理上不断前行。《海洋环境保护法》《水污染防治法》《固体废物污染环境防治法》《海洋倾废管理条例》《防治陆源污染物污染损害海洋环境管理条例》《防治海洋工程建设项目污染损害海洋环境管理条例》《海洋观测预报管理条例》等20余部配套法规相继落地，为加强海洋生态保护提供了较为完善的法律体系。同时，海洋环境保护职责已整合到新组建的生态环境部，设立海洋生态环境司，打通了陆地和海洋环境保护职责不清、分工模糊的问题。从我国海洋生态治理的情境可知，当前我国海洋生态环境治理呈现陆海统筹、权责明确、全面协调推进海洋生态环境"大保护"的局面。

对上述分析结果，可归纳出区域海洋公共治理效能的预期主要目标为海洋经济发展、海洋环境治理、海洋科研创新、涉海人才培养建设等。

2. 评价指标体系构建的原则

区域海洋公共治理效能研究是一个正在深化的过程，构建评价指标体系需要遵循针对性、价值导向、可操作性与动态性原则。

（1）针对性原则。区域海洋公共治理效能涉及多个方面，一些方面可以通过外部效能加以提升，另一些方面则需要依靠制度的改进与优化。在设计评价指标时，需要聚焦提升政府治理效能，有针对性地设计和甄选评价指标。

（2）价值导向原则。评价的目的是引导政府部门更好地提升区域海洋公共治理效能。政府海洋公共治理效能具有丰富的内涵，比如既包括政府海洋行政效率，也包括海洋公共服务能力，因此指标选择及其权重设置就体现了评价者的价值导向。在本研究中，运用价值焦点思考法的黄金准则，从国家的政策文件中提取海洋公共治理效能的根本价值目标，并将其转化为评价指标。

（3）可操作性原则。评价指标体系的可操作性取决于指标的数据可获取性和易获取性。一些指标在理论上有很好的表现力，但是评价数据的获得存在较大难度。在选择具体指标时，需要将可操作性作为一个取舍依据。

（4）动态性原则。评价的目的是促进管理目标的实现。在事物发展的不同阶段，设置相应的指标，有利于引导政府海洋公共治理向着预期目标发展。因此，在指标设置时，需要考虑当前区域海洋公共治理效能的侧重点，也要考虑未来区域海洋公共治理效能的主要任务。

3. 指标体系构建

首先，以政府效能与海洋治理理论为基础，按照"创新""协调""绿色""开放""共享"的新发展理念，同时立足贯彻落实新发展理念，加快建设海洋强国的发展目标，结合海洋经济"十四五"规划要求和现实基础，形成海洋经济治理、海洋创新治理、海洋生态治理、海洋行政治理、海洋社会治理五个评价维度。

然后，将政策分析、理论分析、评价分析、案例分析、专家咨询分析的结果进行汇总，最终概括出5个维度作为系统层、24个具体指标为操作层，构建区域海洋公共治理效能综合测度指标体系（表4-1）。

（1）海洋经济治理。选取海洋经济总量、海洋经济密度、区域海洋经济占地区生产总值的比重、海洋渔业总产值、港口货物吞吐量、沿海港口旅客吞吐量等6个指标。

（2）海洋创新治理。选取海洋专业专科以上在校生人数、海洋科技活动人员数、海洋科研机构课题数、海洋科研机构发表论文数、海洋发明专利授权数等5个指标。

（3）海洋生态治理。选取直接排入海的工业废水总量、沿海城市污水处理率、工业固体废物排放总量、废水废物污染治理项目数、海洋污染排污监测口数等5个指标。

（4）海洋行政治理。选取海域使用金征收额、海滨观测台站数量、沿海风暴潮灾害水产养殖损失面积、海洋保护区面积、海洋污染治理投资额等5个指标。

（5）海洋社会治理。选取沿海地带人口数量、海洋产业年末从业人员数、农林牧渔行业在岗职工平均工资等3个指标。

表4-1　区域海洋公共治理效能评价指标体系

目标层	系统层	指标层	熵值法权重	指标性质
区域海洋公共治理综合效能（A）	海洋经济治理效能（B1）	海洋经济总量（亿元，C1）	0.041	正向指标
		海洋经济密度（亿元，C2）	0.049	正向指标
		区域海洋经济占地区生产总值的比重（%，C3）	0.040	正向指标
		海洋渔业总产值（亿元，C4）	0.042	正向指标
		港口货物吞吐量（万吨，C5）	0.041	正向指标
		沿海港口旅客吞吐量（万人，C6）	0.045	正向指标
	海洋创新治理（B2）	海洋专业专科以上在校生人数（人，C7）	0.040	正向指标
		海洋科技活动人员数（人，C8）	0.040	正向指标
		海洋科研机构课题数（项，C9）	0.043	正向指标
		海洋科研机构发表论文数（篇，C10）	0.042	正向指标
		海洋发明专利授权数（项，C11）	0.048	正向指标
	海洋生态治理（B3）	直接排入海的工业废水总量（万吨，C12）	0.037	负向指标
		沿海城市污水处理率（%，C13）	0.037	正向指标
		工业固体废物排放总量（吨，C14）	0.036	负向指标
		废水废物污染治理项目数（个，C15）	0.043	正向指标
		海洋污染排污监测口数（个，C16）	0.042	正向指标
	海洋行政治理（B4）	海域使用金征收额（万元，C17）	0.041	正向指标
		海滨观测台站数量（个，C18）	0.040	正向指标
		风暴潮灾害水产养殖损失面积（万公顷，C19）	0.036	负向指标
		海洋保护区面积（平方千米，C20）	0.054	正向指标
		海洋污染治理投资额（亿元，C21）	0.041	正向指标
	海洋社会治理（B5）	沿海地带人口数量（万人，C22）	0.041	正向指标
		海洋产业年末从业人员数（万人，C23）	0.042	正向指标
		农林牧渔行业在岗职工平均工资（万元，C24）	0.040	正向指标

（二）研究方法

1. 熵值法

本研究采用了杨丽与孙之淳（2015）[①] 改进后的面板熵值法，具体步骤如下：

第 1 步：指标选取。设有 13 个年份，11 个省份及直辖市，24 个指标，则 x_{ijk} 表示第 i 年，第 j 个省份，第 k 个指标的值。

第 2 步：指标标准化处理。由于不同的指标具有不同的量纲和单位，因此需要进行标准化处理。

$$正向指标标准化：x'_{ijk} = \frac{x_{ijk} - x_{\min k}}{x_{\max k} - x_{\min k}} \tag{1}$$

$$负向指标标准化：x'_{ijk} = \frac{x_{\min k} - x_{ijk}}{x_{\min k} - x_{\max k}} \tag{2}$$

其中，$x_{\min k}$ 和 $x_{\max k}$ 分别表示第 k 个指标在 n 个省市 r 个年份中的最小值与最大值。指标标准化处理后，x'_{ijk} 的取值范围为 $[0, 1]$，其含义为 x_{ijk} 在 n 个省市 r 个年份中的相对大小。

第 3 步：计算指标的比重。

$$y_{ijk} = x'_{ijk} \Big/ \sum_i \sum_j x'_{ijk} \tag{3}$$

第 4 步：计算第 k 项指标的熵值。

$$S_k = -\frac{1}{\theta} \sum_i \sum_j y_{ijk} \ln(y_{ijk}) \tag{4}$$

其中，$\theta > 0$，且 $\theta = \ln(rn)$。

第 5 步：计算第 k 项指标的信息效用值。

$$g_k = 1 - S_k \tag{5}$$

第 6 步：计算第 k 项指标的权重。

$$w_k = g_k \Big/ \sum_k g_k \tag{6}$$

[①] 杨丽、孙之淳：《基于熵值法的西部新型城镇化发展水平测评》，《经济问题》，2015 年第 3 期，第 115 – 119 页。

第 7 步：计算各省市每年的综合得分。

$$h_{ij} = \sum_{j=1}^{m} w_i y_j \quad (i = 1,2,3,\cdots,m) \tag{7}$$

2. 聚类分析法

层次聚类方法的基本思想是：通过某种相似性测度计算节点之间的相似性，并按相似度由高到低排序，逐步重新连接各节点。该方法的优点是可随时停止划分，主要步骤如下：

（1）移除网络中的所有边，得到有 n 个孤立节点的初始状态。

（2）计算网络中每对节点的相似度。

（3）根据相似度从强到弱连接相应节点对，形成树状图。

（4）根据实际需求横切树状图，获得社区结构。

（三）数据来源

本书通过《中国海洋统计年鉴》（2007—2017 年）、《中国海洋经济统计年鉴》（2018—2019 年）、《中国统计年鉴》（2007—2019 年），选取 2006—2018 年 13 年沿海地区 11 个省份的 24 个指标（表 4-1）对区域海洋公共治理效能进行分析。对于某些指标数据，由于统计年鉴没有直接数据，我们通过计算得出；对于一些原始数据缺失值，采用均值法进行处理。

三、结果与分析

（一）时空差异分析

从得分结果来看（表 4-2），11 个沿海省市在 2006—2018 年的 13 年间区域海洋公共治理效能均保持增长态势，但是存在明显的地区差异性。2006 年，广东和山东海洋公共治理效能显著高于其他 9 个省市，治理效能指数超过 0.3，两个省域的治理差异仅为 0.001。之后，两省一直呈高位增长态势，2018 年广东依旧保持第 1 位，达到 0.614，第 2 位山东达到 0.552，两省治理得分差距扩大，达到 0.062。河北和广西海洋公共治理效能相对较差，2006 年广西排在第 11 位，河北排在第 10 位，然而到 2018 年两省的得分相同，均为 0.250，位列倒数第一。值得注意的是，浙江、福建两省在过去的 13 年间保持着较快的增长，尤其是浙江省，2006 年治理效能得分为 0.286，排列第 4 位，2018 年得分为 0.408，排列第 3 位。此外，整个研究期内，2006 年排列第 1 位的广东的海洋公共治理效能是排列第 11 位广西的 2.52 倍，2018 年为 2.45 倍，最高和最低之间相差在 2 倍以上，如此较大的差异，表征了我国区域海洋公共治理综合效能未体现出来，存在两极化趋势。

表 4－2　2006—2018 年我国沿海区域海洋公共治理效能总分

年份	辽宁	河北	天津	山东	江苏	上海	浙江	福建	广东	广西	海南
2006	0.189	0.150	0.208	0.319	0.229	0.300	0.286	0.241	0.320	0.127	0.175
2007	0.220	0.169	0.223	0.381	0.270	0.290	0.336	0.269	0.370	0.153	0.183
2008	0.218	0.144	0.246	0.376	0.260	0.302	0.338	0.264	0.374	0.154	0.183
2009	0.264	0.181	0.263	0.425	0.296	0.327	0.332	0.295	0.392	0.178	0.182
2010	0.291	0.208	0.298	0.442	0.308	0.336	0.339	0.318	0.470	0.189	0.191
2011	0.310	0.228	0.301	0.438	0.312	0.347	0.344	0.319	0.429	0.173	0.214
2012	0.310	0.206	0.314	0.409	0.289	0.353	0.317	0.301	0.416	0.181	0.192
2013	0.319	0.206	0.331	0.491	0.318	0.379	0.374	0.331	0.469	0.190	0.237
2014	0.331	0.205	0.346	0.507	0.325	0.395	0.361	0.341	0.495	0.203	0.223
2015	0.356	0.203	0.336	0.509	0.336	0.405	0.367	0.452	0.553	0.192	0.243
2016	0.323	0.206	0.307	0.513	0.330	0.375	0.375	0.370	0.554	0.208	0.245
2017	0.317	0.217	0.307	0.510	0.357	0.376	0.379	0.395	0.599	0.217	0.252
2018	0.313	0.250	0.308	0.552	0.369	0.389	0.408	0.391	0.614	0.250	0.266

从三大海洋经济圈的角度（表 4－3）来看，三大海洋经济圈海洋公共治理效能得分始终保持增长态势。其中，东部海洋经济圈整体治理效能显著高于其他两大经济圈，2006 年为 0.272，2018 年达到 0.389。从三大海洋经济圈内部差异性来看，东部海洋经济圈三大省市的治理效能

差异较小；南部海洋经济圈治理效能差异较大，其中广东处于高治理效能，而广西和海南则相对较低；北部海洋经济圈三大省市整体治理效能较低。

表4-3 2006—2018年我国三大海洋经济圈海洋公共治理效能总分

年份	北部海洋经济圈	东部海洋经济圈	南部海洋经济圈
2006	0.216	0.272	0.216
2007	0.248	0.299	0.244
2008	0.246	0.300	0.244
2009	0.283	0.318	0.262
2010	0.310	0.328	0.292
2011	0.319	0.334	0.284
2012	0.310	0.320	0.273
2013	0.337	0.357	0.307
2014	0.347	0.361	0.315
2015	0.351	0.369	0.360
2016	0.337	0.360	0.344
2017	0.338	0.371	0.366
2018	0.356	0.389	0.380

（二）聚类分析

采用层次聚类方法划分研究区域，11个样本均有效，聚类过程中缺少样本为0，样本均进入聚类分析。聚类过程的聚类树（图4-1），广东、山东聚类为第一层次；福建、浙江、上海、江苏、天津、辽宁则聚类为第二层次；海南、广西、河北聚类为第三层次。

从聚类过程来看，广东、山东的治理效能一直处于高水平位置，且总分最高。这两个省份海洋经济发展水平较高、海洋创新水平较强、海洋生态治理较好、海洋行政治理水平较高、海洋社会治理效能较强。2006—2018年的13年间两省海洋生产总值均处于第一和第二位，海洋经济治理效能远高于其他地区；海洋科技活动人员、海洋科技课题、论文以及专利均高于其他地区，其中山东省海洋科技成果远多于其他沿海地区。

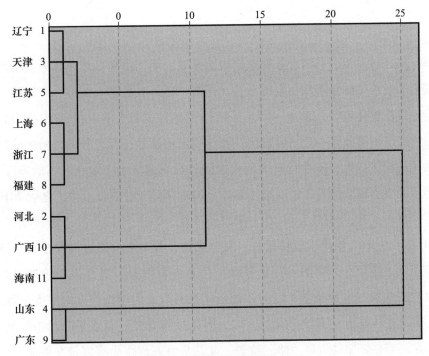

图 4-1 层次聚类的聚类树

福建、浙江、上海、江苏、天津、辽宁，它们的效能总分排在第 3 至第 8 位，被聚为一类，处于第二层次。这些地区普遍存在海洋经济治理效能较好，海洋生态治理效能较弱，海洋创新治理、海洋行政治理和海洋社会治理处于中间水平的特征。这些省市中上海、天津海洋经济密度较高，单位岸线的海洋经济产出水平较高。然而，上海、浙江、辽宁等省市海洋生态治理水平较差，直接排入海的工业废水总量和固体废物排放总量较高。

海南、广西、河北整体水平始终处于较低水平，总分排在第 9 至第 11 位，为第三层次。这些地区的海洋生态治理、海洋行政治理和海洋社会治理的指数高于其他地区，如三省在海洋保护区面积、沿海城市污水处理率和海洋产业从业人员数方面高于其他地区，但是三省海洋经济治理和海洋创新治理的能力依旧欠佳。

综上所述，通过层次聚类方法获得的三个层次的治理效能指数总体反映了我国区域海洋公共治理效能水平。

（三）子系统演化分析

从区域海洋公共治理效能系统内部来看，我国沿海区域海洋公共治理五大子系统整体呈不均衡发展态势（图4-2）。五大子系统中，海洋生态治理效能整体较好，2006—2018年的13年间效能指数基本在0.08~0.11；海洋经济治理效能一直持续提高；海洋创新治理效能起点较低，始终保持低位的缓慢提升；海洋行政治理效能的特征则属于上下起伏、不断震荡；海洋社会治理效能处于波动增长态势，2008年处于波谷低点位，之后2010年又有所上升，2011年和2012年有所下降，2012年以后处于缓慢增长，2017年到2018年出现较快增长。总体来说，我国沿海区域海洋公共治理呈现三大特征：①我国十分重视海洋生态环境保护，海洋生态治理表现出较高的治理效能指数，这与我国近年来的政府海洋管理方向基本一致；②海洋在传统上是不被重视的区域，因此我国海洋创新水平的起步较低，但是随着创新驱动发展战略的推进，尤其是将海洋作为高质量发展的重要领地，海洋科技创新能力逐步提升；③海洋经济与海洋创新治理能力齐头并进，表明海洋科技创新对海洋经济的贡献度在不断提升，"经济"和"科技"在海洋领域不是两张皮，而是相互促进，共同发展。

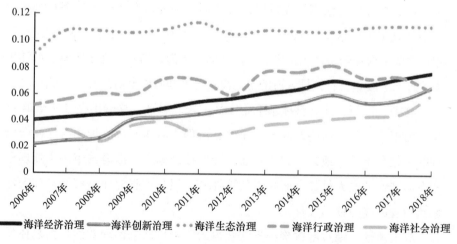

图4-2　2006—2018年我国沿海区域海洋公共治理系统效能内部发展变化

四、结论与建议

（一）结论

本研究构建了区域海洋公共治理综合效能指标体系，选取 2006—2018 年辽宁、河北、天津、山东、江苏、上海、浙江、福建、广东、广西和海南等 11 省际的面板数据，计算各年各省市的区域海洋公共治理综合得分。随后，采用系统层次聚类法对研究区域海洋公共治理效能进行聚类分析，结果发现：

（1）2006—2018 年，我国沿海研究区域间与区域内的海洋治理得分存在明显空间差异，区域海洋公共治理效能呈显著极化发展态势。整体来看，广东和山东的区域海洋公共治理效能绩效优良，可持续发展效果突出，始终保持领跑地位；随后是浙江、福建两省，在过去的 13 年间这两个省区域海洋公共治理效能保持着较快的增长，尤其是浙江省增长较快；河北和广西海洋公共治理效能相对较差，始终处于末尾状态，体现了地方政府治理能力缺乏、稳定性弱等困境。此外，效能最高的广东与效能最低的广西之间相差 2 倍以上。三大海洋经济圈中东部海洋经济圈整体治理效能显著高于其他两大经济圈，南部海洋经济圈治理效能差异较大，北部海洋经济圈三大省市整体治理效能较低，这也反映了该区域治理体系内部差异性较大。

（2）由聚类分析结果可知，沿海 11 省市的海洋公共治理综合效能可被划分为三个层次，即广东、山东为第一层次，是区域海洋公共治理效能较好的区域；福建、浙江、上海、江苏、天津、辽宁处于第二层次，整体水平始终保持在中等；海南、广西、河北聚类为第三层次。不同的层次有着不同的治理现状与发展趋势，总体上与当地的地缘区位、经济基础、生态环境、社会发展水平因素等相吻合。

（3）从构成区域海洋公共治理的五大系统效能发展来看，我国区域海洋公共治理效能基本呈现三大特征：一是海洋生态治理效能远高于其他四大治理效能；二是我国海洋科技创新能力逐步提升；三是海洋经济与海洋创新治理能力齐头并进，相互促进，共同发展。

（二）建议

（1）领头省份应发挥辐射和带动区域的作用。我国海洋公共治理效能综合保持良性增长态势，对海洋强国建设起到引导联动作用。尤其是第一层次省份，属于高海洋公共治理效能区域。未来这些省份应坚持把经济、创新、生态、行政、社会"五位一体"作为海洋公共治理总纲。同时，鉴于区域的差异性，未来应充分利用各自比较优势，通过较强的外向度引进高新技术人才，彻底摆脱粗放型海洋公共治理模式，不断完善政府海洋治理职能，加快开放环境下的海洋公共治理发展水平①。此外，还应开启联动、综合治理机制，与其他省市协同推进海洋治理，实现海洋治理现代化。

（2）区域海洋公共治理需要加大区域均衡性发展。对于广西、海南、河北这类省份，属于低海洋公共治理效能区域。这些省份海洋经济发展水平整体较弱、海洋创新能力较差，但是海洋生态治理和海洋行政管理水平较好。未来这些省份应积极坚持开展"蓝色海湾"等综合整治，充分发挥海洋生态优势，发展天蓝、海绿的滨海旅游城市，开展海洋科技产业投资、吸引高端人才聚集等。充分利用区域经济圈的发展优势，主动融入经济圈。同时，自觉主导与高治理效能区域的联动，在其辐射引导下，结合自身优势，不断扩大对外经济交往，放宽政策，发展外向型海洋经济，提升区域海洋经济治理效能，形成海洋公共治理新布局。

（3）区域海洋公共治理需要加大整体治理水平提升。浙江、上海、江苏等省份属于经济大省，拥有灵活的经济发展模式，但存在经济发展与社会生态脱节，处于中治理效能水平。这些省份需充分发挥各自资源和特色优势，合理构建协调发展治理体系，充分实施向海发展相关的优惠政策，打造各地区特色海洋公共治理新格局。

---

① 赵东霞，申方方：《开放环境下辽宁沿海区域海洋治理综合效能测度研究》，《生产力研究》，2021年第7期，第39－47页。

第二节 区域海洋经济治理效能的影响评价

一、问题提出

　　政府偏好一直被很多学者视为影响海洋经济质量的重要原因。在新时代背景下，中国海洋经济发展目标已不再单纯地追求"量"的增加，而更加注重"质"的提升，更加注重海洋资源的可持续利用与海洋生态环境保护，政府科学的决策选择成为海洋经济发展效能提升的关键因素。地方政府治理偏好决策通过环境规制影响地方海洋经济治理效能。环境规制对海洋经济发展具有双重影响，一方面是促进效应，环境规制实施会激发企业绿色技术创新活力，降低能耗和减少排污，促进海洋生态环境改善；另一方面是抑制效应，环境规制实施增加了企业的生产成本，抑制了海洋经济发展。近年来，中国在提升海洋经济发展水平上进行了一系列实践，但是海洋生态环境污染问题仍比较严重。本研究选择既能够体现海洋经济发展又能够展示海洋生态治理的"海洋经济全要素生产率"作为海洋经济绿色治理效能的测度标准，来分析中国海洋经济绿色治理效能的现状。试图回答以下问题：一是异质性政府偏好与环境规制对海洋经济绿色发展效能起到促进还是抑制作用？二是不同政府偏好与环境规制的交互作用是否提高了海洋经济治理效能？为了解答上述问题，本研究架构了政府偏好、环境规制与海洋经济治理效能的作用机制，采用海洋经济绿色发展指数测度海洋经济绿色治理效能，进一步构建动态面板 GMM（Gaussian Mixture Model）模型，利用 2007—2016 年中国 11 个沿海省级区域面板数据进行实证检验。通过本研究，对改善现有的政府考核机制，实现海洋经济高质量发展提供有益参考。

　　海洋经济绿色发展效能是以效率、和谐、持续为目标，追求低能耗、低污染、低排放、高效率、高效益的海洋经济增长方式。国内外学者也是基于这一内涵开展了定性与定量研究。一些学者认为，海洋经济绿色发展效能需要关注的是海洋资源消耗和环境成本，构建环境与经济综合核算体系。海洋经济绿色治理效能也需要融入绿色理念，通过技术创新，改造传统海洋产业，控制高能耗、高污染产业，推进海洋绿色制度创新，最终实现海洋经济的可持续发展。而有关海洋经济绿色治理效能的定量研究主要集中在测评方法和影响因素两个方面。一是海洋经济绿色发展的测评方法研究。以往的研究中，学者们基于投入和期望产出构建测评体系。Yörük B K 等（2005）[1] 及 Kumar（2006）[2] 率先将非期望产出引入全要素生产率的测算。部分学者将非期望产出引入到海洋经济全要素生产率测算上，如丁黎黎等（2019）[3] 将"海洋资源消耗、环境退化"等坏影响活动引入到海洋经济增长问题中，在非期望产出中构建了"资源与环境损耗指数"；关洪军等（2019）[4] 将工业废水直排入海量作为非期望产出的环境负效益。同时，也有部分学者通过选取几个影响因素构建指标体系来测定，如吴淑娟、梁华罡等人。研究方法上，大部分采用 DEA-Malmquist 生产率指数分析法、Malmquist-Luenberger 指数分析法，也有部分学者采用集对分析法。不同的方法改进有助于测度"海洋经济绿色治理效能"，但是这些分析往往是单一的，没有从海洋的特殊性考虑，即海洋经济是资源型经济，衡量更多需要考虑"资源""环境"双重投入产出。二是海洋经济绿色治理效能的影响因素研究。杜军等（2020）[5] 认为，海洋环境规制、技术创新对海洋经济绿色创新具有显著影响。丁黎黎的研究也取得相似的结论，同时指出，就技术进步的

---

① Yörük B K, Zaim O. Productivity growth in OECD countries: a comparison with Malmquist productivity indexes. Journal of Comparative Economics, 2005, 33 (2): 401 – 420.

② Surender Kumar. Environmentally sensitive productivity growth: a global analysis using Malmquist-Luenberger index. Ecological Economics, 2006, 56 (2): 280 – 293.

③ 丁黎黎、刘少博、王晨、杨颖：《偏向性技术进步与海洋经济绿色全要素生产率研究》，《海洋经济》，2019 年第 4 期，第 12 – 19 页。

④ 关洪军、孙珍珍、高浩楠、赵爱武：《中国海洋经济绿色全要素生产率时空演化及影响因素分析》，《中国海洋大学学报（社会科学版）》，2019 年第 6 期，第 40 – 53 页。

⑤ 杜军、寇佳丽、赵培阳：《海洋环境规制、海洋科技创新与海洋经济绿色全要素生产率——基于 DEA-Malmquist 指数与 PVAR 模型分析》，《生态经济》，2020 年第 36 卷第 1 期，第 144 – 153 页。

偏向性角度而言，海洋经济整体上呈现出海洋劳动与资源的依赖性特征。赵昕等（2016）[①] 认为，地区开放程度、科研水平和海洋经济发展水平均对海洋经济效率具有显著正向影响。与此同时，有部分学者认为，信息化水平、绿色金融等也对海洋经济治理效能起着积极影响。

政府是海洋经济绿色治理效能的主导力量，其决策行为的一个重要方向，是运用环境规制政策工具鼓励和刺激相关企业进行绿色技术创新，调整海洋产业结构，实现海洋产业低碳、绿色发展，提升海洋产业全要素生产率。然而，在现行海洋环境分权管理体制下，地方政府对海洋环境规制的实施有很大的自由权，政府决策偏好影响着海洋经济的发展质量。李胜兰等（2014）[②] 认为，地方政府环境规制政策独立性越强，政策的针对性就越强，其对生态效率的积极作用就越强。苏为华等（2013）[③] 认为，海洋经济绿色发展受政策影响显著，是政策导向型发展模式。韩增林等（2019）[④] 认为，海洋科技和制度管理水平对海洋经济全要素生产率的提高起促进作用。向晓梅等（2019）[⑤] 探索了政府、制度与海洋经济绿色治理效能的作用机理，指出政府通过海洋制度供给引导投资和资源流向，以产业部门、空间布局和技术水平突破提高海洋经济全要素生产率水平。学者们一致认为，海洋经济绿色治理效能受到了政府决策的影响，但是没有明确不同的政策决策对海洋经济绿色治理效能的影响。Xuan Chen 和 Weiwen Qian（2020）[⑥] 认

[①] 赵昕、彭勇、丁黎黎：《中国沿海地区海洋经济效率的空间格局及影响因素分析》，《云南师范大学学报（哲学社会科学版）》，2016 年第 5 期，第 112 - 120 页。

[②] 李胜兰、初善冰、申晨：《地方政府竞争、环境规制与区域生态效率》，《世界经济》，2014 年第 4 期，第 88 - 110 页。

[③] 苏为华、王龙、李伟：《中国海洋经济全要素生产率影响因素研究——基于空间面板数据模型》，《财经论丛》，2013 年第 172 卷第 3 期，第 9 - 13 页。

[④] 韩增林、王晓辰、彭飞：《中国海洋经济全要素生产率动态分析及预测》，《地理与地理信息科学》，2019 年第 1 期，第 95 - 101 页。

[⑤] 向晓梅、张拴虎、胡晓珍：《海洋经济供给侧结构性改革的动力机制及实现路径——基于海洋经济全要素生产率指数的研究》，《广东社会科学》，2019 年第 5 期，第 27 - 35 页。

[⑥] Xuan Chen, Weiwen Qian. Effect of marine environmental regulation on the industrial structure adjustment of manufacturing industry: An empirical analysis of China's eleven coastal provinces. Marine Policy, 2020, 113（Mar.）: 103797.1 - 103797.19.

为，不同类型的海洋环境规制对制造业产业结构升级和污染产业转移有着显著影响，行政命令型和经济激励型海洋环境规制中，技术创新对制造业产业升级起到积极作用。姜旭朝等（2017）[①]认为，不同地方政府的环境规制对海洋经济影响呈现负向作用、正向作用、负向作用再到长期正向作用的发展趋势。杜军等（2020）[②]认为，政府研发投入对海洋环境规制促进海洋经济绿色全要素生产率有着显著影响。大多学者认为，环境规制对海洋经济绿色治理效能的影响整体是正向的，但也存在滞后性问题。

从上述文献分析来看，现有的研究大多分析环境规制对海洋经济绿色治理效能的影响及技术创新的中介效应，缺乏从海洋环境分权体制背景下，研究不同政府决策偏好对环境规制与海洋经济绿色治理效能的作用机制；也没有考虑海洋经济绿色治理效能受资源与环境双重因素影响的内在特征，来构建海洋经济绿色发展或海洋经济绿色治理效能的指标体系，研究方法也停留在 ML（Malmquist Lenberger）指数或 L（Lenberger）指数的测算上，缺乏有效的效率分值分析。鉴于此，本研究尝试从以下方面进行努力：一是研究机制上，分析异质性政府偏好、环境规制强度对海洋经济绿色治理效能的作用机制；二是研究对象上，考察不同区域政府偏好、环境规制对海洋经济绿色治理效能的异质性效应；三是研究方法上，采用综合径向和非径向松弛兼具的 DDF 模型，构建基于资源与环境双重效应的 GML（Global Malmquist-Luenberger）指数衡量海洋经济绿色治理效能。

二、理论分析与研究假设

（一）政府偏好与海洋经济绿色治理效能

政府偏好是政府决策的行为选择和制度安排。在中国的政治语境中，

---

　　① 姜旭朝、赵玉杰：《环境规制与海洋经济增长空间效应实证分析》，《中国渔业经济》，2017年第5期，第68-75页。
　　② 杜军、寇佳丽、赵培阳：《海洋环境规制、海洋科技创新与海洋经济绿色全要素生产率——基于 DEA-Malmquist 指数与 PVAR 模型分析》，《生态经济》，2020年第36卷第1期，第144-153页。

政府偏好的不一致主要来源于官员的晋升关系和中央政府的发展理念。长期以来，地方官员的晋升激励机制是以中央政府的 GDP 政绩为导向。受到"晋升锦标赛"影响，沿海政府运用天然的临海优势和海洋资源优势，促使中国海洋经济飞速发展。随之而来的是，一部分地区、一部分行业出现海洋环境污染、产能过剩等现象。当前，中国政府已经将绿色海洋经济提上日程，提出了经济高质量发展的号召，中国海洋经济开始转向了绿色发展的轨道。由此，执行者的发展理念不同，导致了不同的决策偏好。基于上述中国海洋发展路径分析，本研究将政府偏好分为产业偏好和环境偏好。

在其他条件既定情况下，沿海地方政府偏好引向环境，促使污染税率增加，污染企业内部成本提高，迫使企业加快绿色技术创新；同时，随着沿海地方政府海洋环境治理程度的提高，更多资金将被用于海洋环境治理，海洋资源要素的配置效率就会越高，涉海企业的绿色技术创新能力也会越高，海洋经济全要素社会生产率也就越高。因此，地方政府环境偏好程度对于海洋经济绿色治理效能有正向效应。然而，在财政分权和晋升激励的现行体制下，官员们基于自身晋升利益，偏好于短时间内对海洋 GDP 提升加大的海洋第二产业。一方面，地方政府放松环境规制，引进一些污染较大的海洋重工业或养殖业，如造船、石化、扇贝养殖、海参养殖等，加速了地方产值的增加；另一方面，加大对本地区海洋资源损耗式开发，换取海洋 GDP 短期快速上升。地方政府的产业偏好或 GDP 偏好所引致的粗放型开发，造成的是非期望投入与非期望产出的增加、海洋环境治理投入的减少、海洋生态环境保护难度加大，对提高当地的海洋经济绿色治理效能具有抑制效应。基于此，本研究提出：

假设 1：不同政府偏好对海洋经济绿色治理效能的影响不同，政府产业偏好对海洋经济绿色治理效能具有负向效应，政府环境偏好对海洋经济绿色治理效能具有正向效应。

（二）环境规制与海洋经济绿色治理效能

政府是海洋环境规制政策的制定者、实施者和监督者。通过将海洋环境保护政策嵌入到政府决策行为中，借助政府的行政干预和市场调节以及引导社会监督等手段对企业环境行为形成制度约束和舆论约束，引导涉海企业加强技术创新，提升生产工艺和海洋资源利用水平，降低废水、固体废弃物入海排放，使海洋产业朝着绿色、健康发展。外部政府环境规制压力、利益相关者环保压力等对涉海企业的绿色技术创新具有很大的驱动作用，迫使和刺激涉海企业提高技术创新水平，增加新工艺、新设备、新技术投入，真正发挥环境规制的"减排降污"效应，促进海洋经济绿色治理效能。与此同时，环境规制所带来的企业成本上升，完全可以通过由环境规制实施所带来的绿色技术创新和创造的额外生产力来弥补。杜军等（2020）[1] 研究得出，一定的海洋环境规制强度有助于海洋经济绿色全要素生产率提高，海洋经济绿色全要素生产率与海洋科技创新存在双向互动关系，海洋科技创新又促进海洋环境规制。钱薇雯和陈璇（2019）[2] 的研究进一步发现，经济激励型比命令型环境规制对海洋技术创新的影响作用更为强烈。由此，政府实施环境规制的强度对海洋经济绿色治理效能存在影响。同时，根据"波特假设"，当环境规制过高，企业环境成本就会提高，影响技术创新，对海上生产产生了负面影响，尽管这种影响随着时间的推移逐渐减弱；当环境规制过低，海洋环境污染将会加剧，海洋经济绿色治理效能受到影响。因此，适度递增的海洋环境规制对海洋经济绿色治理效能是有利的。基于此，本研究提出：

假设 2：环境规制对海洋经济绿色治理效能具有正向效应，适度递增的海洋环境规制有助于提高海洋经济绿色治理效能。

（三）政府偏好与环境规制

政府偏好与环境规制是相互联系、相互影响的两个方面。在现行政绩

---

① 杜军、寇佳丽、赵培阳：《海洋环境规制、海洋科技创新与海洋经济绿色全要素生产率——基于 DEA-Malmquist 指数与 PVAR 模型分析》，《生态经济》，2020 年第 36 卷第 1 期，第 144 - 153 页。

② 钱薇雯、陈璇：《中国海洋环境规制对海洋技术创新的影响研究——基于环渤海和长三角地区的比较》，《海洋开发与管理》，2019 年第 7 期，第 70 - 76 页。

考核体系下，不同的政府行为偏好会产生不同效果的环境规制。现实中存在两种情景。

第一种情景：在 GDP 大棒的指挥下，沿海地方官员为了获得晋升，以追求经济增长速度作为政府目标，必然会利用临海优势，发展海水养殖、海洋石油天然气、临港工业等能较快产生经济利益的海洋第一、第二产业，从而产生大量的废水、废弃物，消耗巨大的海洋资源，对近岸海域环境产生严重污染。而对于企业，投资建厂往往会选择环境约束少的城市，这迫使地方政府为了经济利益不得不放松环境管制，导致环境规制"失灵"。因此，政府纯粹的经济导向决策将使环境规制效果降低。第二种情景：在国家全面海洋督查的政策背景下，地方政府官员不得不选择追求海洋环境与海洋经济的平衡。这种态势下，政府的行为决策会更多地投向环境领域。短期来看，严格的环境规制约束迫使一些高污染、高能耗的涉海企业转移，但低碳节能环保的企业将会引入，短时间内这些城市的经济发展将会受到一定程度的影响。但是城市能将更多的资金投入到企业技术创新上，有助于减少城市污染，优化投资环境，促进企业绿色技术创新，生产更多绿色、低碳、环保的产品以满足市场日益增长的绿色消费需求。因此，政府的环境行为决策将促进环境规制效果的提升。

现实中，环境规制与政府偏好间的相互作用并不平衡，在政府转向海洋经济绿色治理模式下，政府偏好比环境规制更具引导性。政府的产业偏好与环境偏好的决策选择将直接影响经济主体的海洋经济活动，进而影响企业在内的相关经济主体落实环境规制政策的效果，并最终影响海洋经济绿色治理效能。在中国层级式的官员结构体系下，政府官员更热衷于在任期内获得更快的政绩，因此，官员的考核体系或指标对于官员的执政偏好具有指挥棒的作用。政府偏好又通过环境规制来影响海洋经济绿色治理效能。就像我们在设定情景中说的那样，如果地方政府偏好于高污染产业发展或一味追求 GDP，那么放松环境规制成为理性选择，双方的共同作用可能降低了海洋经济绿色治理效能；如果地方政府偏好于环境保护，就会加强环境规制，加大环境治理投入力度，双方的共同作用就会提高海洋经济绿色治理效能。因此，环境规制对海洋经济绿色治理效能的影响效应，可能会因政府偏好不同而产生差异。基于此，本研究提出：

假设3：政府产业偏好与环境规制对海洋经济绿色治理效能具有负向效应。

假设4：政府环境偏好与环境规制对海洋经济绿色治理效能具有正向效应。

三、模型、变量和数据

（一）模型建构

为分别考察政府偏好、环境规制对海洋经济绿色治理效能的影响，本研究参考何爱平等（2019）[①] 的研究成果，设立面板动态方程如下：

$$OMD_{it} = \alpha_0 + \delta_1 OMD_{i,t-1} + \delta_2 OMD_{i,t-2} + \beta_1 GIP_{it} + \beta_2 GEP + \beta_3 ER$$

$$+ \beta_4 GIP * ER_{it} + \beta_5 GEP * ER_{it} + \sum_{i}^{4} w_i X_i + \varepsilon_{it} \qquad (1)$$

式中，OMD_{it} 表示海洋经济绿色治理效能，$OMD_{i,t-1}$ 为其一阶滞后项，$OMD_{i,t-2}$ 为其二阶滞后项；GIP 表示政府产业偏好，GEP 表示政府环境偏好，ER 表示环境规制，$GIP * ER$ 表示政府产业偏好与环境规制的交互，$GEP * ER$ 表示政府环境偏好与环境规制的交互；i 和 t 分别表示省份和年份；β 为系数矩阵；X_i 表示控制变量，包括人力资本水平（HUM）、技术创新水平（RDL）、对外开放水平（FDI）和海域使用水平（SRL）；ε_{it} 表示随机扰动项。

（二）变量选择

1. 被解释变量

被解释变量为海洋经济绿色治理效能（OMD）。本研究使用海洋经济

---

① 何爱平、安梦天：《地方政府竞争、环境规制与绿色发展效率》，《中国人口·资源与环境》，2019 年第 29 卷第 3 期，第 21 - 30 页。

全要素生产率作为海洋经济绿色治理效能的替代指标。海洋经济全要素生产率能够表现海洋资源和环境双重投入与产出的相关要素，体现海洋资源集约发展和海洋绿色技术创新，突出海洋经济绿色发展和高质量发展的内在要素。在测算中，本研究采用具有方向性距离函数（DDF）的 GML 指数。GML 指数具有可分解性、可比较性、可传递性等优点，避免了传统 L 指数或 ML 指数存在的不足。根据 Ali[1] 构建的 GML 指数方法，利用方向性距离函数，定义 t 期到 $t+1$ 期的 GML 指数。通过分析 GML 指数可以观测海洋经济全要素生产率变化趋势（表 4-4）。具体模型如下：

$$GML^{t,t+1} = (x^t, \ y^t, \ b^t, \ x^{t+1}, \ y^{t+1}, \ b^{t+1})$$
$$= \frac{1 + D^G \ (x^t, \ y^t, \ b^t)}{1 + D^G \ (x^{t+1}, \ y^{t+1}, \ b^{t+1})} \tag{2}$$

其中，b^t、b^{t+1} 为决策单元 t 期和 $t+1$ 期的非期望产出，方向性距离函数 $D^G \ (x^t, \ y^t, \ b^t) \ = \max \ \{\beta: (y + \beta y, \ b - \beta b) \in P^G \ (X)\}$。

GML 指数涉及投入与产出。这里，本研究将投入要素分为 4 种：劳动力、技术、资本、资源。①劳动力投入：本研究参考已有成果，采用"涉海就业人员数"作为劳动力投入指标。②技术投入：采用地区海洋科研机构经费收入额与海洋科研机构科技人员数的比例来衡量。③资本投入：由于各地区海洋资本存量没有直接数据，本研究参考胡晓珍（2018）[2] 的方法，以 2006 年为基数，利用永续盘存法计算得到各年份沿海地区实际资本存量，并用当年海洋生产总值与当年 GDP 的比例进行折算，以此作为 2006—2016 年各省份海洋资本存量。④资源投入：本研究参考关洪军（2019）[3] 的方法，采用确权海域面积作为资源投入。产出要素主要包括期

---

① Ali Emrouznejad, Guo-liang Yang. A framework for measuring global Malmquist-Luenberger productivity index with CO_2 emissions on Chinese manufacturing industries. Energy, 2016, 115（part 1）：840-856.

② 胡晓珍：《中国海洋经济绿色全要素生产率区域增长差异及收敛性分析》，《统计与决策》，2018 年第 17 期，第 137-140 页。

③ 关洪军、孙珍珍、高浩楠、赵爱武：《中国海洋经济绿色全要素生产率时空演化及影响因素分析》，《中国海洋大学学报（社会科学版）》，2019 年第 6 期，第 40-53 页。

望产出和非期望产出。⑤期望产出：本研究选取海洋生产总值作为期望产出。⑥非期望产出：本研究选取"废水总磷排放入海量""废水氨氮排放入海量""废水化学需氧量排放入海量""废水石油类排放入海量""工业固体废弃物排放入海量""工业废气排放量"作为衡量指标。

表 4-4　中国沿海省域海洋经济绿色治理效能（*OMD*）

省（自治区、直辖市）	2007 年	2008 年	2009 年	2010 年	2011 年	2012 年	2013 年	2014 年	2015 年	2016 年
天津	1.089	1.076	0.950	1.162	2.513	1.056	1.065	1.020	1.176	0.922
河北	0.950	1.124	0.790	1.296	1.559	0.754	0.904	1.055	0.992	0.959
辽宁	1.059	0.952	1.141	1.039	1.006	1.059	1.039	0.976	0.944	0.995
上海	1.112	1.561	0.954	1.255	0.825	1.150	1.329	1.408	1.035	1.070
江苏	1.122	1.229	0.904	1.179	0.927	0.981	1.044	1.017	1.019	1.040
浙江	1.090	1.056	0.863	1.242	1.000	1.194	1.108	0.978	1.031	1.042
福建	0.994	1.006	1.000	0.970	1.080	1.253	0.935	0.989	1.064	1.045
山东	1.075	1.058	1.010	0.976	0.987	1.038	0.894	1.018	0.992	1.043
广东	0.917	1.097	0.981	1.036	1.006	1.238	0.818	1.151	1.005	1.011
广西	0.892	0.912	0.991	1.063	0.883	1.099	1.014	1.056	1.051	1.026
海南	0.956	1.049	1.055	0.969	0.945	1.119	0.775	1.245	1.016	1.039

2. 解释变量

（1）环境规制强度（*ER*）。目前对环境规制强度的评价方法主要包括单一指标法和合成指数法。本研究认为，现有的测算方法，大多从单一的环境治理投资角度考虑，或者采用"三废"治理项目数合成指数，缺乏从不同类型工具发挥作用的角度来构成指数。因此，本研究提出异质性环境规制指数代替环境规制强度，将环境规制分为命令型环境规制、市场型环境规制、监督型环境规制。具体而言，沿海地区污染项目治理数代表命令型环境规制、涉海企业排污费征收额代表市场型环境规制、海洋环境信息新闻披露的数量代表监督型环境规制，用熵值法测算环境规制指数。

（2）政府偏好。基于之前的理论分析，本研究将政府偏好分为政府产

业偏好和政府环境偏好。对于政府产业偏好，本研究参考金春雨（2017）①
的方法，采用海洋船舶工业、海洋石油天然气、海洋交通运输、海水养殖
等 5 类对海洋环境影响较大的海洋产业的产值占海洋生产总值的比重衡量
政府产业偏好（GIP），选取的 5 个产业对海洋污染较大，但却能较快产生
经济产值。这类产业占比越高，说明政府产业偏好越强，污染物排放就越
多，预期海洋经济绿色治理效能越低。对于政府环境偏好，本研究参考朱
小会（2018）② 的方法，采用各省当年海洋污染治理投资总额占 GDP 的比
重来衡量政府环境偏好（GEP），海洋环境治理投资占比越高，说明地方
政府环境偏好越强，海洋环境质量越优，预期海洋经济绿色治理效能
越高。

3. 控制变量

（1）人力资本水平（HUM）：人力资源为企业技术创新带来智力成果，
可以提升海洋经济绿色治理效能水平。本研究采用大专以上海洋专业人才
数占海洋专业人才总数的比重来衡量。

（2）技术创新水平（RDL）：技术创新能力决定了一个区域的海洋经
济绿色治理效能水平。本研究采用海洋科研机构专利授权数与海洋科研机
构科技人员数的比例来衡量。

（3）对外开放水平（FDI）：外资引进对区域海洋经济发展具有很大
贡献，反映区域经济对外资的依赖程度。本研究采用外商直接投资额与
GDP 之比来衡量。

（4）海域使用水平（SRL）：海洋经济的资源依赖特定决定了海域资
源使用效率在 OMD 中的作用。本研究采用单位面积征收的海域使用金
（海域使用金征收额与确权海域面积的比值）来衡量。

---

① 金春雨、吴安兵：《工业经济结构、经济增长对环境污染的非线性影响》，《中国人口·资
源与环境》，2017 年第 27 卷第 10 期，第 64－73 页。
② 朱小会、陆远权：《地方政府环境偏好与中国环境分权管理体制的环保效应》，《技术经
济》，2018 年第 37 卷第 7 期，第 121－128 页。

（三）数据来源与处理

本研究主要采用2006—2016年中国11个沿海省（自治区、直辖市）的面板数据进行分析。主要原始数据来自《中国海洋统计年鉴》《中国环境年鉴》《中国统计年鉴》和各省市年鉴，以及《中国近岸海域环境质量公报》。其中，海洋环境信息公开数据运用读秀学术检索系统（www.duxiu.com），检索11个沿海省市中最具代表性的报纸的海洋环境信息公开数量。部分指标通过原始值与海洋生产总值/地区生产总值的比例关系换算获得。部分缺失值按照外推法计算。

四、结果与分析

（一）全样本检验

为了深度检验政府偏好、环境规制与海洋经济绿色治理效能之间的影响关系，本研究在模型中加入了滞后项作为工具变量，所以选择动态面板差分GMM模型加以检验。具体而言，本研究使用海洋经济绿色治理效能 OMD 的滞后一期与滞后二期值作为工具变量，因此需要进行过度识别，原假设所有变量工具都是有效的。表4-5所示的估计结果显示，Sargan检验表明所选择的工具变量是有效的（接受原假设），AR检验证明动态面板模型设定是合理的。

表4-5　实证检验结果

变量	模型（1）	模型（2）	模型（3）	模型（4）
L.OMD		-0.005	-0.254*	0.134
		(0.199)	(0.270)	(0.134)
L2.OMD		0.058**	0.197*	0.216**
		(0.175)	(0.200)	(0.108)
GIP	-0.002*	-1.432*	-2.64*	-0.610*
	(0.069)	(0.851)	(1.351)	(0.328)

续表

变量	模型（1）	模型（2）	模型（3）	模型（4）
GEP	0.020*	0.105**	0.130**	0.156**
	(0.027)	(0.047)	(0.084)	(0.066)
ER	0.646**		-18.640**	9.560**
	(0.586)		(8.825)	(3.284)
GIP * ER				-5.757**
				(2.321)
GEP * ER				1.411**
				(0.550)
HUM	0.001	0.012***	0.014***	0.005**
	(0.002)	(0.004)	(0.004)	(0.002)
RDL	0.182*	5.036*	8.950*	-1.802
	(0.848)	(2.961)	(5.608)	(1.422)
FDI	0.029	0.645*	1.029**	0.033
	(0.057)	(0.331)	(0.404)	(0.126)
SRL	0.004*	0.006	0.017*	0.002
	(0.002)	(0.005)	(0.009)	(0.004)
_cons	0.855***	0.750	2.989**	-0.198
	(0.145)	(0.661)	(1.246)	(0.500)
AR（2）-P	0.664	0.670	0.585	0.171
Sargan-P	0.379	0.411	0.624	1.000
N	108	72	72	72

注：* $p<0.1$，** $p<0.05$，*** $p<0.01$。括号中数据为标准差。

从 OMD 视角看，滞后一期项为负的显著水平，表示滞后一期的 OMD 对上一期的 OMD 具有抑制作用。OMD 滞后二期项为正的显著水平，这意味着滞后二期对本期 OMD 具有提升作用。这显示出当上一期的 OMD 提高以后，带来了海洋生态环境的改善，而此时的环境规制存在滞后效应，环境规制强度的提高对于经济发展的影响还未显现出来，因此，沿海地方政府在本期继续执行较强的海洋环境规制政策，对下期的 OMD 产生促进作用。这一结论与杜军（2020）① 的研究成果形成印证。

① 杜军、寇佳丽、赵培阳：《海洋环境规制、海洋科技创新与海洋经济绿色全要素生产率——基于 DEA-Malmquist 指数与 PVAR 模型分析》，《生态经济》，2020 年第 1 期，第 144-153 页。

从政府偏好异质性来看，*GIP* 对 *OMD* 的影响显著且系数为负，*GEP* 对 *OMD* 的影响显著且系数为正，此结论印证了假设1。这表明沿海地方政府官员为了追赶周围地区的 GDP，大力发展重工业，政府制定的这一政策降低了海洋经济绿色治理效能。而当政府将更多的海洋环境治理资金投入到海洋环境保护中，将对海洋经济绿色治理效能起到积极的促进作用。沿海地方政府官员为了提升自身的政绩做出的两种决策偏好选择产生相反的效果。当政府以工业发展为导向，发展过程中制定了宽松的环境政策，引进了高污染、高能耗的涉海工业企业，加速了地方海洋经济发展，造成了海洋环境污染，降低了海洋经济绿色治理效能；当政府财政支出向海洋环境治理倾斜，地方海洋生态环境得到保护，保护海洋环境有助于海洋经济绿色治理效能水平提升，这很好地印证了"绿水青山就是金山银山"的理念。

ER 对 *OMD* 的影响系数在模型（1）和模型（4）中为正，且在5%的水平上显著，但在模型（2）中表现为负，且在5%的水平上显著，说明环境规制对 *OMD* 的作用在不同影响下呈现不同的效果，换言之，适度递增的海洋环境规制强度才能对海洋经济绿色治理效能起促进效应。同时模型（1）的 OLS 回归结果也表明，地方政府的 *ER* 对 *OMD* 提升具有正向效应。本研究假设2得到了印证，也进一步验证了"波特假说"，即环境规制倒逼沿海企业技术创新或产业结构调整，提升海洋资源利用水平，进而实现了地区海洋经济绿色发展。

从政府偏好与环境规制的交互项来看，*GIP* 与 *ER* 的交互项对 *OMD* 的影响显著且系数为负（本研究假设3得到印证），*GEP* 与 *ER* 的交互项对 *OMD* 的影响显著且系数为正（本研究假设4得到印证）。这表明国家对官员政绩考核的偏向影响着沿海地方政府官员的海洋环境保护意识，进而影响了海洋经济绿色治理效能水平。在中国过去的高速增长时期，地方官员所关心的是地方 GDP 增速、财政收入增速、税收上升的速度等，忽视了海洋环境保护，导致了海洋经济绿色治理效能水平低下。当经济质量成为官员政绩考核标准时，政府官员更加注重海洋经济发展与海洋环境保护的协调，有助于海洋经济绿色治理效能水平提升。

控制变量中 HUM 和 FDI 对 OMD 的影响并不显著，而 RDL 和 SRL 对 OMD 的影响显著。这意味着 OMD 对人力资本和外商投资的依赖较小。技术创新对 OMD 的影响显著，进一步印证了 ER 与 OMD 之间存在"波特假说"检验，即企业技术创新增加了产品的新技术和新工艺，提升了企业生产率，提高了企业市场竞争力，促使企业朝着绿色方向发展。海域使用水平对海洋经济绿色治理效能的显著影响很好地说明了"海洋经济是一种资源依赖型经济"，海域、海滩、海岸线等海洋资源的使用水平决定着海洋经济绿色治理效能。

（二）分区域检验

中国拥有 3.2 万多千米的海岸线，其中大陆海岸线长 1.8 万多千米，沿海各区域地理环境、经济水平、海洋资源开发水平等具有显著差异，检验结果可能存在区域偏差。本研究选取中国沿海 11 个省域，将其划分为环渤海地区、长三角地区、泛珠三角地区，以进一步考察不同区域政府偏好、环境规制对海洋经济绿色治理效能影响的差异。

表 4-6 的估算结果显示，环渤海地区滞后一期检验结果不显著，滞后二期项显著；长三角地区和泛珠三角地区均为 OMD 滞后一期项为负的显著水平，滞后二期项为正的显著水平，表明长三角地区和泛珠三角地区的海洋经济绿色治理效能均具有滞后性。分区域检验结果显示，三个地区 ER 对 OMD 均呈现正的显著水平，表明各地方政府善于利用环境规制政策提升海洋经济绿色治理效能。从政府偏好与 OMD 的影响差异来看，环渤海地区 GIP 与 OMD 之间呈现负的显著水平，GEP 与 OMD 之间呈现正的显著水平，长三角地区 GIP 和 GEP 对 OMD 均为正的显著水平，珠三角地区 GIP 对 OMD 影响不显著，GEP 对 OMD 影响显著。这一结果与各地区的政策环境不同有很大关系。环渤海地区近 10 年持续加大海洋环境治理，OMD 与环境治理投入存在关联；长三角地区对官员长期实行绿色 GDP 政绩考核，因此不管是产业偏好还是环境偏好均对 OMD 有促进效应；泛珠三角地区主要为海洋第三产业，海洋经济绿色水平较高，与工业发展的关

联度不大，而该区域持续的海洋环境治理投入对区域 *OMD* 产生较好的影响。控制变量中，环渤海地区更多与 *SRL* 有关，长三角地区与 *HUM*、*RDL* 和 *SRL* 有关，泛珠三角地区仅与 *FDI* 有关。

表 4-6　分区域实证检验结果

变量	环渤海_OMD	长三角_OMD	泛珠三角_OMD
L. OMD	−0.274	−0.312 **	−0.413 **
	(0.245)	(0.170)	(0.206)
L2. OMD	0.439 **	0.331 **	0.280 **
	(0.208)	(0.201)	(0.228)
GIP	−0.0574 **	0.270 **	0.063
	(0.213)	(0.238)	(0.290)
GEP	0.259 ***	0.490 ***	0.008 *
	(0.0847)	(0.117)	(0.0272)
ER	3.557 **	9.502 ***	2.420 **
	(4.719)	(2.580)	(1.677)
*GIP * ER*	−0.592	−0.205	−0.224
	(1.721)	(1.371)	(1.576)
*GEP * ER*	2.923 **	3.502 ***	0.122 **
	(1.391)	(0.854)	(0.185)
HUM	−0.001	−0.005 ***	−0.001
	(0.002)	(0.002)	(0.001)
RDL	−0.469	1.349 **	0.376
	(0.861)	(0.678)	(0.836)
FDI	−0.295	0.736	0.014 **
	(0.659)	(0.366)	(0.034)
SRL	0.006 **	0.004 ***	0.001
	(0.002)	(0.001)	(0.002)
_cons	1.177 *	0.624 *	1.415 ***
	(0.639)	(0.328)	(0.292)
AR (2) −P	0.371	0.691	0.281
Sargan −P	0.782	1.000	1.000
N	32	24	32

注：* $p < 0.1$，** $p < 0.05$，*** $p < 0.01$。括号中数据为标准差。

（三）稳健性检验

本研究使用系统 GMM 方法对 2007—2016 年动态面板模型进行了回归分析，在不引进外部工具变量下，能解决参数估计的有偏和不一致问题，同时克服弱工具变量问题。表 4 - 7 显示，滞后一期项呈现负的显著水平，滞后二期项呈现正的显著水平。环渤海地区滞后一期项不显著，滞后二期项显著；长三角地区和泛珠三角地区均为 OMD 滞后一期项为负的显著，滞后二期项为正的显著。ER 对 OMD 在全样本和区域样本中均存在正的显著水平。GIP 与 OMD 之间均存在负的显著水平，GEP 与 OMD 之间除环渤海地区以外，均存在正的显著水平。GIP 与 ER 的交互项均存在负的显著水平，GEP 与 ER 的交互项除长三角以外，均存在正的显著水平。系统 GMM 检验结果和差分 GMM 检验结果基本一致，可以认为本研究的结论具有很好的稳健性。

表 4 - 7　稳健性检验

变量	OMD	环渤海_OMD	长三角_OMD	泛珠三角_OMD
L. OMD	−0.180 **	−0.139	−0.220 **	−0.326 **
	(0.091)	(0.185)	(0.147)	(0.150)
L2. OMD	0.166 *	0.345 **	0.302 *	0.234 *
	(0.0946)	(0.185)	(0.167)	(0.185)
GIP	−0.293 **	−0.039 **	−0.087 *	−0.406 **
	(0.215)	(0.265)	(0.538)	(0.376)
GEP	0.154 **	−0.085 **	0.251 **	0.043 **
	(0.0646)	(0.222)	(0.365)	(0.059)
ER	7.827 ***	2.756 *	4.076 **	3.854 **
	(2.822)	(11.320)	(7.057)	(2.488)
GIP * ER	−3.417 *	−4.701 **	−3.536	−2.602 *
	(1.766)	(3.292)	(5.451)	(2.737)
GEP * ER	1.283 **	2.877 *	2.440	0.943 **
	(0.534)	(3.406)	(2.700)	(0.380)
HUM	0.007 ***	0.007 **	0.002	0.001
	(0.002)	(0.003)	(0.005)	(0.002)

续表

变量	OMD	环渤海_OMD	长三角_OMD	泛珠三角_OMD
RDL	-2.038***	-0.225*	2.196	-0.258
	(1.335)	(2.108)	(2.034)	(1.348)
FDI	-0.0562	-0.320	-0.223	0.050
	(0.117)	(0.822)	(0.798)	(0.069)
SRL	0.001**	0.008	0.001	-0.002**
	(0.003)	(0.005)	(0.007)	(0.003)
_cons	-0.054	1.297	0.436	1.231***
	(0.420)	(1.130)	(0.970)	(0.432)
AR（2）-P	0.264	0.673	0.295	0.481
Sargan-P	0.397	1.000	1.000	1.000
N	84	32	24	32

注：$^*p < 0.1$，$^{**}p < 0.05$，$^{***}p < 0.01$。括号中数据为标准差。

五、结论与讨论

（一）结论

本研究在理论分析的基础上，构造了政府二重偏好、环境规制以及二者交互项的动态函数模型，利用中国 11 个沿海省份 2007—2016 年面板数据实证分析政府偏好、环境规制对海洋经济绿色治理效能的影响，进一步使用系统 GMM 模型进行了稳健性检验。本研究主要结论如下：①*ER* 对 *OMD* 的促进效应存在滞后性，环境规制对于保护海洋环境、促进海洋经济高质量发展具有正向推动作用。②政府偏好对海洋经济绿色治理效能存在很大的差异性，*GIP* 对 *OMD* 具有负向效应，而 *GEP* 对 *OMD* 具有正向效应，沿海地方政府不同的决策偏好选择产生了相反效果。③*GIP* 与 *ER* 的共同作用抑制了 *OMD*，*GEP* 与 *ER* 的共同作用促进了 *OMD*，国家对官员政绩考核的偏向影响着沿海地方政府官员的海洋环境保护意识，进而影响了海洋经济绿色治理效能。④*RDL* 和 *SRL* 对 *OMD* 具有促进作用，海洋经济的资源依赖性，使其对技术创新和海域使用水平提出了高要求并产生了高依赖。⑤环渤海地区、长三角地区和泛珠三角地区的海洋经济绿色治理效能均具有滞后性。不同政府偏好在三个区域呈现出不同的水平，环渤海地区 OMD 与环境治理投入存在关联，长三角地区产业偏好和环境偏好均对 OMD 有促进效应，泛珠三角地区产业偏好与 OMD 的关联度不大，而环境偏好则产生显著影响。

基于上述研究结论，本研究提出以下政策建议：①进一步完善地方政府官员的考核体系，改变以往的 GDP 政绩导向，牢固树立"绿水青山就是金山银山"的发展宗旨，构建绿色 GDP 导向的考核机制，引导建立起以海洋高质量发展为准则的政府决策偏好。②加大对重污染工业企业排污费的征收力度，提高海域使用水平，进一步发挥媒体、公众、环保组织等社会力量的监督作用，构建起命令型、市场型和社会型环境规制有机结合的海洋环境规制工具体系，共同推动海洋经济绿色治理效能。③要运用环境规制倒逼企业进行技术创新，改善企业的生产工艺和生产技术，构筑起市场导向的绿色技术创新体系。④中国沿海各地区海洋经济绿色治理效能水平差异较大，存在不平衡性，需要因地制宜地实施差别化的海洋经济绿色发展政策。

（二）讨论

在研究过程中，我们对理论假设做了深入的印证，反映了政府偏好、环境规制对海洋经济绿色治理效能的影响。但是，研究也发现，这种影响具有海洋领域的特殊性和中国国情的特殊性，这也是本研究与其他研究的不同之处。具体如下。

一是政府产业偏好对海洋经济绿色治理效能的负向影响，主要源于海洋产业发展尤其是重污染产业的发展。当政府经济（产业）偏好用人均海洋生产总值（GOP）或人均 GDP 代替，政府产业偏好与海洋经济绿色治理效能呈现倒"U"型关系，两个方向的偏好在一开始系数都表现为正值，而后才出现负值，但是拐点各不相同。我们的研究发现，GOP 偏好更早出现。这说明影响海洋经济绿色治理效能的主要因素并不单纯在产值上，更多地表现为海洋产业因素，更具体的是表现在高污染海洋产业，因此在一定意义上也可以说是政府产业偏好。高污染高产出产业的发展在一定程度上能够推动经济增长，但容易导致资源错配和经济低效。

首先，政府产业偏好对海洋经济绿色治理效能的负面影响主要来源于海洋产业的发展，尤其是重污染产业的发展。当政府经济（产业）偏好被人均 GOP（海洋生产总值），或人均 GDP，或人均财政收入，或 GOP 增长率，或 GDP 增长率所替代时，前三个替代变量与政府经济（产业）偏好和海洋经济绿色治理效能之间没有显著关系，但最后两个变量与政府经济偏好和海洋经济绿色治理效能之间呈现"U"型关系。由此可见，影响海洋经济绿色治理效能的主要因素不仅仅是政府收入，更多的是体现在海洋产业的发展方向上，特别是高污染的海洋产业。因此，在一定意义上，也可以说政府产业偏好。高污染高产出产业的发展可以在一定程度上促进经济增长，但容易造成资源配置不当和经济效率低下。

二是政府环境偏好对海洋经济绿色治理效能的正向影响，主要源于财政支出结构。当政府环境偏好用污染项目治理数或"三废"处理量代替，与海洋经济绿色治理效能均不具有显著性水平。只有在选用海洋环境财政支出的指标"海洋环境治理投资额"时才表现出较好的显著水平，这与郑洁等（2020）[①] 的研究成果形成印证。

三是异质性环境规制对海洋经济绿色治理效能也表现出不同结果，综合作用优于单一作用。当将命令型环境规制、市场型环境规制和监督型环境规制指标分别作用于海洋经济绿色治理效能，研究发现，命令型和市场型环境规制对海洋经济绿色治理效能不显著，监督型环境规制呈现显著水平，但是环境规制综合指数对海洋经济绿色治理效能表现出更好的显著水平。

---

① 郑洁、付才辉、刘舫：《财政分权与环境治理——基于动态视角的理论与实证分析》，《中国人口·资源与环境》，2020 年第 30 卷第 1 期，第 67－73 页。

第三节 区域海洋生态治理效能的影响评价

一、问题提出

随着陆地资源逐渐枯竭，全球沿海国家将目光投向了海洋，开发海洋成为沿海国家实现经济社会永续发展的必然选择。一场以发展海洋经济为标志的"蓝色革命"正在世界范围内兴起。改革开放 40 多年来，中国海洋经济保持着高速增长态势，对国民经济发展做出了巨大贡献。然而，随之而来的是海洋环境污染加剧、海洋资源无序开发利用等，给中国海洋经济高质量发展敲响了警钟。近年来，中国海洋生态环境状况整体稳中向好，但局部海域污染依然突出，海洋生态系统健康状况改善依旧不明显，尤其表现为，海洋经济增长与海洋环境降污非同步发展。对此，党和政府提出了"海洋环境治理攻坚战"的战略目标，出台了一系列海洋环境规制措施来解决海洋污染问题。

先行经验表明，环境规制不仅会影响区域污染物排放入海和海洋环境质量，而且还会渗透到海洋经济发展、沿海居民生活的方方面面，也影响海洋产业转型升级。因此，环境规制能否实现海洋经济增长与海洋污染下降已成为各国选择和评判环境规制政策的基本标准。我们需要知道的是，海洋经济增长能否与海洋污染脱钩。换言之，环境规制对海洋经济增长与海洋环境污染脱钩（以下简称"海洋环境脱钩"）是否有促进作用。

传统观点认为，环境规制的实施增加了企业环境成本，降低了技术创新热情，不利于产业发展和企业效益提高。Porter（1991）[①] 对这一观点进行了修正，他认为，环境规制约束条件下可以激励企业进行技术创新和产

---

① Porter M E. America's Green Strategy. Scientific American , 1991, 264（4）: 193–246.

业转型升级，减少生产过程中的低效行为。因此，环境规制不仅可以提高环境质量，还可以促进工业发展和经济增长，这对实现经济发展与环境污染脱钩有促进作用。

目前，有关脱钩研究大多基于波特假说进行检验分析。第一种观点，基于投资者的逐利性出发，得出环境规制通过企业技术投资偏好和类金融投资偏好两条路径实现经济增长与环境污染脱钩。第二种观点，基于技术创新溢出效应来看，得出环境规制通过倒逼企业技术创新来实现工业发展与环境污染脱钩。第三种观点，环境规制对投资偏好和技术创新的影响受到制度基础、市场效率、经济发展水平、人力资本和研发投资等诸多因素制约，这些影响与环境规制的质量、形式、工业技术水平和污染程度密切相关。因此，环境规制对经济与污染脱钩的作用机制是复杂的。

综上所述，关于环境规制对海洋经济增长与海洋环境污染的影响机制的认识是模糊的，尤其是缺乏多种因素综合考虑作用机制问题。现有的研究已显示海洋经济与海洋环境的内在耦合性问题是海洋生态治理的本质体现。本研究从第三种观点出发，着力解决以下问题：

（1）环境规制对海洋环境脱钩呈现怎样的内在传导机制？

（2）不同类型环境规制对海洋环境脱钩有着怎样的影响？

（3）哪些因素决定了每个区域在所审查的时间段内环境规制对海洋环境脱钩的变化？或者说哪些因素决定了审查时间段内海洋生态治理效能水平？

对于第一个问题的答案取决于脱钩的定义，即海洋经济增长与海洋环境污染脱钩测量方法。脱钩理论最早由经济合作与发展组织（OECD）提出，用来衡量经济增长与环境压力之间的脱钩关系。此后，关于经济发展与资源使用（如能源消耗）或环境影响（如 SO_2、烟尘和废水排放）和温室气体排放之间脱钩分析的文献越来越多。但是 OECD 的方法只是对经济增长与环境污染之间关系的简单评估，无法细化不同的脱钩状态。Tapio（2005）[1] 提出

① Tapio Petri. Towards a Theory of Decoupling: Degrees of Decoupling in the EU and the Case of Road Traffic in Finland between 1970 and 2001. Transport Policy, 2005, 12 (2): 137-151.

的脱钩模型将脱钩分解成 8 类，可以很好地展示不同的脱钩状态。Cansino（2021）① 对 2000—2014 年厄瓜多尔经济增长与环境压力脱钩状态进行了分解，并对相关社会经济等驱动因素进行了研究。Wang 和 Su（2020）② 根据 Tapio 模型构筑经济活动与碳排放之间的脱钩弹性，并根据 LMDI 分解模型，对碳排放进行了分解。陈琦等（2015）③ 和王泽宇等（2017）④ 基于 Tapio 脱钩模型或改进的 Tapio 脱钩模型，引入脱钩指数构建海洋经济增长与海洋环境压力脱钩状态评价指标，得出中国海洋经济增长和海洋环境压力呈现扩张负脱钩、弱脱钩和强脱钩三种状态。

第一个问题同时还需要关注环境规制测量指标的选择。而对第二个问题和第三个问题的回答则需要对不同类型和不同地理区域之间的环境规制进行严格的评估，并对它们的环境规制与海洋环境脱钩进行差异性评估。这样一个比较评价受到以下事实的阻碍，即受调查区域在时间年范围的表现差异。尽管中国沿海省域海洋经济比较发达，但它们在资源开发水平和经济结构方面显示出很大的差异。而且，与经济数据的可获得性相比，环境规制指标的可获得性更难。为了克服这个问题，我们采取区分类指数的方法来测量环境规制，这样的方法有两个优势：一是避免单一指标测算不够精确，二是可以更好反映不同类型环境规制的影响，尤其是我们采用读秀数据库提取了媒体报道的次数作为公众监督的数据来源。对于环境规制的作用，很多学者已经进行了不同层面的探讨。比如，Santis（2021）⑤ 的

---

① Cansino J M, Sánchez-Braza A, Espinoza N. Moving towards a green decoupling between economic development and environmental stress? A new comprehensive approach for Ecuador. Climate and Development, 2021, 14 (02): 147–165.

② Wang Qiang, Min Su. Drivers of Decoupling Economic Growth from Carbon Emission – An Empirical Analysis of 192 Countries Using Decoupling Model and Decomposition Method. Environmental Impact Assessment Review, 2020, 81: 106356.

③ 陈琦、李京梅：《我国海洋经济增长与海洋环境压力的脱钩关系研究》，《海洋环境科学》，2015 年第 34 卷第 6 期，第 827–833 页。

④ 王泽宇、卢雪峰、韩增林、董晓飞：《中国海洋经济增长与资源消耗的脱钩分析及回弹效应研究》，《资源科学》，2017 年第 39 卷第 9 期，第 1658–1669 页。

⑤ R De Santis, P Esposito, C Jona Lasinio. Environmental regulation and productivity growth: Main policy challenges. International Economics, 2021, 165 (C): 264–277.

研究关注环境规制对生产率增长的影响，他还对环境规制产生的具体作用采用脉冲响应分析进行深入探讨；杨喆等（2022）① 的研究也强调了环境规制对工业部门绿色生产率增长产生正向效应。因此，环境规制可能对经济与环境共同产生积极影响。

二、理论模型与研究假设

（一）环境规制影响海洋环境脱钩的作用路径

海洋经济的本质特征在于利用海洋资源发展各类产业。因此，海洋经济发展过程天然具有资源利用与环境污染的问题。如何减少环境污染是沿海政府实行环境规制的核心所在。然而，面对政府环境规制，作为排污主体的涉海企业面临环境成本上升压力，企业抑或采取创新补偿，抑或遵循成本。"遵循成本假说"认为，环境规制增加了企业生产成本，挤压了研发投入，势必影响企业技术创新。"波特假说"则认为，有效的环境规制刺激技术创新，会提升企业生产率。面对环境规制约束，企业立足于长期利益和市场导向，采取不同的应对方式。一方面，企业将寻求增加新技术和新工艺，提升企业生产率，以减少入海排放。另一方面，企业将调整生产投资，淘汰一些高耗能、高污染的产业项目，降低入海排污，减少环境规制的影响，提升了企业在市场中的竞争力，促使企业朝着绿色方向发展。这两个选择在短期内均会因环境规制提高企业环境成本，但长期来看，通过技术创新和产业结构调整两个"创新补偿"行为抵消了遵循成本的"挤出效应"。这一行为既减少了涉海企业的污染排放，也提升了海洋经济质量，实现了脱钩发展。由此，可以将这种传导路径概括为"实施环境规制—倒逼企业转变生产方式—实现脱钩发展"。

综上，环境规制通过倒逼企业生产方式转变实现海洋环境脱钩的过程

---

① 杨喆、陈庆慧、李涛：《环境规制与工业绿色转型升级——基于规制异质性和执行力度视角的分析》，《重庆理工大学学报（社会科学）》，2022 年第 36 卷第 4 期，第 41 – 54 页。

可归纳为图4-3所示的路径。基于此，本研究提出：

假设1：环境规制对海洋经济增长与海洋环境污染脱钩存在显著影响，其传导机制表现为政府通过环境规制倒逼企业技术创新和产业结构调整，从而实现脱钩发展。

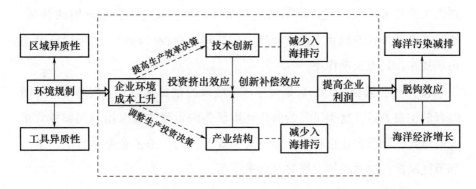

图4-3 环境规制对海洋经济增长与海洋环境污染脱钩的作用路径

（二）不同环境规制对海洋环境脱钩的影响机理

为了降低企业的污染排放入海，提高海洋经济发展质量，政府会采取不同的海洋环境政策工具，如加大海洋环境法规制定、海洋环境治理投资，提高海洋环境标准，征收入海排污费、海域使用权费以及减污减税，加大海洋环境信息公开，发挥媒体公众监督作用等。按照 Ming Yi（2019）[①] 的观点，可以将现阶段的海洋环境规制分为行政命令型、市场激励型和社会监督型三种。

（1）行政命令型。沿海政府发挥政策制定者的身份，通过强制性手段要求企业严格遵守环境制度，迫使企业改善生产技术，降低海洋环境污染。但从实施效果来看，已有的研究认为，在短期内企业迫于压力会减少污染，但以利润为追求的企业会因这种约束而退出市场，转而向其他环境

① Ming Yi, Xiaomeng Fang, Le Wen, Fengtao Guang, Yao Zhang. The Heterogeneous Effects of Different Environmental Policy Instruments on Green Technology Innovation. International Journal of Environmental Research and Public Health, 2019, 16 (23): 1 - 19.

规制强度低的地方投资。

（2）市场激励型。基于"污染者付费"的原则，政府利用奖惩措施引导涉海企业提升海洋技术创新。例如，政府对违反排污入海标准的企业予以经济处罚，甚至停产停业。在成本与收益的博弈中，企业就会自主选择加大工艺技术研发，提升资源利用水平。此外，政府也会采取财政补贴、税收优惠等方式鼓励和支持企业技术创新和产业投资调整。这种措施遵循市场规律，具有长期作用。

（3）社会监督型。公众是海洋环境政策的重要参与者，也是海洋环境监督的主要力量。这类工具为海洋环境脱钩的贡献主要采用新闻媒体对企业的曝光，降低企业信誉度，形成对企业的压力，迫使企业进行清洁生产和节能减排，这对脱钩发展具有促进作用。

综上，这三种环境规制工具发挥作用的主体并不相同，对于海洋环境脱钩的影响渠道存在差异，这样在执行规则、强制性、作用时间与效果上就会不同，从而影响企业入海排污的动机以及技术创新的积极性，进一步影响海洋经济发展与海洋环境污染脱钩。基于此，本研究提出：

假设2：环境规制工具异质性对脱钩的影响有显著差异，行政命令型环境规制具有短期性作用，市场激励型环境规制具有长期性作用，社会监督型环境规制则具有促进性作用。

（三）环境规制对海洋环境脱钩的区域差异性

中国沿海各区域地理环境、经济水平、海洋资源开发水平等存在着显著差异，不同区域内企业对技术革新、环境成本付出的动力也存在差异，具体表现为：一是对海洋资源的依赖程度决定了环境规制对脱钩的影响状态。王泽宇等（2017）[①]研究认为，由于各省市海洋资源拥有量不同，各海洋产业在地区海洋产业系统中的地位作用不同，导致中国沿海各省份海

---

① 王泽宇、卢雪峰、韩增林、董晓飞：《中国海洋经济增长与资源消耗的脱钩分析及回弹效应研究》，《资源科学》，2017 年第 39 卷第 9 期，第 1658－1669 页。

洋经济增长与海洋资源脱钩程度存在差异。从资源利用程度来看，海洋第
一、第二产业对海洋环境的污染较大，而海洋第三产业对海洋环境的污染
较小。丁黎黎等（2015）[①]研究认为，环渤海区域主要依赖于海洋第一、
第二产业，长三角区域、珠三角区域主要依赖于海洋第二、第三产业。而
海洋第一、第二产业的相关企业由于环境成本付出较大，对技术革新动力
较小，污染治理动机较小；海洋第三产业的相关企业由于对资源的依赖程
度较小，污染治理成本较小，自主技术革新投入激情较大。二是区域的经
济结构、经济运行机制和制度体制等多方面因素对环境规制与海洋经济发
展有很大影响。孙才志等（2019）[②]认为，海洋经济与陆域经济关联性较
强。由此，海洋环境脱钩与地区的发展要素有着重要的关联。长三角地区
开放程度较高、市场活跃性大，涉海企业的环境规制适应性较强，能够自
主发挥"创新效应"，加大污染治理成本投入，以提升企业产业效率。环
渤海地区工业化程度高，区域内海洋经济的联系较弱，涉海企业的行业独
立性强，自我技术革新意识差，但是人力资本水平高，有助于推动企业创
新。泛珠三角地区经济发展水平高、开放程度大、人力资本水平高，对于
企业技术创新和产业结构的调整主动性强，有助于实现区域脱钩发展。由
此，不同的资源禀赋、不同的经济发展水平等要素对环境规制与脱钩的作
用机制不尽相同。

可见，即使在相同环境规制下，因区域要素不同，对海洋环境脱钩的
促进作用也会有所区别。据此，本研究提出：

假设3：区域异质性特征对环境规制与脱钩产生显著差异，不同要素
水平的区域，环境规制对海洋环境脱钩的表现形式不同。

---

① 丁黎黎、朱琳、何广顺：《中国海洋经济绿色全要素生产率测度及影响因素》，《中国科技
论坛》，2015年第2期，第72-78页。
② 孙才志、王甲君：《中国海洋经济政策对海洋经济发展的影响机理——基于PLS-SEM模型
的实证分析》，《资源开发与市场》，2019年第10期，第1236-1243页。

三、变量选择与数据处理

本研究选取中国 11 个沿海省（自治区、直辖市）的面板数据，时间区间为 2007—2016 年。

（一）脱钩指数指标选取与数据来源

本研究参考陈琦等（2015）[①] 的研究成果，选取沿海地区工业废水入海排放量作为海洋环境污染指标，海洋生产总值（GOP）作为海洋经济增长指标。目前，脱钩指标评价方法主要有变化量综合分析法、OECD 脱钩指数法、Tapio 弹性分析法、完全分解技术法、IPAT 模型法和差分回归系数法等。其中，Tapio 脱钩弹性系数具有较好的稳定性，使得测算结果能够较好地反映海洋经济增长与海洋环境污染脱钩的关系。具体模型如下：

$$e\,(E,\ O)\ = \frac{\Delta E/E}{\Delta O/O}$$

其中，e 表示脱钩弹性系数，E 和 O 代表综合废水入海排放量和海洋生产总值，ΔE 和 ΔO 分别代表上期与本期综合废水排放入海增长量与海洋经济增长量。沿海地区工业废水入海排放量和海洋生产总值数据来自《中国海洋统计年鉴》。

为了说明脱钩关系的动态变化，本研究参考郭承龙等（2013）[②] 的处理方法，将脱钩弹性系数划分成若干个区间，并对每一区间赋值，作为脱钩指数（表 4 – 8）。据此，脱钩指数越大表示海洋经济增长与海洋环境污染脱钩越理想。

---

① 陈琦、李京梅：《我国海洋经济增长与海洋环境压力的脱钩关系研究》，《海洋环境科学》，2015 年第 34 卷第 6 期，第 827 – 833 页。

② 郭承龙、张智光：《污染物排放量增长与经济增长脱钩状态评价研究》，《地域研究与开发》，2013 年第 32 卷第 3 期，第 94 – 98 页。

表4-8　海洋经济增长与海洋环境污染脱钩状态评价指标

脱钩状态	ΔO	ΔE	e		脱钩指数
强脱钩	>0	<0	$e<0$	$(-\infty, -0.6)$	28
				$[-0.6, -0.4)$	27
				$[-0.4, -0.2)$	26
				$[-0.2, 0)$	25
弱脱钩	>0	>0	$0 \leqslant e < 0.8$	$[0, 0.2)$	24
				$[0.2, 0.4)$	23
				$[0.4, 0.6)$	22
				$[0.6, 0.8)$	21
衰退脱钩	<0	<0	$e>1.2$	$(1.8, +\infty)$	20
				$(1.6, 1.8]$	19
				$(1.4, 1.6]$	18
				$(1.2, 1.4]$	17
增长连接	>0	>0	$0.8 \leqslant e \leqslant 1.2$	$[0.8, 1.0)$	16
				$[1.0, 1.2)$	15
衰退连接	<0	<0	$0.8 \leqslant e \leqslant 1.2$	$[1.0, 1.2)$	14
				$[0.8, 1.0)$	13
扩张负脱钩	>0	>0	$e>1.2$	$(1.2, 1.4]$	12
				$(1.4, 1.6]$	11
				$(1.6, 1.8]$	10
				$(1.8, +\infty)$	9
弱负脱钩	<0	<0	$0 \leqslant e < 1$	$[0.6, 0.8)$	8
				$[0.4, 0.6)$	7
				$[0.2, 0.4)$	6
				$[0, 0.2)$	5
强负脱钩	<0	>0	$e<0$	$[-0.2, 0)$	4
				$[-0.4, -0.2)$	3
				$[-0.6, -0.4)$	2
				$(-\infty, -0.6)$	1

注：本表根据郭成龙的研究成果进行了修订。

（二）解释变量选取与数据来源

1. 解释变量：环境规制（ER）

由于本研究考察的是环境规制对海洋环境脱钩的作用效果，所以采用较为直接且简单的规制实施变量来衡量规制水平。其中，海洋环境治理投资作为政府和企业在环境治理中的直接投入，能够体现政府海洋环保意识与海洋环境治理的有效发挥，对于改善海洋环境质量具有重要意义。一般而言，对污染治理投入越多，环境规制的约束作用就越强。本研究借鉴原毅军等（2016）①的研究方法，采用海洋污染治理投资额作为环境规制强度（*ER*）的代理变量，数据来源为《中国环境年鉴》和《中国海洋统计年鉴》。同时，为了进一步考察不同类型海洋环境规制工具对海洋环境脱钩的影响，本研究采用直接体现沿海政府海洋环境治理状态的污染治理项目数来衡量行政命令型环境规制（*ERC*），数据来自《中国海洋统计年鉴》；采用能够反映政府利用市场手段约束涉海企业排污行为的排污费征收来衡量市场激励型环境规制（*ERM*），来自《中国环境年鉴》和《中国海洋统计年鉴》；采用媒体监督海洋环境质量的海洋环境信息新闻披露数来衡量社会监督型环境规制（*ERS*），数据来源为读秀学术检索系统（www. duxiu. com）。

2. 中介变量

涉海企业 R&D 经费投入体现企业对技术创新的重视程度，也是企业提升产业技术的可靠保证。本研究采用涉海规模以上企业 R&D 经费来衡量企业技术创新（*RD*），数据来自《中国科技统计年鉴》和《中国海洋统计年鉴》。海洋第一、第二、第三产业结构的比例关系可体现区域海洋产业结构的现状，尤其是海洋第二、第三产业的比例关系能够体现产业结构对海洋环境脱钩的影响。本研究采用海洋第三产业与海洋第二产业比值来衡量产业结构（*IS*），数据来自《中国海洋统计年鉴》。

---

① 原毅军、谢荣辉：《环境规制与工业绿色生产率增长——对"强波特假说"的再检验》，《中国软科学》，2016 年第 7 期，第 144－154 页。

3. 控制变量

地区经济发展、工业化水平和外商投资状况既代表着区域海洋环境治理的投资能力，也影响着区域海洋环境质量。人力资本储量则是企业技术创新的依赖，影响着海洋环境脱钩水平。海洋资源开发水平的高低既影响着海洋资源开发带来的海洋经济增长，也体现着海洋开发带来的环境污染。因此，控制变量相关指标的处理方面：①经济发展水平（GDP）采用地区人均 GDP，从《中国统计年鉴》获得；②人力资本水平（HCI）采用拥有大专以上学历的员工人数占比，从《中国人口与就业统计年鉴》获得；③工业化水平（IND）采用地区工业增加值占比衡量，从《中国统计年鉴》获得；④对外开放水平（FDI）采用外资依存度，从《中国统计年鉴》获得；⑤海洋资源开发水平（MRD）采用地区海洋资源产量之和代替，从《中国海洋统计年鉴》获得。

在统计前，所有数据进行标准化处理，以解决数据指标之间的可比性问题。表 4 – 9 列出了所有变量索引的选择结果及处理。

表 4 – 9 变量索引的选择与处理

	变量	符号	替代性变量处理
解释变量	环境规制	*ER*	海洋环境治理投资＝地区环境治理投资 × GOP/GDP
	行政命令型环境规制	*ERC*	沿海污染治理项目数
解释变量	市场激励型环境规制	*ERM*	涉海企业排污费＝地区排污费 × GOP/GDP
	社会监督型环境规制	*ERS*	代表性的报纸的海洋环境信息公开数量
中介变量	技术创新	*RD*	涉海规模以上工业企业 R&D 经费＝规模以上工业企业 R&D 经费 × GOP/GDP
	产业结构	*IS*	海洋第三产业与海洋第二产业的比值
控制变量	经济发展水平	*GDP*	人均 GDP＝地区 GDP/地区常住人口
	人力资本水平	*HCI*	拥有大专以上学历的员工人数/员工总数
	工业化水平	*IND*	工业增加值/GDP
	对外开放水平	*FDI*	FDI 与 GDP 的比值
	海洋资源开发水平	*MRD*	海水养殖产量、海洋捕捞产量、海洋油气产量、海洋矿业产量和海洋化工产量之和代替

四、效应检验

(一) 海洋环境脱钩效应的时空分析

结合表4-8中的脱钩模型和脱钩分类, 对2007—2016年中国海洋经济增长与海洋环境污染的脱钩关系进行总体评价。如表4-10所示, 中国的海洋经济发展和海洋环境污染经历了"增长连接"—"弱脱钩"—"扩张负脱钩"—"强脱钩"—"增长连接"的波动变化过程, 脱钩指数呈现先上升, 后下降, 然后上升再下降的动态趋势。

根据11个沿海省 (自治区、直辖市) 海洋环境脱钩弹性系数和脱钩指数, 由表4-10可知, 2007—2016年我国11个沿海省份海洋环境脱钩指数平均值从大到小依次为海南、广东、广西、山东、辽宁、河北、福建、江苏、天津、浙江和上海。可以看出, 在2007—2016年的10年中泛珠三角地区的脱钩状况好于环渤海地区和长三角地区。从脱钩指数走势来看, 广西、海南、福建、浙江、上海、河北总体呈良好脱钩趋势, 广东、江苏、山东、天津、辽宁总体呈脱钩趋势。

(二) 计量模型构造

基于前文的理论分析, 为了探索环境规制与海洋环境脱钩之间的影响, 借鉴王书斌等 (2017)[①] 的研究方法, 以海洋环境脱钩弹性系数为被解释变量, 环境规制强度作为核心解释变量, 同时将其他可能影响因素, 如经济发展水平、人力资本水平、工业化水平、对外开放水平和海洋资源开发水平, 以及年度和地区因素引入模型, 构筑一个二次项的模型 (1)。考虑到"波特假说"的"动态性"假设前提, 以及因"海洋环境脱钩弹性系数"的持续性特征而可能具有的"路径依赖"效应, 模型中增加了被解释变量的一阶滞后项。由此构建动态面板的基准模型如下:

---

① 王书斌、檀菲非:《环境规制约束下的雾霾脱钩效应——基于重污染产业转移视角的解释》,《北京理工大学学报 (社会科学版)》, 2017年第19卷第4期, 第1-7页。

表 4 – 10 我国 11 个沿海省（自治区、直辖市）海洋经济增长与海洋环境污染脱钩弹性系数值

省（自治区、直辖市）	2007 年	2008 年	2009 年	2010 年	2011 年	2012 年	2013 年	2014 年	2015 年	2016 年
天津	3.17(20)	-81.53(28)	4.70(9)	0.90(16)	0.18(24)	-0.01(25)	1.48(11)	6.35(9)	108.92(20)	-2.70(3)
河北	-10.43(28)	-0.01(25)	-0.21(3)	0.31(23)	-0.02(25)	0.00(5)	-2.08(28)	0.44(22)	1.42(11)	4.01(20)
辽宁	-0.89(28)	0.64(21)	-1.32(28)	-0.47(27)	-0.05(25)	19.32(9)	0.36(23)	-2.49(28)	0.74(8)	-1.82(1)
上海	-1.27(28)	2.99(9)	15.60(20)	2.64(9)	0.09(24)	2.86(9)	-0.01(25)	-1.72(1)	2.64(9)	0.75(21)
江苏	1.18(15)	3.87(9)	0.94(16)	-1.85(28)	-0.01(25)	-0.01(25)	6.20(9)	-0.68(28)	2.54(9)	1.13(9)
浙江	1.93(9)	1.03(9)	-0.70(1)	0.39(23)	-0.72(28)	1.42(11)	0.80(16)	1.15(15)	0.41(22)	0.20(23)
福建	2.45(9)	1.78(10)	0.51(22)	-0.51(27)	-0.83(28)	6.86(9)	1.28(12)	0.06(24)	0.01(24)	0.34(23)
山东	-0.25(26)	-0.02(25)	3.18(9)	0.26(23)	0.46(22)	0.00(24)	1.20(15)	0.34(23)	0.43(22)	1.51(10)
广东	-5.25(28)	0.07(24)	0.01(24)	1.05(15)	-1.29(28)	-0.36(26)	1.02(15)	-0.16(25)	-1.60(28)	0.91(16)
广西	5.11(9)	-6.92(28)	1.02(15)	-1.29(28)	0.35(23)	0.57(22)	4.92(9)	-10.42(28)	-2.89(28)	-2.10(28)
海南	0.28(23)	-0.70(28)	-0.43(27)	-1.91(28)	-0.22(26)	0.72(21)	0.85(16)	3.38(9)	0.67(21)	0.02(24)
总计	0.91(16)	0.58(22)	0.83(16)	0.31(23)	-0.44(27)	3.01(9)	1.56(11)	-0.10(25)	-0.14(25)	0.84(16)

注：括号内数据表示脱钩得分。

$$e_{it} = \alpha_0 + \varphi e_{it-1} + \beta_1 ER_{it} + \beta_2 ER_{it}^2 + \gamma_j X + c_i + \eta_t + \varepsilon_{it} \tag{1}$$

式中，e 表示脱钩弹性系数，e_{it-1} 为其一阶滞后项；ER 表示环境规制；i 和 t 分别表示省份和年份；β 为系数矩阵；X 是控制变量，包括经济发展水平（GDP）、人力资本水平（HCI）、工业化水平（IND）、对外开放水平（FDI）和海洋资源开发水平（MRD）；c 和 η 表示地区和时间非观察效应；ε_{it} 表示随机扰动项。

在假设 1 中，我们提出了环境规制影响海洋环境脱钩的传导路径主要是技术创新和产业结构。因此，企业技术创新和产业结构调整是重要的中间变量，需要探索这两个因素的调节效应。本研究参考已有研究成果，把交互项作为内部的有效传导机制，检验环境规制与技术创新和产业结构调整的内在互动可能对海洋环境脱钩有促进作用。本模型引入平方项、交互项、平方交互项，构建模型（2）和模型（3），探讨环境规制影响海洋环境脱钩的内在机理和传导路径。

$$e_{it} = \alpha_0 + \varphi e_{it-1} + \beta_1 ER_{it} + \beta_2 RD_{it} + \beta_3 RD_{it}^2 + \beta_4 ER_{it} * RD_{it} + \beta_5 ER_{it} * RD_{it}^2 \\ + \gamma_j X + c_i + \eta_t + \varepsilon_{it} \tag{2}$$

$$e_{it} = \alpha_0 + \varphi e_{it-1} + \beta_1 ER_{it} + \beta_2 IS_{it} + \beta_3 IS_{it}^2 + \beta_4 ER_{it} * IS_{it} + \beta_5 ER_{it} * IS_{it}^2 \\ + \gamma_j X + c_i + \eta_t + \varepsilon_{it} \tag{3}$$

上述式中，模型（2）和模型（3）分别用于检验环境规制强度和海洋环境脱钩之间的调节效应。采用环境规制与技术创新（$ER * RD$）、环境规制与产业结构（$ER * IS$）的交互项，来检验 β_4 和 β_5 的显著性，若 β_5 的系数显著为正，表示可能存在"U"型调节效应，反之，则为倒"U"型关系。

（三）实证结果与讨论

1. 环境规制对海洋环境脱钩的作用路径检验

为了探索环境规制对海洋环境脱钩的作用路径，本研究根据被解释变量滞后一期的显著性以及多元回归的 T 检验和 R 检验对 2007—2016 年 11 个沿海省（自治区、直辖市）的动态面板数据模型设定是否合理进行判断。表 4 - 11 的估计结果显示，模型（1）的二次项、模型（2）和模型（3）的被解释变量滞后一期显示检验为正，表明环境规制对海洋环境脱钩具有动态性和依赖性，符合"波特假说"。T 检验表明所有变量数据在三个不同的模型中均呈现显著性检验。R^2 检验和调整 R^2 检验均表明设定的动态面板模型是合理的。

由模型（1）可知，被解释变量滞后一期一次项为负，二次项为正，且在 1% 的水平上显著，说明随着环境规制强度的提高，海洋环境脱钩弹性系数会出现先下降后上升的"U"型关系。此外，模型（1）中环境规制的一次项为负、平方项为正，回归系数均在 1% 的水平下显著，且环境规制强度每增加 1%，海洋环境脱钩弹性系数就会降低 6.076%。这表明，随着环境规制强度的提高，海洋环境脱钩弹性系数越来越小。根据 Tapio 弹性系数计算方法，脱钩弹性系数越小，海洋环境脱钩状态越好。因此，沿海各省（自治区、直辖市）越加大环境规制强度，海洋环境脱钩越容易。这与本研究假设 1 的理论预期一致，并与王书斌等（2015）[①] 和夏勇等（2016）[②] 的研究结论形成验证。

由模型（2）可知，技术创新在一次项、二次项和平方项均为正，且在 10% 的水平下呈现显著水平。环境规制与技术创新的交互项系数和平方项的交互系数均为正，这表明技术创新在环境规制与海洋环境脱钩中呈现"U"型的中介效应。由模型（3）可知，产业结构在一次项和二次项为正，平方项为负，但均在 1% 水平上显著。环境规制与产业结构的交互项系数一次项为负、二次项为正，平方项交互系数的一次项和二次项均为正，且均在 1% 水平上显著，这表明产业结构在环境规制与海洋环境脱钩中存在"U"型的中介效应。以上分析对假设 1 提出的"政府通过环境规制倒逼企业技术创新和产业结构调整，从而实现脱钩发展"的

① 王书斌、徐盈之：《环境规制与雾霾脱钩效应——基于企业投资偏好的视角》，《中国工业经济》，2015 年第 4 期，第 18－30 页。

② 夏勇、钟茂初：《环境规制能促进经济增长与环境污染脱钩吗？——基于中国 271 个地级城市的工业 SO_2 排放数据的实证分析》，《商业经济与管理》，2016 年第 11 期，第 69－78 页。

研究假设预期一致。

控制变量的估计结果中,经济发展水平在模型(1)和模型(3)中为正,在模型(2)中为负,均存在显著水平。GDP 对海洋环境脱钩的一次项和二次项均为正,且在 1% 的水平上显著,经济发展水平与海洋环境脱钩之间存在线性关系。人力资本水平在模型(1)中为负,在模型(2)和模型(3)中为正,且均存在显著水平。HCI 对海洋环境脱钩一次项为负,二次项为正,且在 5% 的水平上显著,人力资本水平与海洋环境脱钩之间存在非线性关系,且在模型(2)中存在显著水平。这表明人力资本水平增加会提高技术创新水平,对海洋环境脱钩具有积极效果。工业化水平的系数在模型(1)和模型(2)下显著为正,模型(3)下显著为负,均在5% 水平下显著。这说明企业产业结构调整有助于降低工业化水平对海洋环境脱钩的阻碍。对外开放水平在模型(1)中为负,在模型(2)和模型(3)中为正。这表明地区吸收外商直接投资会放松环境规制,导致地区海洋环境恶化,减弱了海洋经济增长与海洋污染降低的脱钩效应。海洋资源开发水平在三个模型中均显著为正,这说明海洋资源越丰富的地区,海洋环境脱钩效应越差,存在"资源诅咒"现象。

表 4-11 环境规制对海洋环境脱钩影响效应的估计结果

变量	模型(1)	模型(2)	模型(3)
e_{t-1}	-0.017 *	0.000 **	0.000 **
	0.001	0.012	0.014
ER	1.076 *	0.000 **	1.173 ***
	0.001	0.016	0.006
ER^2	1.791 *		
	0.009		
RD		0.149 ***	
		0.016	
RD^2		0.149 ***	
		0.022	
ER * RD		0.041 **	
		0.014	

续表

变量	模型（1）	模型（2）	模型（3）
$ER*RD^2$		0.114 **	
		0.020	
IS			4.276 *
			0.001
IS^2			−2.958 *
			0.001
$ER*IS$			−3.607 *
			0.004
$ER*IS^2$			2.616 *
			0.003
GDP	3.405 *	−0.400 *	0.026 **
	0.010	0.009	0.014
HCI	−0.691 **	0.238 *	0.003 **
	0.019	0.009	0.022
IND	2.107 **	0.040 **	−0.037 **
	0.013	0.022	0.015
FDI	−0.464 ***	0.169 ***	−0.011 **
	0.016	0.006	0.011
MRD	0.323 **	0.169 **	0.006 *
	0.007	0.009	0.002
P	0.000	0.000	0.000
R^2	0.996	1.000	0.000
$overallR$	0.995	0.999	0.999

注：*** 、** 和 * 分别表示在10%、5%和1%的水平上显著，最后三项均为 T 统计量的 P 值。

2. 环境规制工具的异质性检验

环境规制工具的异质性对海洋环境脱钩具有差异化影响。本研究对不同类型的环境规制与海洋环境脱钩进行回归分析，所得结果如表 4 – 12 所示。

表4-12　不同环境规制对海洋环境脱钩影响的估计结果

变量	行政命令型环境规制			市场激励型环境规制			社会监督型环境规制		
	模型 (1)	模型 (2)	模型 (3)	模型 (1)	模型 (2)	模型 (3)	模型 (1)	模型 (2)	模型 (3)
e_{t-1}	0.004 **	-0.001 *	-0.084 *	-0.005 **	0.001 **	0.000 **	-0.004 **	-0.001 *	0.000 **
	0.021	0.009	0.010	0.027	0.014	0.034	0.012	0.010	0.021
ERC	-0.767 *	-0.001 **	-0.535 *						
	0.003	0.024	0.004						
ERC^2	-0.068 *								
	0.009								
$ERC*RD$		0.129 ***							
		0.019							
$ERC*RD^2$		0.129 ***							
		0.022							
$ERC*IS$			1.489 *						
			0.003						
$ERC*IS^2$			-1.020 *						
			0.003						
ERM				1.722 *	0.471 *	0.000 **			
				0.008	0.009	0.022			
ERM^2				2.130 **					
				0.017					
$ERM*RD$					-1.727 *				
					0.002				
$ERM*RD^2$					1.161 *				
					0.002				
$ERM*IS$						-1.186 **			
						0.020			
$ERM*IS^2$						0.851 **			
						0.018			
ERS							2.077 *	0.535 *	0.818 **
							0.010	0.005	0.011
ERS^2							1.211 **		
							0.019		
$ERS*RD$								1.564 *	
								0.003	

续表

变量	行政命令型环境规制			市场激励型环境规制			社会监督型环境规制		
	模型（1）	模型（2）	模型（3）	模型（1）	模型（2）	模型（3）	模型（1）	模型（2）	模型（3）
$ERS*RD^2$							1.564*		
							0.003		
$ERS*IS$							-1.875**		
							0.012		
$ERS*IS^2$							1.047**		
							0.014		
GDP	6.227*	-0.382**	0.042**	0.606***	-0.186**	-0.026**	1.631**	-0.072	-0.005**
	0.004	0.011	0.013	0.030	0.025	0.023	0.024	0.032	0.033
HCI	-3.128*	-0.519*	-0.014**	3.018***	0.048**	-0.009**	1.631**	-0.072	0.039
	0.010	0.002	0.024	0.011	0.031	0.029	0.027	0.012	0.009
IND	2.579**	-0.684*	-0.172*	1.370**	0.331**	-0.029**	-0.887**	-0.320**	-0.034**
	0.016	0.002	0.001	0.024	0.014		0.027	0.015	0.024
FDI	-1.641*	0.019**	-0.019**	-0.489**	0.262*	0.018*	-1.951**	-0.320**	-0.033*
	0.005	0.021	0.005	0.023	0.003	0.009	0.004	0.021	0.001
MRD	-0.125***	-0.084*	0.004*	-0.528**	0.025**	-0.003**	0.021**	-0.074**	0.006*
	0.022	0.001	0.006	0.005	0.020	0.018	0.033	0.025	0.003
P	0.000	0.000	0.000	0.000	0.000	0.000	0.000	0.000	0.000
R^2	0.996	1.000	1.000	0.995	1.000	1.000	0.995	1.000	1.000
overallR	0.996	1.000	1.000	0.994	0.999	1.000	0.995	1.000	1.000

注：***、** 和 * 表示在10%、5%和1%的水平上显著，最后三项均为 T 统计量的 P 值。

从实证结果来看，三个环境规制工具对海洋环境规制均呈现显著水平。行政命令型环境规制的一次项为负，海洋环境脱钩弹性系数的一次项为正，表明行政命令型环境规制强度越低，海洋环境脱钩越难，这说明行政命令型环境规制与海洋环境脱钩之间存在反向关系，也在一定程度上印证了本研究假设 2 中的"行政命令型环境规制的短期性作用"，并已得到赵玉杰（2019）[①] 的研究验证。进一步研究发现，模型（2）和模型（3）一次项为负、二次项为正，这说明技术创新、产业结构在行政命令型环境

① 赵玉杰：《环境规制对海洋科技创新引致效应研究》，《生态经济》，2019 年第 35 卷第 10 期，第 143 - 153 页。

规制与海洋环境脱钩上起到积极作用。行政命令型环境规制与技术创新、行政命令型环境规制与产业结构的交互项中也印证了这一结论，两个交互项系数均为正，但前者的交互项系数的平方项为正，后者为负。

市场激励型环境规制与海洋环境脱钩之间存在非线性关系，市场激励型环境规制强度每提高 1%，海洋环境脱钩就会降低 0.005%，说明市场激励型环境规制强度越强，海洋环境脱钩越容易，这一结论印证了本假设 2 提出的"市场激励型环境规制的长期作用"。同时，从表 4 – 11 的系数大小来看，市场激励型环境规制比行政命令型环境规制对海洋环境脱钩的作用更大，这一结论与祝敏（2019）[1] 和吴玮林（2017）[2] 的观点形成印证。进一步研究发现，市场激励型环境规制与技术创新、产业结构交互项系数均为负，但交互项系数的平方项为正，表明技术创新和产业结构对市场激励型环境规制的作用并不明显。

社会监督型环境规制与海洋环境脱钩之间存在非线性关系，社会监督型环境规制强度每提高 1%，海洋环境脱钩就会降低 0.004%，说明社会监督型环境规制越强，海洋环境脱钩效应越显著。表 4 – 11 也进一步说明，三种环境规制存在"市场激励型环境规制 > 社会监督型环境规制 > 行政命令型环境规制"的作用大小关系。社会监督型环境规制与技术创新的交互项系数和交互平方项均为正，表明社会监督有助于企业技术创新；但是社会监督型环境规制与产业结构调整的交互项系数为负，交互平方项为负，说明社会监督对企业产业结构调整的作用呈现反向效应。可见，借助市场激励的手段实现市场价格成本的调节作用，尽管提高了涉海企业的排污成本，但是能够对企业发展实现低成本、高效率以及技术创新进行持续有效的激励，进而实现海洋环境脱钩。新闻媒体对海洋污染的报道，对涉海企业入海排污的监督能够促进地区政府对海洋环境的重视，进而影响涉海企业污染行为，倒逼企业技术创新，改善环境质量，也能够实现海洋经济增

---

[1] 祝敏：《海洋环境规制对我国海洋产业竞争力的影响研究》，辽宁大学学位论文，2019 年，第 45 页。

[2] 吴玮林：《中国海洋环境规制绩效的实证分析》，浙江大学硕士学位论文，2017 年，第 87 页。

长。然而，政府命令型环境规制可能在短期内对减少企业污染，倒逼企业技术创新具有促进作用，但这也提高了企业生产成本，部分企业可能迁移到低环境规制区域，从长远看不利于海洋环境脱钩。

3. 环境规制的区域异质性检验

鉴于环境规制与海洋环境脱钩存在很大的区域差异性，环渤海地区、长三角地区和泛珠三角地区在经济发展水平、海洋资源开发水平等方面差异较大，可能导致环境规制与海洋环境脱钩的影响效应存在较大差异。基于此，本研究对不同区域的环境规制对海洋环境脱钩影响进行了检验，结果见表 4 - 13。

表 4 - 13　不同区域的环境规制对海洋环境脱钩影响的估计结果

变量	环渤海地区			长三角地区			泛珠三角地区		
	模型（1）	模型（2）	模型（3）	模型（1）	模型（2）	模型（3）	模型（1）	模型（2）	模型（3）
e_{t-1}	-0.009 **	0.003 *	-0.249 ***	-0.092 **	0.003 **	0.000 ***	-0.013 *	0.004 ***	0.000 ***
	0.034	0.003	0.062	0.024	0.022	0.082	0.005	0.052	0.073
ER	-0.009 **	0.003 ***	2.944 ***	43.007 **	28.402 ***	0.979	-6.327 *	0.127 ***	-3.025 **
	0.034	0.079	0.069	0.049	0.073	0.108	0.005	0.082	0.039
ER^2	-1.098 ***			25.339 ***			1.082 *		
	0.077			0.051			0.039		
RD		10.510 *			64.095 ***			-0.712 **	
		0.003			0.060			0.024	
RD^2		-9.473 *			-35.818 ***			0.709 **	
		0.003			0.060			0.040	
$ER*RD$		-9.473 *			-63.994 ***			0.811 ***	
		0.002			0.074			0.054	
$ER*RD^2$		-5.810 **			35.440 ***			0.811 **	
		0.020			0.075			0.047	
IS			5.550 ***			2.489 **			-7.241 **
			0.071			0.052			0.027
IS^2			-3.485 ***			-2.444			4.462 **
			0.071			0.106			0.029

续表

变量	环渤海地区			长三角地区			泛珠三角地区		
	模型（1）	模型（2）	模型（3）	模型（1）	模型（2）	模型（3）	模型（1）	模型（2）	模型（3）
$ER*IS$			−7.319 ***			−3.863			7.163 **
			0.069			0.107			0.044
$ER*IS^2$			4.559 ***			3.375			−4.171 **
			0.068			0.105			0.049
GDP	15.604 **	2.232 *	4.559 ***	1.364 *	−0.254	0.104 ***	7.605 *	−0.504 ***	−0.223 **
	0.013	0.010	0.066	0.129	0.157	0.093	0.047	0.076	0.017
HCI	−3.833	2.232 *	0.077 **	9.982	0.291 **	0.007	0.052 *	0.102 ***	−0.075 **
	0.013	0.002	0.033	0.054	0.141	0.108	0.083	0.084	0.036
IND	−20.955 **	−5.804 *	0.077 **	29.361	1.312 *	0.487	−0.052	−0.941 **	0.174 **
	0.044	0.002	0.036	0.045	0.133	0.025	0.013	0.035	0.034
FDI	−20.955	−0.581	0.020 ***	12.822 **	1.312 **	0.226 ***	−2.223 **	−0.368 **	0.030 **
	0.029	0.017	0.064	0.045	0.155	0.054	0.019	0.032	0.033
MRD	−1.027 **	−0.249 *	−0.003 ***	1.686 **	−0.120 ***	−0.026 **	−0.923	0.125 ***	0.000 ***
	0.036	0.004	0.080	0.035	0.08	0.021	0.029	0.070	0.093
P	0.000	0.000	0.000	0.000	0.000	0.000	0.000	0.000	0.000
R^2	0.999	1.000	1.000	0.952	0.999	1.000	0.936	0.999	1.000
overallR	0.9987	1.000	1.000	0.8924	0.9987	1.000	0.9467	0.9989	1.000

注：***、** 和 * 表示在10%、5%和1%的水平上显著，最后三项均为 T 统计量的 P 值。

从估算结果来看，泛珠三角地区和长三角地区环境规制对海洋环境脱钩存在非线性关系，环渤海地区存在线性关系，假设 3 得到印证。从长三角区域的估算结果看，长三角区域环境规制对海洋环境脱钩存在非线性关系。环境规制每提高 1%，海洋环境脱钩弹性系数降低 0.092%，表明长三角区域中环境规制的提升对海洋环境脱钩形成显著影响。模型（2）中显示，技术创新在长三角地区环境规制对海洋环境脱钩的作用呈现显著水平，与杜军等（2020）[1]

---

① 杜军、寇佳丽、赵培阳：《海洋环境规制、海洋科技创新与海洋经济绿色全要素生产率——基于 DEA-Malmquist 指数与 PVAR 模型分析》，《生态经济》，2020 年第 36 卷第 1 期，第 144 − 153 页。

和钱薇雯等（2019）①的研究成果形成了印证；环境规制与产业结构交互项系数呈现负的显著水平，交互平方项系数呈现正的水平。模型（3）中显示，长三角区域环境规制对海洋环境规制的作用也不显著。进一步研究发现，经济发展水平、外商直接投资对海洋环境脱钩的作用呈现显著水平。人力资本水平、工业化水平对海洋环境脱钩并不显著。模型（2）中显示，在技术创新水平下，人力资本水平、工业化水平、对外开放水平与海洋环境脱钩呈现显著水平。而海洋资源开发水平在模型（1）中为正的显著，在模型（2）和模型（3）中为负的显著水平，表明海洋资源开发水平越高，长三角地区海洋环境脱钩越难。这主要是因为长三角地区大力开发港口资源、岛屿资源和海域资源，一定程度地造成了海洋污染，导致海洋资源开发与海洋环境脱钩呈现负效应，但是长三角高度的对外开放和工业化促进了技术创新，对海洋环境脱钩产生积极影响。

从环渤海区域的估算结果来看，模型（1）和模型（2）分别是负向线性关系和正向线性关系，但是在模型（3）中存在非线性关系。环境规制与技术创新的交互项系数、环境规制与产业结构的交互项系数均是一次项为负、二次项为正，说明上述两个交互项之间存在先下降后上升的"U"型趋势，环境规制只有越过一定拐点才能发挥促进技术创新和产业结构的作用，这一结论与钱薇雯等（2019）①的研究成果形成了印证。进一步的研究显示，经济发展水平、工业化水平、海洋资源开发水平与海洋环境脱钩形成显著相关，在模型（1）和模型（2）中，人力资本水平、对外开放水平对海洋环境脱钩作用并不显著，在模型（3）中呈现显著水平。这表明，在产业结构调整状态下，环渤海地区的发展要素才能对海洋环境脱钩产生影响。这与环渤海高度的重工业和国有企业发展有很大的关系，导致这些要素与海洋环境脱钩呈现负效应；同时，环渤海地区对外开放水平相对较差、人力资本力量不足，难以对海洋环境脱钩产生影响。

---

① 钱薇雯、陈璇：《中国海洋环境规制对海洋技术创新的影响研究——基于环渤海和长三角地区的比较》，《海洋开发与管理》，2019 年第 7 期，第 70 - 76 页。

从泛珠三角区域的估算结果来看，环境规制与海洋环境脱钩存在非线性关系，环境规制每提高1%，海洋环境脱钩弹性系数降低0.013%，且在1%的水平上显著。环境规制与技术创新的交互项系数、平方交互项系数均为0.811。环境规制与产业结构的交互项系数为正、平方交互项系数为负，表明产业结构对环境规制的作用呈现反向显著。进一步的研究发现，经济发展水平、人力资本水平、对外开放水平与海洋环境脱钩呈现显著水平，工业化水平、海洋资源开发水平与海洋环境脱钩并不显著。这与泛珠三角地区经济形态有着密切的关联，发达的经济和密集的人才资源促进了海洋环境脱钩，而这一区域海洋资源开发整体较少，难以对海洋环境脱钩产生影响。

五、结论与建议

本研究采用了 Tapio 脱钩弹性系数，对2007—2016 年中国11 个沿海省（自治区、直辖市）海洋经济增长与海洋环境污染的脱钩状态进行了时空分析。在此基础上，我们改进现有关于"环境规制滞后性"的检验方法，构建了环境规制与海洋环境脱钩之间的结构模型，以探索两者之间的作用路径。在进一步的研究中，我们也探索了环境规制的异质性特征，即不同环境规制、不同区域特征对海洋环境脱钩的作用机制，为正在进行的环境规制与环境脱钩关系研究做出了贡献。

研究结果表明：①环境规制与海洋环境脱钩之间呈现"U"型非线性关系，技术创新、产业结构对环境规制与海洋环境脱钩之间的关系均具有"U"型调节效应。②不同类型的环境规制工具对海洋环境脱钩存在显著差异，市场激励型和社会监督型环境规制对海洋环境脱钩具有很好的促进作用，三种环境规制存在"市场激励型环境规制＞社会监督型环境规制＞行政命令型环境规制"的作用大小关系。③对于三大区域而言，环境规制对泛珠三角区域和长三角区域海洋环境脱钩存在非线性关系，而与环渤海区域海洋环境脱钩则呈现线性关系；不同区域的要素水平对海洋环境脱钩产生不同的影响，经济发展水平和海洋资源开发水平是主要的影响因素。

本研究告诉我们，政府必须科学厘定环境规制与海洋环境脱钩的内在机制，运用好环境规制工具，实现区域海洋经济增长与海洋污染减排的绝对脱钩。一方面，要运用环境规制倒逼企业进行技术创新，改善企业的生产工艺和生产技术，进而减少企业污染排放入海。另一方面，政府在制定环境规制政策时应更多关注调整企业生产方式，进而改善产业结构，使那些高污染、高能耗的海洋产业有效退出，为发展低碳环保的海洋新兴产业提供政策支持。同时，政府应根据沿海各省（自治区、直辖市）的经济发展水平、海洋资源开发水平等要素的差异化特征制定海洋环境规制政策。这一研究启示，沿海国家必须注重发挥环境规制的作用，考虑海洋环境脱钩的驱动因素，从而实现海洋经济高质量发展。在未来的研究中，应更多考虑陆地因素对海洋环境脱钩的影响，制定出精准的海洋环境规制政策。

虽然本研究利用省域面板数据考察了环境规制与海洋环境脱钩之间的动态关系，分析了相关的社会经济因素，并对这些结论进行了理论分析，但仍存在一些局限性。首先，由于缺乏可用数据，一些因素难以解决。例如，样本周期仅为 2007 年至 2016 年，因此，中国最近的海洋污染和海洋经济增长状况并没有得到反映。其次，环境规制与其他因素的交互作用也可能影响海洋环境脱钩，但本研究没有将其纳入。环境规制对海洋环境脱钩的影响是一个复杂的系统，未来的研究中可以选择其他社会经济指标作为分析要素。最后，我们的研究对脱钩指数中的海洋污染指标选取沿海地区工业废水入海排放量，然而工业废水入海排放量由多种元素组成，主要是 COD 总排放量（化学需氧量）、AN 总排放量（氨氮量），这些元素与海洋经济的脱钩状态是不同的，了解它们与海洋经济的影响对区域治理海洋污染具有现实意义，未来的研究中可以关注这些要素。

第五章

海洋区划与海岸带治理

　　海洋区划是实现海洋经济的区域合理布局，确定不同海洋区域经济发展目标的基础和依据，是发展海洋事业的一项基础性工作。随着时代发展与技术进步，我国海洋开发利用类型日趋多样化，开发强度和密度也在不断增加，而海洋空间所提供的自然条件及其可供利用的自然资源是有限度的，这样势必会引起经济社会发展与自然环境保护之间的矛盾，阻碍海洋开发利用工作的顺利开展。因此，海洋区划通过对海洋区域的不同功能进行科学的分区，在空间上保持海洋利用与自然环境之间的平衡，为合理开发、可持续利用海洋资源提供科学依据。

第一节　海洋区划

　　海洋区划是一项综合性海洋管理措施，是分析、分配人类海洋活动时空分布，从而实现可持续发展目标。[①] 海洋区划为指导调整海洋产业结构和地区布局，解决海区内各种开发利用活动之间的矛盾和冲突提供了科学

---

　　① 郭雨晨，孙华烨，CHEN Jueyu：《海洋空间规划的理论与实践刍议》，《中华海洋法学评论》，2021 年第 17 期，第 27 - 55 页。

方法。科学掌握海洋区划的基本内涵、类型和海洋区划的程序体系具有一定的实践价值。

一、海洋区划的内涵与类型

（一）海洋区划的内涵

海洋区划是对一国管辖的全部海域或其他特定海域，根据开发利用的目的，按照海域不同的自然资源条件和社会经济条件所形成的海域差异而划分的海洋区域。海洋区划是海洋区域经济的发展基础和客观反映。

不同类型海域之间自然资源条件和社会经济条件的差异性是开展海洋区划的前提，我国大陆岸线北起辽宁的鸭绿江口，南至广西的北仑河口，长约18 000千米，海岸类型多样，主张管辖海域南北跨度为38个纬度，跨越热带、亚热带和温带三个气候带，东西为25个经度，具有独特的区域海洋学特征。我国近海海域陆架宽阔，既有内水和领海，也有专属经济区和大陆架，相互间法律地位不同，其海洋开发和管理都有相应的制度安排。沿海的社会经济条件存在差异，既有像上海、广东等经济发达的省、市，也有经济比较落后的地区，如广西等。我国海域的这种自然资源条件和社会经济条件的差异，为划分不同的海洋区域提供了可能性和必要性。同时，一定海域范围内自然环境和社会经济的整体性和相似性为特定海洋区域的划分提供了范围和边界限制。例如，渤海、黄海、东海和南海各自在自然资源条件上就有很多相同之处。又如，海岸带、海岛各自在自然资源条件和社会经济条件上也有较多的相似之处。这样一来，就可以按照不同的标准和要求，把我国海域划分成渤海、黄海、东海和南海，把全球海域划分为内水、领海、专属经济区和公海，海岸带和海岛等不同的海洋区域。海洋区划，就是在综合研究不同海域的自然要素、经济要素、社会要素和科学技术要素的基础上，依据各种海洋开发利用的区域特点和要求，按照自然规律和社会经济规律，做出的海域分区，形成的一些相对独立的经济地理单元。

海洋区划为促进各个海洋区域之间的相互配合和协调发展，合理安排不同海域的开发利用活动创造了条件，为适当调控海洋开发活动，加强海洋区域管理，提供了指导性方针和基本研究件（如区划图等）等必要的手段，并且海洋区划为合理制定海洋社会、经济和技术发展的远景规划，制定海洋经济发展战略提供了科学依据。因此，海洋区划是为制定海洋区域经济发展战略、规划、计划和政策，实施海洋综合管理的一项必不可少的基础性工作。

（二）海洋区划的类型

海洋区划根据海域自然资源条件和社会经济条件的差异性和共同性的特点，可以进行不同范围的区域划分，从而把一国管辖的海域划分为不同类型的海洋区域。

1. 海洋自然区划

海洋自然区划，是根据海洋区域所处的自然地理位置不同，把海域划分为不同的海区。中国近海依传统划分为四个海区，即渤海、黄海、东海和南海。但是苏联的一些海洋学家主张将中国近海分为两大海区，即东中国海和南中国海。前者包括渤海、黄海和东海，后者即为南海。日本以及西方的一些海洋学家所称的"东中国海"，则通常仅是指东海而言。现在除南中国海还有人使用外，人们依习惯仍将中国近海分为渤海、黄海、东海和南海四个海区。

2. 海洋功能区划

海洋功能区划，是指根据各种类型海洋功能区的标准，把海洋划分为不同类型的海洋功能区。海洋功能区是根据不同海域固有的自然属性和社会属性的差异性，综合考虑海洋不同区域的自然属性和社会属性，及其开发利用的资源效益、经济效益、社会效益和生态效益，划定不同的海洋功能区。目前，我国的海洋功能区共分为五大类：开发利用区、治理保护区、自然保护区、特殊功能区和保留区。

3. 海洋经济区划

海洋经济区划，是指根据一定海洋区域海洋经济发展的现状和发展前景需要，按照海洋经济固有的特性和发展规律，划分不同类型的海洋区域。按照海洋经济区划标准不同，我国重要的海洋经济区划有海区经济区、海岸带经济区、海洋重点开发经济区、沿海开放经济区、海洋行政经济区，以及临近海洋的自由贸易试验区、自由贸易港等。在一定的海洋经济区域内的经济活动具有共同的特点和发展规律，因而形成不同类型的海洋区域经济。

4. 海洋行政区划

海洋行政区划，是指根据海洋行政管理的需要，按照行政层次划分的海洋区域。我国的海域属国家所有，国家集中统一管理海洋，各级地方政府也管理相邻的海域，从而就形成了管理意义上的海洋的行政区划。按照行政区划可以把海域划分为省、市、县管辖的海域。

5. 海洋特殊区划

海洋特殊区划，是指根据海洋开发利用的特殊需要目的，按照特殊要求的条件划分的海洋区域。例如，为了保护海洋自然环境和资源划定的海洋自然保护区，用于军事目的的海洋军事区，以及用于保护渔业资源的禁渔区和休渔区等。

不同的海洋区划的内容各有区别，但又相互联系，以海洋自然区划为基础，以海洋经济区划为目的，以海洋功能区划为手段，而其他海洋区划则是补充。海洋功能区划是联结海洋自然区划和海洋经济区划的桥梁和纽带。发展海洋经济，必须考虑一定海域的自然条件和社会经济条件及海域的功能。仅就发展海洋经济而言，在各种海洋区划中，海洋功能区划具有特别重要的作用和意义，应当重点做好海洋功能区划工作。

二、海洋功能区划的内涵与理论基础

(一) 海洋功能区划的内涵

为实现可持续开发利用海洋资源的目标，并伴随用海开发利用程度加大，以对标于海洋活动的区域划分与合理管控的海洋功能区划就此产生。我国海洋功能区划于 1989 年在环渤海地区开展相关试点工作后向全国进行推广，以确认四大海区的整体功能，但是早期的海洋功能区划存在非权威性和以海洋自然属性为导向的特点，其更多的是一种以科研角色的身份参与海洋管理活动，同时对沿海地区的经济发展现状涉及不足，缺乏科学性。[①] 为解决这一困境，1997 年国家海洋局发布海洋功能区划技术导则，对于海洋功能区划编制的原则、程序、功能区的划分依据及分类体系等进行了规定说明，提出构建国家、省、市、县四级由上至下层层细化的海洋功能区划体系，在海洋发展战略层面上进行细致划分。

经过 30 多年的发展，我国的海洋功能区划制度已初具规模，《中华人民共和国海域使用管理法》和《中华人民共和国海洋环境保护法》赋予了海洋功能区划的基本制度地位，使其能够指导海洋环境保护工作的开展，[②]《全国海洋功能区划 (2001—2010 年)》《省级海洋功能区划审批办法》《海洋功能区划管理规定》《全国海洋功能区划 (2011—2020 年)》等为海洋功能区划的架构提供了必要的制度框架与标准，对海洋功能分区发展、生态环境资源管控等提供了指导，我国海洋功能区划工作取得显著成就。

海洋功能区划的主要目的在于综合协调经济、社会和生态效益，在保证海洋生态环境不被污染破坏的前提下推动海洋经济发展。基于海洋功能

---

① 林绍花：《海洋功能区划适宜性评价模型研究》，中国海洋大学硕士学位论文，2006 年，第 7 – 8 页。

② 王佩儿、刘阳雄、张洛平等：《海洋功能区划立法探讨》，《海洋环境科学》，2006 年第 4 期，第 88 – 91 页。

区划的发展状况与主要目的，海洋功能区划是按照海洋功能区分类体系，根据海域自然资源条件、环境状况、地理区位等，将海域划分为不同类型的海洋功能区，[①] 其内涵包括以下几点：一是以海域的自然属性与社会发展要求为依据，明确海洋开发利用方向，为合理开发海域及其资源提供科学依据；二是从生态保护角度出发，对不同程度的海洋资源利用行为进行合理约束和框架规范，明确生态环境保护状况；三是纠正人类海洋开发和管理活动中的过分主观性和盲目性的科学决策活动。[②]

（二）海洋功能区划的理论基础

1. 区域规划理论

区域规划是指在一定地域范围内对国民经济建设和土地利用的总体部署。区域规划是一个区域比较长远而全面的发展构想，是描绘区域未来经济建设的蓝图。区域规划的主要任务是，根据规划区域的发展条件，从其历史、现状和发展趋势出发，明确规划区域社会经济发展的方向和目标，对区域社会经济发展和总体建设，包括土地利用、城镇建设、基础设施和公共服务设施布局、环境保护等方面做出总体部署，对生产性和非生产性的建设项目进行统筹安排，并提出实施政策。区域规划的目的是发挥区域的整体优势，达到人与自然的和谐共生，促使区域社会经济快速、稳定、协调和可持续发展。

区域规划具有以下特性：一是综合性。区域规划的综合性又称为整体性或全局性，主要体现在规划内容广泛，涉及各个部门、各个方面；规划思维方法着重综合评价、综合分析论证，强调各部门各地区之间的相互协调，弥补单一部门、专项论证的不足；规划方案的决策是多方向、多目标、多方案比选的结果；区域规划工作队伍一般都由多个专业、多个部门的成员综合而成。二是战略性。区域规划是战略性的规划，主要体现在规

---

① 王江涛：《海洋功能区划若干理论研究》，中国海洋大学博士学位论文，2011 年，第 38 - 39 页。

② 梁湘波：《海洋功能分区方法及其应用研究》，天津师范大学硕士学位论文，2005 年，第 7 - 8 页。

划时间跨度长；规划关注的问题是宏观的、全局性的、地区与地区之间需要协调的关键性的重大问题；规划指标具有较大的弹性；规划的实施将对区域各方发生深远的影响。三是地域性。地域性也称作区域性，主要包括地方特色和规划范围两个方面。地方特色主要是指各地区的资源、经济发展条件和原有基础千差万别，各区域未来的发展方向、目标、地域结构、产业结构和布局、各种基础设施和服务设施的建设各不相同，因此，规划也要各有千秋，体现不同的特色。

区域规划一般包括区域经济发展战略，工农业生产的布局规划，城镇体系和乡村居民点体系规划，基础设施规划，土地利用规划，环境治理和保护规划以及区域发展政策等。区域规划理论比较成熟，为海洋功能区划的实践提供了很好的借鉴，二者都是确定区域（海洋）的主要功能，但二者的侧重点不同，区域规划是从综合角度来确定功能，而海洋功能区划是以自然属性为主，兼顾社会和经济发展属性来确定区域功能。因此，海洋功能区划是区域规划的基础，为区域规划提供一定的指导。

2. 可持续发展理论

可持续发展是发展与环境之间保持平衡协调的一种新思想和指导行动的新模式，根据《中国 21 世纪议程》中的定义，所谓可持续发展，就是要"努力寻求一条人口、经济、社会、环境和资源相互协调的，既能满足当代人的需求而又不对满足后代人需求的能力构成危害的可持续发展的道路"。

为促进海洋事业的可持续发展，早在 20 世纪 90 年代，我国制定了《中国海洋 21 世纪议程》，其中阐明了海洋可持续发展的基本战略、战略目标及基本对策。我国把海洋可持续利用和海洋事业协调发展作为 21 世纪中国海洋工作的指导思想，制定的海洋可持续发展战略原则如下：①以发展海洋经济为中心，把发展海洋经济作为海洋工作最基本的战略原则。②适度快速发展。保持海洋经济较快的发展速度，同时强调较好的效益，使海洋开发走技术密集、资金密集的发展道路。③海陆一体化开发。统筹沿海陆地区域和海洋区域的国土开发规划，坚持区域经济协调发展的方针，逐步形成不同类型的海岸带国土开发区。④科教兴海。采取各种有力措施，实行全程发展战略，推动海洋科学技术进步，提高海洋开发的生产力水平。促进海洋科技、教育与海洋开发活动的紧密结合，推动海洋经济持续、快速、健康发展。⑤协调发展。多学科合作研究海洋，加深人类对海洋的认识。各行业要协调发展，各得其所。陆地海上协调与合作，共同保护海洋生态环境。海洋开发与海洋资源和环境的承载能力协调一致，保持海洋的可持续利用。2021年，《中华人民共和国国民经济和社会发展第十四个五年规划和2035年远景目标纲要》提出"打造可持续海洋生态环境"，"探索建立沿海、流域、海域协同一体的综合治理体系"，为可持续发展理论与区域海洋经济发展空间布局明确了基本方向。

可持续发展理论的目标是实现海洋资源的合理开发利用，从而实现海洋经济的可持续发展。海洋功能区划是以可持续发展理论为基础，并将可持续发展理论贯穿海洋功能区划的始终，因此，可持续发展理论是海洋功能区划的重要基本理论之一，也是海洋功能区划的目标和坚持的原则。

3. 海洋综合管理理论

海洋综合管理是指政府通过统一管理、专业管理和分级管理相结合的组织体系，制定科学合理的战略、政策、法律，以规划、区划、环境生态管理制度、资源管理制度、权属管理制度、权益保护制度等的贯彻落实为手段，对海洋开发利用和生态环境保护实施统筹协调，以提高海洋开发利用的整体效益，维护海洋开发利用的正常秩序，促进海洋经济的协调发展，保护海洋生态环境和国家海洋权益。由于海洋开发利用行业的多样性和海洋空间的统一性、单一性，随着海洋经济的快速发展，海域的资源破坏和环境污染问题日趋严重，如何遏制海洋资源破坏，改善海域生态环境条件，提高海域利用的综合效益，必然要求开展海洋综合管理，保证海洋开发的整体效益和可持续利用。

海洋综合管理的方式是由海洋的自然属性和社会属性决定的。海洋综合管理的方式多种多样，既有经济手段（如建立基金），也有法律手段、技术手段，同时还可以在组织体制上设立单一的管理机构和执法队伍来进行综合管理。从海域使用管理的角度来看，实现海洋综合管理目的的主要方式有海域使用权属管理、海洋功能区划、海域使用论证、海域使用审批和海域有偿使用等制度。我国《海域使用管理法》一方面以权利本位思想为指导，强调维护国家海域所有权和海域使用权人的合法权益，以法律的形式规范海域物权，通过规定海域所有权国家专有、海域使用权依法取得、统一登记、合法保护等原则要求，建立稳定的、明确的海域使用权利义务关系，保护合法用海者的权益；另一方面强化海域使用的管理，促进海域的合理开发和可持续利用，体现了社会本位思想，通过规定海洋功能区划制度、海域使用论证，协调各类海域开发利用活动，维护正常的海洋开发利用秩序，促进海域的合理开发和可持续利用。

海洋功能区划是从科学的角度，充分考虑各方面因素确定海域的主要功能，为海域的开发利用提供依据，从而为海域管理工作服务。因此，海洋功能区划是海洋综合管理的科学手段和实现方式之一。

三、海洋功能区划的性质

海洋功能区划的重要作用是由海洋功能区划的性质决定的，通过对其性质的归纳与分析能够更好地提高海洋功能区划的实施效果。海洋功能区划不能用传统的区划工作（如农业区划、渔业区划）来解释，也不能参照环境功能区划和水功能区划来解释，它具有自己独特的性质。

（一）海洋功能区划的权威性

海洋功能区划是《中华人民共和国海域使用管理法》和《中华人民共和国海洋环境保护法》的重要组成部分，在这两部法律及相关法规里明确了海洋功能区划在海洋管理工作中的法律地位和作用，保证了海洋功能区划的权威性。

（二）海洋功能区划的前置性

海洋功能区划不是普通的区划或规划，《中华人民共和国海域使用管理法》及其配套法规规定的海域使用的审批程序和处理办法等内容都要以海洋功能区划为依据，凡是不符合海洋功能区划的用海，海洋管理部门一律不予以审批。对于各个涉海行业而言，无论是制定行业规定还是进行行业布局，都要充分考虑海洋功能区划，要以符合海洋功能区划为前提。所以说，海洋功能区划是《中华人民共和国海域使用管理法》的前置文件，是对各行业用海的科学制约，是一切用海首要考虑的问题，具有无可争辩的前置性。它对科学、合理使用海域起到了十分重要的作用。

（三）海洋功能区划的复杂性

海洋空间资源的特点之一是多宜性，即大多数海洋空间资源具有多样用途，而这种用途往往是与特定时期的社会经济发展需求结合起来，即在特定的地区、特定的历史阶段，每一海域只能选择一个最优利用方案。海洋空间资源的多宜性决定了合理利用海域问题的复杂性，从而导致海洋功能区划的复杂性。这就需要在符合自然规律和生态发展的前提下，综合考虑自然资源、社会需要、生态环境、综合效益等多方面因素，寻求一个经济合理、效益最高的最佳区划方案。

（四）海洋功能区划的层次性

海洋功能区划的层次性体现在海洋功能区划的分级和分类体系上。海洋功能区划分为国家、省、市、县四级。这四级体现了海洋功能区划作用范围的层次性。国家和省级海洋功能区划是宏观的，是指导性的。市、县级海洋功能区划往往要求具体、详细的功能区划，是指令性的。海洋功能区划的结果是界定海洋利用的主导功能和使用范畴，从而划出相应的功能区，这也是海洋环境保护法的规划。该定义中的主导功能是指某一海域在多种功能同时并存的情况下，经分析对比而选定的最佳功能。按该项功能安排开发利用活动，既能保证海域自然资源与环境客观价值的充分体现，又能保证国家和地区社会经济可持续发展的需要；使用范畴指海域的使用范围。根据海洋利用的主导功能和使用范畴，海洋功能区划将海域划分为开发利用、整治利用、海洋保护、特殊和保留五大类功能区，每一大类功能区又划分为若干小的功能区，涵盖了我国海洋开发利用和保护的各种类型，内部结构上也体现了海洋功能区划的层次性。

（五）海洋功能区划的时效性

海洋开发利用情况和资源开发利用的适宜性评价是需要在一定的时间段内分析的，否则就没有任何意义。随着科学技术的发展，人们对海洋开发利用的能力和方式是不断进步的，对待资源的看法也在不断改变。以前不能利用的资源，现在可能利用；以前不适宜建港口的地区，现在通过工程设施可以建设港口；以前不适宜养殖的地区，现在适宜养殖等。海洋功能区划的依据中，自然属性、自然资源和环境特定条件在一定的时间内具有相对的稳定性，但人们开发资源、利用环境的方式随着技术进步在进行优化与提升，社会、经济发展条件和需求也伴随时代发展发生相应改变，因此，海洋功能区划的依据并不是一成不变的，海洋功能区划的稳定是相对而言的，只能局限于一定时间段内。另外，在不同的时间段中，主导功能也是不断发生变化的。比如大连湾的主导功能是按捕捞—养殖—港口—旅游逐渐演变的。因此，海洋功能区划需要确定时间坐标，以体现其时效性。

（六）海洋功能区划的科学性

海洋功能区划的编制过程是基础地理、资源环境、社会经济发展等资料的科学分析过程，是海洋政策法规、管理规划、资源环境及各行业专家的智力投入过程。这是海洋功能区划得到各部门、各行业认可并得以有效实施的前提。要做到科学编制，一是要求各级领导、专家要严格把关，编写组成员要以高度的责任感和严谨的科学态度开展工作；二是遵照和执行国家统一制定的标准和规范，并根据各地实际情况，灵活掌握；三是应用最新科学技术手段提高海洋功能区划的编制技术水平。

（七）海洋功能区划的成果可操作性

作为海域使用管理、海洋环境保护和海洋资源管理工作的依据，海洋功能区划的成果应该包括三方面的内容。从海域使用管理角度看，海洋功能区划是一个规定性的成果。即规定某一海域适宜和应该干什么，为监督管理海域使用（审批海域项目）提供依据。从海洋环境保护角度看，海洋功能区划应当是一个限制性的成果。即规定某一海域不适宜或限制干什么，为监督管理海洋环境保护（审核海洋工程环境影响评价报告书）提供依据。海洋功能区划规定不能建设的项目，就不能批准。从海洋资源管理工作角度看，海洋功能区划应当是一个引导性的成果。即规定某一海域资源的合理开发利用方向，为引导海洋产业的开发利用趋势、合理布局海洋生产力提供依据。只有做到这些，海洋功能区划才实现其存在的真实价值，才具有可操作性。

四、我国海洋功能分区体系

现行的海洋功能区划按照行政区级别可进行纵向分区，分别为国家级海洋功能区划、省级海洋功能区划、市级海洋功能区划和县级海洋功能区划，如图5-1所示。

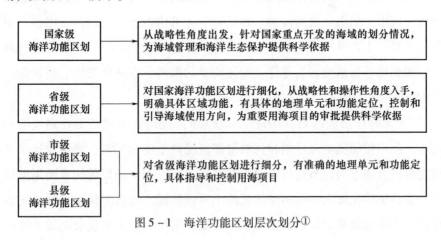

图5-1 海洋功能区划层次划分①

———————

① 殷子琦：《海洋功能区划与海洋经济的耦合分析》，天津大学硕士学位论文，2020年，第14-15页。

根据《全国海洋功能区划（2011—2020 年）》的相关内容，以地理区位、产业功能类型以及区域生态环境保护等要求为基础，我国海洋功能区划可进行横向分区，主要有农渔业区、港口航运区、工业与城镇用海区、矿产与能源区、旅游休闲娱乐区、海洋保护区、特殊利用区和保留区 8 类。

（一）农渔业区

农渔业区是指适于拓展农业发展空间和开发海洋生物资源，可供农业围垦，渔港和育苗场等渔业基础设施建设，海水增养殖和捕捞生产，以及重要渔业品种养护的海域，包括农业围垦区、渔业基础设施区、养殖区、增殖区、捕捞区和水产种质资源保护区。我国的农业围垦区主要分布在江苏、上海、浙江及福建沿海；渔业基础设施区主要为国家中心渔港、一级渔港和远洋渔业基地；养殖区和增殖区主要分布在黄海北部、长山群岛周边、辽东湾北部、冀东、黄河口至莱州湾、烟（台）威（海）近海、海州湾、江苏辐射沙洲、舟山群岛、闽浙沿海、粤东、粤西、北部湾、海南岛周边等海域；捕捞区主要有渤海、舟山、石岛、吕泗、闽东、闽外、闽中、闽南—台湾浅滩、珠江口、北部湾及东沙、西沙、中沙、南沙等渔场；水产种质资源保护区主要分布在双台子河口、莱州湾、黄河口、海州湾、乐清湾、官井洋、海陵湾、北部湾、东海陆架区、西沙附近等海域。

《全国海洋功能区划（2011—2020 年）》提出农业围垦要控制规模和用途，严格按照围填海计划和自然淤涨情况科学安排用海。渔港及远洋基地建设应合理布局，节约集约利用岸线和海域空间。确保传统养殖用海稳定，支持集约化海水养殖和现代化海洋牧场发展。加强海洋水产种质资源保护，严格控制重要水产种质资源产卵场、索饵场、越冬场及洄游通道内各类用海活动，禁止建闸、筑坝以及妨碍鱼类洄游的其他活动。防治海水养殖污染，防范外来物种侵害，保持海洋生态系统结构与功能的稳定。农业围垦区、渔业基础设施区、养殖区、增殖区执行不劣于二类海水水质标准，渔港区执行不劣于现状的海水水质标准，捕捞区、水产种质资源保护区执行不劣于一类海水水质标准。

（二）港口航运区

港口航运区是指适于开发利用港口航运资源，可供港口、航道和锚地建设的海域，包括港口区、航道区和锚地区。港口区主要包括大连港、营口港、秦皇岛港、唐山港、天津港、烟台港、青岛港、日照港、连云港港、南通港、上海港、宁波舟山港、温州港、福州港、厦门港、汕头港、深圳港、广州港、珠海港、湛江港、海口港、北部湾港等；重要航运水道主要有渤海海峡（包括老铁山水道、长山水道等）、成山头附近海域、长江口、舟山群岛海域、台湾海峡、珠江口、琼州海峡等；锚地区主要分布在重点港口和重要航运水道周边邻近海域。

《全国海洋功能区划（2011—2020年）》提出要深化港口岸线资源整合，优化港口布局，合理控制港口建设规模和节奏，重点安排全国沿海主要港口的用海。堆场、码头等港口基础设施及临港配套设施建设用围填海应集约高效利用岸线和海域空间。维护沿海主要港口、航运水道和锚地水域功能，保障航运安全。港口的岸线利用、集疏运体系等要与临港城市的城市总体规划做好衔接。港口建设应减少对海洋水动力环境、岸滩及海底地形地貌的影响，防止海岸侵蚀。港口区执行不劣于四类海水水质标准。航道、锚地和邻近水生野生动植物保护区、水产种质资源保护区等海洋生态敏感区的港口区执行不劣于现状海水水质标准。

（三）工业与城镇用海区

工业与城镇用海区是指适于发展临海工业与滨海城镇的海域，包括工业用海区和城镇用海区。主要分布在沿海大、中城市和重要港口毗邻海域。

《全国海洋功能区划（2011—2020年）》提出工业和城镇建设围填海应做好与土地利用总体规划、城乡规划、河口防洪与综合整治规划等的衔接，突出节约集约用海原则，合理控制规模，优化空间布局，提高海域空间资源的整体使用效能。优先安排国家区域发展战略确定的建设用海，重点支持国家级综合配套改革试验区、经济技术开发区、高新技术产业开发区、循环经济示范区、保税港区等的用海需求。重点安排国家产业政策鼓励类产业用海，鼓励海水综合利用，严格限制高耗能、高污染和资源消耗型工业项目用海。在适宜的海域，采取离岸、人工岛式围填海，减少对海洋水动力环境、岸滩及海底地形地貌的影响，防止海岸侵蚀。工业用海区应落实环境保护措施，严格实行污水达标排放，避免工业生产造成海洋环境污染，新建核电站、石化等危险化学品项目应远离人口密集的城镇。城镇用海区应保障社会公益项目用海，维护公众亲海需求，加强自然岸线和海岸景观的保护，营造宜居的海岸生态环境。工业与城镇用海区执行不劣于三类海水水质标准。

（四）矿产与能源区

矿产与能源区是指适于开发利用矿产资源与海上能源，可供油气和固体矿产等勘探、开采作业，以及盐田和可再生能源等开发利用的海域，包括油气区、固体矿产区、盐田区和可再生能源区。油气区主要分布在渤海湾盆地（海上）、北黄海盆地、南黄海盆地、东海盆地、台西盆地、台西南盆地、珠江口盆地、琼东南盆地，莺歌海盆地、北部湾盆地、南海南部沉积盆地等油气资源富集的海域；盐田区主要为辽东湾、长芦、莱州湾、淮北等盐业产区；可再生能源区主要包括浙江、福建和广东等近海重点潮汐能区，福建、广东、海南和山东沿海的波浪能区，浙江舟山群岛（龟山水道）、辽宁大三山岛、福建嵛山岛和海坛岛海域的潮流能区，西沙群岛附近海域的温差能区，以及海岸和近海风能分布区。

《全国海洋功能区划（2011—2020年）》提出矿产与能源区重点保障油气资源勘探开发的用海需求，支持海洋可再生能源开发利用。遵循深水远岸布局原则，科学论证与规划海上风电，促进海上风电与其他产业协调发展。禁止在海洋保护区、侵蚀岸段、防护林带毗邻海域开采海砂等固体矿产资源，防止海砂开采破坏重要水产种质资源产卵场、索饵场和越冬场。严格执行海洋油气勘探、开采中的环境管理要求，防范海上溢油等海洋环境突发污染事件。油气区执行不劣于现状海水水质标准，固体矿产区执行不劣于四类海水水质标准，盐田区和可再生能源区执行不劣于二类海水水质标准。

（五）旅游休闲娱乐区

旅游休闲娱乐区是指适于开发利用滨海和海上旅游资源，可供旅游景区开发和海上文体娱乐活动场所建设的海域。包括风景旅游区和文体休闲娱乐区。旅游休闲娱乐区主要为沿海国家级风景名胜区、国家级旅游度假区、国家5A级旅游景区、国家级地质公园、国家级森林公园等的毗邻海域及其他旅游资源丰富的海域。

《全国海洋功能区划（2011—2020年）》提出旅游休闲娱乐区开发建设要合理控制规模，优化空间布局，有序利用海岸线、海湾、海岛等重要旅游资源；严格落实生态环境保护措施，保护海岸自然景观和沙滩资源，避免旅游活动对海洋生态环境造成影响。保障现有城市生活用海和旅游休闲娱乐区用海，禁止非公益性设施占用公共旅游资源。开展城镇周边海域海岸带整治修复，形成新的旅游休闲娱乐区。旅游休闲娱乐区执行不劣于二类海水水质标准。

（六）海洋保护区

海洋保护区是指专供海洋资源、环境和生态保护的海域，包括海洋自然保护区、海洋特别保护区。海洋保护区主要分布在鸭绿江口、辽东半岛西部、双台子河口、渤海湾、黄河口、山东半岛东部、苏北、长江口、杭州湾、舟山群岛、浙闽沿岸、珠江口、雷州半岛、北部湾、海南岛周边等邻近海域。

《全国海洋功能区划（2011—2020年）》提出要依据国家有关法律法规进一步加强现有海洋保护区管理，严格限制保护区内影响干扰保护对象的用海活动，维持、恢复、改善海洋生态环境和生物多样性，保护自然景观。加强海洋特别保护区管理。在海洋生物濒危、海洋生态系统典型、海洋地理条件特殊、海洋资源丰富的近海、远海和群岛海域，新建一批海洋自然保护区和海洋特别保护区，进一步增加海洋保护区面积。近期拟选划为海洋保护区的海域应禁止开发建设。逐步建立类型多样、布局合理、功能完善的海洋保护区网络体系，促进海洋生态保护与周边海域开发利用的协调发展。海洋自然保护区执行不劣于一类海水水质标准，海洋特别保护区执行各使用功能相应的海水水质标准。

（七）特殊利用区

特殊利用区是指供其他特殊用途排他使用的海域。包括用于海底管线铺设、路桥建设、污水达标排放、倾倒等的特殊利用区。

《全国海洋功能区划（2011—2020年）》提出在海底管线、跨海路桥和隧道用海范围内严禁建设其他永久性建筑物，从事各类海上活动必须保护好海底管线、道路桥梁和海底隧道。合理选划一批海洋倾倒区，重点保证国家大中型港口、河口航道建设和维护的疏浚物倾倒需要。对于污水达标排放和倾倒用海，要加强监测、监视和检查，防止对周边功能区环境质量产生影响。

（八）保留区

保留区是指为保留海域后备空间资源，专门划定的在区划期限内限制开发的海域。保留区主要包括由于经济社会因素暂时尚未开发利用或不宜明确基本功能的海域，限于科技手段等因素目前难以利用或不能利用的海域，以及从长远发展角度应当予以保留的海域。

《全国海洋功能区划（2011—2020年）》提出保留区应加强管理，严禁随意开发。确需改变海域自然属性进行开发利用的，应首先修改省级海洋功能区划，调整保留的功能，并按程序报批。保留区执行不劣于现状海水水质标准。

第二节 海洋区划治理

一、海洋区划治理的提出

我国传统的海洋区域管理模式是一种分散型的行业管理模式。这种管理模式的优点和弊端同样明显。其最大优点是各管理部门专业分工各司其职,有利于实现管理的专业化和提高管理效率;同时该管理模式的弊端也很大,主要表现为各部门往往只依据本部门职责和从自身利益出发进行海洋管理。由于海洋具有不同于陆地的固有特点,即海水的流动性强、海洋空间的复合程度高和海洋的生态系统性更明显等,多个利益不同的管理主体对同一海域同时进行行业管理,冲突和矛盾的产生是不可避免的。

行业管理的海洋管理模式在计划经济体制下,海洋管理权由中央集中统一管理,地方没有统一的海洋管理机构。之后,在市场经济体制已经确立和地方政府权力扩大的现实背景下,随着海洋经济的地位不断上升和各类涉海主体间海洋关系上的矛盾不断增多,行业管理的海洋管理模式已经越来越不适应海洋管理实践的现实要求了。于是,海洋区划综合管理模式兴起并被政府广泛采用。海洋综合管理模式虽然能有效克服行业管理模式多头管理带来的冲突管理和无人管理等弊端,实现统一管海的目标,但它只能解决某一行政海区内的统一管海问题,而对于跨不同行政海区的海洋统一管理问题却无能为力。

为解决跨不同行政海区的海洋统一管理问题,又出现了一种新的海洋管理模式——海洋区域治理模式。关于海洋区域治理模式的概念,目前尚未形成一致的权威定义。不过,国内的一些研究学者还是对海洋区域治理的内涵做了界定,其中以中国海洋大学的王刚和王琪为主要代表。他们将海洋区域治理的内涵界定如下：其一，海洋区域治理是综合管理、是公共治理、是多种手段多类主体结合的治理；其二，海洋区域治理是基于生态系统的治理，即以生态为标准，结合具体区域特征并综合其他区域标准进行划分。

海洋区划治理的基本架构是一种"非对称性网络治理"结构。在这个结构中，政府和其他主体间的非对称权力关系是海洋区划治理结构的基本特征，各主体相互依赖的运作模式是海洋区划治理的基础形式。按照海洋区划治理的基本要求，所有与区划调整利益相关的主体，都应平等地参与到海洋区划治理中来。但在海洋区划治理中，各主体间权力、资源的非对称性是客观存在的，政府拥有强大的行政权力和海洋资源调动能力，社会组织和企业具有相对稳定的组织基础，公众则处于原子化的分散状态，其权力、资源、能力等方面远不如其他三个主体。

二、海洋区划治理中现有矛盾分析

（一）基于海洋区划治理主体的原因分析

海洋区划治理关系中各方力量都作为海洋管理系统中的一个要素而存在，各个要素都存在一定的利益需求。当前治理的需求在于不同利益主体为提升海洋治理效能，在合作的基础上追求利益的平衡，但这种治理的目标在当下却存在一定的问题。第一，海洋区划治理部门（主要为地方政府）放权力度不够，海洋行政权限存在纵向管理的权力重叠和横向管理的权力交叉。第二，企业参与海洋区划治理和公共服务不足。涉海企业的发展对政府政策依赖度很高，缺乏落实自主创新战略的微观基础，也缺乏对参与区划管治的责任感和热情。因此，企业发展无形中就会受到政府的牵制，逐渐失去了对政治生活的影响力。第三，非营利组织参与海洋区划治理的能力较弱。涉海的非营利组织仅由一些志愿者协会、草根组织等构成，数量较少、经费短缺而无法形成自己的力量，参与公共事务的渠道有限，无法真正发挥其在海洋区划治理中的作用。第四，社会公众参与度不高。海洋区划治理是属于新兴事物的范畴，在我国缺乏较为规范化的公众参与程序及运作机制，对公众在参与区域管治过程中享有的权利、承担的义务也缺乏相关规定。

(二) 基于海洋区划治理体制的原因分析

人类在海洋中的实践活动是矛盾产生的客观基础，人类为了满足自身生存发展的需求，一定程度上需要借助其自身条件、科技条件、物质基础等，并将其作用于海洋，从海洋中索取人类所需要的东西，在此过程中必然会产生各种各样的矛盾。比如，在区域海洋管理中，海洋的自然特征和海洋开发利用的特殊性，就使得海洋治理的范围已超出了国内治理，而走向了全球治理。在近海资源日益匮乏、公海开发、远洋捕捞大力发展的今天，我国与相邻及其相关国家在海域划界，以及在公海和国际海底区域利用上的矛盾也将必然出现。我国在几十年的实践中逐步形成了一套中央与地方相结合、综合管理与部门管理相结合的海洋管理体制，在区域海洋管理运作过程中，这套海洋管理体制发挥着举足轻重的作用，具体表现为行业和部门的管理。但是实践证明，仅仅依靠单纯的行业管理已经越来越难以解决不断出现的问题，海洋区划治理是一种以解决在海洋治理中出现的海洋开发利用问题、海洋环境保护问题以及维护国家海洋权益问题为基础的灵活方式，但在海洋区划治理中因涉及各个利益相关者，各种矛盾必然产生，这就要求在海洋治理过程中必须解决这些矛盾，才能有利于海洋区划治理目标的实现。

总之，在海洋区划治理过程中必然会产生各种矛盾，而海洋区划治理要求解决矛盾并成为解决这些矛盾的一种方式，以便能进一步促进海洋经济、社会科学的发展。

三、海洋区划治理的基本路径

(一) 建立上下级政府之间的相互信赖关系

我国当前的海洋管理体制仍然把中央政府作为海洋决策的核心主体，

同时这种决策也依赖于地方政府所输入的相关海洋信息作为决策的判断，一旦海洋管理中出现问题，地方政府就按照要求层层上报，请求中央政府的指示，就显得被动且反应缓慢。而如果地方政府在法定的授权范围内与其他地方政府共享信息，这样就可以通过合作迅速处理区域海洋事务。基于一定程度的信任，上下级政府可以建立一种相互信赖机制，并建立适当放权给地方政府的一种错位决策机制，以达到一定的海洋治理的目的。

（二）形成区划内政府之间的竞合博弈关系

区划内政府在海洋管理过程中，有合作也有竞争，在竞争中求合作，在合作中有竞争，两者是不可分割的整体，通过合作与竞争以实现海洋管理可持续发展。区划内政府博弈竞合的着眼点在于提高海洋上的经济实力，把海洋产业做大做强，在此基础上使区域内政府都有可能得到比之前更多的海洋管理利益，在一个相对稳定和渐进变化的海洋管理关系中获得较为稳定的发展环境。竞合是一种不同于竞争和合作的可变策略，区域内政府竞合的实质是实现各地区的优势要素的互补，增强竞争的综合实力，并将其作为竞争战略之一加以实施，从而促成各政府建立并巩固各自的实力地位。

（三）加强政府与涉海企业等非政府组织之间的伙伴关系

政府与涉海企业等非政府组织由于所承担的社会角色和追求的目标不同，双方长期处于对立当中。在海洋区划治理中，政府作为公共利益的代表，必然以社会效益为第一位，而涉海企业等非政府组织往往为追求自身经济利益的最大化，从自身利益最大化出发从事某种海洋行为。两者利益冲突的解决途径仍是共同合作，达成合作伙伴关系，实现海洋治理的目标。这就要求在区域海洋管理过程中尽可能提高其他社会组织和公众的参与度，同时政府应广泛听取专家、社会团体及公众的意见，从而实现多元主体共同参与海洋管理的模式。由于地方政府与企业、社会组织可合作的内容存在多样性，为了提高合作效益，需要结合国情、各地发展情况等现实因素来确定合作的重点领域、重点内容。

第三节 海岸带治理

海岸带是一种海洋空间资源，是指海陆之间相互作用的地带，是陆地和海洋的分界线，其主要由海岸、潮间带和水下岸坡这三个基本单位组成。此外，海岸带是资源最丰富、区位优势最明显的地带，是海岸动力与沿岸陆地相互作用、具有海陆过渡特点的独立环境体系，其与人类的生存与发展密切相关。加强对海岸带有限的空间范围的管理，有利于科学开发和利用海岸带资源，保护海岸带环境，使海岸带经济又好又快地发展。管理海岸带需要对海岸带资源进行综合考量，形成一种综合管理的理念。海岸带地区是未来人类生活的主要区域，据世界联合国环境与发展大会报告，世界上60%的人口居住在距海岸线 100 千米以内的地区，随着经济发展与城市化进程的加快，人口快速增长是必然趋势。然而，海岸带作为生态脆弱、灾害较多的地带，还面临着海平面上升与海岸侵蚀、淡水资源紧缺与水环境恶化、渔业资源退化等环境压力，严重影响了海岸带的可持续发展。

海岸带作为第一海洋经济区，其生态系具有复合性、边缘性和活跃性的特征，这无疑成为社会经济地域中的"黄金地带"。因此，加强对海岸带有限空间范围的管理，一方面，有利于科学合理地开发利用海岸带中蕴藏的资源，有效保护海岸带生态环境；另一方面，有利于进一步加强对外贸易、增加文化交流。

一、海岸线与海岸带

（一）海岸线

地理学所指的海岸线是指陆地与海洋相互交汇的地带，也是位于岩石圈、大气圈、水圈和生物圈相互影响的叠合地带。规划学科里的海岸线概念不同于地理学科的海岸线概念，它是一个空间概念，包括一定范围的水域和陆域，是水域和陆域的结合地带。但目前海岸线尚无统一的界定标准。我国学者张谦益认为，海岸线的陆域界限一般以滨海大道为界，海域界限一般以低潮线向外平均伸展 500 m 等距线为界。

（二）海岸带

海岸带由 3 个基本单元组成：一是海岸，平均高潮线以上的沿岸陆地部分，通常称潮上带；二是潮间带，介于平均高潮线与平均低潮线之间；三是水下岸坡，平均低潮线以下的浅水部分，一般称潮下线。此外，海岸带还包括河口和港湾。我国在进行海岸带调查时，规定调查范围为：由海岸线向陆方向延伸 10 千米左右，向海至水深 10~15 米等深线处；在河口地区，向陆延伸至潮区界，向海方向延至浑水线或淡水舌。我国科学家认为海岸带范围的外界应为海水波浪和潮流对海底有明显影响的区域，以及人类生产活动最频繁的区域；其内界应包括特大潮汛（含风暴潮）涉及的区域，河口海岸则为海水入侵的上界。有一些学者将滨海地区划分为 5 个主要部分：内陆地区、滨海土地（包括湿地、沼泽地和人类聚居并直接影响邻近水域的地区）、滨海水域（如入海口潟湖和浅海水域等）、离岸水域（是国家领海外部线内除浅海水域的内水和领海水域）和 200 海里专属经济区。[①]

（三）海岸线与海岸带的关系

从以上分析可以看出两者的关系为：海岸带所涉及的范围相对较大，主要通过各有关部门的综合性管理来加强保护，而海岸线被包括在海岸带范围之内，是目前各地通过景观规划等手段发展滨海旅游业，设立自然保护区，建设港口的主要地带。

---

① 关于专属经济区是否属于海岸带的范围在不同的研究视角上观点也有差别。

二、海岸带的社会经济价值

海岸带拥有丰富的自然资源，如海涂资源、港口资源、盐业资源、渔业资源、石油资源、天然气资源、旅游资源和砂矿资源等，另外还蕴藏有潮汐能、盐差能、波浪能等可再生的海洋能资源，海岸带具有多方面开发和利用的价值。

海岸带经济是基于海洋资源和空间利用，发挥沿海区位、资源、科技、开放优势而形成的海陆一体经济，是以海域、海岸带为载体，海陆衔接地域空间的经济体系。海岸带是临海国家宝贵的国土资源，亦是海洋开发、经济发展的基地，以及对外贸易和文化交流的纽带，地位十分重要。

大部分国家和地区的海岸带，都是资源、产业、城市复合度最高，经济社会发展活力和潜力最大的区域。海岸带地区具有丰富的资源，海岸河口水域饵料丰富，是大量鱼类生长和孵化的场所，海岸带的渔业生产在海洋渔业中占有重要地位。在海岸带开辟盐场提取海盐，是人类食盐的主要来源。开发利用海岸带的石油、天然气资源是目前世界上正在发展的重要产业。海岸带蕴藏有潮汐能、盐差能、波浪能等可再生海洋能。海洋能是不枯竭的无污染能源，在自然界中大量存在，永不衰竭。但是人类对此类资源的利用还很有限，需要通过立法等手段加强对这类新兴能源的管理。[①]海岸带开发利用的一个重要方面是建造港口，发展海运事业。港口是国家的内水，受国家主权的排他性管辖，海上运输运量大、费用低，是一国对外贸易中主要的运输方式，海港发展在海运事业中起到关键的支撑作用。随着各国经济的发展，海港数量和吞吐量迅速增加，这也为海岸带周边的可持续发展做出了重大的经济贡献。

根据自然和资源条件、经济发展水平和行政区划，《全国海洋经济发展"十三五"规划》把我国海岸带及邻近海域划分为北部、东部和南部

---

① 全永波：《海洋管理通论》，海洋出版社，2018 年版，第 67 页。

三个海洋经济圈，通过发挥区域比较优势，形成各具特色的海洋经济区域。2021 年 12 月，国务院批复《"十四五"海洋经济发展规划》（国函〔2021〕131 号），提出"优化海洋经济空间布局，加快构建现代海洋产业体系，着力提升海洋科技自主创新能力，协调推进海洋资源保护与开发，维护和拓展国家海洋权益，畅通陆海连接，增强海上实力，走依海富国、以海强国、人海和谐、合作共赢的发展道路，加快建设中国特色海洋强国"。基于陆海统筹的海岸带地区区域发展更显重要。综合而言，海岸带经济是经济社会发展的引擎和人类活动集约地区，其可持续发展对区域乃至国家经济社会发展，有着重要的辐射与带动作用。因此，要加强对海岸带有限的空间范围的管理，以利于科学开发和利用海岸带资源，保护海岸带环境，使海岸带经济又好又快地发展，做到既能保护资源与环境，又能获得最大的社会经济效益。

三、海岸带综合治理机制

（一）海岸线规划

海岸线规划主要包括空间在横向上的协调和空间要素在纵向上的关联与统一。空间在横向上的协调是指各地区的海岸线规划应注意与相邻岸线在景观、功能等方面相协调、相关联，包括根据岸线的资源条件，合理划定港口、近海工业、居住生活、旅游度假、休（疗）养、海水养殖、生态保护等功能区，避免不同功能区间的相互干扰，如港口的选址，应尽量远离旅游岸线，尤其应远离海水浴场等。空间要素在纵向上的关联与统一主要是指各地区的海岸线形象应与所在城市的整体形象一致，注重各空间要素之间的关联性，塑造富有个性的海滨城市景观。

（二）海岸带综合管理机制

世界银行组织把海岸带综合管理（ICM）定义为："通过跨学科间相互

协调的手段对沿海区域内的问题进行定义和解决，这个手段包括'在由各种法律和制度框架构成的管理程序指导下，确保沿海区域发展和管理的相关规划与环境和社会目标相一致，并在其过程中充分体现这些因素'，追求沿海区域内利益的最大化，同时将各种人类活动对于社会、文化以及环境资源的消极影响最小化"。Cicin-Sain 和 Knecht 教授（美国德拉威州大学，1998）将海岸带综合管理定义为："在保持连续和有力的程序下，对于可持续利用、发展和保护沿海与海洋区域内资源的决策"。比较以上两个定义，可以看出，两种概念都强调如何保护和可持续性利用沿海区域内的各种资源。因此，加强保护和可持续利用是海岸带综合管理的关键问题。而根据Sorensen（1997）的说明，在"海岸带综合管理"这个概念中，"综合"既包括同一等级不同经济部门间（如渔业、旅游等部门间）的水平整合，也包括不同级别部门间（包括国家级部门和地方部门间）的垂直整合。

（三）我国海域使用管理机制

海域作为人类新的生存发展空间和资源宝库，受到了各国的高度重视，主要沿海国家纷纷建立了一系列调整海域使用的管理制度。海域使用管理是海岸带管理的一个重要组成内容，它是国家根据国民经济和社会发展的需要，依据海域的资源与环境条件，对海域的分配、使用、整治和保护等过程和行为所进行的决策、组织、控制和监督等一系列工作的总称。由于海域空间资源、环境容量、资源容量的有限性，海域使用管理是一项十分复杂的工作。为逐步实现海域有序、有度、有偿使用，解决好海域使用管理问题，需要构建一套较完善的海域使用管理制度，并以立法的方式确立制度的运行。

1. 海域与海域使用

根据《中华人民共和国海域使用管理法》（以下简称《海域使用管理法》）中的定义，海域是指中华人民共和国内水、领海的水面、水体、海床和底土。这是一个法律意义上的海域概念，具体来说，海域是一个客观存在的立体空间，其包括两层含义：第一，在垂直方向上，它不仅仅指水面，还包括水面以下的水体、海床和底土；第二，在水平方向上，海域包括我国的内水和领海，具有明确的界限范围。

显然，该法所说的海域与《联合国海洋法公约》所讲的海域范围不同，它是国内法意义上的专指属于我国领土范围的海域，包括领海基线以内的水域，即内水，以及领海基线以外的 12 海里宽度范围内的水面、水体、海床和底土。从制定《海域使用管理法》的立法意图不难看出，是把整个领土范围内的海域作为一个整体来加以规范与管理，以便发挥它的整体功能。因此，应把沿海的各个区域作为整体来理解与操作。根据这一标准，滩涂、河口无疑都应属于《海域使用管理法》中所指的海域的范围，应属于《海域使用管理法》适用范围的海域。

《海域使用管理法》中定义的"海域使用"是指在中华人民共和国内水、领海持续使用特定海域 3 个月以上的排他性用海活动。这一定义概括了海域使用的 4 个特征：一是使用的海域是特定的，即利用海域的任何一个部分，如水体、海床、底土均构成海域使用，如电缆管道虽然只占用底土，但也属于海域使用的一种类型；二是固定使用海域，而非游动性使用，如航行、捕捞等则不属于海域使用；三是持续使用海域，且时间在 3 个月以上；四是使用主体具有排他性，即只要某一开发利用活动发生后，其他单位和个人则不能在此海域中从事与该活动相排斥的开发利用活动。同时具有上述 4 项特征的海洋开发利用活动，才是《海域使用管理法》所调整的法律对象，即我们所讲的海域使用。满足上述一、二和四点，时间不足 3 个月但可能对国防安全、海上交通安全和其他用海活动造成重大影响的用海活动即为临时海域使用，也要依据《海域使用管理法》进行管理。

2. 海域使用管理制度的重大意义

海域使用管理不同于传统意义上的海洋资源、海洋环境管理工作，传统意义上的海洋资源、海洋环境管理工作的主要目的是合理开发利用资源，保护生态环境，主要处理的是人与自然的关系，而海域使用管理，一方面，需要处理好人与海域之间的关系，即实现海域的合理开发和可持续利用；另一方面，需要处理好人与人之间的关系，即协调人与人之间（各部门、单位和个人之间）在海域的分配、占有、使用、收益分配、处分等方面的关系。因此，加强海域使用管理，具有重大的现实意义。

1）海域使用管理法律制度有利于维护国家的海洋权益

《海域使用管理法》第三条第一款明确规定："海域属于国家所有，国务院代表国家行使海域所有权"。国家对所辖海域拥有所有权，对其有占有、使用、收益、处分的权能，并可以通过这些权能的行使获取国家应有的合法权益。而如何处理好海域使用权人与海域所有权人之间的关系，如何保护国家的海洋权益，成为海域使用管理的主要内容。健全的海域使用管理制度可以有效地保证国家的海域使用形成有序、有度、有偿的良好局面。

2）海域使用管理法律制度有利于促进海域的合理开发和可持续利用

我国有着丰富的海洋资源，如果没有健全的海域使用管理法律制度，对使用海域的单位和个人取得海域使用权没有明确的规定，将会导致海域开发的无序和混乱，不利于海域的合理开发和可持续利用。由于各涉海行业用海目的不同，利益需求不同，而海域具有功能多宜性和流动性等特点，如果海域使用权属不明，必然会导致海洋资源的过度开发、浪费及海洋环境污染。所以，健全的海域使用管理法律制度有利于有效地调整各涉海行业之间的用海纠纷，避免海域使用秩序混乱，减少各类用海行为之间的不良影响，从而促进海域的合理开发，保护海洋环境，促进海洋资源的可持续利用。

3）海域使用管理法律制度有利于保护海域使用权人的合法权益

海域使用权是一种自然资源使用权，它是指非所有人依照法律规定，基于一定的目的使用国家所有的海洋资源。海域所有权属于国家，海域使用权来源于海域所有权。海域使用权是一种排他性权利，又称对世权，即海域使用权人依法取得该项权利后，任何不特定第三人均应认可并尊重这种权利。任何权利必须有法律强制力的保障，才能真正成为实质意义上的权利。国家以强制力保证海域使用权人权利的行使，排除任何不特定第三人的不法侵害。国家在保护海域使用权人依法产生的权利时，实质上是在维护国家海域所有权的基础上建立海域使用的法律秩序。有了完备的海域使用管理法律制度的保障，就会逐步形成规范的海域使用管理秩序。在规范的管理秩序下，海域使用权人的合法权益才能得到有效保障。《海域使用管理法》作为我国海域使用管理的基本法律制度，规定了我国海域使用管理的大的框架以及海域使用管理的一系列重要制度。它的颁布和实施，是国家在海域管理方面的重大举措，是我国确立海域使用管理法律制度的明确标志。

3. 我国的海域使用制度

《海域使用管理法》明确了我国的海域使用制度，主要包括海域有偿使用制度和海域使用权属管理制度。

1）海域有偿使用制度

海域有偿使用制度作为海域使用管理的一项基本制度，为世界各国的海域使用立法所采用。如《韩国共有水面管理法》规定，对公用水面的占有和使用，征收占用费和使用费。日本《海岸法》《公有水面填埋法》规定，向许可使用者征收占用费。《美国水下土地法》规定州政府可对租用领海水下土地者征收租金。[①] 我国《海域使用管理法》第三十三条规定："国家实行海域有偿使用制度"，"单位和个人使用海域，应当按照国务院的规定缴纳海域使用金"。因此，所谓海域有偿使用制度是指在保证海域属于国家所有的基础上，国家作为海域所有者应当享有海域的收益权，海域使用者必须按照规定向国家支付一定的海域使用金作为使用海域资源的对价的制度。[②] 实行海域有偿使用制度，有利于国家的海域所有权从经济上得到实现，从根本上改变海域开发的"无序、无度"状况，促成海域使用市场经济体制的建立，敦促海域开发投资商充分考虑投入产出比，避免盲目占用海域，实现海域资源的最佳利用。另外，还需要完善我国资源有

---

① 王铁军：《海域使用管理探究》，海洋出版社，2002 年版，第 83 页。

② 韩立民、陈艳：《海域使用管理的理论与实践》，中国海洋大学出版社，2006 年版，第153 页。

偿使用制度，改善我国海域投资环境的要求。

2）海域使用权属管理制度

海域权属包括：海域的国家所有权、使用权、分配权、收益权以及相邻海域利用权和抵押权等一些物权类型。海域权属管理作为海洋管理的基本内容之一，主要是统筹安排海洋资源开发利用布局，确保各类权利主体行使各项权利，海域权属管理是整个海洋管理体制的重要组成部分，是《海域使用管理法》的核心内容和显著特点。《海域使用管理法》明确规定了国家对海域使用权实行统一管理。除了规定国家海洋行政主管部门负责全国海域使用的监督管理外，还明确"沿海县级以上海洋行政主管部门根据授权，负责本行政区毗邻海域使用的监督管理"。这就是说，我国海域使用管理的基本体制是，在国家统一管理的框架下，根据授权实行分级管理。《海域使用管理法》第十一条规定了海洋行政主管部门会同有关部门编制海洋功能区划；第十六、第十七条规定了海洋行政主管部门受理海域使用申请并进行审核；第十九条规定了海洋行政主管部门负责海域使用权登记并向申请人颁发海域使用权证书；第二十条规定了海域使用权招标或拍卖方案，由海洋行政主管部门制订；第三十一条规定了海域使用权发生争议，由海洋行政主管部门调解；第六章规定了海洋行政主管部门对海域使用的监督检查权；第七章规定了海洋行政主管部门对违法用海的处罚权。上述规定充分表明，我国已经形成了海域使用权的权力行使的管理体制，确定了海域使用权有偿使用制度，构建了相应机制。

第六章

海洋保护区治理

海水的流动性和连通性注定了海洋是地球最大的生态系统，人类将相同海洋地理区域（如大陆架、海洋生物栖息地）划定为海洋保护区，便于更好地开展海洋生物的养护和保护。各国保护区之间出于国际规则的适用性、国际规范和话语权、市场力量和直接参与政策制定的差异，形成了不同形式的海洋保护区治理模式，分析这些治理模式对于实现区域海洋治理及可持续发展具有重要的意义。

第一节　全球海洋保护区治理现状

目前，海洋保护区已覆盖了全球大约 5.3% 的海洋。海洋保护区对实现区域海洋生物多样化和保护海洋资源免受污染具有重要的作用。然而，随着区域合作和大尺度海洋景观保护的需求不断增加，海洋资源管理越来越受到人们的关注。作为跨界资源管理的一种典型方式，海洋保护区治理正成为实现海洋生物多样化目标的重要工具。

一、全球海洋保护区概况

（一）海洋保护区概念

海洋保护区的概念是在全球对海洋环境越发重视，尤其是在人类将特

定的生态系统作为重点保护区时提出的。在 1962 年世界国家公园大会
（World Conference of National Parks）上，海洋保护区（Marine Protected Ar-
ea，MPA）被首次提出，但关于其定义却种类繁多。例如，在空间范围
上，有的将其严格限制在海洋水域，而有的则包括一定陆域空间如海岸带
保护区；在保护对象上，有的是指代表性的自然生态系统、珍稀濒危海洋
生物物种、具有特殊意义的自然遗迹，也有的是指脆弱生境或濒危物种所
在的任何海岸带或开阔海域；在具体类型上，有的是严格意义上的海洋自
然保护区，也有的是不同类型的海洋管理区。① 因此，人类对海洋保护区
的认识在此时还是相对模糊的。

　　世界自然保护联盟（IUCN）将海洋保护区（MPA）定义为："任何通
过法律程序或其他方式建立的，对其中部分或全部环境进行封闭保护的潮
间带或潮下带陆架区域，包括其上覆水体及相关的动植物群落、历史及文
化属性"。② 从这一定义中可以看出，海洋保护区具有三个鲜明特点：一是
建立的合法性，保护区是通过法律程序或其他程序建立的，因此海洋保护
区的区域范围划定具有规范性、合理性和法定性；二是保护区的范围是以
海洋生态系统为单位划定，以保护潮间带或潮下带陆架区域；三是保护区
的核心是保护海洋生物以及相关物种和遗产的历史、文化价值。

　　1988 年，在哥斯达黎加举行的国际自然保护联盟（INCN）第十七届
全会决议案中，进一步明确了海洋保护区的目标在于："通过创建全球海
洋保护区代表系统，并根据世界自然保护的战略原则，通过对利用和影响
海洋环境的人类活动进行管理，来提供长期的保护、恢复、明智地利用、
理解和享受世界海洋遗产"。因此，海洋保护区是对海洋遗产的特殊保护，
包括海洋生物以及物质和非物质海洋文化遗产物。

---

① 赵千硕，初建松、朱玉贵：《海洋保护区概念、选划和管理准则及其应用研究》，《中国软
科学增刊（上）》，2020 年，第 10 - 15 页。
② 《海洋保护区指南》，国际自然保护联盟发布，1994 年。

（二）跨界海洋保护区的概念与特征

由于海水和物种跨国家管辖范围转移，这就容易出现生态边界与政治边界的冲突，[①] 大多数海洋生态系统具有跨界属性。因此，在某种程度上，最有效的海洋保护包括邻国之间或相邻行政区之间的某种跨界合作。实施海洋保护区治理已是大势所趋。

全球性的海洋保护区多属于跨界海洋保护区。跨界海洋保护区包括国家之间跨边界的海洋保护区，还包括国家内部不同行政区之间的跨边界海洋保护区。国外学者主要关注的是跨越国家边界的海洋保护区。按照世界自然保护联盟（IUCN）[②] 的定义，跨界自然保护区就是跨越一个或多个国家或国家内不同行政区的陆地或海洋区域，与一般保护区相比，其特殊之处在于不同的管理机构通过法律或其他有效手段进行合作管理，以达到生物多样性及自然和文化资源持续利用和保护的目的。奥尔多·奇尔科普将跨界海洋保护区定义为由邻国共同建立的海洋保护区，其区域跨越其共同的海上边界。[③] 在没有划定的海洋边界的情况下，跨界海洋保护区可能会涵盖两国各自认定的海洋边界区域（无论是否有争议）。

区别于一般的海洋保护区或海洋公园，跨界海洋保护区具有自身特征。

一是空间分布上的跨界性。保护区要跨越两个甚至更多行政区或国家之间的海上或沿岸政治界线。因此，一些大型海洋生态系统因人为划定政治边界而赋予跨界属性。如东非海洋自然保护区包括科摩罗、肯尼亚、马达加斯加、毛里求斯、莫桑比克、坦桑尼亚以及塞舌尔等国家。东部热

---

① 石龙宇、李杜、陈蕾、赵洋：《跨界自然保护区——实现生物多样性保护的新手段》，《生态学报》，2012 年第 21 期，第 6892–6900 页。

② International Union for the Conservation of Nature and Natural Resources website, World Commission of Protected Areas, Transboundary Conservation Specialist Group, accessed on the 25th of March 2015, http：//www.tbpa.net/page.php? ndx = 83.

③ Catarina Grilo, Aldo Chircop, José Guerreiro. Prospects for Transboundary Marine Protected Areas in East Africa. Ocean Development & International Law, 2012, 43（3）：243–266.

带太平洋海洋走廊涉及哥斯达黎加、巴拿马、哥伦比亚和厄瓜多尔。

二是管理方式上的复杂性。由于海水的连通性使海上边界更具通透性、更具模糊性。尽管跨界保护区倡议的吸引力正在增强,寻求合并两个或多个国家进行保护可能是一项复杂的工作。[①] 除非可以带来其他社会、经济或政治利益,这些利益可以激发并维护政府的意愿,[②] 保护区才能形成跨界合作。因此,跨界海洋保护区在管理上比一般的海洋保护区或海洋公园要复杂得多。它涉及不同国家、区域以及利益相关者,在合作管理过程中会受各种因素影响,如各合作方利益与价值观的契合程度,各管理方政府的支持力度,以及相互监管的联合程度等。

三是目标追求上的可持续性。大多数跨界海洋保护区的建立是基于维护生物多样性、共同的环境治理、维护海上边界的安全等可持续发展目标。如 1996 年菲律宾和马来西亚共同建立海龟群岛遗产保护区(在马来西亚境内称为海龟群岛国家公园)就是为了保护地区海龟生物,1997 年建立的中美洲珊瑚礁系统保护区是为了保护中美洲海岸线国家珊瑚礁。

(三)跨界海洋保护区的历史及现状

1924 年,波兰和捷克斯洛伐克签署了《克拉科夫议定书》,"开拓了建立边境公园的国际合作概念",并形成了 3 个联合公园区。在创建这些保护区时,没有表明通过自然促进和平是建立的目标。相反,保护区被看作是一个保护跨越国际边界的自然景观的机会。"边界公园"倡议也是通过联合管理"集体"物品,减轻第一次世界大战造成的边界争端冲突所开展的尝试。与此同时,北美也出现了类似的保护区,1932 年加拿大和美国边界的沃顿冰川国际和平公园的建立是为了防止边界区域的集体冲突,它是第一个正式宣布的国际和平公园。

---

① Westing A. Establishment and management of transfrontier reserves for conflict prevention and confidence building. Environmental Conservation, 1998, 25: 91 – 94.

② Peter Mackelworth. Peace parks and transboundary initiatives: implications for marine conservation and spatial planning. Conservation Letters, 2012, 5 (2): 90 – 98.

随着人类社会对自然资源的掠夺的加快，尤其是那些国界线上的土地和海洋正在被战争、无限制开发而破坏。世界自然保护联盟（IUCN）认识到这个存在争议的区域急需开展跨界养护，20 世纪 40 年代 IUCN 设立了一个全球跨界养护网络和全球技术合作网络。全球技术合作网络为跨界养护计划的所有方面提供专门知识和指导管理，①该网络提到了诸如"跨界保护区""跨界自然资源管理区""和平公园""公园""生态走廊"等术语。似乎"跨界保护区"和"和平公园"两个主题词相对能够代表建立跨界自然资源管理和养护的核心理念，即建立一个跨界保护区是为了通过自然促进和平，提升资源可持续性。

"跨界海洋保护区"概念是 2001 年由 Sandwith 等人提出的。② 他认为跨界海洋保护区是"跨越国家、省、区、自治区和（或）超出国家范围的区域，涉及国家以下单位之间一个或多个边界的海洋区域，其组成部分致力于保护和维护海洋生物多样性，以及海洋自然和相关文化资源，并通过法律或其他有效手段开展合作"。海龟群岛遗产保护区（TIHPA）是世界上第一个跨界保护区，其覆盖范围横跨马来西亚和菲律宾。

国际海洋和平公园是跨界海洋保护区的一个特殊概念，其目的是为建立和平和改善国家之间的关系而开展的一项相对容易达成共识的合作项目。如约旦和以色列之间的红海海洋和平公园是 1994 年和平条约的一部分，它促进了国家之间的合作，以保护跨界珊瑚礁和旅游业发展。瓦登海国家公园不但维护了区域和平，也对海洋生物多样性保护、区域环境污染治理以及海事管理做出了规定。还有一些海上边界存在争议或需要建立海上和平地区的也会提议建立海洋和平公园，如韩国提议建立一个韩国和朝鲜的海洋和平公园，以共同促进保护和和平解决未解决的边界争端。

目前，世界上拥有跨国界海洋保护区近 50 处，主要集中在南部非洲地

---

① GTCN. (2012). Global Transborder Conservation Network. Information. Retrieved from http：//www. tbpa. net/。

② Sandwith T, Shine C, Hamilton L, et al.. Transboundary Protected Areas for Peace and Co-operation. Best Practice Protected Area Guideline Series No. 7. Gland：IUCN, 2001.

区（目前基本统称为东非海洋保护区）。这些海洋保护区对维护海洋生物多样化，促进区域和平做出了贡献（表6-1）。

表6-1　全球主要跨国界海洋保护区基本状况

名称	所属国家	成立时间	国际协议
沃顿冰川国际和平公园	美国、加拿大	1932年	关于建立沃顿冰川国际和平公园的协议
红海海洋和平公园	以色列和约旦	1994年	以色列、约旦和美国关于建立红海海洋和平公园的三方协定
瓦登海国家公园	荷兰、德国和丹麦	1982年	保护瓦登海联合宣言
博尼法西奥河口国际海洋公园	法国与意大利	1992年	关于博尼法西奥河口双边保护议定书
海龟群岛遗产保护区	菲律宾和马来西亚	1996年	关于建立龟岛文化遗产保护区的协议备忘
中美洲珊瑚礁系统保护区	洪都拉斯、危地马拉、伯利兹和墨西哥	1997年	关于在墨西哥、伯利兹、危地马拉和洪都拉斯之间建立珊瑚礁保护区的宣言（图卢姆宣言）
地中海洋哺乳动物的佩拉戈斯保护区	摩纳哥、意大利和法国	1999年	关于海洋哺乳动物保护协定
北美海洋保护区（NAMPAN）	加拿大、美国和墨西哥	1999年	北美环境合作协定
东部热带太平洋海洋走廊	哥斯达黎加、巴拿马、哥伦比亚、厄瓜多尔	2004年	关于东部热带太平洋海洋走廊成立宣言
珊瑚大三角区	印度尼西亚、马来西亚、巴布亚新几内亚、菲律宾、所罗门群岛和东帝汶	2009年	珊瑚大三角区域宣言和行动计划
东非海洋保护区	以莫桑比克、坦桑尼亚和肯尼亚为主体	2000年	缔结建立海洋和沿海跨界保护区和资源区（TFCRA）的协议

注：①本表是作者根据相关论文和网站数据整理而成的。②沃顿冰川国际和平公园是以陆地为主的加拿大沃特顿湖国家公园和美国冰川公园，但是和平公园通过的冰川水和生物群落流向附近的海洋。

二、跨界海洋保护区治理的现状

（一）跨界海洋保护区治理的早期实践

跨界海洋保护区是人类为了维护海洋生物多样化，实现区域海洋可持续发展而建立的国家间的海洋保护区。Peter Mackelworth[①] 教授认为，国家之间建立海洋保护区跨界治理的动机主要有 17 种，分别是以以往成功的举措为基础来确保各国之间持续的和平关系、为国家间的谈判创造一个切入点、创造共同的合作机会、培养信任、缓和战后的边界争端、缓和稍有紧张的地区局势、促进地方和解、加强区域认同和民间社会合作、建立高水平的支持系统、提升涉案国家的国际形象、加强安全、独立便利化、嵌套在更广泛的合作框架内、提供一个国家间都能接受的战略冲突处理机制、国家管辖外海域与国家海洋保护的利益结合、区域共享海域资源、提供一个大家都能接受的谈判契机。从 Peter 教授提供的 17 种动机来看，跨界海洋保护区的建立大多出于政治性动机。沃特顿冰川国际和平公园（Waterton Glacier International Peace Park）的建立最具代表性。1932 年，在民间社会团体的压力下，美国和加拿大政府都颁布了一项法案，将其公园指定为国家和平公园。1959 年签订的《南极条约》是多边和平公园的基石以及科研与保护实践的合作典范。

早期阶段尤其是 1970 年之前，多数跨界海洋保护区的建立是为了实现区域的和平。因此，早期的跨界海洋保护区带有明显的政治色彩，但是其主要目的在于实现区域的海洋生物多样化。

（二）跨界海洋保护区的综合性治理

随着人类对可持续发展的进一步认识，全球环境可持续治理成为共

---

① Peter Mackelworth. Marine Transboundary Conservation and Protected Areas. Routledge，2018：5 – 6.

识。1971 年 2 月,在伊朗的拉姆萨尔召开了"湿地及水禽保护国际会议",会上通过了《国际重要湿地特别是水禽栖息地公约》,该公约明确提出海洋系统是湿地最重要的类型,建立湿地保护区域使其成为鱼类和水禽等生物栖息、活动及繁衍的重要场所。1972 年 10 月至 11 月,联合国教育、科学及文化组织大会在巴黎举行了第十七届会议,成员国签署了《保护世界文化和自然遗产公约》,明确了重要的海洋生物自然遗产对于维护人类共同遗产的重要性。在 1974 年,联合国环境规划署发布了《区域海洋协定》,开始促进环境合作,尽管它们最初更侧重于防止污染而不是保护。1979 年 6 月 23 日,世界主要国家在德国波恩签订了《保护野生动物迁徙物种公约》(以下简称《迁徙物种公约》),公约涵盖许多受野生动物非法交易严重影响的标志性迁徙物种,如海龟、鲨鱼和鸟类。《迁徙物种公约》召集国际社会共同应对这些野生动物在其每年迁徙途中面临的诸多威胁,包括非法交易构成的威胁。1992 年 6 月 5 日,在巴西里约热内卢举行的联合国环境与发展大会上签署了《生物多样性公约》,公约旨在保护濒临灭绝的植物和动物,最大限度地保护地球上的多种多样的生物资源,以造福于当代和子孙后代。

人类普遍认为,地球是一个大型的海洋生态系统,人类共处一片海洋。1984 年,世界自然联盟和联合国环境规划署引入了大型海洋生态系统(LME)的概念,在全球范围内划定了 64 个沿海生态系统。自 1994 年以来,全球环境基金就一直在使用 LME 作为促进海洋和沿海地区各个部门和地区整合的手段。地球各大洲掀起了一股建立跨国界海洋保护区的热潮。如第二次世界大战后,来自丹麦、德国和荷兰的科学家证明了瓦登海作为欧洲最大的野生海洋潮间带生态系统在海洋生物多样性保护中的重要地位,区域非政府组织也对此提倡保护。1982 年丹麦、荷兰和德国三方就建立瓦登海国家公园达成协议,他们就同一片海域开展海洋生物保护、海洋水环境治理、国际船污治理等系列生态系统服务问题协商一致,并组建了瓦登海管理委员会和秘书处。1996 年建立的海龟群岛保护区、中美洲珊瑚礁系统保护区以及地中海海洋哺乳动物佩拉戈斯保护区都是在全球一系列可持续发展公约签订的大背景下建立起来的。

这一时期的跨界海洋保护区治理开始实现了区域协调治理,由区域内相关国家建立管理委员会和秘书处,实现专业化和综合性治理。如,瓦登海国家公园和红海海洋和平公园、中美洲东部热带太平洋海洋走廊计划都建立了管理委员会和组织秘书处或技术秘书处。这些组织的建立有效地保障了跨界保护区工作的开展,提升了保护区的工作效率和维护海洋可持续发展的水平。

(三)跨界海洋保护区多主体合作治理

进入 21 世纪以来,人类进入了一个和平与经济合作不断兴起的新阶段,全球化和区域合作已为跨界行动做出了贡献。随着国家间联系的进一步紧密,以及探求更广泛的合作,"绿色外交"、可持续的合作开发成为启动和维持跨界海洋保护区和海洋和平公园的动机和支助机制。

自 1997 年以来,世界自然保护联盟推动了"公园促进和平"倡议,以此作为加强区域合作的工具。特别是由于技术允许对海洋资源进行更大的勘探和开发,并且海事国家宣布对更广泛的地区追求航行自由,国家边界上的冲突越来越多。在海洋领域中,越来越多的国家提出了跨界保护倡议,其中也有一部分具有非保护方面的内容,例如促进和平,解决共同的问题或创造共同合作开发的机会。[1]

为了更有效地实现海洋保护区跨界治理,区域国家之间开始建立海洋生物保护、区域环境治理、沿岸旅游业发展等功能在内的多元化海洋保护区跨界治理,防止出现"公地悲剧"。如 2000 年在东非共同体的推动下,以莫桑比克、南非和坦桑尼亚为主体的东非国家缔结了海洋和沿海跨界保护区和资源区(TFCRA),这个保护区不仅仅是一个海洋生物多样性保护和养护的区域,更是一个广泛的旅游区域,为边界国家地区迎来了众多的

---

① Peter Mackelworth. Peace parks and transboundary initiatives: Implications for marine conservation and spatial planning. Conservation Letters, 2012, 5 (2): 90 - 98.

旅游者，保护了环境也带来了利润。2004 年 4 月 2 日哥斯达黎加、巴拿马、哥伦比亚、厄瓜多尔达成了东部热带太平洋海洋走廊计划。"海洋走廊"倡议的提出，有利于建立能够更好地应对气候变化影响的可持续发展经济模式，打击非法捕捞，从而保护太平洋地区的生物多样性。除了作为大量海洋物种的觅食地、繁殖地和栖息地，该"海洋走廊"还具有很高的商业价值（渔业、旅游业等），实现了区域环境保护和经济发展。

三、海洋保护区跨界治理的法律框架

国际、区域和双边法律规则可能影响海洋保护区跨界治理，这关系着国家间或区域间的利益，尤其是国际条约，既是划定海上边界的重要依据，也是达成跨界海洋保护区的国际法支撑。尽管全球性国际条约为建立跨界海洋保护区起到了积极作用，但是在海洋保护区跨界治理中区域和双边协议更有效。[①] 可见，双边合作仍是最有效的政治和法律手段。

（一）国际法律工具

跨界海洋保护区存在于各国海上边界线周围的区域，或存在于具有争议性的海域，或既有各国内部海洋保护区，也有争议性的海域。国家边界范围区的海洋保护区更多地基于共同海洋生态系统的生物多样性养护以及海洋资源、文化价值的保护，共同的国际海事航行规则、海洋污染治理等，而争议性区域内的海洋保护区除了具有上述功能需要外，还存在需要具有各国普遍可以遵循的国际法支撑或历史性权利支撑，实现自然促进和平。由此，国际法成为海洋保护区跨界治理的重要法律工具。一般而言，《联合国海洋法公约》《生物多样性公约》《保护世界文化和自然遗产公约》《关于特别是作为水禽栖息地的国际重要湿地公约》《保护野生动物迁

---

① José Guerreiro, Aldo Chircop, David Dzidzornu, Catarina Grilo, Raquel Ribeiro, Rudy van der Elst, Ana Viras. The role of international environmental instruments in enhancing transboundary marine protected areas: An approach in East Africa. Marine Policy, 2011, 35 (2): 95 – 104.

徙物种公约》《濒危野生动植物种国际贸易公约》《国际捕鲸管制公约》
《国际防止船舶造成污染公约》《1990 年国际油污防备、反应和合作公约》
《国际水道非航行使用法公约》等国际规范均涉及跨界保护区建立和治理
问题。国际上大多数涉海国家是上述公约的缔约国，成为各国履行的国际
规范，对于建立跨界海洋保护区具有国际法指导意义。

《联合国海洋法公约》（以下简称《公约》）要求各缔约国应以互相谅
解和合作的精神解决与海洋法有关的一切问题，这种精神为建立海洋保护
区跨界治理提供了国际性准则。《公约》也提出应该基于生态系统的整体
性来考虑海洋区域的种种问题。《公约》第一九四条第五款指出，为防止、
减少和控制海洋环境污染的措施"应包括为保护和保全稀有或脆弱的生态
系统，以及衰竭、受威胁或有灭绝危险的物种和其他形式的海洋生物的生
存环境，而有必要的措施"。同时《公约》还提出国际社会要加强全球合
作、区域合作来维护海洋生态环境。

《生物多样性公约》在支持开展跨界海洋保护区建设工作中起着关键
作用，其主要任务之一是为海洋生物多样性的维护提供科学而适宜的技术
信息支持。①《生物多样性公约》第八条提出，各国应"建立保护区系统或
需要采取特殊措施以保护生物多样性的地区"，同时，该条款就跨界合作
提出了概念性意见。《生物多样性公约》第二十二条强调，在海洋环境上
不得以生物多样化抵触各国在海洋法下的权利和义务。这为海洋保护区跨
界治理奠定了法律基础。《关于特别是作为水禽栖息地的国际重要湿地公
约》《保护野生动物迁徙物种公约》《濒危野生动植物种国际贸易公约》
也提出了在红树林、珊瑚礁和海草床等沿海湿地建立海洋保护区，提出了
对濒危野生动植物（如海豚、鲸鲨等）划定庇护所，以支持该地区的生物
越境保护。《保护野生动物迁徙物种公约》和《关于保护和管理印度洋及
东南亚地区海龟及其栖息地的谅解备忘录》呼吁开展区域和国际合作，提
出要利用生态系统开展海洋保护区跨界治理。

---

① 联合国海洋法专题网页，https://www.un.org/zh/globalissues/oceans/biodiversity.shtml。

《国际防止船舶造成污染公约》《1990 年国际油污防备、反应和合作公约》《国际水道非航行使用法公约》规定了各缔约国保证实施其承担区域海洋环境清洁的义务，以防止由于违反公约排放有害物质或含有这种物质的废液而污染海洋环境。《国际防止船舶造成污染公约》等国际公约的条款将成为跨界海洋保护区内环境治理的重要工具，并赋予这些地区国际地位。

（二）区域条约规范

区域协议是全球环境治理架构的一个重要组成部分。海洋保护区的建立应该注重当事国或相邻国家的利益，但是在一些保护区也有第三国力量的参与，尤其是在欧洲、非洲和美洲的跨界海洋保护区中，区域联盟组织对保护区的影响很大。[①]

一般而言，由于跨界海洋保护区所在国家是区域组织的成员国，这些成员国需要遵循区域组织的环境规范，以满足区域一体化发展的需要。如瓦登海国家公园的管理规范中欧盟处于第三方的角色，对瓦登海理事会、管理委员会运行以及海洋湿地、滩涂的保护起到指导作用。其中，欧洲经委会对瓦登海区域具有指导义务，1992 年发布的《迈向可持续发展：欧洲共同体有关环境与可持续发展的政策和行动计划》以及其他环境、航行权利适用于瓦登海。再如，东非共同体中坦桑尼亚和莫桑比克是《非洲自然和自然资源保护公约》的缔约国，需要遵守该公约的有关规定，但是南非并不是。《东非地区保护、管理和发展海洋和沿海环境行动计划》《保护、管理和发展东非地区海洋和沿海环境的内罗毕公约》《关于在东非区域应对紧急情况下合作打击海洋污染的议定书》《关于东非区域保护区和野生动植物的内罗毕议定书》对东非海洋保护区的管理具有实际指导作用。此外，非盟的有关缔约国之间协调自然资源和环境保护政策的一般规定以及

---

① Jörg Balsiger, Miriam Prys. Regional agreements in international environmental politics. International Environmental Agreements: Politics, Law and Economics volume, 2016, 16: 239 – 260.

东非共同体制定的野生动植物保护政策和"跨界保护区共同管理计划"也适用于其管理（尽管只有坦桑尼亚是东非共同体的缔约国）。①

（三）双边或多边合作协议

相关国家的集体行动对环境可持续发展起到至关重要的作用。② 建立跨界海洋保护区需要相关国家基于一致的行为达成，因此保护区各国间达成双边或多边协议对跨界海洋生态保护合作具有最直接的作用。表6-1显示了各国为建立跨界保护区而达成的双边或多边协议，这些协议承认共享环境国家间的协调合作关系，并寻求在共享环境目标的基础上建立共同的规范。同时，各国根据保护区具体的海洋生物、海洋环境进一步合作达成具体协议。如2000年7月1日坦桑尼亚和莫桑比克达成了建立姆特瓦拉湾-鲁伍马河口海洋公园的协议，以保护红树林、岩石和沙滩海岸线；2000年莫桑比克、南非和斯威士兰达成了《跨境保护资源区总议定书》，该议定书界定了跨界保护区和资源区的范围及各国义务。

四、跨界海洋保护区治理存在的问题

（一）法规条约亟待完善

从现有的跨界海洋保护区的建设状况来看，大多数保护区都达成了海洋生物多样化、海洋环境防治、野生动物保护、海洋生态系统维护等具体的协议，实现大型海洋生态系统内实行统一的保护政策，但是还有很大一部分保护区存在法规条约不完善问题，主要表现在以下4个方面。

① José Guerreiro, Aldo Chircop, David Dzidzornu, Catarina Grilo, Raquel Ribeiro, Rudy van der Elst, AnaViras. The role of international environmental instruments in enhancing transboundary marine protected areas: An approach in East Africa. Marine Policy, 2011, 35 (2): 95-104.

② Hongtao Yi, Liming Suo, Ruowen She, Jiasheng Zhang, Anu Ramaswami, Richard C Feiock. Regional Governance and Institutional Collective Action for Environmental Sustainability. Public Administration Review, 2018, 78 (4): 556-566.

1. "软法"缺乏约束力

大多跨界海洋保护区的建立是基于共同的海洋生物保护，但是达成的协议往往缺乏有效的约束性条款，只在原则上、国际道义上和国际条约的履行上做了规定。"软性"的规定无法约束和制止不法利益者的侵害，无法保护区域内的企业、渔民、社会组织等相关方的利益，也不利于区域海洋环境可持续发展和海洋生物多样性养护。如海龟群岛遗产保护区还存在对海龟的捕杀；中美洲珊瑚礁系统保护区过度开发旅游业，导致沙滩、湿地的破坏。

2. 区域内法规不统一

一些保护区的国家从本国利益出发建立了海洋国家公园或遗产保护区，对区域内的海洋资源实行严格的保护，但对于整个生态系统内的海洋保护没有做出规定，这可能会造成越境损害。如东非海洋保护区相关国家对于边界内的海洋公园实行了严格的保护政策，但也有个别国家对于同一海洋生态系统内没有通过立法进行严格保护，导致一国滥用海洋资源危害到其他国家的利益。

3. 区域法规不完善

跨界海洋保护区本质上是一个大型的海洋生态系统，不仅仅是海洋生物的养护和保护，还是沙滩、湿地、滩涂以及区域海的环境防治，因此，海洋保护区不仅要建立海洋生物多样化、野生动植物养护和保护的双边或多边协议，也需要建立保护区内国际船舶污染防治、海岸线环境防治等区域内具体的协议，以利于保护区可持续发展。然而，目前一些保护区仅规定了区域内海洋生物的多样化保护，对保护区内的环境防治，特别是滨海旅游业发展的协调统一尚未做出具体规定。

4. 国际规范的遵守度不统一

区域规范或国际条约对跨界保护区的建设具有指导意义，但是由于部分国家没有加入相关公约，没有成为缔约国，因此，对国际或区域的条约采取不遵守的态度，对跨界海洋保护区的深度合作和统一行动造成不利影响，同时由于区域内各国对跨界海洋保护区相关国际法的理解不同也造成了保护和养护的质量不统一，势必造成合作的不持续性。

（二）管理体制影响生态完整性

纵观全球的海洋跨界保护区，在成立之初多以国家间的协议来确定保护区的管理体制和运行机制。但由于国家主权归属和利益考虑等因素，不少保护区没有建立完善的管理体制，跨界的联合执法机制也存在不少缺陷，甚至没有建立起来。

1. 管理体制不健全

目前瓦登海国家公园、北美海洋保护区等跨界海洋保护区已建立了理事会、联合管理委员会等专门的组织机构，对区域内的相关问题进行协调处理。但是也有部分保护区由于没有建立完善的管理体制，极大地影响海洋生态保护的完整性。大多数跨界保护区在本国范围内的国家公园建立了管理体制，但是对跨界保护区则没有形成可协调、合作保护的管理体制，这势必影响跨界海洋保护区的长期管理。

2. 海洋环境执法水平低下

跨界海洋保护区内的各国对执法主体与执法机制建设的认识存在较大差异。从执法主体来看，一般采用的是森林警察或者海岸警卫队，以及环保卫士等政府主体开展执法；从执法机制来看，他们对执法往往停留在本国保护区的范围内，缺少联合执法和多元参与执法的机制。本研究就对32个跨界海洋保护区的分析来看，仅有4个建立了联合执法体制，大多数缺少执法或联合执法机构，这样降低了保护区的管理效率。

（三）主体间的利益博弈

1. 国家间的利益博弈

跨界海洋保护区相关各国基于国家利益最大化的角度出发，在保护区达成集体行动后，各国实行了严格的保护行动，但是极有可能造成保护区国家间利益的不平衡或冲突。这种利益冲突主要表现在两个方面。一是向本国保护区外追求利益。各国对保护区的严格规定可能会造成区域内利益的损害，然而对保护区外的国家或地区并没有执行具体的惩治规定，势必放任其他利益主体损害本区域外的海洋资源。二是向保护区追求利益。部分国家或地区划定了一定范围的跨界海洋保护区，但是对于保护区外或周边的海洋资源养护和保护并没有做出严格规定，这极有可能导致一些利益主体损害保护区周边的海洋资源，长久来看也将影响保护区的生物多样化。

2. 利益相关方的博弈

建立跨界海洋保护区必然在短期内影响企业、居民以及其他组织的利益。作为企业，保护区的环保标准对其发展的容量、技术水平做出了更高要求，同时环保服务付费也增加了企业成本，企业短期利润下降。因此，保护区内企业尤其是旅游企业必然在自觉遵守环保规则上大打折扣，可能会对保护区的海洋生物资源、沿岸和海洋环境等造成破坏。保护区政府推动资源保护的行动就会严重受阻。另外，相关环保组织对企业、居民的违规行为的监督，居民对企业追求利润而减少对保护区环保投入的监督均在行动上存在互动和博弈的过程。

第二节 跨界海洋保护区治理模式

一、海洋保护区"跨界网络治理"模式

(一)"跨界网络治理"模式分析

网络治理是一种治理机制，网络中有两个或两个以上的组织团体，自

觉地互相协作和合作，更有效地为公共管理提供了一系列复杂的社会基础。① 这种治理模式往往是对在一定社区内的网络组织进行评估，寻求组织或社区的各个网络点的协调与合作，使利益达到平衡。因此，网络治理的目标是平衡各相关者间的利益，实现相关者利益最大化的目标，并以此来安排利益相关者在组织结构治理中的权力。跨界网络治理则是跨界网络的参与者相互之间由于资源而具有关联，② 在组织内部形成互动、协调的治理体系。跨界网络治理以"系统性、整体性、协同性"为基本原则，引入跨界治理理论作为研究工具，构建跨界治理理论与网络治理有机衔接的分析理路。

跨界保护区网络治理是跨界网络治理的一个特殊领域。目前国内外对"跨界保护区网络治理"的研究刚刚兴起。IUCN 将跨界保护区网络定义为："在各个空间规模上协同合作地运作的单个海洋保护区的集合"。王伟等（2014）③ 在分析了全球、洲际、两个或多个国家和地区之间等不同尺度跨界保护区网络研究的基础上，综述了国内外基于"节点" - "廊道"模式的跨界保护区网络构建研究进展。Otars Opermanis 等（2012）④ 和 Luca Santini 等（2016）⑤ 在分析保护区相同物种迁移特性的基础上，提出跨国界保护区网络的连通性和连接性的属性，这两个属性很难有因素能够改变。Arun（2000）⑥ 提出跨界保护区网络的形成是由相同生物圈的环境系

① Keith G Provan, H Brinton Milward. Do Networks Really Work? A Framework for Evaluating Public-Sector Organizational Networks. Public Administration Review, 2001, 61 (4): 414 –423.

② 刘梦奇:《跨界网络及其治理分析》,《传媒经济与管理研究》, 2017 年第 1 期, 第 171 – 183 页。

③ 王伟、田瑜、常明:《跨界保护区网络构建研究进展》,《生态学报》, 2014 年第 6 期, 第 1391 –1400 页。

④ Otars Opermanis, Brian Macsharry, Ainars Aunins, Zelmira Sipkova. Connectedness and connectivity of the Natura 2000 network of protected areas across country borders in the European Union. Biological Conservation, 2012, 153: 227 –238.

⑤ Luca Santini, Santiago Saura, Carlo Rondinini. Connectivity of the global network of protected areas. Diversity and Distributions, 2016, 22 (2): 199 –211.

⑥ Arun Agrawal. Adaptive management in transboundary protected areas: The Bialowieza National Park and Biosphere Reserve as a case study. Environmental Conservation, 2000, 27 (4): 326 –333.

统决定的，给出了跨界保护区适应性管理的方法。Mónica（2019）① 认为，跨界保护区网络治理对改进具有多级治理的区域具有很强的作用。

跨界保护区网络治理的研究吸引人们对国家间权力关系的关注。由于跨界保护区涉及主权问题，不同程度受到合作国家保护区治理方式的影响。而治理方式又表现为权力的组合。跨界海洋保护区的规则制定具有很强的权力政治操纵的印记，② 展现出不同国家之间的海洋争夺与妥协和系列权力斗争过程。这种权力斗争本质上是国家间的利益分配与平衡。因此，国家在跨界海洋保护区方面的行为不仅取决于其对跨界海洋保护区的利益认知，还取决于其在更广泛的边境地区的战略利益和其他利益。③

通常，即使是大型海洋保护区，也不足以保护许多海洋物种的广阔迁徙范围。与在陆地上一样，在沿海走廊内连接多个海洋保护区可以提高其在物种保护方面的有效性。在认识到生态连接的必要性后，2003 年第五届世界国家公园大会呼吁建立全球范围的和跨国界的海洋保护区网络系统。④ 在海洋保护区跨界网络组织结构中，国家与国家、保护区与保护区、国家与地区的联系与枢纽构成区域网络，成为跨界海洋保护区网络治理的组织基石或节点，而区域联系网络通过两种不同的嵌入方式对跨界海洋保护区的形成与发展产生影响。一是关系性嵌入。它以跨界海洋保护区内的主体之间（国家之间、保护区之间、国家与地方之间）为了共同的海洋生态系统保护而达成利益平衡，具体展现为多个主体的实际需求和成果导向的程度，以及在信任、信用与信息共享上所表现的行为。二是结构性嵌入。保护区内的双边或多边主体因共同合约形成互相联系的纽

---

① Mónica de Castro-Pardo, Fernando Pérez-Rodríguez, José María Martín-Martín, João C Azevedo. Modelling stakeholders' preferences to pinpoint conflicts in the planning of transboundary protected areas. Land Use Policy, 2019, 89（C）.

② 刘明周、蓝翊嘉：《现实建构主义视角下的海洋保护区建设》，《太平洋学报》，2018 年第 7 期，第 79 - 87 页。

③ Marloesvan Amerom. National sovereignty & transboundary protected areas in Southern Africa. GeoJournal, 2002, 58（4）：265 - 273.

④ 国际自然保护联盟（IUCN）http：//www. tbpa. net/page. php? ndx = 49。

带，这就使得组织之间形成多个网络组织，包括技术网络、社会网络和组织网络。

跨界海洋保护区由相关国家共同管理。在跨界海洋保护区的跨界网络中，每个国家在国界范围建立保护区，并且将其纳入整体保护区网络，其对各自国家管辖范围内的保护区负有管理职责。所有有关国家必须对共同的保护区要实行的保护或可持续利用目标有共同的了解和认知。[①] 当然，与传统网络治理不同的是，海洋保护区跨界网络治理的"跨界"是指具体的行政边界，而所建立的技术网络、社会网络和组织网络需要打破"行政边界"，并以大型海洋生态系统为基本网络体，即行政边界服从生态边界。因此，海洋保护区跨界网络治理是以海洋生态系统为基础，建立一个由若干个海洋保护区组织组成且管理完善的综合组织网络，并以合约或协议为基本制度安排的多主体治理模式。

海洋保护区跨界网络治理中的参与者是国家、保护区、地区、社区、企业、居民与非政府组织。如瓦登海国家公园（保护区）的网络治理中丹麦、荷兰和德国是主权国家，组成跨界海洋保护区的是河口海洋公园、国家公园、保护区等，参与跨界保护区治理的包括瓦登海三方沿岸的利益相关者，如社区、居民和企业。这些主体需要建立决策平衡、利益分配、组织间相互信任、资源共享和共同监督的机制，如瓦登海建立了三方相互信任的理事会和管理委员会协商机制，共同维护区域的海洋生物多样化、海洋环境防治等一系列的保护机制，也形成了三个网络，即技术网络、社会网络和组织网络，一般包括建立海洋禁捕区和渔业管理系统等在内的技术网络，也包括企业、居民、非政府组织在内的社会网络，还有国家之间、保护区之间、行政区之间的组织网络（图 6-1）。

---

① José Guerreiro, Aldo Chircop, Catarina Grilo, Ana Viras, Raquel Ribeiro, Rudy van der Elst. Establishing a transboundary network of marine protected areas: Diplomatic and management options for the east African context. Marine Policy, 2010, 34 (5): 896-910.

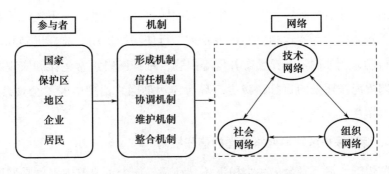

图 6 - 1 海洋保护区跨界网络治理的理论架构

（二）海洋保护区跨界网络治理机制

海洋保护区跨界网络治理模式的形成与有效运转的条件是：相互依存的网络治理主体通过集体行为的互动，形成一套有效的治理机制，进而实现共同合作目标。这一套有效的治理机制包括：形成与维护机制、信任机制和整合机制。

1. 海洋保护区跨界网络治理的形成与维护机制

海洋保护区跨界网络治理模式中的治理主体，尤其是国家与国家之间或保护区之间可相互协作地采取联合行动，但在另一些领域则又是竞争对手，这就存在着风险与冲突。由于网络治理模式不具有类似于科层式治理模式中的权威机制来保证治理者的权益，网络治理更多地依赖社会关系的嵌入结构来发挥维护的效力。① 因此，形成两方或三方的保护区协议在网络治理中具有不可或缺的作用，它对于网络组织的有效运行和维护必不可少。从表 6 - 1 中可知，各海洋保护区都在成立之初达成了建立跨界海洋保护区的协议，以达到多方认同的目的。在海洋保护区跨界网络治理中，为了有效解决保护区发展中的问题，需要建立一个能够维护和协调多方利益的机构。因此，各跨界海洋保护区会成立管理委员会或技术秘书处来处理技术网络、社会网络和组织网络中的问题。同时，也需要协调保护区内地

---

① 易志斌：《跨界水污染的网络治理模式研究》，《生态经济》，2012 年第 12 期，第 165 - 168 页。

方政府、企业、居民以及非政府组织的问题，在必要的情况下还需要在跨界保护区各国内部制定相应的法规政策，行使法律机制、监督机制和环境问责机制，例如制定海洋生态补偿等内容，维护网络正常运作和实现共同治理跨界海洋污染的目标，减少跨界海洋污染网络治理中的"公地悲剧"和机会主义。

2. 海洋保护区跨界网络治理的信任机制

联盟的政治与安全关系是稳定还是动荡，一个重要的因素就是联盟各部的信任能否建立。信任程度决定着国家间的合作程度。① 信任程度高，国家间合作程度就高，联盟内部的关系越稳定，反之亦然。由此可见，网络治理行为主体之间存在相互信任，可以推动各行为主体在跨界海洋保护区治理网络中的合作，有效解决彼此间的分歧，减少集体行动的障碍，为实现共同目标通力合作。②

1）树立超国家责任

在环境治理中一个基本责任是公共环境责任。实现跨界环境责任的基础是超越本国的国家责任，即不是简单地从本国利益出发，而是基于跨界区域的公共环境责任。在海洋保护区跨界网络治理的进程中，需要各当事国就海洋保护中的利益进行协商，在博弈中达成一致性，各国应维护《联合国宪章》的精神，树立起超越国家责任。超国家责任需要各国具有大型海洋生态系统思维，建立"海洋命运体"理念，利益相关者将各自的利益博弈超越国家，进入集体理性轨道，建立起基于国家责任的信任互动机制。

2）建立伙伴关系

海洋保护区跨界网络治理的各个主体能够主动寻求建立合作型的国与国的、国家与区域或者全球的伙伴关系，建立多主体共同接受的公共政策和执行框架，形成共同承担环境责任的机制，构建利益协调一致关系，结成跨界海洋保护区治理的公共行动网络。1932年加拿大和美国达成建立沃特顿冰川国际和平公园协议，该协议促成了合作研究、生态旅游和更多的合作伙伴关系。中美洲的堡礁系统（MBRS）的合作伙伴，既有伯利兹、危地马拉、墨西哥和洪都拉斯 4 个参与国伙伴关系，也包括中美洲环境委员会（CCAD SICA）、全球环境基金（GEF）、联合国开发计划署（UNDP）和世界银行在内的区域乃至全球伙伴关系。2018 年瓦登海保护区也出台了支持联合国瓦登海世界遗产的三边（丹麦、荷兰和德国）伙伴关系。在跨界海洋保护区内部，要消除政府环境保护行政主管部门与利益相关者之间的敌对关系，努力将居民、企业、非政府组织与地方政府的关系构建为信任的伙伴关系，共同承担区域内的海洋保护责任。

3）形成公共精神

公共精神是指一种关怀公共事务和促进社会公共利益的责任意识与行为态度。公共精神以公共责任意识为实质内容，超越个人狭隘眼界和个人直接功利目的。公共精神应是海洋保护区跨界网络治理的共同价值理念，跨界网络治理的基本职责是维护公共利益，保护海洋生物资源多样化和海洋环境的清洁。在跨界海洋保护区的网络结构中，为了协调网络组织中多方主体的利益，保持网络内部的稳定，需要从组织的基本和公共利益出发，为跨界海洋保护区的有效治理和资源整合打下坚实的基础。

3. 海洋保护区跨界网络治理的整合机制

1）信息整合机制

信息的整合是将散落的资源通过合理的渠道整合在一起，形成共享的信息。跨界网络治理的有效进行离不开各种有形的或无形的资源作为保障，跨界网络治理中的整合机制的建立是以各种信息资源支持系统的建立为基础的。信息的不全面会导致决策的片面，利用先进的网络技术与信息技术构建跨界海洋保护区信息发布、收集、公开的信息共享平台，有助于组成保护区的各国或其他多元管理主体之间获取海洋资源信息，共享有用信息，提高网络参与者行为的透明度，通过信息互通的形式达成跨界海洋保护区治理共识，以便于统一行动、即时互动，最大化利用信息资源的价值，开展更好的海洋保护，形成"透明跨界海洋保护区"，从而实现从个体理性向集体理性过渡，发挥资源整合的整体效应。

2）组织整合机制

组织整合又叫组织化，是指通过组元之间的安排和组织结构的设计以实现各部分之间较为稳定的关联过程与状态。① 从整合状态来看，就是将"碎片化"的部分通过整合形成完整与和谐的统一体，实现"1 + 1 > 2"的效果。跨界海洋保护区一般由两个及两个以上的国家或保护区单体组成，这就需要有机整合多个国家的保护区组织，同时整合多国的力量结合构成一个统一的管理委员会或秘书处，形成密切的组织单元。

二、海洋保护区跨界治理的"协调合作"机制

（一）"协调合作"机制的内在机理

跨界海洋保护区是一个或多个国家间的特殊区域合作组织，其宗旨是维护海洋生物多样化、保护海洋环境。"跨界"意味着国际合作。合作是跨界保护区的核心内容和先决条件，没有合作就构不成完整的跨界保护区了。② 如《联合国海洋法公约》对具有"跨界"性质的区域海的合作提出加强当事国之间的利益协调合作。《联合国海洋法公约》提出这一原则是基于"区域海"的治理而产生的，这一部分在上一节中我们已经做了深入论述，此处不再赘述。需要特别指出的是，对于区域海内的问题，采取协调合作始终是跨国界海洋环境治理的第一选择。世界自然联盟对于跨界海洋保护区的治理也提出了"协调合作"方法，强调在跨界海洋保护区的情况下，治理框架需要包括双边或多边协调合作的法律安排。③

---

① 唐兵：《公共资源网络治理中的整合机制研究》，《中共福建省委党校学报》，2013 年第 8 期，第 13 - 17 页。

② 王献溥、郭柯：《跨界保护区与和平公园的基本含义及其应用》，《广西植物》，2004 年第 3 期，第 220 - 223 页。

③ Kelleher. Guidelines for Marine Protected Areas, IUCN Best Practice Protected Area Guidelines Series No. 3 (Gland, Switzerland and Cambridge, UK: IUCN/WCPA, 1999).

协调合作机制是海洋保护区跨界治理的重要机制之一，主要协调参与主体的利益关系，使相关者的利益达成一致，进入集体行动轨道。主要关注两个方面的内容。一是利益协调。在跨界海洋保护区治理过程中，国家与国家之间的利益问题，各国保护区内部企业、居民与地方政府的利益协调问题是保证跨界海洋保护区治理成效的关键所在。如果在缺少利益协调机制的情况下，肯定会导致某个网络治理主体参与的积极性不强，从而导致跨界海洋保护区治理投入不足和保护力度不够等问题的出现。跨界海洋保护区的利益协调实质是如何协调内部利益补偿问题。对于国与国之间需要建立超国家利益模式，同时建立共同海洋保护基金，有效补偿保护区内部企业、居民等相关损失方的利益。二是信息共享。信息共享是协调机制的一个重要组成部分。在跨界海洋保护区治理过程中，要加强跨界海洋保护区内部的各国信息分享，如海洋环境污染监测、多样化物种调查、稀濒危物种长期跟踪监测等。同时，开展联合监测，并与国内监测信息的分享相结合。

因此，"协调合作"是在尊重当事国之间的利益的前提下，采取利益平衡的原则达成一致目的。区域政府协调合作机制，是指通过有目的的制度安排而形成的区域内多元政府主体之间相互联系和相互作用的模式。[①]跨界海洋保护区的核心内涵是将区域内特有的海洋生态作为治理的技术基础，把区域范围内的单个海洋保护区作为治理的主要参与者，并将生态环境的保护需要和保护区治理主体的发展进行综合评估，进而及时调和国家主体间的环境利益关系。如果国家是多个区域协定的伙伴，也可能产生协同效应，[②]这可能导致由于共处同一海洋生态系统面临相同的海洋保护问题而结成联盟。

跨界"协调合作"机制实质上是跨界海洋保护区相关治理主体与政府之间的相互依存，需要构建出一个区域海洋环境的公共管制体制，且促使跨界

---

① 褚添有、马寅辉：《区域政府协调合作机制：一个概念性框架》，《中州学刊》，2012 年第 5 期，第 17 - 20 页。

② Geir B Asheim, Camilla Bretteville Froyn, Jon Hovi, Fredric C Menz. Regional versus global co-operation for climate control. Journal of Environmental Economics and Management, 2006, 51 (1): 93 - 109.

保护区治理网络体系的形成。海洋保护区跨界治理的协调合作包括海洋自然资源保护、以旅游业和渔业为重点的海洋生物多样性的可持续利用、海洋保护区管理、保护区内濒危物种保护、海洋保护区间利益相关方的参与等。

（二）海洋保护区跨界治理的协调合作机制

按照褚添有等（2012）的观点[①]，区域协调合作机制不外乎动力机制、组织机制、约束机制。

1. 动力机制

区域合作实质上就是追求实现区域共同利益，只有利益共享，才可能有稳定的、长久的合作。跨界海洋保护区的形成到发展都存在于基于利益平衡的"协调合作"中。红海海洋和平公园于 1994 年在以色列和约旦之间的亚喀巴湾北部建立，该协定使关系正常化，并促进了有关珊瑚礁和海洋保护的海洋生物学研究的协调。澳大利亚与巴布亚新几内亚于 1978 年签署的《托雷斯直条约》，经过十多年的谈判，协调解决了许多政治、法律和经济问题，促进了多个经济和政治合作。由此可见，利益协调的动力是跨界海洋保护区的天然印记。

2. 组织机制

组织是一个团体得以保持稳定发展的关键，也是协调发展过程中出现的问题的有力保障。海洋保护区跨界治理的核心要素是形成一套组织机制。目前，大多数跨界海洋保护区建立了管理委员会（一般为环境部长级管理委员会，如瓦登海保护区、东非海洋保护区）、联合管理机构（如红海海洋和平公园、海龟保护区、北美海洋保护区）、秘书处或技术秘书处（如地中海保护区）等机构（表 6-2）。瓦登海保护区是组织机构建设比较完善的一个保护区组织。自 1978 年以来，丹麦、德国和荷兰一直将合作保护瓦登海作为一个生态实体，简称三方瓦登海合作社（TWSC）。

---

① 褚添有、马寅辉：《区域政府协调合作机制：一个概念性框架》，《中州学刊》，2012 年第 5 期，第 17-20 页。

表6-2 主要海洋保护区跨界协调合作治理的主要模式

名称	协调合作进程	协调合作模式
红海海洋和平公园	由美国国家海洋和大气管理局（NOAA）管理，由美国国际开发署（USAID）资助	建立美国、约旦和以色列联合管理机构
海龟群岛遗产保护区	马来西亚和菲律宾于1996年签署了协议备忘录；与世界自然基金会苏鲁－苏拉威西海计划开展合作	两国代表组成的联合管理委员会和一个合作管理框架
瓦登海保护区	1997年三边签订瓦登海计划；2010年瓦登海计划将所有相关的欧盟指令纳入了管理范围	瓦登海管理委员会、理事会，设立秘书处负责协调管理
地中海国家哺乳动物遗产保护区	1991年，该地区由地方和国家非政府组织推动，得到了摩纳哥亲王和法国、意大利环境部长的支持；1999年签署建立协议；2000年被认可为欧盟自然网络的一部分	没有管理委员会，设立技术秘书处
北美海洋保护区	2004年1月，美国国家海洋与大气管理局（NOAA）指定国家海洋保护区中心为美国政府牵头，以帮助开发北美海洋保护区。2008年10月，三国伙伴关系举行会议确定"巴哈到白令"保护区域	设立理事会和秘书处

注：本表是作者根据相关论文①和网站数据整理而成的。

3. 约束机制

要促使跨界海洋保护区实现保护、养护和管理的职责，必须建立一整套制度体系。一般而言，各跨界海洋保护区在建立之初都出台了一个协议文件，对保护区的职责做出了制度安排。随着保护区的发展，保护区的各方通过每二年或三年固定的会议协商机制，进一步出台具体的保护规则，主要包括：一是制定海洋生物多样性保护的合作机制，包括建立生物多样性保护监测评估机制、司法协同机制；二是开展联合海洋环境调查或生物长期监测，共同撰写调查报告，共享调查数据和资源等；三是开展联合立法，明确有关违反区域合作的处理条款，规定应承担的责任与经济赔偿；四是建立协调区域合作冲突的组织，负责区域海洋保护合作中矛盾和冲突

① Peter Mackelworth. Peace parks and transboundary initiatives：Implications for marine conservation and spatial planning. Conservation Letters，2012，5（2）：90-98.

的裁定；五是建立海洋生态补偿机制，设立海洋保护基金，对保护区内的
企业、居民做出生态补偿。

第三节　海洋保护区跨界治理案例分析

一、东非海洋保护区的治理模式："跨界网络治理"

（一）东非海洋保护区概况

东非海洋保护区位于非洲东南部沿海区域，其占沿海和浅海区域面积
超过 480 000 平方千米，并沿着非洲大陆的东部海岸延伸约 4 600 千米。该
保护区包括从北部的索马里到南部的南非的每个国家的部分或全部领水，
以及 200 海里专属经济区以外的国际水域，主要包括索马里、肯尼亚、坦
桑尼亚、莫桑比克和南非。①

东非支持动植物的多样性，包括印度洋上一些最多样化的珊瑚礁、红
树林、沙丘、海草床以及沿海生境。东非海洋保护区的物种多样性很高，
有 1 500 多种鱼类，200 多种珊瑚，10 种红树林，12 种海草，1 000 种海洋
藻类，几百种海绵物种，300 种螃蟹。它们与食物链等级较高的濒危物种
共享同一生态系统，包括儒艮和其他几个物种如鲸鱼和海龟。

东非海洋保护区维持着 2 200 万来自不同文化背景的沿海人口。该区
域以每年 5% ~ 6% 的速度增长，生物资源对沿海和内陆居民的福祉至关重
要。在农村地区，大多数沿海社区参与了各种各样的经济活动，包括捕

---

①　另有文献将东非海洋保护区划定为：科摩罗、肯尼亚、马达加斯加、毛里求斯、莫桑比
克、坦桑尼亚和塞舌尔。见：Julius Francis, Agneta Nilsson, Dixon Waruinge. Marine Protected Areas
in the Eastern African Region: How Successful Are They? AMBIO: A Journal of the Human Environment,
2002, 31 (7): 503–511.

鱼、红树林采集、盐生产和珊瑚开采等。渔业是该区域主要的商业活动。随着人们对滨海旅游业越来越感兴趣，东非海洋保护区所产生的旅游收入已占肯尼亚、坦桑尼亚和莫桑比克外汇收入的很大一部分。①

然而，巨大的鲸鱼种群和宝贵的渔业物种，以及重要的海草床和珊瑚礁生境正在退化。建筑业对红树林等材料的需求不断增大导致了环境的破坏。过度捕捞也是东非海域的严重威胁。例如，在肯尼亚，大多数鱼类严重过度捕捞，人们使用刺网和炸药等破坏性方法捕鱼，这些活动破坏了海洋生态平衡，减少了当地居民的生计机会和粮食安全，严重损害了作为未来"苗圃"的珊瑚礁和海草床等海洋生态系统。在东非海岸线的许多地方，海龟被宰杀以获取肉、蛋和贝壳，导致海龟筑巢数量迅速下降。②

（二）"跨界网络治理"模式在东非海洋保护区中的运用

东非沿海狭长的 4 600 千米同处于一个大型海洋生态系统，但其周边包含着索马里、肯尼亚、坦桑尼亚、莫桑比克和南非等国。从 1965 年开始，莫桑比克就建立了英哈卡岛与葡萄牙动物保护区（"Ilhas da Inhaca e dos Portugueses Faunal Reserve"）。从 20 世纪 60 年代后期至 70 年代，在肯尼亚和坦桑尼亚建立了许多政府管理的海洋公园和保护区，这些海洋保护区通常很小，并且侧重于单个物种或栖息地。② 到 20 世纪 90 年代，更大、分区的海洋保护区被认为对海洋保护更为有效，各保护区开始了整合、扩容、扩区，一些相对大型的海洋保护区或海洋公园开始形成。东非国家日益认识到，有必要采取一种系统的方法来指定和管理海洋保护区，使用海洋保护区网络治理工具，构建跨界海洋保护区网络。③ 这些海洋保护区形

---

① East African marine ecoregion，世界自然基金会网页，https：//wwf. panda. org/？6704/Fact-Sheet-East-African-marine-ecoregion。

② Sue Wells, Neil Burgess, Amani Ngusaru. Towards the 2012 marine protected area targets in Eastern Africa. Ocean & Coastal Management, 2007, 50（1）: 67 – 83.

③ Chircop A, Francis J, Elst R V D, Pacule H, Grilo J G C, Carneiro G. Governance of marine protected areas in east africa: a comparative study of mozambique, south africa, and tanzania. Ocean Development & International Law, 2010, 41（1）: 1 – 33.

成国与国的连接，一个大型的东非海洋保护区逐步形成。该区域目前的趋势是实现海洋保护区跨界网络治理，以确保连通性和有效管理。① 海洋保护区跨界网络治理模式正在东非海洋保护区运行。

1. 跨界网络治理的形成与维护机制

东非海洋保护区形成之前已经成立了众多以"海洋生态区""海洋保护区""海洋公园""海岸公园""国家公园"命名的保护区，众多的保护区构成了网络治理的区域节点。这些海洋保护区管理主要采取两种方法：一是当地社区和政府共管，二是政府将管理委托给私人部门（公司）。但是这些区域出现明显不同的管理规定，例如：在肯尼亚，国家海岸公园禁止捕鱼和开采任何物种，但允许娱乐，而在坦桑尼亚，海岸公园被划分为广泛用途，包括捕鱼、娱乐、开采等；在肯尼亚，海洋保护区允许非破坏性的捕鱼形式，而在坦桑尼亚，海洋保护区是禁捕区。② 为了统一管理，也为了实施更好的东非共同体，2000 年肯尼亚、坦桑尼亚、莫桑比克和南非等国家签署了多项双边合作协议，共同组建了东非海洋保护区域，而后其他国家也加入这一行列。目前，肯尼亚、坦桑尼亚、塞舌尔以及马达加斯加大多数海洋保护区的管理队伍和委员会均已成立。肯尼亚的所有海洋保护区均有监事会，坦桑尼亚的海洋保护区（如马菲亚和姆纳兹湾）既有监事会也有咨询委员会来指导活动。③ 东非许多海洋保护区还组建了多元化的执法机构。这些国家也建立了很多规章制度，并与相邻跨界海洋保护区进行协调处理，海洋保护区管理能力大幅度提高。② 这些统一的行动，完善的组织机构、执法机构和规章制度使东非海洋保护区得以形成与发展。

① José Guerreiro, Aldo Chircop, Catarina Grilo, AnaViras, Raquel Ribeiro, Rudyvan der Elst. Establishing a transboundary network of marine protected areas: Diplomatic and management options for the east African context. Marine Policy, 2010, 34 (5): 896 –910.

② Sue Wells, Neil Burgess, Amani Ngusaru. Towards the 2012 marine protected area targets in Eastern Africa. Ocean & Coastal Management, 2007, 50 (1): 67 –83.

③ Julius Francis, Agneta Nilsson, Dixon Waruinge. Marine Protected Areas in the Eastern African Region: How Successful Are They? AMBIO: A Journal of the Human Environment, 2002, 31 (7): 503 –511.

2. 跨界网络治理的信任机制

东非海洋保护区内国家间出于落实《生物多样性公约》的需要，实现海洋生物多样化的主要目的，大多建立了国家间的合作关系。特别是作为国际公约的缔约国，他们参加了这些公约，在一定程度上代表他们具有履行这些国际法的责任和公共精神。这些国家基本上都是《联合国海洋法公约》的缔约国，也是《濒危野生动植物种国际贸易公约》《保护野生动物迁徙物种公约》和《关于特别是水禽栖息地的国际重要湿地公约》的缔约国。莫桑比克、南非和坦桑尼亚等国家还是 1985 年联合国环境规划署《保护、管理和发展东非地区海洋和沿海环境的内罗毕公约》和 1985 年《关于东非区域保护区和野生动植物的内罗毕议定书》的缔约国，也是 2000 年《非洲联盟组织法》、1991 年《建立非洲经济共同体条约》和 1992 年《南部非洲条约》的缔约国，以及《南部非洲条约》的野生动物保护和执法议定书、渔业议定书的协议国。① 这些国家不仅在《非洲联盟组织法》《建立非洲经济共同体条约》和《南部非洲条约》的框架下建立了伙伴关系，更是在东非共同体的框架内形成了蓝色伙伴关系。可以这样说，协议的签订表达了这些国家对跨界海洋保护的政治意愿，包括与邻国合作的意愿。

3. 跨界网络治理的协调整合机制

整合机制是协调合作一体化的过程，这一过程并非两个单元简单的"合并"，而是通过"解构"与"重构"实现既定目标。东非海洋保护区是一个狭长的地理区域，是两两国家边界相邻。因此，需要协调好两国之间的海洋保护区治理问题。这并不是简单的两个或三个保护区的"合并"，而是通过解构被行政分割的生态系统，破除国家间的公园围墙，重构基于海洋生态系统的海洋保护体系。这种治理机制在东非海洋保护区的国家间进行了广泛实践。其一，坦桑尼亚—莫桑比克边境地区。两国共同的海域

① Aldo Chircop, Julius Francis, Rudy Van Der Elst, Hermes Pacule, José Guerreiro, Catarina Grilo, Gonçalo Carneiro. Governance of Marine Protected Areas in East Africa: A Comparative Study of Mozambique, South Africa, and Tanzania. Ocean Development & International Law, 2010, 41 (1): 1–33.

存在着海龟、鲸、海豚等海洋生物以及珊瑚礁等海洋生态系统，涉及渔民的生产和生活，也涉及海洋公园的旅游发展等问题。由于两国当地的居民十分贫困，海洋是他们赖以生存的资源。为了解决贫困，这些地区进行了渔业资源捕捞、海洋矿采开发、海洋旅游业发展等，这在一定程度上对于减少贫困是有益的，但是对于海洋生物多样性就是灾难。尤其是两国面临海洋生物争夺的问题，因此协调两国海洋资源问题成为跨界海洋保护的重点。2002 年两国决定在边界处设立奎林巴斯国家公园（Quirimbas National Park），共同养护海洋生物。①其二，莫桑比克—南非边境地区。两国没有清晰地划定边界，但是划定了一个狭长的海洋保护区。这里拥有广阔的湿地、沙滩和珊瑚礁，也拥有海龟、鲸、海豚等海洋生物。这里是繁华的海洋旅游地，人们会在这里开展潜水、海钓、捕鱼等滨海休闲与娱乐活动，但是过度的旅游开发，使得共同边界的海洋公园面临环境危机。为了科学开发，两国提出了"卢邦博旅游路线"发展倡议，扩大了海洋公园的面积，制定了对海洋公园扩容的提升计划。在边境地区，两国政府都采取了保护措施。2000 年，莫桑比克与南非签署议定书，建立"Lubombo Ponta do Ouro – Kosi"海洋和沿海跨国界保护与资源区。莫桑比克、南非和斯威士兰王国也签订了《跨边界保护和资源区一般性议定书》。① 2002 年南非、莫桑比克和津巴布韦 3 国总统签署协议，将相邻的南非克鲁格国家公园、津巴布韦戈纳雷若国家公园和莫桑比克林波波国家公园合三为一，成立大林波波河跨国公园。

二、"协调合作"机制：瓦登海国家公园的治理模式

（一）瓦登海国家公园（保护区）概况

瓦登海指的是欧洲大陆西北部到北海之间的一块浅海及湿地。瓦登海

---

① José Guerreiro, Aldo Chircop, Catarina Grilo, AnaViras, Raquel Ribeiro, Rudyvan der Elst. Establishing a transboundary network of marine protected areas: Diplomatic and management options for the east African context. Marine Policy, 2010, 34 (5): 896 – 910.

北起自丹麦南部的海岸，遂向南至德国海岸后又转向西到荷兰，与北海之间有弗里西亚群岛分开，全长约 500 千米，总面积约 10 000 平方千米。1990 年 4 月 9 日建立瓦登海国家公园，面积 137.5 平方千米，该国家公园自 1992 年被联合国教科文组织列为生物圈保护区。2009 年瓦登海的荷兰和德国部分被联合国教科文组织列入世界遗产，2014 年扩展至丹麦的部分。

瓦登海为温和且相对平坦的沿海湿地环境，物理和生物之间的复杂反应形成了众多过渡性栖息地，包括潮汐沟渠、暗沙、海草地、贻贝海床、沙洲、泥滩、盐沼、河口、沙滩和沙丘。该地区生活着无数植物和动物物种，包括海洋哺乳动物，如港湾海豹、灰海豹和港湾鼠海豚，同时也是多达 1 200 万只鸟类每年的繁殖和迁徙地。

（二）"协调合作"机制在瓦登海国家公园治理模式中的应用

1. 瓦登海国家公园建立的动力机制

自 1978 年以来，丹麦，德国和荷兰一直将瓦登海作为一个生态实体开展合作保护，目的是尽可能建立一个自然和可持续的生态系统，使自然过程不受干扰地进行。合作以 1982 年首次签署并于 2010 年更新的《保护瓦登海联合宣言》（以下简称《联合宣言》）为基础，《联合宣言》是一份意向声明，概述了合作的目标和领域以及其机构和财务安排。在过去的 40 年中，三方合作促进了政治、自然保护、科学和行政合作伙伴以及地方利益相关者之间的合作与交流。这种基于生态系统的跨界合作是瓦登海被确定为世界遗产的先决条件。瓦登海组织的主要合作目标：一是通过共同的政策将瓦登海作为生态实体进行保护；二是与国家和区域当局以及科学机构合作，监测和评估瓦登海生态系统的质量，作为有效保护和管理的基础；三是在保护、养护和管理方面与其他海洋场所开展国际合作；四是通过提高认识的活动和环境教育，使公众参与瓦登海的保护；五是在自然和文化价值方面确保瓦登海地区的可持续发展。①

---

① 参考瓦登海官方网站的介绍，https：//www.waddensea-worldheritage.org/trilateral-wadden-sea-cooperation。

2. 瓦登海国家公园的组织机制

瓦登海三边合作组织机制包括两个层次的决策：三边政府理事会和瓦登海委员会。三边政府理事会由负责瓦登海事务的丹麦、荷兰和德国部长组成，每 3~4 年开会一次。截至 2019 年，瓦登海共召开了 13 次三边政府会议。在三边政府会议（TGC）上，他们在政策、协调和管理方面讨论了合作的总体方向。瓦登海委员会是三方合作的日常和办事机构。它在三边政府会议之间运行和监督瓦登海理事会的工作，准备、通过和实施瓦登海计划以及政策和战略。

瓦登海委员会设立秘书处，位于威廉港，由瓦登海保护区所在国家丹麦、德国和荷兰于 1987 年成立。瓦登海秘书处主要职责是协调、促进和支持合作活动，负责部长级会议、瓦登海委员会（WSB）会议和三边工作组的文件的准备和编制；收集和评估有关整个瓦登海的监测、保护和生态状况的信息；合作产生并发表报告；通过交流、意识建设和环境教育，让公众参与整个瓦登海地区的保护（图 6-2）。2006 年，瓦登海委员会成立了国家公园管理局，负责两个国家海洋公园的运行。

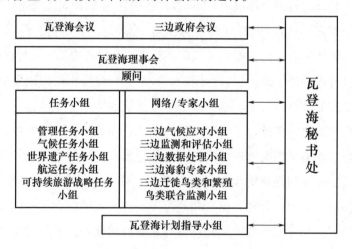

图 6-2　瓦登海三边合作组织结构①

---

① 来自瓦登海官方网站，https：//www.waddensea-worldheritage.org/organisational-structure。

3. 瓦登海国家公园的约束机制

瓦登海之所以能够取得良好的治理成效，与其形成一整套约束规范机制分不开。国际上，双边或多边协议是约束国家间的政治行为的法律工具。瓦登海三方组织在不同历史时期采用了协议、法律、计划等国际规范来约束三国的共同环境行为。1978 年在荷兰海牙举行了第一届瓦登海保护三边政府会议，尽管瓦登海组织还未形成，但是三国已经明确了自身在保护瓦登海中的职责。1982 年成立之初三国就签署了《联合宣言》，明确了三国的责任和义务，瓦登海受到了三国政治协议的共同保护。1991 年出台了《瓦登海养护海豹协定》，对该区域海洋生物养护出台了第一个国际法。1997 年在德国史塔德举行的第八届瓦登海会议上通过了三边瓦登海计划（WSP），旨在实现和维护瓦登海的地貌和生物完整的栖息地，以保护海洋生物多样性。2018 年 5 月 18 日区域国家达成《吕伐登宣言》，以确保保护和养护瓦登海生物多样性和美丽的滩涂，同时促进整个瓦登海地区的可持续区域发展。2019 年 6 月 30 日的三边瓦登海论坛上，环保非政府组织、瓦登海研究部门和可持续旅游业部门的代表与三方瓦登海合作组织达成了一项关于建立"支持教科文组织瓦登海世界遗产的三边合作伙伴关系"的协议，主要目标是保护世界上最大的滩涂系统。2020 年出台了瓦登海航道计划，通过制度有效规范出入瓦登海的国际船舶，以及治理船舶污染。这一系列协议的出台，既体现了国家间的政治支持，也有效约束了区域环境行为。

第七章

区域海洋环境治理

进入 21 世纪以来，海洋环境问题已经逐渐成为全球海洋事业发展的一个重大问题。一方面，伴随海洋世纪的到来，各国对海洋加大力度全面开发；另一方面，海洋本身的健康状况堪忧，已成为海洋经济可持续发展的重要制约因素，亟须加强保护。近年来，区域性海洋环境污染问题成为环境治理的重点，一系列可能存在的隐患以及已经爆发的区域环境影响均在国际海域或者国内区域海域、海湾内发生，典型的如 2010 年美国墨西哥湾漏油事件、2011 年日本福岛核泄漏事件等重大海洋污染事故的应对，国内的渤海湾、粤港澳大湾区生态环境治理行动，均属于区域海洋环境治理的范畴。可见，人类在不断完善海洋环境治理传统模式的同时，还通过立法、政府间协议等途径确立区域治理机制，加大海洋环境的保护力度，促使人海和谐发展。

第一节　海洋环境治理的理论基础与治理逻辑

海洋具有跨界性特征，海洋环境治理只依靠单个国家采取行动，不足以应对日益复杂化的环境危机，因此，只有在全球范围内建立可持续性的合作机制才能形成有效的治理路径。① 近年来，海洋治理的国际合作实践不断在全球范围内深化，以国家为主体的海洋治理行动有序展开，如中欧建立"蓝色伙伴关系"，积极推动构建"海洋命运共同体"。同时，全球海洋环境治理出现了新现象：一是海洋生态系统的制约使得环境治理行动框架存在区域化的倾向，按生态系统标准划定海洋空间并以此形成环境治理机制，已经成为全球海洋治理的重要导向；② 二是海洋区域的治理力量加快形成，区域性的海洋环境组织不断涌现并参与治理，区域利益导向使主权国家和区域组织合作，协同解决区域海洋范围内的环境治理困境；③ 三是全球性治理框架和政策弱化，主权国家参与全球海洋环境治理的内在需求呈现多元化，对有效解决全球性海洋生态环境问题形成冲击。众所周知，唯有海洋生态系统健康运行和海洋环境干净美好，人类才能从中获取利用率高的资源与能源，才能保障海洋产业的可持续发展。海洋环境治理有其特有的理论基础和治理逻辑，世界各国应增强自身海洋环境保护意识，促进治理主体之间的海洋环境保护合作。

一、海洋环境治理具有生态性和公共性特征

近年来，海洋生态环境问题接踵而至，如何处理好海洋经济发展和海洋生态环境之间的关系成为当前海洋治理中亟待解决的难题。④ 海洋环境治理是环境治理的重要领域，其核心是"治理"，属于治理行为者之间的相互配合和积极合作的复杂行为。在治理的过程中，公众、企业、政府之间具有一种密不可分且又复杂的联系，各主体间相互作用又相互制约，形

---

① Klaus Töpfer, Laurence Tubiana, Sebastian Unger, Julien Rochette. Charting Pragmatic Courses for Global Ocean Governance. Marine Policy, 2014, 49: 85 – 86.

② 丘君、赵景柱、邓红兵、李明杰：《基于生态系统的海洋管理：原则、实践和建议》，《海洋环境科学》，2008 年第 1 期，第 74 – 78 页。

③ Fleming L E, Broad K, Clement A, et al. . Oceans and Human Health: Emerging Public Health Risks in the Marine Environment. Marine Pollution Bulletin, 2006, 53: 545 – 560.

④ 王琪、何广顺：《海洋环境治理的政策选择》，《海洋通报》，2004 年第 3 期，第 73 – 79 页。

成一个交织的政策网络。作为治理的对象，海洋空间具有独特的物理特性和治理公共性。

（1）海洋中的水体本身具有流动性和与之带来的相关性。可想而知，海洋与陆地是存在差异性的。陆地虽然连续不断、固定不变但可以有所分割，然而海洋因为水体的流动，一旦某海域海洋资源或环境因过度开发利用而遭受破坏，一定程度上会不利于这片海域后续的开发与利用，同时也会对邻近海域的生态环境造成不利影响。

（2）海洋的生态系统特征明显，一定区域的生态复合程度极高。研究表明，以生态系统为基础的管理是一种特殊的海洋资源管理模式，其重点是维持生态系统的完整性，海洋管理边界的标准要按照生态系统空间范围的标准进行划定。[①] 在一定条件下，海洋相比陆地而言其任何一部分都具有特殊的价值性和功能性，人类对海洋的"立体开发"、多主体开发现象严重，给海洋环境带来层次性破坏，相应的生态修复十分艰难。

（3）海洋环境和海洋资源的公共产品性特征尤为突出，在空间维度上没有明确的标准和统一的划分，所以较难精准地划分海洋治理的边界。海洋生态环境的公共产品特性，促使其具有非竞争性与非排他性，区域海洋之间的环境影响时刻存在。相关利益主体很难较好地分摊到海洋治理责任，通常最终的治理责任都落在政府身上。

海洋的生态性和公共性特点证明，海洋环境治理的主体不限于一个国家、一级政府，海洋环境治理是全球性理论在海洋治理领域方面的突破性发展，需要基于全球的视野开展相应的国际合作，形成国际治理框架。

二、海洋环境治理具有一定的层次性和系统性

全球海洋治理的研究来源于多学科多领域的影响和关注，一方面基于

---

① Michael Malick, Murray Rutherford, Sean Cox. Confronting Challenges to Integrating Pacific Salmon into Ecosystem-based Management Policies. Marine Policy, 2017, 85: 123 – 132.

海洋本身的自然属性即具有全球性和跨区域性，也有因全球海洋问题显现等各种因素，全球海洋治理日益受到关注。1992 年罗西瑙（James N Rosenau）正式提出全球治理的定义后，国际社会意识到改善全球和区域合作应当成为社会、经济和政治讨论的主流。从海洋治理层面分析，《联合国海洋法公约》确立了管理海洋环境及其资源的基本法律原则，规定了海洋环境保护的国际合作机制，但该公约无法回答海洋法中出现的所有新问题。因此，国际社会和各国政府需要采用可持续发展的整体模式，为全球海洋治理提供更加务实的办法。① 与此同时，在区域一级，以欧盟为代表的区域组织在促进综合海事政策方面卓有成效，在过去的 40 年时间里，波罗的海、地中海、加勒比海等区域海洋环境协同计划纷纷签订并实施，中国近年来也进一步推进如"滩长制""湾长制"为代表的小微海洋环境治理机制等。全球海洋环境治理多层级体系渐趋形成，这种多层级治理体系主要体现为：以联合国和国际组织为代表的全球海洋治理体系、国际公约约束下的区域海洋治理体系和以国家治理为基础的国内海洋治理体系，后者又包括国家层、地方层、社会基层等。② 可见，海洋环境治理如同治理理论在实践中的应用一样，形成了全球治理、区域治理、国家治理、地方治理和基层治理等多个层级，其中区域海洋治理一般指跨国家间的海洋治理，而国家管辖海域跨行政区域治理则属于国家治理和地方治理层级的范畴。这些层级的治理在各层面形成了相应的政策和治理机制，支持相应治理领域的治理。

在当前的全球海洋治理体系中，联合国等有关国际组织在解决海洋问题中发挥着关键的作用，以联合国等国际组织为中心，国家行动者与非国家行动者共同参与海洋治理相关的行动。③ 代表性行动有 1972 年《防止倾

---

① Dorota Pyc. Global Ocean Governance. TransNav International Journal on Marine Navigation & Safety of Sea Transportation, 2016, 10 (01): 159–162.

② 全永波：《全球海洋生态环境多层级治理：现实困境与未来走向》，《政法论丛》，2019 年第 3 期，第 149–159 页。

③ 庞中英：《在全球层次治理海洋问题——关于全球海洋治理的理论与实践》，《社会科学》，2018 年第 9 期，第 3–11 页。

倒废物和其他物质污染海洋的公约》（简称《伦敦公约》）及其 1996 年议
定书、1995 年在华盛顿通过的《保护海洋环境免受陆地活动影响全球行动
纲领》（GPA）等，旨在减缓和防止沿海和海洋环境因陆地活动而恶化，
促进"国家履行保护和保存海洋环境的责任"。① 同时，区域性的国际组织
在全球海洋治理中的作用越来越突出，成为全球海洋环境治理的重要力
量。在海洋治理政策实施过程中，通过制定国际规则来推进全球海洋环境
治理，成为全球海洋环境治理的典型做法。然而，全球海洋环境治理的关
键是各主权国家均存在独立的权力体系，因而治理机制和规则的设计往往
受到强权国家的力量影响。由于《联合国海洋法公约》等代表性国际公约
对于海洋生态环境保护的条款规制性较弱，海洋环境治理在实践中往往被
主权国家的利益左右。另外，基于区域海洋环境利益的各种区域性海洋组
织实际上代表了相关行业集团利益，其提出的环境政策具有一定的排他
性。② 所以，全球海洋环境治理体系呈现出多层性的同时，如何将各方治
理力量整合形成系统性机制值得进一步思考。

三、海洋环境治理具有一定的整体性和多元性

在当前世界经济和社会发展的进程中，全球化和逆全球化的力量不断
地在海洋环境治理等领域角逐，其背后的价值元素包含对海洋权益、海洋
生态和经济发展的多元考量。整体性治理理论的提出对于通过协商调整、
梳理整合等途径处理治理过程中出现的琐碎细小的问题，以此形成相应的
治理逻辑有积极意义。

全球海洋环境治理体系构建中存在全球性的整体性利益、区域利益、
国家利益、企业利益、区域组织利益等多层次利益诉求。随着多元利益格

---

① David L VanderZwaag, Ann Powers. The Protection of the Marine Environment from Land-Based
Pollution and Activities: Gauging the Tides of Global and Regional Governance. The International Journal of
Marine and Coastal Law, 2008, 23（03）: 423 – 452.

② 庞中英：《在全球层次治理海洋问题——关于全球海洋治理的理论与实践》，《社会科
学》，2018 年第 9 期，第 3 – 11 页。

局的逐渐形成，多元利益主体之间的博弈也随之而来，在激烈的博弈过程中，公共利益很有可能被政府和利益集团的利益所取代。因此，对海洋环境进行有效治理，应当树立全球整体性治理的理念，对海洋环境治理中的利益诉求加以规范，形成统一不失衡的利益格局，并建立和完善相应的约束机制与均衡机制。① 海洋环境治理具有外部性，外部性因素对不同层级的治理系统有一定的冲击，并影响其治理效果，② 因此政府起到举足轻重的引领和带头作用。政府应出台相应的鼓励机制或政策，提高海洋环境治理能力，提高治理效率，并进一步促使企业、组织和国家实现环境行为外部性的内部化。海洋环境治理过程中，还需要关注各个要素的治理目标能否一致，将多元的利益诉求进行重新协商调整、再整合，将全球海洋治理要素的各自利益整合为共同利益诉求，平衡多元利益主体的关系，体现海洋主体集体理性，以提高全球海洋生态环境的整体治理效果。

第二节　海洋环境治理的区域化演进

区域海洋环境治理是全球海洋治理体系构建的重要内容。区域海洋环境治理参与主体主要是主权国家，主权国家在政策选择上更会做出以国家利益为导向的政策决策，可能会将"不利益"环境代价进行"区域外转移"，这与全球环境治理的政策逻辑存在一定的冲突。因此，在全球化背景下完善区域海洋环境治理机制，让区域海洋环境治理与全球海洋环境治理形成"帕累托最优"，这就需要通过多案例及机制分析提出相应的解决对策。

---

① Kristen Weiss, Mark Hamann, Michael Kinney, Helene Marsh. Knowledge Exchange and Policy Influence in a Marine Resource Governance Network. Global Environmental Change, 2012, 22 (01): 78 – 188.

② Anderas Duit, Victor Galaz. Governance and Complexity-Emerging Issues for Governance Theory. Governance, 2008, 21 (03): 311 – 335.

一、区域化演进的现状与特点

全球化的过程也是全球性问题不断出现的过程，大量跨国和跨地区的问题不断叠加，主权国家和国际组织在参与治理过程中形成力量的多元性博弈。"区域化"成为这种力量博弈的现实选择，在海洋环境治理领域尤其如此。全球海洋环境治理的"区域化"表现为"区域"成为全球海洋环境治理的重心和焦点，区域大国或全球具有一定影响力的国家在区域治理中发挥着越来越重要的作用。区域海洋强调海洋生态系统结构、机制的完整性，往往按生态系统空间范围的标准划定海洋管理边界，海洋环境治理的"区域化"演进有如下特点①。

1. 区域组织在区域海洋环境治理中发挥关键作用

在海洋环境治理的区域化演进中，以主权国家间的互动合作、区域性的国际组织或海洋治理委员会机制为主导形成了区域海洋生态环境的治理框架，其中区域组织在区域海洋环境治理过程中发挥越来越重要的作用。以区域组织主导的治理主体引领治理的方向，并成为目前全球海洋环境治理的重要实现模式。

区域组织主导的区域化治理机制的典型代表包括欧盟环境治理、波罗的海委员会对波罗的海的环境治理、南亚区域合作联盟的海洋生态环境治理等，这些海域的环境治理在全球区域海洋治理中具有典型性。多年来，由欧盟构建的环境工作组、环境委员会和环境总署等机构体系在参与海洋环境治理过程中起到了主导作用，推进了环境治理合作机制的形成。波罗的海沿海六个国家缔结了《保护波罗的海区域海洋环境的公约》（《赫尔辛基公约》），针对环境污染现象，以合作方式共同参与到保护波罗的海区域海洋环境的保护行动中。该公约明确设立了波罗的海委员会，该委员会主

---

① 丘君、赵景柱、邓红兵、李明杰：《基于生态系统的海洋管理：原则、实践和建议》，《海洋环境科学》，2008 年第 1 期，第 74－78 页。

要按公约附件的规定就海洋环境保护方面所涉及的具体事项进行相应的调整与规范。南亚地区专门成立了南亚区域合作联盟，提倡积极应对环境污染治理，加强协商与合作，但由于该地区总体经济较弱，环境治理制约因素明显，故海洋环境治理难以达到良好的治理效果。

2. 区域海洋环境治理机制在全球各区域海洋治理中逐渐建立

区域海机制的建立是联合国实施全球海洋治理体系的一个重要路径。以地中海治理为例，该区域沿海部分国家于 1976 年签署了《保护地中海免受污染公约》（《巴塞罗那公约》），旨在解决地中海地区各种环境污染问题。该公约有一个附件和两个议定书，对防止倾倒废弃物、勘探开发大陆架造成的污染以及船舶造成的污染和陆源污染做了原则性规定，相关内容及原则与《联合国海洋法公约》第十二部分"海洋环境的保护与保全"的相关内涵基本一致。该公约在 1995 年进行了修改和补充，添加了新内容，形成了污染者负担原则、预防原则、可持续发展原则，① 体现了当前全球海洋环境治理的基本动向。经济与生态系统的区域性机制建立在实践上有效解决了区域海洋生态环境问题，并被其他区域海洋国家效仿，形成了诸多海洋环境治理机制。但这是否意味着全球海洋环境治理已经完全区域化？这需要研究这种区域化机制是在联合国体系下的全球海洋环境治理体系的组成，还是独立的区域治理体系？从现实分析，全球分布的海洋"区域治理"应是多层级治理体系下的分级控制系统，这些系统注重区域的生态系统功能，有助于克服单一生态系统管理上的困难，促使基于整体性理念的生态环境治理。②

---

① 相关议定书包括：1976 年《关于废物倾倒的议定书》、1976 年《关于紧急情况下进行合作的议定书》、1980 年《关于陆源污染的议定书》、1982 年《关于特别保护区的议定书》、1995 年《关于地中海特别保护区和生物多样性的议定书》（该议定书取代了 1982 年《关于特别保护区的议定书》）、1994 年《关于开发大陆架、海床或底土的议定书》以及 1996 年《关于危险废物（包括放射性废物）越境运输的议定书》。

② William De La Mare. Marine Ecosystem-based Management as a Hierarchical Control System. Marine Policy, 2005, 29（01）: 57-68.

3. 区域治理行动围绕全球各区域大海洋生态系统展开

海洋环境治理不仅受到治理能力、政治态度的影响，而且还受到地理环境、地质条件等诸因素的影响。因区域海洋具有相对独立的生态系统，在治理过程中容易形成针对性的科学方法和科学体系，现实中国际上把大量的技术规范、操作规程、环境标准等吸收到国际环境立法之中，也成为区域海洋环境治理的制度基础。① 海洋区域环境治理突出以"大海洋生态系统"为基础，强调海洋生态系统结构、功能的完整性，按生态系统空间范围的标准划定海洋管理边界，② 生态系统的集成促使不同层次的政府及非政府组织之间合作伙伴关系的不断建立。从区域环境保护的国际实践看，保护海洋生态系统和生物的发展举措集中在污染控制、海洋生态系统保护、管理海洋生物多样性，保护的重点有区域性的区分。比较常见的基于生态系统的海洋环境治理实践包括：欧盟推动建立了欧洲水域空间规划系统，旨在实现共同的海洋空间规划框架以及欧盟水域和沿海区域海岸带综合治理；地中海国家通过了《地中海行动计划》，该计划从海洋资源整体规划、动态监测、环境评估、海洋立法、制度与财政支持几个部分对地中海生态治理做出了详细规定。

二、区域化治理的多案例分析

海洋生态环境的区域化治理在全球范围内呈现出多层级化，主要表现为国家管辖范围内的跨行政区域治理、若干个国家间的"区域海"生态环境治理、公海保护区机制等，本研究选择若干个治理案例进行比较分析，研究治理区域化需要的机制和模式。

---

① 秦天宝：《国际环境法的特点初探》，《中国地质大学学报（社会科学版）》，2008 年第 3 期，第 16 – 19 页。

② Kenneth Sherman. Adaptive Management Institutions at the Regional Level：The Case of Large Marine Ecosystems. Ocean & Coastal Management，2014，90：38 – 49.

（一）日本濑户内海治理：一国内跨行政区域的海洋环境治理

　　濑户内海是日本最大的内海。在 20 世纪 60、70 年代，濑户内海受污染程度较高，一方面导致海洋生物资源短缺，使生态环境遭受破坏，另一方面损害了国家的大量利益，造成了不可估量的经济损失。针对日益严重的污染危机，日本政府着手推进区域环境治理措施，[1] 主要包括：①通过制定国内法律法规解决跨行政区海洋治理问题，比如制定《濑户环境保护临时措施法》强化区域性海洋管理；②健全相应的海洋管理体制，比如在沿海各府县和市制定环境保护工作会议制度；③加强环境的调查研究与监测工作；④完善法律法规与相应的激励机制，激发各界参与保护濑户内海行动的热情，由此成立由各类民间团体所组成的"濑户内海环境保护协会"。为解决该区域海洋的环境污染问题，日本先后建立了 700 多个监测点来加强环境调查与监测。在整个调查和监测过程中，政府扮演的是领头羊的角色，着力找准污染源头，从根源切断，统一将已经污染的工厂搬离濑户内海沿岸，逐步建立国家生态保护区，从而有利于生态环境的良性发展，促进经济发展与生态环境之间的可持续性。[2] 这些行动对有效解决环境问题发挥了关键作用。

（二）地中海的海洋污染治理：跨国家间的区域海洋环境治理

　　地中海沿海共有 18 个独立国家，20 世纪 70 年代之前，各国各自为政，掠夺性地开发和利用海洋资源，地中海海洋环境急剧恶化。针对出现的严峻问题，若还是以坐以待毙的形式，不积极采取解决办法，那么地中海的美好将不复存在，留给世人的只有往昔的回忆。就以上问题，从 20 世纪 70 年代开始，各国向着共同的目标迈进，一同致力于海洋生态环境治

---

① Takeoka H. Progress in Seto Inland Sea Research. Journal of Oceanography, 2002, 58 (01): 93 – 107.

② 李春雨、刁榴：《日本的环境治理及其借鉴与启示》，《学习与探索》，2009 年第 8 期，第 164 – 168 页。

理。在联合国环境规划署（UNEP）的促进和帮助下，地中海沿海国家开始展开合作并建立了较为成功的区域海洋环境保护合作机制，着手解决区域海洋污染问题。[1] 1974 年 UNEP 建立"区域海洋项目"，之后各国签订了《巴塞罗那公约》，成立了特别保护中心，而且每年投入一定的治理资金用于海上污染调查行动，严厉打击污染行径。1995 年公约做了相应的修改，增添了新的内容。同时各国又提出新的污染治理政策，[2] 内容包括：建立独有的海洋污染监测网；利用先进的科技，提供定期的培训；修订并完善国家援助政策，协调各相关机构的人员安排与机制；加大宣传力度，呼吁沿海各国给予人力、物力、财力方面的援助，发挥其利断金的作用，责无旁贷地保护地中海。

（三）公海保护区机制：另一类区域化海洋生态环境治理机制的倾向

公海保护区机制是在联合国组织下实施的海洋特别区域的生态保护机制，2006 年《生物多样性公约》缔约国大会重点商议了在公海建立海洋保护区事项。缔约国大会第九次会议正式通过了《确定公海水域和深海生境中需要加以保护的具有重要生态或生物意义的海域的科学准则》《建立包括公海和深海生境在内的代表性海洋保护区网的选址的科学指导意见》两个文本。近年来，就公海保护区机制的议题已经成为联合国海洋问题的重点，联合国大会正式启动就国家管辖海域外生物多样性（BBNJ）的养护和可持续利用问题拟订一份具有法律约束力的国际文书的进程，该文书将处理包括公海保护区在内的一系列重要议题。[3]

全球范围内建立的成熟公海保护区主要包括南奥克尼群岛南大陆架海

---

① H Baltas, G Dalgic, E Y Bayrak. Experimental study on copper uptake capacity in the Mediterranean mussel (Mytilus galloprovincialis). Environ. Sci. Pollut. Res. Int., 2016, 23 (11): 10983 – 10989.

② Saliba L J. State of the Mediterranean Marine Environment. Water and Environment Journal, 2007, 6 (1): 79 – 88.

③ 王勇、孟令浩：《论 BBNJ 协定中公海保护区宜采取全球管理模式》，《太平洋学报》，2019 年第 5 期，第 1 – 15 页。

洋保护区、地中海派拉格斯海洋保护区以及大西洋公海海洋保护区网络，在保护区内各国出于各自利益的需要对于公海保护区持不同的态度，当前已经建立的公海保护区都是以区域性条约或国家间的协议为基础的，把区域性公约作为基本条件，国家间的协议在此基础上缔结。所建立的公海海洋保护区一定程度上给国际社会带来多方面的潜在利益。公海保护区的合作机制是全球层面对海洋环境治理机制的探索，但公海保护区只在全球部分海域或海岛设立，区域性特征也逐渐体现，在区域性的主体参与和区域性公约作为政策支撑上，也可将公海保护区视为全球性治理和区域性治理的有效结合。

三、区域海洋环境治理的总结与反思

近年来，面对海洋生态环境全球性的难题与挑战，区域性的环境合作步伐加快，各区域国家和区域组织在综合考虑生态环境、经济等各种因素基础上，主动开展区域合作，并成为解决海洋生态环境问题的重要路径。纵观全球性海洋环境治理的现状，区域化演进已然成为当前海洋治理的重要特点。区域化演进促进了海洋环境治理的有效解决，但并非均是有利的。

（1）基于生态系统的区域海洋环境治理的有效性得到加强。由于海洋天然的生态环境和特殊的地理状况，区域海洋沿海国家考虑到长期可持续发展的需要，国家间治理合作的意愿更为强烈。在区域治理过程中，主权国家、区域组织、企业等相关主体形成治理合力，利用"大海洋生态系统"为前提，强调治理方案要体现海洋生态系统结构、机制的完整性和生态恢复特点，采取因地制宜的措施。① 不少专家研究了基于生态系统海洋治理的可行性，越来越多区域海洋环境治理的国际案例也证明基于生态系统的区域海洋环境治理具有有效性和科学性。在海洋区域治理过程中，治

① Judith Kildow, Alistair Mcllgorm. The Importance of Estimating the Contribution of the Oceans to National Economies. Marine Policy, 2010, 34: 367－374.

理模式具有多样化。多数区域海洋环境治理机制不否定全球治理的权威性，从另一视角看，区域海洋环境治理的有效性对于推进全球海洋环境治理体系的构建有积极的铺垫作用。

（2）"区域化"倾向对全球治理机制构建具有一定反影响力。对海洋生态环境制度的构建，国际上主要是将较多的操作章程、技术法规、环境标准等内容纳入国际环境法之中，从而使得其成为标准较多、技术较强的法律部门。[1] 在海洋生态环境治理过程中对国际法规范的执行出现过较多的问题，如联合国在 1995 年推出的《保护海洋环境免受陆地活动影响全球行动纲领》（GPA）在区域一级执行过程中存在较大挑战。[2] 2017 年以来，在国家管辖海域外生物多样性（BBNJ）谈判的历次进程中，对于有效的公海保护区建立、管理和评估机制一直存在分歧，如公海保护区的管理模式应该采用全球模式、区域模式还是混合模式，[3] 不同国家存在不同意见。联合国 在 2019 年 8 月第三次会议通过的 BBNJ 协定主席文件上，对区域海洋治理的关注成为重要内容，在第三部分公海保护区的"区域管理工具"中，第十四条提出"c. 养护和可持续地利用需要保护的地区，包括建立一个以地区为基础的综合管理工具系统""d. 建立一个生态上有代表性的海洋保护区系统"等，展现了以区域为核心的保护机制，但这种保护机制"应由科学和技术机构进行监测和定期审查"（第二十一条）。可见在 BBNJ 协定中，针对海洋生物多样性的养护和可持续利用问题采用的是"混合制模式"，其中对以生态系统为主的区域海洋治理凸显区域化治理的特征。

（3）区域化治理机制的不完善在一定程度上影响了全球海洋环境治理

---

① 秦天宝：《国际环境法的特点初探》，《中国地质大学学报（社会科学版）》，2008 年第 3 期，第 16－19 页。

② David L VanderZwaag, Ann Powers. The Protection of the Marine Environment from Land-Based Pollution and Activities: Gauging the Tides of Global and Regional Governance. The International Journal of Marine and Coastal Law，2008，23（03）：423－452.

③ 王勇、孟令浩：《论 BBNJ 协定中公海保护区宜采取全球管理模式》，《太平洋学报》，2019 年第 5 期，第 5－19 页。

的效果。海洋是一个整体，海洋环境因区域海洋的生态系统特性和国家对海洋利益的管制需要，治理的区域化模式有其客观性和必要性，但在部分区域可能存在一定的不足，影响区域治理作为全球治理体系的有效性。一是区域环境治理能力欠缺。2002 年发布的《太平洋岛屿区域海洋政策及针对联合战略行动的框架》为南太平洋区域的海洋治理提供了框架，但太平洋岛国多为小岛屿国家，海洋治理能力有限，而且海洋污染源有部分来自区域外或者陆地，区域化的治理框架设计反而在一定程度上削弱了治理效果，使得小岛屿国家不得不依赖于区域海洋大国来求得有效治理。[①] 这类现象在地中海、南亚海等区域治理中也存在。二是部分区域环境治理协作不足。2011 年日本福岛核电站泄漏，由于没有建立全球性的信息共享机制，仅凭日本本国、周边国家针对核泄漏数据所开展的有限的调查和分析，难以有效应对海洋核污染的扩散。区域组织和国家在海洋环境风险管控、环境监测协作等方面存在不足。三是各区域海洋环境评价标准存在差异，对跨界海洋环境影响兼顾不足。这种不同海区生态系统的标准差异是客观存在的，对跨界海洋的影响考虑不足是区域海洋环境治理机制所无法解决的。针对这一困境，BBNJ 谈判中提出"缔约国应通过下列方式促进在建立包括海洋保护区在内的区域管理工具方面的一致性和互补性"（主席文件第十五条）。

第三节　我国区域海洋环境治理机制

海洋环境污染具有污染源广、持续性强、扩散范围大和防治难的特点，且污染损害不受行政划界限制。在我国环境治理实践中，各地方政

---

① Vince Joanna, Brierley Elizabeth, Stevenson Simone, et al.. Ocean Governance in the South Pacific Region: Progress and Plans for Action. Marine Policy, 2017, 79: 40 – 45.

府、企业或其他社会主体等往往从自身利益出发，将难以界定的海洋环境损害后果进行跨区域转嫁，由此引发的跨区域间环境纠纷屡见不鲜。党的十九大报告提出"实施区域协调发展战略……坚持陆海统筹，加快建设海洋强国……实施流域环境和近岸海域综合治理。"在区域发展战略设计中，《粤港澳大湾区发展规划纲要》《长江三角洲区域一体化发展规划纲要》等均把区域高质量发展列为区域规划的核心内容，其主要的手段是区域生态环境保护。可见，国家和地方的一系列海洋生态环境政策和措施的推进，把区域海洋生态环境的治理协同问题提高到一系列国家战略的高度，通过构建区域海洋环境治理机制，协调区域海洋环境多元主体间的行动，解决制约区域海洋环境治理上的制度、机制等相关问题。

一、我国现有的区域海洋环境治理机制

西方经济学家依据环境外部性问题，提出了三种环境治理机制的理论：市场失灵与政府规制、产权理论与排污权交易、自主治理等理论，由此形成了环境治理的三种机制，即行政调整机制（或称国家机制、政府机制）、市场调整机制、社会调整机制。[①] 现实中，我国环境跨行政区域治理主要采用政府机制，充分发挥政府强大行政权力的执行效率，调整地方政府环境治理间的问题。近年来，我国在跨行政区域环境治理中取得了一定的成效，主要在流域水环境管理、大气环境管理上，比如我国已经建立了长江流域跨行政区域合作治理机制、珠江流域跨行政区域治理协调机制以及京津冀大气污染协同治理机制等，这些跨行政区域环境管理大多是中央统一协调或形成跨省域的政府合作机制。这些管理机制对有效保护环境起到了很好的作用，也为我国跨区域海洋环境治理提供了很好的政策借鉴。在海洋环境智力领域，目前也初步建立起了中央统一协调机制和地方政府跨域管理机制、地方政府自发合作机制，但是相关的操作程序仍不完善。

---

① 欧阳帆：《中国环境跨域治理研究》，首都师范大学出版社，2014 年版，第 64 页。

（一）中央统一协调机制

在科层治理理论中，中央政府是国家治理的绝对性权威，是制度执行力的有效保障。因此，由中央政府统一协调相关问题，往往能够起到很好的效果，如目前我国正在实行的京津冀大气污染协调机制就是中央发挥协调者的作用，对大气进行综合性治理。在海洋环境领域，中央作为一级政府，其对海洋环境管理具有首要责任，2018 年的机构改革也是出于对环境的有效保护，成立了生态环境部，强化中央政府在环境保护中的作用。目前，我国中央统一协调机制主要体现在三个方面：一是国家通过制定法律来统一协调；二是制定跨区域的规划来统一协调治理；三是生态环境部的统一行政监督。

我国法律中对海洋环境跨行政区域管理有一些"柔性"规定，如 2015年 1 月起实行的《中华人民共和国环境保护法》（修订版）第二十条规定"国家建立跨行政区域的重点区域、流域环境污染和生态破坏联合防治协调机制，实行统一规划、统一标准、统一监测、统一的防治措施。前款规定以外的跨行政区域的环境污染和生态破坏的防治，由上级人民政府协调解决，或者由有关地方人民政府协商解决"。2017 年 11 月 5 日起施行的《中华人民共和国海洋环境保护法》（修订版）第九条规定"跨区域的海洋环境保护工作，由有关沿海地方人民政府协商解决，或者由上级人民政府协调解决。跨部门的重大海洋环境保护工作，由国务院环境保护行政主管部门协调；协调未能解决的，由国务院作出决定"。与此同时，《中华人民共和国渔业法》《规划环境影响评价条例》等法律法规也有所涉及。这些规定为跨行政区域治理起到很好的引领效果，但是"柔法"也存在一些问题，如如何具体开展跨行政区域治理，地方政府之间如何建立合作机制，权利与义务如何分担；协调如何开展，各主体责任方的权利和义务也没有规定；对跨行政区域海洋环境污染的责任认定方面也没有具体规定，导致追究相关单位和个人法律依据缺失。

中央政府以及有关部门制定了有关海洋环境跨行政区域治理的一些整

体规划，以统筹行政区之间的海洋环境政策、海洋产业布局、海洋生态红线等，从整体上确保其海洋环境管理工作能够相互衔接。2017 年 5 月国家发展改革委、国家海洋局联合编制的《全国海洋经济发展"十三五"规划》提出"加强泛珠三角区域海洋污染防治，完善跨区域协作和联防机制"。可以看出，中央政府以及有关部委对重点海域跨行政区域海洋环境治理开始有一定的认识，但规划是宏观目标为主，实际可操作的内容并不多。同时，如何进行部门间的统筹协调，人财物等方面对其有怎样的支持和保障都没有具体的规定，导致规划内容无法落地。

2018 年我国开展了政府机构改革，成立了生态环境部，其职责明确为："牵头协调重特大环境污染事故和生态破坏事件的调查处理，指导协调地方政府重特大突发环境事件的应急、预警工作，协调解决有关跨区域环境污染纠纷，统筹协调国家重点流域、区域、海域污染防治工作，指导、协调和监督海洋环境保护工作"。可见，生态环境部代表中央对重点海域污染防治和监督有重大职责。各地政府也按照中央部署调整海洋环境管理机构，成立生态环境厅、局，统一管理陆域海域的生态环境。

（二）地方政府跨域管理机制

从目前的法律和规划来看，国家对海洋环境跨行政区域有了相对明确的要求，尽管这种制度相对柔性，有些还是缺乏操作的可行性，但是地方跨行政区域治理已经成为一种趋势和现实需要。从水域和大气跨行政区域的环境治理来看，目前主要采取两种模式：设置相对宽松的多省市（部）参加的协调机制和由省级海洋行政主管部门协调的多个地级市参与的管理机制。

1. 多省市（部）协调机制

这种协调机制是通过组建协调小组或联席会议来实施，由各省市的主要负责人作为协调小组参与人，能够对区域内的海洋环境问题作出有效协调。同时，这些机构也往往会设置固定性的协调机制，落实重大问题。这种模式具体又分两种形式：一种是省市参加的协调形式，另一种是省部联席的协调形式。2001年首届苏浙沪合作与发展座谈会召开，会议提出要加强长三角区域生态环境治理合作，开展东海近海海域环境保护治理。2007年在长沙召开的第四次泛珠三角会议原则通过了《泛珠三角区域跨界环境污染纠纷行政处理办法》。这是典型的省市参与协调机制，有助于有关方直接对话，处理一些敏感性问题。2009年渤海环境保护省部联席会议第一次会议召开，会议就当年渤海环境保护工作的重要问题及主要工作任务开展协调，并达成共识。① 这是典型的省部联席机制，对于重大区域性海洋环境污染事件，中央生态环境部门所发挥的综合协调作用是最为显著的。但是这种形式往往是事后防范或事后处理，而且部门的职权也容易交叉，因此不适用于平时的督查和防范。

2. 省级政府管理机制

对于省级政府海洋环境管理，各地区做出了一些尝试，如《浙江省海洋环境保护条例》（2017年修订）第七条规定，"省人民政府应当加强与相邻沿海省、直辖市人民政府和国家有关机构的合作，共同做好长江三角洲近海海域及浙闽相邻海域海洋环境保护与生态建设。行使海洋环境监督管理权的部门根据本省与相邻省、直辖市的合作要求，建立海洋环境保护区域合作组织，做好海洋环境污染防治、海洋生态建设与修复工作"。这些规定从原则上规定了处理跨省级行政区域问题的协调机制。但是对一些具体的海洋环境事务往往落实到地级市层面，由于各地级市以自身利益为出发点，对跨区域海洋环境污染往往是"视而不见"，这就需要省一级层面制定相关条例以及牵头协调各种关系。《浙江省海洋环境保护条例》对沿海各地区在跨行政区域管理上做出了一些具体性规定，如对海洋功能区、海洋环境保护规划制定等，还提出"沿海市、县人民政府应当建立重点海域海洋环境保护协调机制，做好海洋环境污染防治、海洋生态保护与修复工作"。这些规定从制度上保障了海洋环境跨行政区域治理的实施。

———————

① 茹媛媛：《渤海、长三角及泛珠三角三大区域海洋环境污染合作治理现状与比较分析》，《环北部湾高校研究生海洋论坛论文集》，2013年，第716页。

《浙江省海洋生态环境保护"十四五"规划》还就省级层面海洋生态环境治理体系和治理能力现代化全面实现做了谋划。浙江、海南等省份还探索建立"湾长制""滩长制""海洋生态补偿机制",对区域范围的海洋环境保护实行责任制形式加以规定实施。可以看到,在地方政府的海洋环境跨行政区域管理实践中,各级地方政府进行了积极的制度创新和探索,根据地方发展的实际情况,以及海洋环境管理的实际需求,探索出了许多富有成效且符合因地制宜原则的制度或机制。

(三)地方政府自发合作机制

随着区域经济的快速发展,海洋环境合作日益成为区域合作的一个重要组成部分,沿海地方政府之间逐渐自发性地寻求海洋环境治理合作。大体上看,沿海地方政府现阶段的合作方式主要有召开合作会议制定海洋环境合作协议、制定区域海洋环境保护规划、实施区域海洋环境生态补偿机制以及区域内海上环境联动机制。

1. 召开合作会议制定海洋环境合作协议

早在 20 世纪 70 年代,环渤海三省一市就成立协作组对渤海环境的污染状况进行联合调查。2002 年苏浙沪海洋主管部门首次就长三角海洋生态环境保护合作事宜进行了商榷和研讨。2004 年 11 月苏浙沪海洋主管部门签订了《苏浙沪长三角海洋生态环境保护与建设合作协议》,成立了长三角"海洋生态环境建设工程行动计划领导小组"。2004 年成立的泛珠三角区域环境保护合作联席会议经常就海洋环境进行协调处理,至 2018 年 9 月已召开 14 次会议。

2. 制定区域海洋环境保护规划

2001 年国务院批准了由国家环境保护总局、国家海洋局等部委以及天津、河北等四省市联合制定的"渤海碧海行动计划"。2009 年国务院批准了《渤海环境保护总体规划(2008—2020 年)》,同时为更好推进该规划实施,同意建立由渤海周围省市及国家部委共同组成的渤海环境保护省部际会议制度。2007 年苏浙沪政府合力修订完成《长三角近海海洋生态环境建设行动纲要》。2006 年国家环境保护总局正式启动了长江口及毗邻海域碧海行动计划。2018 年 7 月生态环境部召开会议，审议通过《渤海综合治理攻坚战行动计划》。

3. 区域内海上环境联动机制

2006 年环渤海三省一市交通部直属海事局签订了《渤海海域船舶污染应急联动协作备忘录》，环渤海各海事机构将会联动应对辖区范围内的船舶污染事故，为海上船舶污染的防治起到积极作用。2012 年，苏浙沪边防总队召开海上勤务协作会议，推动长三角地区的海上联合执法活动。

二、我国海洋环境治理机制的问题审视

长期以来，我国在区域海洋环境治理中不断完善立法，努力通过专项计划在环渤海等区域海洋环境治理中开展长期性的治理行动，获得了较大的治理成效，但区域治理需要从制度体系、执法机制、守法主体合作等方面展开，目前还有诸多不足。

（一）海洋环境跨行政区域治理相关法律不健全

从已有的法条中，海洋环境跨行政区域治理中可以适用的法律法规看起来有一些规定，但是，在实际操作中，可以适用的却寥寥无几，相关法律不健全对海洋环境跨行政区域治理是非常不利的。

1. 缺乏明确的跨行政区域海洋环境法律规定

《中华人民共和国环境保护法》（简称《环境保护法》）作为环境保护的根本法律，没有将监管的行政机关本身作为一个调整对象，其主要的调整对象就是企业事业单位和行政机关在跨域环境保护中的权利义务和责任。近年来，我国海洋环境法治化逐步加强，在探索海洋环境治理的制度化进程上逐渐向制度规范和工具理性结合的路径上发展，如提出环境影响

评价、排污登记申报、污染物排放控制、污染损害赔偿等制度与实施规定。但对于跨区域的环境治理，《中华人民共和国海洋环境保护法》（简称《海洋环境保护法》）第八条规定，毗邻重点海域的有关沿海省、自治区、直辖市人民政府及行使海洋环境监督管理权的部门，可以建立海洋环境保护区域合作组织，负责实施重点海域区域性海洋环境保护规划、海洋环境污染的防治和海洋生态保护工作。第九条也规定，跨区域的海洋环境保护工作，由有关沿海地方人民政府协商解决，或者由上级人民政府协调解决。跨部门的重大海洋环境保护工作，由国务院环境保护行政主管部门协调；协调未能解决的，由国务院作出决定。上述规定作为指引性的立法条款，在实践中不具有管理上的操作性。需要通过地方立法或区域行政力量协同构建跨区域海洋环境治理的制度机制和规范。只有将海洋环境跨区域治理行为制度化，通过明确的制度规范海洋跨区域治理中各利益相关主体的行为才是确保海洋环境跨区域治理实现的前提。同时，对于跨区域海洋环境管理的基本权能和执法手段，在跨区域海洋污染事故发生之后的责任如何认定，赔偿标准如何，对事故责任人的处罚措施如何等，都没有明确的规定，而是用海洋环境保护监督管理人员来替代行政机关，这是很难有效实行的。

2. 海洋环境污染违法成本过低

现有的与跨区域海洋环境问题有关的法律中，对违法的法律责任的处罚措施标准都相对较低。《海洋环境保护法》第九章第七十三条规定："违反本法有关规定，有下列行为之一的，由依照本法规定行使海洋环境监督管理权的部门责令停止违法行为、限期改正或者责令采取限制生产、停产整治等措施，并处以罚款；拒不改正的，依法做出处罚决定的部门可以自责令改正之日的次日起，按照原罚款数额按日连续处罚；情节严重的，报经有批准权的人民政府批准，责令停业、关闭：（一）向海域排放本法禁止排放的污染物或者其他物质的；（二）不按照本法规定向海洋排放污染物，或者超过标准、总量控制指标排放污染物的；（三）未取得海洋倾倒许可证，向海洋倾倒废弃物的；（四）因发生事故或者其他突发性事件，造成海洋环境污染事故，不立即采取处理措施的。有前款第（一）、（三）

项行为之一的，处三万元以上二十万元以下的罚款；有前款第（二）、（四）项行为之一的，处二万元以上十万元以下的罚款。"这部分的罚款与其获得的利益不相对称，导致了许多企业或者其领导人敢于"以身试法"。大多数环境违法行为仍然是依靠行政手段来解决，行政手段的效力明显不如刑罚的效力。

3. 政府海洋环境法律责任不明晰

我国《环境保护法》《海洋环境保护法》对政府环境管理、海洋环境管理的责任是不明确的，《海洋环境保护法》第五条对地区海洋环境保护的管理责任是模糊的。"国务院环境保护行政主管部门作为对全国环境保护工作统一监督管理的部门，……。国家海洋行政主管部门负责海洋环境的监督管理，……。国家海事行政主管部门负责所辖港区水域内非军事船舶和港区水域外非渔业、非军事船舶污染海洋环境的监督管理，……。国家渔业行政主管部门负责渔港水域内非军事船舶和渔港水域外渔业船舶污染海洋环境的监督管理，……。军队环境保护部门负责军事船舶污染海洋环境的监督管理，……。沿海县级以上地方人民政府行使海洋环境监督管理权的部门的职责，由省、自治区、直辖市人民政府根据本法及国务院有关规定确定"。这一条款对各部门在海洋环境监督管理职责和污染处理方面有概念性的规定，但是对于地方政府的约束力是不明确的，以及地方政府的具体法律责任也没有规定。笔者对有关地方的海洋环境监督管理权进行了搜索和调查，大多对这一责任是不明确的，特别是对跨区域的海洋管理监督责任也认识不足。同时，对于区域性海洋环境问题，大多数地方政府往往不愿主动积极承担责任，而是"理性地"选择逃避和不作为，在区域内各地政府容易互相效仿形成集体的非理性选择，造成海洋环境问题的"公地悲剧"、陷入环境治理的"囚徒困境"，致使区域海洋环境治理走向恶性循环。

（二）海洋环境跨行政区域治理中府际失衡

府际关系也叫"政府间关系"，是指不同层级政府之间的关系网络，它不仅包括中央与地方关系，而且包括地方政府间的纵向和横向关系，以及政府内部各部门间的权力分工关系。府际失衡表现为合作的失衡、利益的失衡等，这种失衡使跨行政区域海洋环境治理缺少协同治理的基础。

1. 部分地方政府跨行政区域合作治理观念严重滞后

地方政府间跨区域合作，是指若干个地方政府基于共同面临的公共事务问题和经济发展难题，依据一定的协议章程或合同，将资源在地区之间重新分配组合，以便获得最大的经济效益和社会效益的活动。这种地方政府间的跨区域合作，一方面能够有力地改变传统的通过地方政府间竞争达到体制创新和经济发展这一目的的制度安排，另一方面能够改变各地方政府通过"跑部钱进"、中央政府通过财政拉动实现地区发展的政策格局，而开启一种扩大开放、横向合作、共谋发展的"双赢"之路。但是，地方政府普遍存在着合作治理观念的滞后问题。究其原因，一是认知偏差。一些地方政府依然存在封闭式发展思维，一些行政领导乐于做一方之主，不愿意外界干预区域内经济社会的发展。二是信用匮乏。地方政府间开展跨区域合作治理必然需要建立在地方政府的信用基础之上，但是部分地方政府却面临着严重的信用危机，一个普遍性的问题是"新官不理旧事""一届政府一朝政策"，有的行政领导是变着花样更改一些政策，这些都直接阻碍了跨区域合作治理海洋生态环境的顺利进行。

综上分析，实现区域海洋环境治理必然需要依托强有力的组织机构及制度规范，然而目前的跨行政区域协调机构仅停留在会议、协议等不具权威效力的形式上。有些虽然是由中央任命成立的正规协调机构，但由于建制地位不高，在协调区域环境事务时仍显得捉襟见肘，目前大多是建立联席会议制度，这些机制缺乏约束力，不利于治理工作取得实质进展。另外，区域环境法及协作制度规范等都是目前十分缺乏但又急需制定的。

2. 海洋环境治理中的利益失衡

海洋环境治理最终需要解决人类的生存和发展问题，但在海洋治理过程中存在多元的利益冲突，如在同一片海域，则同时存在环境生态安全权、渔民的渔业权、海域使用权、航行权等多种权利。为了解决这种冲突，部分学者从权利的位阶视角认为环境生态安全权、渔业权是基本权利，是生存权，是沿海居民所具有的固有权利。[①] 海洋环境以及渔业发展的历史进程和国际公约在内的主流意识形态决定了这一特性的产生。从一般法理意义上分析，生存权处于权利位阶的第一层次，也就是自然人最重要的权利。[②] 但法律位阶在现实冲突解决过程中仍带有对权利性质判断的恣意，即何种权益属于位阶靠前还需要通过分析比较，带有不确定性。因此，仍未能完全解决海洋治理中利益主体间的实际矛盾。在国内外兴起了利益衡量方式之后，基于立法与制度两个层面对海洋利益和权利进行权衡，进一步对利益作出判断和抉择，必然是解决利益矛盾的一个有效办法。

海洋管理中各类利益的矛盾和冲突究其根源为立法上和制度设计上的冲突。在制定制度时，立法者抑或是管理者为使海洋污染跨区域治理中实现利益平衡，须基于相关的程序与原则，在判断多元化利益的基础上，对各项利益采取评价与比较的方式，且运用利益选择方式的系列活动。关于竞争利益价值及冲突，必然得进行一个价值的抉择，价值判断问题是利益无法避免的平衡。[③]

海洋污染治理需要关注多主体利益失衡的问题。在海洋管理平衡关系的过程中需注意地方政府对海洋环境的诸多利益的排序。如《海域使用管理法》规定了海域使用权与所有权、《海洋环境保护法》中规定了海洋环境权的局限区域，而当出现利益的冲突性与多样性问题时，这些立法对利益的调整也多是以经验性的归纳为基础。目前已制定的法律规定缺乏利益价值目标的统一性，即《海域使用管理法》《海岛保护法》《海洋环境保护法》等相关立法当中的海洋污染治理缺乏规范统一性；同时，制度化设

---

① 孙宪忠：《中国渔业权研究》，法律出版社，2016 年版，第 73 页。
② 全永波：《海域使用权与渔业权冲突中的利益衡量》，《探索与争鸣》，2007 年 5 期，第 50 - 54 页。
③ 郭济环：《标准与专利的融合、冲突与协调》，中国政法大学博士学位论文，2011 年，第 23 页。

计缺乏程序性、透明性，在应对多元利益冲突上的利益平衡制度设计不足。

在激烈的竞争与利益博弈中，地方政府在海洋环境治理领域的合作是很难彻底的，这也是造就区域海洋环境治理陷入困境的深层次原因。这种情况在各个城市的交界海域或者涉及跨区域的海洋污染问题时尤为显著，多元主体往往会因法规政策、治理制度、治理标准、经济实力等差异，更容易形成生态分割和跨界海洋污染治理碎片化，使得跨行政区域整体生态环境污染日趋严重及治理效率低下。

3. 海洋环境跨区域治理面临体制性障碍

按照制度经济学的要求，基于"软法"和与之相应的"柔和"的海洋环境跨区域治理体制较为经济可行。但是，这种"柔和"的治理体制无法快速解决因经济、政治等因素累积起来的环境污染的影响。例如，我国现行的《海洋环境保护法》对于跨区域的海洋环境治理仍采用"弱政府"的模式，如规定"毗邻重点海域的有关沿海省、自治区、直辖市人民政府及行使海洋环境监督管理权的部门，可以建立海洋环境保护区域合作组织，负责实施重点海域区域性海洋环境保护规划、海洋环境污染的防治和海洋生态保护工作"（第八条）；"跨部门的重大海洋环境保护工作，由国务院环境保护行政主管部门协调；协调未能解决的，由国务院作出决定"（第九条）。

在我国，海洋环境管理部门管理意识和能力有限，对海域环境长期以来按照陆域模式和理念进行管理，且重"管理"而非治理，从事管理的政府部门职能交叉、权责脱节、重复建设情况严重，虽经多次海洋管理体制改革，但碎片化监管现象依然突出。污染防治大多以污染源的产生地为管辖基础，陆源污染物由环保部门管辖，海洋污染管理则按照不同性质归属在海洋、渔业、海事、港航等部门，发改委、财政、国土等部门还可行使综合调控功能。这使得我国在跨区域海洋环境治理中常因权责不明、相互推诿而不了了之。

（三）跨区域海洋环境治理缺乏完善的参与机制

跨区域海洋环境治理中，政府间组织无疑是正式的环境治理活动的主要行为者，目前我国各沿海省市尤其是长三角、珠三角、环渤海都建立了不同层级的区域内海洋环境协作治理机制。然而，仅靠政府的治理是不够的，也是不全面的，必须建立企业、社会组织、个人等在内的多渠道海洋环境治理机制。这些组织有助于弥补政府间因偏执于绝对的地方利益，或者固执于本行政区划内的个体利益，从而使政府间的松动合作组织变得无意义或者没能发挥很大作用。

1. 缺乏企业参与海洋环境政策制定机制

海洋环境治理中企业的参与是十分重要的一环，当前海洋污染的很多源头来自工业企业的污染，包括船舶航行中的漏油事故、海洋工程建设的污染事件等，企业组织的参与在海洋环境政策制定中具有十分重要的作用。保护海洋生态环境代表社会公共利益，当与企业的经营利益发生矛盾与冲突时，如果以政府为代表的权威部门没有引导或者关注，企业往往以牺牲海洋生态环境为利益取向。当前一些地方政府囿于自身的利益或者权威，对企业组织的参与不屑一顾，导致政策的失当。在这一意义上，建立企业参与海洋环境政策制定机制显得十分必要。

2. 缺乏有效发挥涉海非正式组织的作用

海洋环境治理中的非政府组织是指参与海洋环境公共政策制定、海洋环境治理监督的第三部门，如国内的北海红树林关爱与发展研究会、大海环保公社，国际上的海洋守护者协会、太平洋环境组织。根据《海洋环保组织名录》（2014 年版），目前我国已建立 111 家海洋环保组织，包括 28 家国内海洋环保社会组织、3 家国内海洋环保学生社团、6 家国内涉海环保基金会、12 家国际涉海环保组织、29 家国内涉海环保社会组织、5 家国内涉海环保学生社团以及 28 家其他海洋环保组织。然而，如何发挥这些组织的作用，同时建立环保组织与政府在环境价值取向上的一致性也是十分必要的。因此，政府必须为海洋环境非政府组织的成长提供支持和帮助，并积极引导海洋环境保护组织参与海洋环境公共政策的制定。

3. 缺少公众参与海洋环境治理的渠道

海洋环境治理是一个系统工程，涉及的利益层面很多，政府难以顾及全面，也难以监控全面。同时，海洋污染对民众的影响也是最大的。民众对海洋环境治理的意见和治理方式应该得到政府的重视，以促进海洋环境管理主体多元化。然而，政府出于对海洋环境政策反馈意见的冗杂性、公众对海洋环境治理意见反馈的片面性等原因，会怠于考虑公众的参与度，导致信息闭塞、政策失当等问题，也影响了海洋环境保护政策落实和海洋环境治理的最优化。

第八章

区域海洋公共危机治理

海洋危机是由于自然因素或人类活动引起的，发生在海洋区域内并对海洋权益、海洋产业、海洋环境以及相关人员的生命财产安全带来严重威胁的公共危机。就公共危机本身而言，受地理环境、地质条件、危机性质等影响，一些重大自然灾害和公共危机事件大多呈现出了明显的区域性特征，海洋危机的发生更多体现为区域性的海洋自然灾害和社会性灾害，即区域海洋危机。近年来，世界各地发生的区域性海洋危机，影响之大、损失之巨以及灾前灾后所表现出来的危机应急方式，引起世人对其更多的关注，进而对危机的治理模式和路径进行重新探索。

第一节　海洋公共危机的基本内涵和类型

海洋危机属于公共危机的一种类型，但又有别于一般的公共危机。海洋危机治理也因海洋领域的特殊性而赋予其不同的内涵。

一、海洋危机的概念

海洋危机属于公共危机的一个种类。公共危机是危机的一种形式，是对一个社会系统的基本价值、行为准则和社会秩序等产生严重威胁，并且在时间压力和不确定性极高的情景下，需要由以政府为核心的公共管理系统做出决策来加以解决的事件。[①] 公共危机按照其发生的领域不同，可以具体分为政治危机、经济危机、教育危机、卫生危机和环境危机等，而如果公共危机发生在海洋领域，那么这种公共危机就体现为海洋危机。

海洋危机的概念可以表述为，由于自然因素或人类活动引起的，发生在海洋领域内并对海洋权益、海洋产业、海洋环境以及相关人员的生命财产安全带来严重威胁的公共危机。从海洋危机的概念中我们可以看出，首先，海洋危机是一种公共危机。依据《联合国海洋法公约》（以下简称《公约》）规定，一个沿海国家所管辖的内水、领海、专属经济区和大陆架是这个国家国土的重要组成部分，而未被划入一个国家管辖的公海和国际海底区域成为全世界所共同拥有的地区，诸多海洋突发事件影响跨越国界，或在公海区域发生，如日本福岛核泄漏、印度尼西亚海啸等，所以海洋领域内的危机需要多个国家甚至整个世界来共同面对。无论从海洋危机发生于公共领域来看，还是从危机载体具有公共属性的特点来看，海洋危机都是一种典型的公共危机。其次，海洋危机就产生的原因而言，主要是自然因素或人类活动，有些海洋危机是两大因素共同作用的结果。尤其是进入21世纪后，随着人类开发海洋的升温和提速，海洋危机中人为因素的比例开始逐渐扩大。最后，海洋危机出现后会对海洋权益、海洋产业、海洋环境以及相关人员带来严重的威胁和影响，如果解决不好，可能会威胁到整个世界的安全和稳定。如：近年来，海平面上升正在威胁一些海洋国家沿海城市和乡村的生存和发展，自然资源部海洋预警监测司发布的《2018年中国海平面公报》指出，1980—2018年，中国沿海海平面上升速率为3.3毫米/年，高于同时段全球平均水平。以浙江省为例，2018年沿海海平面较常年高57毫米，且各月海平面变化波动较大，当年8—10月，前后有7次为浙江沿海天文大潮期，如遇风暴潮袭击，易发生季节性高海平面、天

---

① 张国庆：《公共政策分析》，复旦大学出版社，2004年版，第259页。

文大潮和风暴增水三者叠加现象。沿海海平面的持续偏高,将直接造成滩涂损失、低地淹没、生态破坏等,并导致风暴潮、城市洪涝、咸潮、海岸侵蚀和海水入侵等灾害。如果这一趋势得不到有效控制的话,世界地图将逐步被其涂改,最终陆地将大大减少,地球也许将成为一颗"蓝色的星球"。第三,海洋危机的发生还带有一定的区域关联性,如2018年1月6日,巴拿马籍油船"桑吉"轮满载凝析油与中国香港籍散货船"长峰水晶"轮在长江口以东160海里处发生碰撞,引起大火,于14日下午4时45分发生爆炸,在东海海域沉入海底,造成船上3名人员死亡、29名人员失踪,"长峰水晶"轮严重受损。事故发生后,来自国家海洋局、上海、浙江、江苏以及邻国的海洋救助船纷纷参与这次海难救助。这一案例进一步促进了区域海洋范围内的海洋石油污染应急处理与合作联动机制的构建。

二、海洋危机的特点分析

海洋危机作为一种公共危机,具有公共危机的一般特点,如突发性和紧急性、高度不确定性、影响社会性和决策非程序性等,但也有其自身的特点,相对于陆地上的公共危机而言,这种特点体现得尤为明显。

(一)危机发生几率高

海洋占地球表面70.8%,其发生危机的可能性要比陆地大得多。而且海洋自身的自然地理属性决定了其与陆地不同,世界各大洋之间彼此是相通的,陆地却被广阔海洋分割和包围着,形成了几大洲和无数大小不等的岛屿,因此陆地上危机的引发因素往往局限于一个陆地的领域内,而海洋危机的引发因素就广阔得多。另外,当今世界人口数量剧增、陆地资源锐减、环境污染严重,各国纷纷把目光投向海洋,海洋权益的矛盾和争夺日趋激烈。同时,世界上绝大多数国家和地区都濒临海洋,从而造成了沿海地区人口密集和城镇集中,生产力水平较高。据有关资料显示,在距离海岸 200 千米以内的沿海地区大约集中了世界 1/2 以上人口。[①] 这样密集的人口和频繁的海洋经济活动，一方面加剧了海洋危机发生的可能性，另一方面又增加了海洋灾害发生的预防和救援难度。

（二）危机影响范围广

全球海洋是相互连通的一个整体，尤其是海洋的物理连通性使海洋成为全人类所共有的唯一海洋。虽然沿海国家分别管理自己所属的海洋领土，但划定海洋领土的领海基线是看不见、摸不着的，它不是划在陆地上或其他物体上的实实在在的线，而只是在理论和法律意义上的存在，尤其是大陆架重叠地区的划界和争夺问题至今仍然存在，而且随着科技的进步和海洋资源的发现而愈演愈烈。另一方面，海水及其生物是流动和移动的，凭借国力和人的意愿是阻止不了这种变化的，这是海洋国土区别于陆地国土最大的地方。因此，海洋问题无国界，保护海洋环境，防止海洋自然灾害发生，开发、分配和管理公海的资源都是全球和区域需要关注的问题，与全球所有国家的利益有直接关系。而对于海洋危机而言，一个区域海域发生危机，往往会扩散到周边，甚至有的还会波及全球。

（三）危机持续时间长

海洋危机持续时间长主要源于两个方面的原因。一是海洋是地球上地势最低的区域，危机因素一旦进入海洋很难再转移出去，只能由海洋本身来消解，而不能溶解和不易分解的物质在海洋中越积越多，从而使危机在海洋内持续存在。如：1991 年，第一次海湾战争期间，约 1 100 万桶原油泄漏，溢油污染对海湾沿岸资源造成了长达 10 年的损害，直至 2003 年仅沙特阿拉伯 800 多千米海岸仍有约 800 万立方米的油污尚未消除，整个海湾生态恢复在多年后仍未见明显效果。[②] 二是海洋危机的衍生性高。海洋

---

① 申长敬、刘卫新、左立平：《时空海洋——生存和发展的海洋世界》，海潮出版社，2004 年版，第 23 页。
② 张兆康、伍亚军、宋威：《应尽快建立近海岸滩溢油应急响应新思路》，《中国海洋报》，2008 年 9 月 9 日第 3 版。

危机往往通过海洋生物的食物链作用而在体内逐渐放大，使危机持续存在，并引发次生危机。如赤潮暴发后期赤潮生物大量死亡，尸体分解消耗水中大量的溶解氧，又会导致鱼类、贝类的窒息死亡，引发海洋生态危机，而如果人类误吃了有毒的鱼类或贝类又会导致食物中毒，社会卫生突发事件就难以避免。

（四）危机防治难度大

海洋危机的国际性特点，一方面导致了其影响的广泛性，另一方面又带来了防治的难度。因为这需要国际社会和各国的通力合作，本身这种合作就需要高昂的协调成本和漫长的交易程序，同时一些利益得失的考量和"搭便车"行为都会成为这种合作的阻力。而且海洋危机很大一部分体现为海洋自然灾害，而各种危害人类的自然灾害如地震、飓风、洪水、干旱、海啸、滑坡和泥石流等，目前凭借人类已有的科技手段是无法完全阻止其发生的。最为关键的是，要有效预防和控制海洋危机必须对作为危机载体的海洋有充分的了解，但海洋对人类来说至今还未完全达到认知。人们常说"下海比上天更难"，确实海洋特殊的性质和环境造成了人类认识海洋的诸多困难，因为海洋环境是一项系统工程，是复杂的，也是严酷的，最突出的就是海水压力过大、海底光线缺乏、海洋温度过低和海洋腐蚀性太强等问题。因此，即使海洋探测技术日益发展，人们对海洋的认识还只是冰山一角，而源于认识的局限和信息的缺乏，使人们对海洋危机的防治难度就会相应增大。

三、海洋危机的分类研究

（一）按起因分类

引发海洋危机的起因不同，可以分为：人为的海洋危机和非人为（自然）的海洋危机。人为的海洋危机主要指人类在涉海活动中，出于主客观原因而导致的危机，如：海上战争、海洋权益的争夺、海上石油的泄漏和海洋渔业资源的过度捕捞等。如果从人类的动机方面进一步进行划分，人为的海洋危机又可以分为：过失的海洋危机和故意的海洋危机，前者如一些海难事件，后者如海盗劫持人质事件。非人为的海洋危机主要指一些由不可抗力的自然因素引发的海洋危机，如风暴潮、海啸和海冰等海洋自然灾害等。人为的海洋危机无论是故意还是过失造成的，如果能提前有效获取相应情报或发现危机隐患，是可以采取有效措施加以防范和清除的。而非人为的海洋危机多数是难以避免的，但如果能有效预警并做好准备，危机发生后是可以将损失降到最低的。当然，只是简单将危机用二分法还是不够的，因为有时海洋危机中既有人为的因素，又有非人为的因素。例如，在一起海难事件中，人为因素有被忽视的安全隐患，自然因素有海上的恶劣气候，它们共同造成了这起危机事件。如 1979 年 11 月 25 日，"渤海二号"自升式平台在拖航过程中遭遇 10 级大风，甲板被海水吞噬，大量海水灌入泵仓，而且由于抢救不及时导致翻沉，造成 72 人死亡，直接经济损失达 2 000 万元,① 其原因就是多重的。

（二）按影响范围分类

海洋危机按影响程度分为 6 个层次：全球和区域危机、国际危机、国家危机、地区危机、组织危机和个人危机。

海洋危机由于危机的载体——海洋本身具有"大""深""沟通"的特点，尤其是海洋的沟通性造成了按影响范围进行分类的难度。有时候发生在某一海域的海洋危机如果得不到有效控制（这种控制有时也是很难的），可能发展到地区性甚至全球性的海洋危机。从海洋危机静态角度进行影响范围的分类，可以分为：局部性海洋危机（一个行政区管辖的海域内，如某省海域的危机等）、区域性海洋危机（几个行政区管辖或一个生

---

① 来自大海的哭泣声，揭秘渤海二号石油钻井平台沉没的悲惨真相，https://www.163.com/dy/article/GKK7BCT00543OQY3.html，访问日期：2022 年 1 月 26 日。

态区的海域内，如渤海海域的危机等）、国家海洋危机（涉及整个国家的海洋利益，如海岛主权的争夺等）和国际海洋危机（需要国际社会共同面对，如海平面上升、海洋生态危机等）。按照影响范围分类，一方面有利于明确相应的海洋危机的危害程度和大小，另一方面便于确定危机管理的主体及其责任范围。如2011年3月11日，因海底地震以及海啸造成的日本福岛核电站核泄漏事故，对海洋环境造成不可估量的危害。它不仅影响了本国的海洋环境和人体健康，而且通过入境观光旅游以及海产品出口、水体流动作用波及整个世界和太平洋。从美国国家海洋和大气管理局拍摄的卫星照片看，福岛核电站排放污水对太平洋周边国家影响较大且长远。美国阿拉斯加附近海域发现海豹出血症状，加利福尼亚州（以下简称加州）附近海域已经发现蓝鳍金枪鱼异常脓肿现象，美国民众清楚一旦加州沿岸海水和海滩遭受核辐射，加州社会稳定和经济发展必然会遭受重大打击。2021年4月，日本政府和东京电力公司决定通过海底隧道将核污染水排放至近海，引起世界特别是日本邻近国家的高度关注。

（三）按复杂程度分类

根据海洋危机的复杂程度，可以分为：单一型海洋危机和复合型海洋危机。前者指某一海洋危机事件是单一形式存在的，其影响局限于危机本身，也就是不构成其他危机事件的成因，没有引发继发的危机，如：没有造成人员伤亡的海洋自然灾害等。后者是由两个或两个以上危机事件构成，它们之间存在着一定的因果关系，主要是由于海洋危机涟漪效应又引起了其他的继续性危机。这种继发性的危机既可以发生在海洋，如：海上石油运输船的海难事件造成石油泄漏，也可能由于陆地环境事件发生后将污染物排放入海致使近海海域发生继发性污染；还有如，海啸过后，大量人员和牲畜死亡，如果防范措施不及时，往往容易引起瘟疫等流行病。对于单一型海洋危机，防范和应对的目标明确，见效较快，而对于复合型海洋危机，还要注意研究原生性危机以往的处理经验，充分考虑到原生性危机出现后可能引发的各种继发性危机，以免继发性危机出现后束手无策。

（四）按照发展速度分类

根据海洋危机发展的各阶段，尤其是发生前和发生后的速度，将海洋危机区分为 4 种类型（图 8 - 1）。一是"快—快"型海洋危机，即海洋危机来得快，去得也快，如同龙卷风一般，而且危机解决以后不留后患，如一般的海难事故。二是"快—慢"型海洋危机，即危机突然爆发，但其影响和后果将在很长一段时间内存在而难以消除。最典型的就是海上溢油危机，一旦发生，对局部海域的影响是长期而严重的。三是"慢—快"型海洋危机，即海洋危机是逐渐发展起来的，但爆发后就很快结束了，如一个海盗集团逐渐发展壮大，但在一次重大的抢劫后被一网打尽，就属于这种类型。四是"慢—慢"型海洋危机，即海洋危机爆发前经历了较长时间的酝酿，而爆发后也需要一个较长时间才能逐渐消除。如海平面上升，主要是工业的快速发展，煤炭和石油燃烧过多导致气候变暖，继而冰川融化和海水升温，从而海平面逐渐上升。海平面上升是一种缓慢的过程，但近年来随着气候变暖加剧，未来中国平均气温继续升高、极端热浪变得频繁、强降水及其诱发的洪水增多、海平面进一步上升、沿海地区将会发生更多洪水，未来的极端天气气候事件的强度可能趋强。虽然其发展变化缓慢，但如果不能得到有效控制，其影响却是广泛而深远的。当然，海洋危机无论发展快慢与否，其都会对经济和社会带来一定的影响和威胁，了解其发展变化的一般规律，有助于我们更好地实施危机的监控和应对。

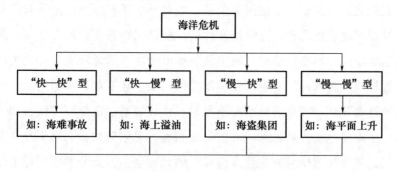

图 8 - 1   按发展速度对海洋危机的分类

（五）按所涉及人群的倾向分类

按照海洋危机涉及人群的倾向和态度是否一致，可以分为：利益一致型的海洋危机和利益冲突型的海洋危机。前者所涉及的所有人利益基本是一致的，不存在利益冲突，所有人都会共同关注和应对海洋危机，如海洋自然灾害危机和意外的海洋事故危机等，最典型的是 2004 年 12 月 26 日发生的印度洋特大地震海啸灾害，国际社会开展了史无前例的紧急人道主义救援行动，共承诺援助资金达到 40 亿美元，表现了空前的团结和人道主义精神。而利益冲突型的海洋危机指所涉及的人群利益不一致，两个或多个群体之间各自对危机的态度是完全不同的，这种利益和态度的差异往往成为海洋危机事件发生的主要原因，如由于海洋权益的争夺而产生利益冲突和对抗的海洋危机事件。

（六）按照海洋危机的内容分类

按照海洋危机的内容不同可以分为 5 种类型，它们既符合海洋危机的一般规律，也有自己的特殊性。一是海洋灾害危机，主要是由于自然因素而引发的海洋自然灾害，如风暴潮、海啸、台风和海冰灾害等。二是海洋事故危机，主要是发生在海上的交通和海洋工程及设施的危机，如海难事件和海底光缆的破坏等。三是海洋安全危机，主要指威胁海域管辖国家和地区安全的海洋权益争夺和侵犯危机，如海洋战争和海岛争夺等。四是海洋生态环境危机，主要指人类不适当的开发和利用海洋，对海洋环境造成影响。这里又可以分为海洋环境破坏危机和海洋环境污染危机，前者如围海造田和修筑堤坝等，后者如向海洋排放污水和赤潮灾害等。五是海洋生物危机，主要是影响到海洋生物资源存在和发展的危机。如海洋生物多样性减少和海洋渔业资源的枯竭等。

第二节　区域海洋危机的范畴与理论

区域海洋危机在性质、特征等方面区别于普通的公共危机。相对于陆地危机而言，海洋危机主要是区域性危机，具有发生几率高、影响范围广、持续时间长和防治难度大等特点。因此，首先需要界定区域海洋危机的范畴，梳理区域海洋危机的机理，在此基础上，进一步研究区域海洋危机的治理模式和具体路径。

一、区域海洋危机治理的基本范畴

（一）区域海洋危机中的"区域"范畴确定

一般来说，区域是指一个空间的概念，是地球表面上具有一定空间的、以不同物质客体为对象的地域结构形式，地球表面的各种因素的相互联系和相互制约，形成了相互依赖的统一体并体现在不同的区域内。学术界对区域的界定标准主要有两种：一种是地理位置，另一种是语言文化等非地理概念。随着新区域主义在西方的兴起和发展，并进而影响我国的区域规划进程的大背景下，对区域的范畴解读则有了新的发展，更加强调国家之间的互动，越来越远离地理邻近的原始意涵。而建构主义强调，区域应由一些有共同社会认同感的国家和地区组成，这一观点近年来在理论界也渐成市场，因此区域的划分也呈现出动态性。① 可见，确定区域的范畴应以地理上的邻接性为基础，结合对历史、政治、经济、文化和安全等因素的考量而划分的一个具有一定范围的自然空间和社会空间。因功能因素不同，区域范围也有差异，大如国家间的组合，如"北美自由贸易区"，对国内而言则有如"长江三角洲"区域等。

从公共管理的视角看，"区域"又是一个内涵和外延十分丰富的概念，它既可指行政区域，又可以指经济区域，既可指自然条件形成的区域，又

---

① 本质上，公共行政的社会建构是对公民民主治理过程的倡导，是对治理过程中政府与非政府组织等主体间积极互动关系形成的张扬。针对"区域治理"的现有文献，可以发现当前国内研究主要还滞留在结构主义经济学的"区域"研究阶段，对"区域"的理解多定位为结构主义语境下的"经济学"概念，这种理解不能适应当前区域公共危机治理的现实。因此，对"区域"的（社会）建构主义的重释研究，具有重要的理论价值。

可以指社会条件形成的区域。当然,在区域基于"自然结构"与"行政结构"进行整合的基础上,区域危机治理的关键是区域间的"社会整合"。"区域"的"社会整合"不仅要求区域地理属性、区域行政属性、区域经济属性的融合,更加强调的是在海洋危机治理中,不同区域治理主体间的观念上的共识、资源上的共享、过程上的共商、行动上的共担、结果上的共责,因而"区域"也就体现出了更多的社会属性和合作特征。①

区域海洋危机治理的区域确定可依照以上的原则进行。因海洋的特殊属性,如海水的流动性、海洋区域的紧密关联性,区域海洋危机的区域确定应更注重区域海洋的自然属性,并一定程度上兼顾区域的生态系统属性、行政属性和经济的融合性等。如日本地震影响的海区主要为西北太平洋海区,该区域国家的沿海地区即可成为跨越国家的危机治理区域。

(二) 区域海洋危机的内涵界定

海洋危机作为一种公共危机,同样具有突发性、紧急性、不确定性、影响社会性和决策非程序性等特点,海洋危机由于危机的载体——海洋本身的特点,发生在某一海域的海洋突发事件或灾害如得不到有效控制,极有可能导致区域性的海洋公共危机。由于危机管理制度滞后,治理不到位,从事件演变为危机已经成为一种常态。

对海洋危机的传统分类是以行政区为地理范围的静态角度进行,分为局部性海洋危机、区域性海洋危机、国家海洋危机和国际海洋危机等类型。这种界定被认为有利于明确海洋危机的危害程度和大小,便于确定危机管理的主体及其责任范围。但实际这种认定是建立在行政区域基础上的划分,是对"区域"内涵的误读,忽视了"区域"的扩张性范畴。因此,不管是海区里局部的海洋危机还是需要全球应对的海洋危机,其主要发生内容均可纳入区域海洋危机之中。尤其是基于合作治理的海洋危机应对,

---

① "区域"是一个内涵和外延十分丰富的概念,本研究基于社会建构主义的观点对"区域"范畴的新进展进行了简要说明,也是区域海洋危机合作治理的立论基础。

区域则需要进行扩张性的解释，既是一种地理概念的延伸，又是基于政治、经济、安全的合作而形成的一种治理范畴，既考虑主体的参与，又考虑一定地理区域内国家间、行政区之间、海区之间的合作治理。总之，区域海洋危机的表述是当前海洋危机从治理需求视角比较合理的范畴归纳。

前文已述及区域是基于自然属性、行政属性基础上的社会属性的综合体现，区域海洋危机作为一个公共问题，与一般公共危机的发生具有同质性，在一个开放社会、信息社会和高度流动性的社会里，"单位"行政区域已经越来越变得"外溢化"，广泛渗透和扩散到整个区域。① 区域海洋危机成为所有海洋危机中发生频率最高、影响最广泛的海洋危机。因海洋的特殊性，往往使海洋区域内国家之间形成共通，在一个国家内诸多行政区之间形成共享，这种状态符合区域治理多元化主体的特性，只是这种主体的参与首先表现为国家参与的优先性。另外，危机爆发必然涉及海洋非政府主体的利益，损害如捕捞权、海域使用权行使人的权利，因此危机一旦发生，危机参与主体的多元化成为必然。当然，基于区域合作的区域海洋危机从其范畴视角看是一个动态的范围，随着环境的变迁，自然地理区域、经济区域和行政区域界限越来越模糊，但海洋危机的区域特征因"区域"本身的模糊性和合作治理的必要性，成为海洋危机应对的最重要的环节。

二、区域海洋危机治理的现实分析

（一）海洋区域的复杂性使危机治理存在障碍

海洋区域与陆地比较，自然性危机可能涉及的区域要比陆地大得多。海洋自身的自然地理属性决定了发生危机的危险源众多且不易被发现。而且，世界各大洋之间的构造特点明显有别于陆地，因此陆地上危机的引发

---

① 岳经纶、李甜妹：《合作式应急治理机制的构建：香港模式的启示》，《公共行政评论》，2009 年第 6 期，第 81 - 104 页。

因素往往局限于一定的陆地领域内，而海洋危机的引发因素就多得多。

海洋区域的广泛性使海洋危机发生的概率增加，而危机应对的技术特点使海洋危机治理效果减弱。海洋的地势特点使区域危机元素一旦进入海洋很难再转移出去，只能靠海洋本身来消解，部分危机元素如原油泄漏的分解物不能溶解且不易分解，相关物质在海洋中越积越多。而且，海水的流动性强，海洋污染虽然发生在一定的水域，但随着洋流、波浪的作用，甚至通过船舶压舱水、鱼类洄游等途径，会导致另一国水域的生态环境灾害。2021年，日本宣布向太平洋排放核废水，实施后核污水中的放射性物质将在洋流、洄游鱼类等推动下，不可避免地造成跨界影响。另外，海洋危机的衍生性特别高，这主要表现在区域性海洋生态危机，如赤潮，一方面会破坏海洋环境，另一方面如果是有毒赤潮，往往会使毒素通过食物链作用在海洋生物体内逐渐放大，使危机较长时间持续存在，并可能引发次生危机。可见，海洋危机对人类在危机治理的科技支撑和区域合作的程序方面要求特别高。

上文已提及，海洋危机发生很大一部分来源于海洋自然灾害，包括地震、飓风、海啸等，目前凭借人类已有的科技手段是无法完全阻止其发生的，加之海洋中还存在海水压力过大、光线缺乏、温度过低和腐蚀性太强等特点，对海洋环境、生态危机防治的挑战是不言而喻的。

（二）海洋危机治理中区域主体间的合作存在阻力

海洋区域的自然特点使区域海洋危机治理的难度增大。海洋从实质来看是一个全球性的问题，因海洋的连通性使区域性海洋危机的扩散能力和概率大大高于陆地区域。具有国际影响的海洋危机治理需要国际组织、各主权国家等的通力合作，但本身这种合作就需要高昂的协调成本和漫长的交易程序，同时一些国家或国内地方治理主体存在利益得失的考量，都会成为这种合作式治理的阻力。

从国家层面来说，海洋危机治理面临着除了自然地理条件的约束之外的困境。从国内分析，如果一个国家的海洋管理体制尚未理顺，则海洋危机发生后管理主体和参与群体在危机管辖上首先存在无所适从的窘境，以海洋环境污染为例，就可能发生中央政府与地方政府的管辖权限纷争、地方政府与企业管理上的矛盾等。从区域海洋危机的国际合作看，相关矛盾的存在更是不容忽视。随着对海洋权益的不断关注，国家海洋权益的纠纷和海洋危机的合作就面临着深层次的主权问题，如领海、专属经济区和大陆架划界争端的存在。海洋危机的爆发在合作层面必然会涉及主权的纠纷，尤其在争议海域的公共危机治理合作就显得困难重重。

（三）区域海洋危机治理的制度支持存在缺失

从国际视野分析，区域海洋危机治理源于区域海洋管理的制度背景下的理论创设。而任何管理制度的推出均需要以一定法律为基础的相应制度支持，但区域性海洋危机的治理不论从国内和国际的制度安排上都存在缺失。

《联合国海洋法公约》在涉及海洋危机领域做了一些原则性规定，如针对海洋环境问题，明确规定各国应采取一切必要的措施，确保在其管辖或控制下的活动的进行不致使其他国家及其环境遭受污染的损害，要求各国在全球性和区域性的基础上进行合作，防止将污染损害从一个区域转移到另一个区域。但海洋环境危机的治理单靠这些原则性的规定尚且不够，还需要各区域国家间在国内完善立法或签署国际条约。当前，区域海洋危机治理在国际上以条约形式出现的基本尚属空白，从国内立法看，如我国的《突发事件应对法》仍以较大篇幅强调政府作为危机应对的绝对主体，非政府组织与政府的合作治理理念在该法律中体现不是很明显。同样，我国的《海洋环境保护法》《海域使用管理法》《海岛保护法》对区域海洋的各主体合作给出了一些原则性的规范，但总体来说比较注重政府的管理功能，对非政府组织和社会公众在区域海洋合作中的作用发挥，以及如何与政府进行有机合作，相关规范和制度存在一定缺失。

三、区域危机合作式治理的理论框架

由于政府失灵和志愿失灵的存在，单个国家或区域内的地方政府以及非政府组织都无法单独应对区域性危机的挑战，因而合作式治理成为一个普遍的选择。合作式治理危机使政府和非政府组织、社会公众等其他主体成为伙伴关系，共同成为区域危机治理的合作主体。区域海洋危机的合作治理也应在区域治理的理论框架内进行相应的路径探索。

（一）区域危机治理的实践基础：区域化

区域危机治理源于区域的存在。但区域作为一个综合性概念，既可以是社会区域和行政区域，也可以是自然区域和经济区域。① 区域化的形成与区域内国家或行政区的社会经济整合的程度有关，通常是经济社会互动的结果。区域化更多体现为经济一体化，是当前世界经济发展的基本趋势，它的本质是以投资、贸易、金融、技术、人才自由活动与合理配置，推动生产力快速发展。区域危机治理是区域中国家或行政区区域化过程中的重要环节，同时为有效实现区域危机治理，区域化则是一条良好的途径。

对危机治理而言，区域化是人员、多种联络管道、复杂社会网路的建立，通过意识形态、政治态度的交流互动在区域内的国家间传递，或在国内行政区域间就共同的治理目标进行长期沟通，形成一种新形态的区域化的公民社会。虽然这种形态多少侵蚀了政府的权力张力，但对危机应对来讲，区域政府或国家的个体适度限缩权力的范畴，获得区域内其他主体的区域网络的支持，其实是一种十分经济化的交易，而这种权力的区域整合对区域危机治理恰好是飞跃式的推进。

（二）区域危机治理的支持体系：合作化

国家、市场和社会是现代公共治理的基本主体。对区域危机来说，治理在这里是作为一种多中心、合作、非意识形态化的公共管理模式。治理主体的多元化是危机治理机制构建的重要逻辑起点。治理主体既可以是公

---

① 这种基于公共管理的视角对区域范畴的研究，必须根据不同区域类型和区域问题创设不同的治理安排。参见陈瑞莲、张紧跟：《公共行政研究的新视角：区域公共行政》，载《公共行政》2002 年第 3 期。

共机构，也可以是非政府组织、企业、家庭甚至公民个人。治理的过程不仅仅局限于政府的主导，也包括多元角色的互动。

危机的合作化支持体系源于危机合作主体的利益考量。区域公共危机治理涉及诸多区域利益攸关者，在决策过程中必须体现一个合作的过程，即要让其他利益攸关者与政府分享决策权。① 政府面对危机的政策需要顾及其他治理主体的利益价值，在合作的基础上，危机治理就有实施的可能，公平、公正的竞争环境才能真正形成。

因此，区域合作机制是区域危机治理的关键。危机治理是政治国家与公民社会在危机管理中的合作，是基于政府与非政府组织的合作以及公共机构和私人机构的合作，而形成的自主自治的行为者网络。区域海洋危机的合作表现为区域间国家的合作、国家间非政府组织的合作，以及国内各主体间的合作。同时，跨区域合作治理的顺利进行有赖于一个清晰的合作范围的界定，需要对不同主体有一个明确的事权范围。如海洋石油污染应急处理处置不是一个地区或一个省市或一个国家能完成的，它需要海域邻近省市或周边国家共同应急联动处置，针对跨国界危机应对，需要国家间协同，由中央政府出面或中央政府委托地方政府与邻近国家协调形成合作机制；而国内的海洋危机应对，主要由国家相关部门牵头，全国沿海省市、地市政府参与，建立全国沿海海洋合作联动应急处理机构，同时建立健全各项处置预案，通过对专业救助船、清污船、过往商船、飞机等进行应急指挥演练，提高事故预测、快速反应、处理处置、管理指挥能力，打造一个信息化程度非常高的应急指挥平台。

（三）区域危机治理的机理机制：制度化

在治理视域中，区域公共危机治理要以政府的有效管理、完善的法律体系，运用现代化的信息技术，以资源互补、权力共享、风险共担、相互

---

① 刘学民：《公共危机治理：一种能力建设的议程》，《中国行政管理》，2010 年第 5 期，第 71－74 页。

依赖为特征，建构具有广泛包容性的、多元化的治理网络，这一网络体系的形成需要相应的机理机制，并需要有一定的法律和制度的规范与支持。

区域危机的合作治理需要完善的法律保障体系。当前我国区域合作的主要方式是通过一定的区域间政府协议，国家缺乏相应的区域合作立法，政府和相关组织形成的区域合作基础不是基于法律的框架，因此规范性、稳定性和严肃性明显不足。这种制度设置的盲目性和非规范性，使危机的区域合作在危机应对中更凸显制度设置的缺失，政府可能作为单一主体在危机应对中的主观任意性不断显现，危机合作治理的推进无从谈起。如果海洋危机涉及国际性的合作，则更需要国内法和国际条约的支撑。因此，基于法律框架下的制度设置是区域危机治理的机制保障。

第三节　区域海洋危机治理的基本路径

公共危机管理和治理的研究在国外的研究和实践比较成熟，美国、日本、欧盟等在地震灾害、危机应急机制、危机合作等领域从理论到实践均已有一定基础。近年来，新区域主义的兴起促使政治、社会和经济的区域化现象日益明显，区域危机治理也随着区域化的治理模式推进一并受到推崇。海洋危机区别于一般意义上的公共危机，其治理的难度和跨度均使得区域性海洋危机成为当今国际性的区域合作以及国内区域治理的重要领域。区域海洋危机治理的推进应当首先分析区域合作和海洋危机治理的现状，并结合危机本身的特点形成相应的对策和路径。

一、推进海洋治理走向"区域化"

随着国际社会经济发展的共通性和合作性的增加，世界邻近国家的"自下而上"的区域化趋势不断形成，这种区域化的发展呈现出地理邻近国家间的有机发展；同时，由国家"自上而下"推动的区域主义运作模式也在有序推进。区域化和区域主义模式因经济、社会发展的国家需要而产生，建立必要的海洋"区域化"模式，乃是区域海洋危机合作治理的重要途径。

因区域化不是一个国家或国家内的一个行政主体有意而为之的一种模式，也没有为区域内的政府设定一种特定的关系。因此，区域化的推进应该是一种松散的合作模式，更多的参与主体来自非政府力量，但在区域化的进程中和政府推进的区域主义思维应是同向度的，故而政府对区域化的支持也应是必然的。区域海洋危机的合作治理需要在区域成员间（行政区域为单一个体）通过某一合作平台，构建区域海洋危机应对的"区域导向"机制，明确一种区域危机治理的目标机制，即以化解和消除区域性海洋危机为终极目标，在非政府组织、跨国公司、民间团体甚至个人均参与的状态下形成危机治理的合作基础。区域化的进程还需要遵守两个原则：第一，开放性原则，即地区界限应是开放的、模糊的和灵活的；第二，强调地区意识或地区认同，这种认同需要更多地关注国家对于地区共同利益及共同价值观的认可，而不是对国家主权的否定。

二、加强海洋区域间主体的合作

因海洋危机区别于一般公共危机的表征，区域海洋危机治理合作化的难度高，从合作的本质要求上看，这种合作应是一种主体间关系，认知与互动是合作的前提，具体的合作要求体现为观念上的共识、资源上的共享、过程上的共商、行动上的共担、结果上的共责。

从总体上看，海洋区域主体的合作包括四个方面：

（1）"静态的合作"。这种合作重在合作体制的构建，强调权力划分、组织设置、资源分配、制度设计等方面。例如，从合作的主体上看，包括海洋区域内的各有关国家、各区域政府以及区域内的其他非政府组织等利益群体；从合作的体系构成上看，体现为行政权责的合作体系、社会治理的合作体系、危机响应的合作体系、评估恢复的合作体系、资源支持的合作体系、技术保障的合作体系、防御避难的合作体系、救护援助的合作体系等各个子系统。

（2）"动态的合作"。需要在区域海洋主体之间建立决策、组织、领导、协调、控制等各职能阶段的合作机制。从合作的运行机制上看，合作蕴含于计划、组织、领导、协调、控制各职能之中，体现在监控与启动、处置与协调、运行与评价、监督与奖惩、终止与补偿等各个方面的机制设计之中。如针对沿海海平面上升问题，沿海省市应设立涉海部门、生态环境管理部门和科研院校等组成的海岸开发与海平面管理工作小组，科学评估海平面上升的影响、分析海岸带管理面临的新挑战，为当地政府提供应对海平面上升的方案，提高沿海社区的灾害抵御能力和应变能力。沿海省市还可设立专项基金，可先由财政拨专款做预备资金，鼓励更多的企业或个人加入进来。

（3）"生态的合作"。强调与海洋危机发生有关联，对危机应对有影响的外部环境，包括自然、经济、文化、社会环境制约下的合作。这种外围要素的合作是扩张性的，因为危机的不确定性，各种因素必然都可能对危机有一定影响，如日本福岛核泄漏危机所牵涉的外围生态因素就包括经济发展、国家文化的认知、海洋自然环境、气象预报能力等因素。因此，这种生态合作更应是一种长久的机制性规划，需在区域主体间逐渐稳定下来这种合作的内容。

（4）"心态的合作"。如果区域主体面对危机时在知识、价值、意识、能力方面均达到能够应对海洋危机的状态，则危机应对就显得从容而有效，但当前各海洋国家对海洋的认识、知识能力的储备等均呈现不均衡化，因此这一领域的合作虽更长期化，但基于治理的合作就需要在各主体间建构一种机制，形成知识、价值、意识、能力的共享。

三、构建海洋区域管理模式下的政府间协调机制

海洋区域管理从本意上是以生态系统为基础的管理，它并不否认海洋

区域管理的开放性，即区域划分中的国内和国际上各主体的共融性问题。区域海洋危机的合作治理需要兼顾当下的海洋区域管理的现状，因危机治理的难度较大，政府可以利用国家力量支持更多的人力、物力等，以政府为主导利用海洋区域管理的体制为危机治理提供一个平台，即构建政府间的协调机制，显得十分必要。这种机制构建可以在现有海域区划的基础上通过建立一套较完善的协调机制来整合区域内分散的、冲突的海洋管理方式，实现特定海区各级海洋行政管理主体间管海行为的和谐状态。主要措施包括：

（1）建立区域海洋国家或国内区域利益的平衡机制。建立国家间的区域利益平衡机制往往是很艰难的，但治理区域海洋危机的目的却是一致的，因此这种机制的构建需要借助现有的国际公约、规则以及国家间的双边协定，对因危机而造成邻国的危害进行相应的利益让渡。对国内而言，则相对简单一些，如可以通过修改相关立法，设立区域利益补偿制度，对因区域海洋危机发生付出成本的成员，由造成危机的主体以及分享到相关利益的成员向其支付一定的补偿费。这有利于调动区域成员参与海洋区域管理的积极性，同时也符合区域海洋危机治理的目标要求。

（2）建立一个高层次的区域海洋管理的协调组织。国际合作治理领域可以通过建立合作组织的方式，如"上海合作组织"的形式，国内区域合作则可成立由地方政府牵头和负责、相关涉海部门和社会组织参加的协调委员会，协调区域性海洋事务的处理。在这类组织中发挥政府系统的主导作用，并鼓励非政府组织、企业、公民等多元主体参与，提高公民社会自我保护和发展的能力，形成社会合力。

（3）建立区域性的海洋信息公共服务平台。区域海洋危机的预防和应对均需要大量的信息支持，如果由于信息的失真和公众的误读而引起危机的进一步扩大，其危害性比危机本身更可怕。如2011年的日本海啸造成福岛地区核泄漏，由于人们对相关信息的不了解形成了诸如"抢盐风波"的闹剧。加强区域内国家、政府和其他主体的信息协调，建立区域海洋信息公共服务平台，实现对所有公众、媒体的开放，并及时形成专门的信息服务机制是十分必要和紧迫的。

第九章

区域海洋公共治理的国际比较

　　区域海洋治理是基于国家治理体系概念在海洋领域的延伸，但又应对于国际海洋制度的需求导向形成的理性选择，是应国家参与或融入全球海洋治理体系的需要而形成。[①] 近几十年来，区域性的海洋问题逐渐呈现出多层次、复杂化、关联性的特征。以《联合国海洋法公约》（以下简称《公约》）、区域性协议及各国国内海洋立法为代表的海洋治理框架体系逐渐确立后，区域海洋治理应以怎样的逻辑形成相应的治理框架，需要考量海洋的区域特征，并以相应的制度元素，如利益、自然性、主体为基础，在全球治理、区域治理和国家治理的分析体系下寻求制度化路径。[②] 近年来，海洋权益、海洋环境、资源保护等问题成为涉海区域、海洋相邻各国在经济社会发展过程中较为关注的问题，国际社会在构建海洋治理机制、协调国内和区域海洋国家之间解决海洋相关冲突的过程中不遗余力，积累了较好的国际海洋治理经验。

---

　　① 赵隆：《海洋治理中的制度设计：反向建构的过程》，《国际关系学院学报》，2012 年第 3 期，第 36－42 页。
　　② 全永波：《海洋环境跨区域治理的逻辑基础与制度供给》，《中国行政管理》，2017 年第 1 期，第 19－23 页。

第一节 全球性区域海洋治理模式类型

区域海洋问题是全球海洋问题的一部分，但又有其特殊性。从近海和部分区域海洋的地理状况来看，沿岸水域大多是半封闭或封闭海，如黄海、南海、地中海、波罗的海等。这些半封闭和封闭的海域海水深度较浅，地理位置特殊，受港口与航运、工业活动的集中程度以及沿海人口密度的影响，海洋相关问题较多，因此，结合区域经济发展、社会结构、环境和生态，为解决海洋遭遇的全球性、区域性问题，采取区域合作是非常必要的，而且区域海洋的独特性及沿海国家在生活方式、意识形态及经济发展水平等方面的相似性决定了区域合作的现实性及有效性。① 近十几年来，区域海洋治理的探索与实践逐渐成熟，各主权国家或区域组织通过立法、声明或协议等方式展开海洋合作，逐渐形成了一系列切实可行的制度模式和国际经验。从全球范围内区域海洋治理的发展模式、治理机制的现状看，存在治理模式多样化、治理主体多元化、治理机制不完善等特点。

一、"综合模式"：波罗的海治理模式

区域海洋治理的"综合模式"是指把一定区域的海洋问题作为一个统一整体，按照整体性思路构建治理框架，运用统一或协调的立法和机制治理海洋问题的一类模式。在"综合模式"的机制建构中往往有区域性的管理机构，区域国家均能按照规范遵守海洋治理的要求，波罗的海治理模式是较典型的"综合模式"。波罗的海沿岸国家主要包括拉脱维亚、丹麦、

---

① 李建勋：《区域海洋环境保护法律制度的特点及启示》，《湖南师范大学社会科学学报》，2011年第2期，第53-56页。

瑞典、波兰、德国、立陶宛、俄罗斯、芬兰、爱沙尼亚等。二战以后，沿岸国家产业规模不断壮大、经济飞速发展，波罗的海区域的海洋污染问题也日益加重。为了防止这种污染的进一步扩展，在 1974 年，波罗的海的 6 个沿海国家通过了《保护波罗的海区域海洋环境公约》（简称《赫尔辛基公约》），公约从 1980 年开始生效。《赫尔辛基公约》把海洋环境保护当作一个综合性问题来加以解决，它的制定借鉴了 1972 年《人类环境宣言》的一些经验。在六国达成公约的基础上，其他波罗的海区域国家也渐渐达成共识，并选择了对所有海洋污染问题采取统一立法解决的综合模式。此后，波罗的海区域国际立法把海洋环境问题作为一个整体，进而进一步细化问题，并以附件形式解决海洋环境保护相关的各种问题。[①]

二、"综合 + 分立模式"：地中海治理模式

"综合 + 分立模式"是基于区域海洋治理的复杂性而做出的折中安排。该模式主要因区域海洋国家不同的发展背景、海域状况的差别等因素无法形成全面的统一的治理规则，而采用既有综合性但基于原则性的综合框架，又在具体的海域和国家之间形成个别的规范模式，地中海区域的海洋治理采用"综合 + 分立"的治理模式。

地中海是世界上最大的内海，沿岸共有 19 个国家。地中海沿岸国家经济相对发达，陆源污染物排放等因素给地中海造成了严重的污染和损害。自 20 世纪 70 年代开始，地中海沿岸各国决定采取相应措施，共同治理地中海的环境问题。1976 年，各国签署了《保护地中海海洋环境的巴塞罗那公约》，随后建立了地中海特别保护中心，各国每年都在国家海上污染调查活动中开展多项合作。随着世界环境保护制度的发展，沿岸各国在 1995 年对公约做了部分修改，引入了污染者负担原则、预防原则、可持续发展

---

① 于海涛：《西北太平洋区域海洋环境保护国际合作研究》，中国海洋大学博士学位论文，2015 年，第 89 页。

原则等新内容。各国纷纷提出治理地中海污染的新政策，其重要内容可概括为重新确定国家援助政策。在区域海洋环境治理上，提出建立和发展地中海海洋污染监测网，协调国家相关机构的活动机制和资金，呼吁沿海国家共同保护地中海，各国有责任给予财力、物力、人力方面的支持。[①] 地中海沿岸国家在综合性框架签署的基础上，又分别以议定书的形式拟定了更为严苛的义务规范，[②] 这种"公约 + 议定书"的方式一般简称为"综合 + 分立"的治理模式。

三、"分立模式"：北海—东北大西洋治理模式

海洋治理的"分立模式"一般是因跨区域海洋的海域情况不同，区域海洋国家之间选择以某一两个国家间或国家与国际组织间小范围合作治理特定海域海洋环境，而不采取统一确定治理框架的模式，如北海—东北大西洋、西北太平洋等均属于这一类治理模式。

北海区域的海洋治理合作在全球区域海洋治理行动上走在前列，其主要动因往往因具体的重大个案而引起，如发生于 1967 年的"托雷·卡尼翁"号油轮事故。由于该事故的发生，一系列的国际法律问题被引发。为解决相关法律问题，《应对北海油污合作协议》最终达成，但是这个协定忽略了对海洋环境的整体保护。之后所在沿海国签署了一系列的公约或协定，如《奥斯陆公约》《奥斯陆 - 巴黎公约》等，但始终未能包含北海—东北大西洋区域的所有海洋环境治理问题。

北海—东北大西洋区域周边各国都是成熟、发达的工业化国家，同时，这些国家都有着相似的文化和政治价值。[③] 这一区域的海洋合作均采

---

① 高锋：《我国东海区域的公共问题治理研究》，同济大学硕士学位论文，2007 年，第 35 - 42 页。

② 姚莹：《东北亚区域海洋环境合作路径选择——"地中海模式"之证成》，《当代法学》，2015 年第 5 期，第 136 页。

③ Steinar Andresen. The North Sea and Beyond：Lessons Learned. In：Mark J Valencia. Maritime Regime Building. The Hague：Kluwer Law International，2001：68.

用分立模式，即各国和小型区域组织先行制定独立的法律来解决具体不同
的海洋环境污染问题。这种模式的前提是，北海—东北大西洋区域国家有
相似的国情，能够对海洋环境保护达成共识，同时各方又能够在分立的框
架模式下，单独缔结相关的协议。①

2016 年以来，国际性的海洋治理深入展开，全球海洋治理的合作机制
进一步加强。中美两国元首在 G20 领导人杭州峰会上商讨海洋合作尤其在
"海警合作""中美在亚太互动"等方面达成了共识，与海洋治理有关的主
要内容包括：双方强调加强中美海事警察部门共同打击海上违法犯罪、情
报信息交流、舰船互访和人员交流的重要性，努力在海上开展合作等。②
欧盟委员会通过了首个欧盟层面的全球海洋治理联合声明文件，称将从减
轻人类活动对海洋的压力、加强海洋科学研究国际合作和发展可持续的蓝
色经济、改善全球海洋治理架构三大优先领域，致力于应对海上犯罪活
动、粮食安全、贫穷、气候变化等全球海洋挑战，以实现可靠、安全和可
持续地开发利用全球海洋资源。③ 欧盟委员会提出要不断完善全球海洋治
理架构，当今全球海洋治理模式还需进一步发展和深化。为此，欧盟将与
其他国际伙伴加强合作，确保国际海洋治理目标早日达成。

欧盟委员会提出要通过发展可持续的蓝色经济来减轻人类活动对海洋
的压力。2016 年，全球应对气候变化的《巴黎协定》正式生效后，欧盟委
员会致力于加强海洋领域行动，确保国家与国际层面达成相关承诺。2016
年 11 月，欧盟委员会又通过了首个欧盟层面的全球海洋治理联合声明文
件，表明欧盟将加强多边合作，加大打击非法捕捞活动的力度，并将利用
卫星通信来建立监管全球非法捕捞活动的试点项目。对于海洋污染，欧盟
委员会于 2020 年 3 月通过新的"循环经济行动计划"（CEAP）框架，提
出包括推动国际范围内达成塑料产品协议、成立全球循环经济联盟等七点

---

① 张相君：《区域海洋污染应急合作制度的利益层次化分析》，厦门大学博士学位论文，
2007 年，第 11-14 页。
② 《中美元首杭州会晤中方成果清单》，《人民日报》，2016 年 9 月 5 日。
③ 周超：《三大优先领域应对海洋挑战：欧委会发布首个全球海洋治理联合声明》，《中国海
洋报》，2016 年 11 月 16 日。

倡议，立体式开展"绿色新政"，使欧盟到 2050 年实现碳中和和生态多样性目标。此外，欧盟还以扩大全球海洋保护区面积为目的来督促国际社会制订"海洋空间计划"。该联合声明指出，目前只有不到 3% 的全球海底被开发用于人类经济活动，90% 的全球海底尚未被人类探知。为了减轻人类活动对海洋的压力和可持续地开发利用海洋资源，国际社会需要进一步加大对全球海洋的研究力度和认知。为此，欧盟将深度发展欧洲海洋观测和数据网、欧盟蓝色数据网等海洋研究网络，并使其拓展为全球范围内的海洋数据网络。

第二节　区域性海洋治理机制的发展与反思

随着全球和区域海洋治理体系逐渐形成，在充分考虑海洋问题的多层次、复杂化和关联性的基础上，以联合国"区域海"机制为代表，波罗的海、东亚海、地中海等区域海洋治理机制展现出各自的特点，其中欧盟、区域性渔业机构、大海洋生态系统等均有其科学性，这为在全球治理、区域治理和国家治理的框架体系下寻求区域性海洋治理机制完善提供了借鉴和参考。[①]

一、区域性海洋治理机制的发展现状

21 世纪以来环境挑战日益严峻，越来越多的需求指向区域性的合作，这不仅包括解决跨界问题，也是对要求基于生态系统进行整体管理的回应。许多国家发起的区域性组织，或是针对特定海洋问题，或是在多用途的组织框架下纳入海洋治理，都表明了人们意识到建设区域性海洋治理机制的迫切性。从现状看，各种区域性海洋治理机制体现出对区域的不同理

---

① 全永波：《海洋环境跨区域治理的逻辑基础与制度供给》，《中国行政管理》，2017 年第 1 期，第 19 - 23 页。

解，而这些区域划分的差别造成了区域海洋治理安排的重合与空白同时存在，区域性海洋治理机制整体处于一个缺乏整合的碎片化状态。在探索区域性海洋治理机制的整合之前，很有必要对各自机制的特征、取得的成果与面临的挑战进行分析。

（一）区域一体化机制

依托既有区域一体化组织，是区域海洋治理的一个重要机制。本研究选取欧盟进行分析，不仅在于它代表了最高程度的区域一体化，能对成员国形成相对有效的约束、提供资源支持，克服相当一部分协调上的困难，也缘于它在世界政治经济中的重要地位，使得其在海洋治理上的政策取向会在世界范围内造成影响。

欧盟当前最核心的海洋治理框架为海洋战略框架指令（Marine Strategy Framework Directive，MSFD），它与其他欧盟政策和立法——水框架指令（Water Framework Directive，WFD），自然指令（Nature Directives，栖息地和鸟类），共同渔业政策（Common Fisheries Policy，CFP）和海洋空间规划指令（Maritime Spatial Planning Directive，MSPD）有着相当的协同作用。[1] 为了帮助各成员执行指令，欧盟不仅制定了一系列标准和方法，还设置了实体的支持机构，均体现于共同执行战略之中。欧盟内与海洋治理相关的机构/组织及其事项/项目情况如表9-1所示。

表9-1　欧盟区域一体化组织框架

机构/组织	事项/项目
欧洲环境署	①支持欧洲委员会协助成员国。这不仅包括国家或区域级别的相关主管部门，还包括研究机构、企业和非政府组织；②支持联合国《2030年可持续发展议程》及其17个目标；③与区域海洋治理机制合作，尤其是区域海项目；④与国际海洋探索理事会（ICES）保持密切的伙伴关系

[1] European Commission. Marine and Coast：Interaction with other policies. https：//ec. europa. eu/environment/marine/Interaction-with-other-policies/index_ en. htm［2021-09-20］.

续表

机构/组织	事项/项目
欧洲海洋的区域组织	①波罗的海海洋环境保护委员会（HELCOM）； ②《保护东北大西洋海洋环境公约》（OSPAR）； ③《保护地中海免受污染公约》（BARCON）； ④《保护黑海免受污染公约》（BSC）； ⑤北极理事会
国际海洋探索理事会	是一个政府间组织，其主要目标是发展有关海洋环境及其生物资源的科学知识，为主管当局提供公正的、非政治性的建议
欧洲海洋观测和数据网	欧洲海洋观测和数据网络（EMODnet）是受欧盟综合海事政策支持的组织网络。这些组织共同努力观察海洋，按照国际标准处理数据，并以互用数据层和数据产品的形式免费提供这些信息

（二）区域海项目

区域海项目（Regional Seas Programmes，RSPs）由联合国环境规划署（UNEP）于1974年发起，主要任务为抗击污染和保护海洋生物资源。截至目前，已经有将近150个国家参与到18个区域海项目中。但并非所有区域海项目都由 UNEP 管理，根据它们与 UNEP 的关系，通常将区域海项目分为三类（表9-2）。

表9-2　联合国框架下的区域海项目机制

类型	主要特征	区域海
联合国环境规划署管理	设有秘书处，信托基金行政以及环境署提供的财务和行政服务	里海；东亚海；地中海；西北太平洋；东非地区；西非地区；加勒比海
联合管理	秘书处不由联合国环境规划署提供； 财务和预算服务由项目自身或主持的区域组织管理； 联合国环境规划署提供支持/合作	黑海；东北太平洋；南太平洋；红海和亚丁湾；ROPME（保护海洋环境区域组织）海域；南亚海；东南太平洋
独立管理	区域框架不在联合国环境规划署框架下建立； 通过 RSP 的全球会议应邀参加联合国环境规划署的区域海洋协调活动；也请联合国环境规划署参加其各自的会议	南极地区；北极地区；波罗的海；东北大西洋

UNEP 管理的区域海项目至少有一个秘书处，作为地区协调机构。某些项目也依赖其他相关的机构，比如地区活动中心承担三方面的工作：通过出版物、白皮书和报告，给国家提供相关数据，以便科学决策；通过组织在特定领域的会议和工作机构加强区域合作；为执行条约、协议和行动计划提供法律和技术上的援助。① 区域海项目通常有一个行动计划作为地区合作的基础，其中 15 个项目还有框架公约及有关具体议题的协议补充。从 20 世纪 70 年代开始，区域协议的主题不断扩展，从最初的污染议题（石油、船舶污染、陆源污染）到最近几年的生物多样性议题（海洋保护区等），并将社会经济发展（海岸带综合管理）纳入其中。

绝大多数区域海项目都限定在缔约国管辖范围之内的地区。时至今日，只有 4 个区域海项目——南极地区、地中海、东北太平洋和南太平洋在公海范围内开展活动。② 不过，更多的区域海项目试图扩展自己的活动领域，如在东南太平洋，南太平洋常设委员会（Permanent Commission for the South Pacific，CPPS）成员国在 2012 年加拉帕戈斯会见中表明会在公海涉及生物与非生物资源等利益时采取协调行动；③ 阿比让条约（Abidjan Convention）的缔约国也于 2014 年决定成立工作组对公海的生物多样性保护及可持续利用进行研究。④

经过 40 多年的发展，区域海项目在当今海洋治理中占据重要地位。⑤

---

① United Nations Environment Programme. Why does working with regional seas matter? https：//www. unep. org/explore-topics/oceans-seas/what-we-do/working-regional-seas/why-does-working-regional-seas-matter ［2021-09-20］.

② Darius Campbell，Kanako Hasegawa，Warren Lee Long，et al. . UN Environment：Regional Seas programmes covering Areas Beyond National Jurisdictions . UN Environment Regional Seas Reports and Studies No. 202，2017.

③ UN Environment. Realizing Integrated Regional Oceans Governance – Summary of case studies on regional cross-sectoral institutional cooperation and policy coherence. UN Environment Regional Seas Reports and Studies No. 199，2017.

④ Adnan Awad. ABNJ and the Abidjan Convention Region. https：//www. prog-ocean. org/wp-content/uploads/2019/12/05-ABNJ-and-the-Southeast-Atlantic-region. pdf，2019-12-05 ［2021-10-10］.

⑤ Charles N Ehler. A Global Strategic Review，Regional Seas Programme. United Nations Environment Programme，2006.

第一，它以条约和协议为基础，通过行动计划为成员国在管理世界上主要海域的进程中提供了一个平等参与的平台。第二，它很好地促进了共享海洋的理念，在协助沿海国将海洋与海岸管理事宜提上政治议程，进行相关立法方面发挥了积极作用。第三，它为成员国在海洋与海岸管理的能力建设方面提供了重要支持。尽管如此，区域海项目离它设立之初设定的使命仍然相距甚远。阻碍区域海项目发挥作用的因素主要有以下几点：①项目执行缺乏系统性，比如陆源污染的协定与问题严重性完全不匹配，渔业部门与其他社会经济部门缺少互动；②项目面临严重的资金短缺，比如东亚海协作体（CBOSEA）秘书处的花销远大于各成员国缴纳的会费；① ③受限于体制框架，秘书处忙于行政事务，很难给成员国在更高的战略和政治层面上的合作提供必要的协助。

（三）区域性渔业机构

区域性渔业机构（Regional Fishery Bodies，RFBs）是国家或地区为可持续利用与保护生物资源开展合作的一种地区机制。虽然根据机构关注的地理范围和鱼的种类，可以区分不同类型的区域性渔业机构，最重要的区别还是在于机构是否包含管理职能，能否对成员国采取具有约束力的管理措施或创建条约。基于此，可以分为区域渔业管理组织（Regional Fishery Management Organizations，RFMOs）和咨询性的区域性渔业机构。②

一般而言，新老区域性渔业机构之间的主要任务与目标差别较大。成立较早的机构一般针对特定渔业资源的可持续利用和保护，而较新的机构则倾向以国际粮农组织（FAO）在2003年引入的生态系统视角去改善渔业问题。与全球性渔业工具侧重框架构建、不包含具体的保护与管理措施不同，区域性渔业机构会落实到非常具体的细节，比如捕捞量、渔获量、误

---

① 戈华清、宋晓丹、史军：《东亚海陆源污染防治区域合作机制探讨及启示》，《中国软科学》，2016年第8期，第62–74页.

② Food and Agriculture Organization. What are Regional Fishery Bodies（RFBs）? http://www.fao.org/fishery/topic/16800/en［2021-09-20］.

捕的限制、齿轮的规格、鱼类的大小、禁渔区、禁渔期等，并配备确保执行的补充措施，比如在港口的检查制度等。

国际粮农组织在区域性渔业机构的发展中扮演着很重要的角色，根据与该组织的关系，可以将其分为 3 类：①在国际粮农组织章程下建立的，分为据第六条款与第十四条款两种，前者以咨询性为主，后者则能做出对其成员国有约束的决定，并提供技术支持与秘书服务，在资金、使命等方面也比前者具有更大的自主性；②在 FAO 框架之外建立，但由 FAO 履行信托职能；③在国际粮农组织框架之外建立，国际粮农组织仅起监督作用。

自 1999 年起，区域性渔业机构就在国际粮农组织的框架内举办会议，进行信息交换。2005 年，更名为区域性渔业机构秘书处网络（Regional Fishery Body Secretariats Network，RSN）后，此类交流就变为两年一次的常规化活动。区域性渔业机构之间常见的合作方式有签署备忘录、互相给予观察员身份或派遣代表参加会议，主要就合约或管制区域相重合的区域共享渔业资源等问题进行商议。[1]

区域性渔业机构，特别是区域渔业管理组织（RFMOs）的设立与运行是海洋渔业治理领域的重大进展，它为协调各国在渔业管理上的立场，解决渔业生产争议，共同打击非法、不报告和不受管制捕捞等做出了很大贡献。[2] 而且，随着基于生态系统的方法逐步得到主流认可，区域性渔业机构也通过调整它们的工具，试图将更广泛的生态系统考量纳入渔业管理中去，而不仅仅考虑单一目标种类。

然而，区域性渔业机构仍面临巨大的挑战。在公海的许多区域依旧是管理空白，非目标鱼类或非鱼类的保护还是不足，其他人类活动对渔业的

① Food and Agriculture Organization. Regional Fishery Body Secretariats Network （RSN）. http：//www. fao. org/fishery/rsn/en ［2021-09-20］.
② 孙文文、王飞、杜晓雪等：《区域渔业管理组织关于建立 IUU 捕捞渔船清单养护管理措施的比较》，《上海海洋大学学报》，2021 年第 2 期，第 370－380 页。

影响比如海岸带污染、渔业补贴等也难以规制。① 究其原因，区域性渔业机构是主权国家出于共同的利益与关注而结成的，也只有在成员国履行政治承诺的情况下才会有效。现实中，国家之间会基于政治、经济、文化甚至宗教的原因形成一定的利益团体，这不可避免地会削弱区域渔业管理职能的发挥。②

（四）大海洋生态系统

大海洋生态系统（Large Marine Ecosystems，LME）最初由肯尼斯·谢尔曼提出。基于美国国家海洋和大气管理局（National Oceanic and Atmospheric Administration，NOAA）发展出的概念，目前全世界共识别出 66 个大海洋生态系统，它们位于沿岸近海，一般大于 20 万平方千米，是全球初级生产力最高的区域。③ 大海洋生态系统是一种以生态系统的角度对海洋与海岸环境进行管理的机制，从创造知识到对人类活动及其影响的管理，以生产力、渔业、污染及生态系统健康、社会经济、政府治理 5 个模块来衡量生态系统的变化状况。

LME 的概念对于项目应该如何发展与资助有着重大的影响，在区域海洋治理方面发挥了很大作用。首先，它促进了相关科学知识的发展，藉由跨界诊断分析（Transboundary Diagnose Analysis，TDA）积累了众多有关区域海洋环境、资源等方面的信息。④ 其次，它帮助相关国家开展亟需的能力建设活动，例如黄海大海洋生态（YSLME）项目在中国的活动中，既有政府主导参与技术性很强的研讨会，也有与本地社会组织合作发掘社区保护潜力的动议。再次，因为基于项目而不受限于所谓成员国身份，它更便

---

① Food and Agriculture Organization. Regional fisheries management organizations and deep-sea fisheries. http://www.fao.org/fishery/topic/166304/en［2021-09-20］.

② 魏得才：《海洋渔业资源养护的国际规则变动研究》，海洋出版社，2019 年版，第 35 页。

③ Kenneth Sherman. The Large Marine Ecosystem concept: research and management strategy for living marine resources. Ecological Applications，1991，1（04）：349－360.

④ Robert Bensted-Smith，Hugh Kirkman. Comparison of Approaches to Management of Large Marine Areas. Fauna & Flora International，2010，144.

于将区域内利益相关者，包括区域性渔业机构、区域海项目和非政府行为体等集中在一起就相关议题开展讨论，很大程度上加强了区域合作。

但 LME 还是面临许多严峻挑战。LME 强调以科学作为行动的基础，因此大量资金都投入在应用研究、可行性评估、管理计划建议与培训上。不进行科学研究就无法开展治理的要求对于许多发展中国家来说过于苛刻。后者会更希望资金投入到能更快在实践中看到变化的具体事务上去。科学家设计、全球环境基金（GEF）资金赞助的项目性质也使许多人担忧参与国只是被动参与，并不能实际拥有项目。这一问题与 LME 项目的资金持续性紧密相关。一期 LME 项目结束后，跨界诊断评估需要更新，战略行动计划需要跟进执行，然而 GEF 不可能持续资助，若没有合适的机构或者国家接手，项目即无法持续。①

二、区域性海洋治理机制的问题反思

《联合国海洋法公约》签署以后，海洋管理的范围已经从国内延伸到世界范围。就国家而言，在近海资源日益匮乏，公海开发、远洋捕捞大力发展的今天，海洋管理的重要内容之一就是处理国与国之间在海洋开发中的纠纷。当前，对国家管辖海域国有化进程是世界沿海各国正在紧锣密鼓进行的行动：一是对本国管辖海域海洋资源的专属性和实际享有进行国有强化；二是加快了国家管辖区域之外海洋资源的争夺，并加快国内相关立法、拓展海洋资源跨国共同协作研发。② 从 4 种区域性海洋治理机制分析看，机制间存在高度的异质化，虽有一定互补，但整体更多地表现为缺乏整合的碎片化状态，重合和空白同时大量存在。

---

① Natalie Degger, Andrew Hudson, Vladimir Mamaev, Mish Hamid, Ivica Trumbic. Navigating the complexity of regional ocean governance through the Large Marine Ecosystems approach. Frontiers in Marine Science, 2021, 8 (13): 1–17.

② 王琪:《海洋管理:从理念到制度》,海洋出版社,2007 年版,第 114 页。

（一）主体间的利益博弈加剧

海洋因洋流、季风和其他人类不可控制的因素影响，一旦发生污染就有可能扩展至任何角落，如 2011 年日本福岛地区发生大地震时，海啸的影响范围是巨大的，相应核泄漏的区域范围也十分大。事故虽然已经过去 10 多年了，但放射性物质的释放仍然可能存在影响，对太平洋周边海域的影响没有完全消除。在这种跨近海区域的环境治理中，各国出于为自我利益服务的需要均体现了很大的制度理性，但区域国家的个体理性行为通常带来国家社会的集体非理性化，经过协商形成的全球性规范的原则性过强且可变性过大，① 各国的治理行为对海洋跨区域治理的实际效果影响有限。

区域治理效果还取决于治理主体的国家实力。4 种区域性海洋治理机制产生距今都已有几十年，而现今人类对海洋利用的广度和深度早已不可同日而语。因此，面对日益复杂的区域海洋治理问题，个体机制在完成各自使命之时力不从心也属正常。即便是一体化程度最高的欧盟，在海洋战略框架指令提供了具有约束力的法律框架和执行方面有众多支持的情况下，依然要面对成员国政治意愿不足的问题，更不用说其他机制。表 9 - 3 将 4 种区域性海洋治理机制从地理范围、参与方、使命、制度安排、合作协调 5 个方面进行了简单比较。

表 9 - 3　4 种区域性海洋治理机制比较

比较维度	区域一体化组织	区域海项目	区域性渔业机构	大海洋生态系统
地理范围	特定区域	大多为沿海，也有部分涉及公海	沿海和公海均有	少部分在公海，大多数为沿海
参与方	涉海成员国	仅沿海国家（南极地区例外）	仅有沿海国家或者沿海及区域外国家（远洋捕捞）	仅沿海国家

---

① 全永波：《海洋环境跨区域治理的逻辑基础与制度供给》，《中国行政管理》，2017 年第 1 期，第 19 - 23 页。

续表

比较维度	区域一体化组织	区域海项目	区域性渔业机构	大海洋生态系统
使命	海洋综合治理	治理海洋污染、保护海洋生物多样性，一般不包含其他国际组织已覆盖部分	特定领域特定种类，大多关注捕捞，少数也有养殖	基于生态系统的多部门评估与管理
制度安排	内部专门机构	依托联合国环境规划署或独立管理	依托国际粮农组织或独立机构	项目制，多主体参与，少有实体机构建立
合作协调	内部网络	依托联合国环境规划署	秘书处网络	以 GEF 网络为主

前文已经探讨了每种机制面临的挑战，但最能说明个体机制羸弱的是区域内各国公众甚至政府官员对机制缺乏认知。除了少数的专业人士或从业人员，一般人都不知道这些区域海洋治理机制的存在。这意味着在国家行为体意愿不强的情况下，其他非国家行为体又无从参与，无论从资金注入或者人才流入方面，都难以获得新的动力。

事实上，当前个体机制改善已经陷入很大的困境。一方面，个体机制的弱势使得许多区域性海洋治理安排难以提上各国的政治议程，另一方面，在国内政治中的失语又使得获取加强个体机制所需的资源难上加难。

（二）区域治理机制的多主体之间合作不足

《联合国海洋法公约》（简称《公约》）出台以及相关国际间海洋环境双方、多边协议的出台，促进了区域海洋的治理效果，但国内法与国际条约之间仍存在一些基于利益考虑的制度差异。以《公约》为例，海洋本身的整体性和全球性必然要求区域海洋公共治理机制构建需要在国际合作上更大程度地依赖于超越传统国家主权制约的全球性行动，这一点本身就构成了《公约》产生的一个深刻原因，而《公约》的产生又必然对主权国家提出海洋治理的责任与义务。关于《公约》对国家主权形成的制约作用，加拿大学者 E. M. 鲍基斯概括为以下几个方面：①把和平解决争端作为强制性措施，创建了一个全面的争端解决系统；②对于资源的主权权利，要服从资源保护、环境保护，在某种程度上，甚至共享的责任；③在有关环境、资源管理、海洋科学研究和技术开发与转让等事项中承担合作的责任；④征收资源开发（主要指国际海底区域的资源开发）的"国际税"。①以上几个方面都涉及海洋治理对国家主权的制约。

为了解决主体间利益的冲突而形成区域海洋治理机制有其积极的作用，但几种治理机制的侧重点不同，可以互补合作似乎是一件理所当然的事。然而，现实中机制之间的合作相当有限：其一，区域海项目与区域性渔业机构的关系深刻反映出长期以来环境治理与渔业管理之间的不融洽，尽管在一些区域机构之间签订了备忘录或者赋予观察员身份以及互遣代表，但更多的是互相不信任，区域性渔业机构可能会抱怨区域海项目对陆源污染缺少关注和行动，对渔业造成负面影响；区域海项目可能会觉得区域性渔业机构过分优先经济物种，忽视了非目标鱼类和深海生物等其他在生物多样性指标上有意义的物种。其二，大海洋生态系统（LME）通常都是受环境问题驱动，区域性渔业机构或是国内的渔业部门就不会很积极地参与 LME 的相关讨论和决策，虽然渔业应该是 LME 中重要的一环。区域海项目与大海洋生态系统之间的合作，由于联合国环境规划署是全球环境基金（GEF）的主要执行方之一，可能从中协调而显得相对容易，比如可以使用 LME 将区域海项目转化为具体行动，但实际上由于区域海项目自身情况复杂，想要利用科学完善的大海洋生态系统不是一件容易的事。

欧盟在机制合作方面可能是一个例外，在欧盟区域的 4 个区域海公约（东北大西洋、波罗的海、地中海和黑海）中，欧盟自身即是前 3 个的缔约国。②欧盟也通过 LME 积极促进区域海项目、区域性渔业机构的计划落地，如前所述，地中海行动计划，地中海渔业总委会就联同联合国环境规划署与世界银行等共同管理两个战略行动计划——有关陆源污染的地中海

① ［加］E. M. 鲍基斯：《海洋管理与联合国》，孙清等译，海洋出版社，1996 年版，第 19 页。
② European Commission. Regional Sea Conventions. https：//ec. europa. eu/environment/marine/international-cooperation/regional-sea-conventions/index_ en. htm. ［2021-09-20］

行动计划（SAP – MED）和与生物多样性丧失相关的行动计划（SAP – BIO）。① 总之，欧盟很好地利用了不同区域性海洋治理机制来支持其海洋战略框架的实施。欧盟之所以能促成机制之间的合作，其背后的主权国家是动因。由于几种治理机制本质上都是对主权国家的索取，需要依靠国家投入来实现其使命，因此，机制之间实际处于一种竞争状态，而非合作关系。

（三）分部门管理缺乏协调

区域海洋治理纷乱复杂，涉及许多部门，非常需要跨部门的协作。然而，现实中部门分割的现象依旧严重，渔业在污染环境下很难得到可持续发展。② 在 4 种区域性海洋治理机制中，区域性渔业机构是一个部门性区域海洋治理安排，聚焦于渔业领域，即便近年来也将基于生态系统的管理理念纳入其中；区域海项目，原则上是多部门的，但实际上在许多领域并不能胜任，必须与其他国际机构，如国际海事组织、国际海底管理局、国际粮农组织和区域性渔业机构等进行合作；大海洋生态系统，从生态系统的角度出发理应是跨部门的，但在应用中主要集中于科学基础却很少有治理的部分；区域一体化组织在多部门协调上具有先天优势，但要求成员国在各个领域开展合作是困难的，实际中工作也是仅聚焦于个别领域，比如东盟优先进行的就是海洋垃圾领域。③

尽管基于生态系统的管理理念已经从科学家群体进入实践者人群，联合国体系下的国际机构也在其下的区域性海洋治理机制中努力推广相关的工具与方法，分部门管理的惯性依旧强大。集中力量到个别领域，作为一

---

① United Nations Environment Programme. Mediterranean Action Plan. https：//www. unep. org/explore-topics/oceans-seas/what-we-do/working-regional-seas/regional-seas-programmes/mediterranean. ［2021-09-20］；Specially Protected Areas Regional Activity Centre. , The Strategic Action Programme for the conservation of biological diversity. https：//rac-spa. org/sapbio. ［2021-09-20］

② United Nations Environment Programme. Ecosystem-based management of fisheries：opportunities and challenges for coordination between marine regional fishery bodies and Regional Seas Conventions. UNEP Regional Seas Reports and Studies, 2001, 175.

③ 崔野：《全球海洋塑料垃圾治理：进展、困境与中国的参与》，《太平洋学报》，2020 年第 12 期，第 79 – 90 页。

种资源有限情势下的选择固然可以理解，但由于部门之间缺乏协调，实际上大大影响了机制的有效性。

（四）区域之间差距巨大

各种治理机制在不同区域的表现差别很大也是一个严重的问题。在一些区域，机制能获得必要的资金支持，也能产出成果，而在另一些区域，机制基本上只存在于纸面上。治理机制在区域之间的发展不平衡使得要处理跨区域问题非常困难，更不要说基于生态系统的管理，只是个别区域的努力并不能改善全球层次上海洋治理的困境。

区域之间的差距根本在于不同区域内相关国家的能力与意愿。且不说基于生态系统的管理本身要求很高，许多发展中国家自身面临结构性困难，在国家层面上可能都无法实行有效的海洋治理政策，更不要提回应区域层次上的需求。① 经济危机、武装冲突等对海洋治理造成的冲击并不是简单地说基于生态系统管理就能解决的。而具备能力投入区域海洋治理的国家，相互之间目标冲突、缺乏协调也会影响区域治理机制的有效性。当然也会有个体国家能力不足，需要以区域的方式去争取更大话语权的情况，比如高度依赖海洋的南太平洋岛国就有很强的意愿开展区域合作去进行海洋治理。②③

第三节　国际性区域海洋治理案例分析

近年来，随着全球范围内对海洋合作的逐步重视，区域海洋治理在实践中也积累了较多案例经验，但不同类型的海洋治理因实施主体、合作依

---

① Raphaël Billé, Julien Rochette. Bridging the gap between legal and institutional developments within regional seas frameworks. International Journal of Marine and Coastal Law, 2013, 3 (28): 433–463.

② 陈洪桥：《太平洋岛国区域海洋治理探析》，《战略决策研究》，2017 年第 4 期，第 3–17 页。

③ 曲升：《南太平洋区域海洋机制的缘起、发展及意义》，《太平洋学报》，2017 年第 2 期，第 1–19 页。

据和治理动能存在较大差异，在治理模式和机制上也有所不同，系统梳理和分析相关案例，尤其关注"区域海"项目治理案例、区域海洋环境突发事件等，对于完善区域海洋治理机制构建有较好的路径启示。

一、"区域海"项目治理案例

（一）波罗的海区域海洋环境问题

波罗的海是欧洲北部的内海、北冰洋的边缘海、大西洋的属海，是世界最大的半咸水水域，位于斯堪的纳维亚半岛与欧洲大陆之间。从北纬54°起向东北伸展，到近北极圈的地方为止，长1 600多千米，平均宽度190千米，面积42万平方千米。波罗的海位于北纬54°—65.5°之间的东北欧，呈三岔形，西以斯卡格拉克海峡、厄勒海峡、卡特加特海峡、大贝尔特海峡、小贝尔特海峡、里加海峡等海峡与北海以及大西洋相通。波罗的海流域内有10多个国家，共有7 000千米海岸线。波罗的海沿海地区人口密集，有众多交通枢纽和工业企业，途经波罗的海水域的货物运输量占世界海洋运输总量的1/10。

在经济发展的同时，波罗的海海洋环境在实施区域治理之前面临海洋生物种群下降严重、船舶运输事故频发、船用燃料泄漏等问题，使得波罗的海的海域水质变得越来越差。波罗的海的海洋环境问题主要表现为：一是海洋生物多样性破坏严重。历史上波罗的海曾是捕鱼业的乐土，但是随着区域航运日益繁忙，波罗的海遭受越来越严重的污染，海洋生物的生存状况受到极大威胁。[1] 由于含氧量严重不足，在波罗的海的许多区域大片的海底演化为水下荒漠，大量的海底植物和动物死亡。波罗的海同外界的水体交换很慢，海水更新周期长达30~50年，如果这一状况持续下去，该

---

[1] 《十国共商拯救波罗的海》，《人民日报》（海外版），2010年2月12日。

海域的生物极有可能面临绝迹。① 二是周边国家入海排污加剧。波兰正在
对农业展开现代化改造，大量化肥残留物排入波罗的海。德国急于发展北
部地区的海洋运输业和加工业，不愿受到更多环保条款的限制。此外，各
国对于划归其整治的波罗的海海域存在争议。俄罗斯不想完全按照欧盟标
准确定自己的波罗的海环保政策。种种原因造成了波罗的海的入海排污加
剧。三是船舶泄油事故越发严重。波罗的海海上交通比较繁忙，运输量较
大，尤其是随着欧洲一体化进程加快，船舶运输量直线上升。据统计，每
年航行在波罗的海主航道的轮船已超过 4 万艘，船舶交通事故频发。

（二）波罗的海区域海洋环境合作治理

由于波罗的海的特殊地形以及大量的人口、高度发达的工农业和频繁
的海上活动使得波罗的海成为世界上人类活动影响最严重的海域之一。波
罗的海的环境从 20 世纪 60 年代开始逐渐引起沿边各国的高度重视。从
1974 年《保护波罗的海地区海洋环境公约》算起，环境问题走上区域治理
的轨道已有 40 多年的历史，在这 40 多年间各方不断强化国际合作，在共
同治理波罗的海海洋环境问题上取得了突出成就。

一是建立了超国家的海洋合作治理模式。波罗的海各国意识到只有共
同维护这片海域才能发展自己的国家，因此波罗的海周边国家开展了长久
的合作。按照汪洋（2014）② 的划分，波罗的海合作治理共分三个阶段。
第一阶段以 1974 年赫尔辛基大会的召开为标志，波罗的海周边各国第一次
坐在一起共商治理波罗的海环境问题，从此波罗的海的环境问题被纳入国
际治理的范畴。第二阶段则开始于苏东剧变后，波罗的海地区的国际政治
环境空前缓和，周边国家在环境问题上开展合作的政治障碍消除，波罗的
海区域治理开始取得重大进展。第三阶段以 2004 年波罗的海三国加入欧盟
为标志，波罗的海的环境治理进入一个新的时期，在这个时期内因为欧盟

---

① 《海藻疯长水体发臭波罗的海出现"死亡地带"》，《文汇报》，2007 年 9 月 12 日。
② 汪洋：《波罗的海环境问题治理及其对南海环境治理的启示》，《牡丹江大学学报》，2014
年第 8 期，第 140－143 页。

通过资金支持等方式介入波罗的海的环境治理中，使得波罗的海治理面临新的发展机遇。在第二和第三阶段，波罗的海周边国家抓住机遇积极开展环境治理的国际合作。

二是海洋区域合作逐步制度化。1974 年《赫尔辛基公约》签署以后，成立了赫尔辛基委员会（波罗的海海洋环境保护委员会），该委员会是一个区域性的环境决策平台，旨在保护波罗的海的海洋环境免受各种污染源的污染。赫尔辛基委员会有 10 个缔约方，即丹麦、爱沙尼亚、欧洲联盟、芬兰、德国、拉脱维亚、立陶宛、波兰、俄罗斯和瑞典。缔约方除了委员会年度会议之外，各代表团团长每年至少举行两次会议。① 该委员会的主要任务是制定保护波罗的海海洋生态系统方面的国际标准。2003 年 6 月，波罗的海海洋环境保护委员会和《东北大西洋海洋环境保护公约》相关机构首度合作，在德国不来梅共同举办了有 21 个缔约国参加的部长级会议，就减少有害物排放、提高航运安全以及将海域划定为特别保护区等问题进行了探讨。2007 年，波罗的海沿岸国家通过了《保护波罗的海行动计划》。2009 年以来，欧盟也通过了波罗的海区域发展战略，进一步推动波罗的海区域治理进程。

三是波罗的海域外力量发挥着积极作用。1992 年，联合国在里约热内卢召开了环境与发展大会，这次会议极大地推动了波罗的海地区国家和组织环境政策的制定和对可持续发展的重视。2004 年，欧盟实现了历史上的最大扩容，波罗的海三国加入欧盟，并建立了波罗的海地区环境问题治理机构，协调治理的作用越来越明显。2016 年欧盟机构达成协议，实施波罗的海多年度渔业计划。这是欧盟共同渔业政策实施以来的第一个多年度渔业计划，主要内容包括了多种鱼类的综合管理，而不是鱼类的单独管理，以保证对鳕鱼、鲱鱼等渔业资源"持续和平衡开发"，以及渔民生活水平的稳定。

---

① 波罗的海海洋环境保护委员会（HELCOM）官方网站，http://www.helcom.fi/，访问日期：2022 年 12 月 25 日。

（三）波罗的海区域海洋环境治理机制设计

国家主体间在整体性治理中的博弈关系，包括国际组织与国家、国家之间以及国家内部中央与地方政府之间的多重利益博弈。在波罗的海环境合作治理过程中存在多种利益博弈，需要平衡各种利益关系，建立整体性治理模式。

1. 波罗的海海洋环境保护委员会与成员国之间的博弈困境与制度设计

波罗的海国际组织作为指导性组织，对区域海内的国际环境问题可以进行统一协调。而国家基于国家利益做出行为选择，可能会削弱了波罗的海海洋环境保护委员会的作用。因此，需要各国在维护《赫尔辛基公约》以及其他条约基础上实施以下步骤：一方面在协商基础上明确国家在波罗的海的海洋环境保护义务，包括排放标准、产业布局等；另一方面，确定一定的联合惩罚机制对区域国家的违法行为采取惩罚性措施，以此使波罗的海各主体的海洋环境合作更加紧密。

2. 成员国之间的海洋环境保护的博弈与制度设计

成员国为发展本国经济，在遵守波罗的海海洋环境保护协议之时存在相互推诿的现象。区域海洋环境治理需要各国履行超国家义务，不应将波罗的海当作"公共池塘"而随意排放，以非理性行动来应对国家义务是主权国家不应有的行为。因此，各成员国应该作为国家义务的责任承担，自觉履行海洋环境保护义务，并建立海洋环境污染的责任分配机制。

3. 国家内部之间的博弈与制度设计

波罗的海国家在执行环境保护协议上不充分，很大程度与国家内部的利益协调不畅有关。波罗的海很多国家实行外向型经济发展模式，而且波罗的海地区海上交通运输非常繁忙。各国有保护海洋环境的国家责任，但是缺乏行动，政府在推进沿海区域工业布局时对污染物排放、资源生态保护等缺乏统一规划，这就需要国家将国际义务与国内经济发展做出合理的制度安排。

4. 国际组织应对域外污染的执行性与制度设计

从波罗的海近 60 年来的污染情况来看，大多数是船舶污染，其中一些大型的船舶污染事件来自域外国家，如 2018 年 10 月一艘载有 335 人的渡轮在波罗的海起火造成海洋污染。对此，波罗的海海洋环境保护委员会应该根据《联合国海洋法公约》之规定对船旗国船舶的海洋污染建立追责机制和监督机制，探索对相关国家船舶收取海洋生态补偿费用的可行性，以保护波罗的海海洋环境。同时，根据《联合国海洋法公约》关于"沿海国在其领海内行使主权，可制定法律和规章，以防止、减少和控制外国船只，包括行使无害通过权的船只对海洋的污染"做出制度设计。

5. 对于区域内的国际条约应有动态性调整

波罗的海有关船舶污染的条例很多，但是更新的不多，仅对 4 个条约做了更新，在这几年更新更少，然而海事事件发生的情形层出不穷，损害性程度也不一样。波罗的海沿海国家应根据《联合国海洋法公约》规定的"为了防止、减少和控制'区域'内活动对海洋环境的污染，应按照第十一部分制定国际规则、规章和程序。这种规则、规章和程序应根据需要随时重新审查"等对条约做出动态性调整。

（四）波罗的海与加勒比海海洋治理机制比较

近年来，全球区域海洋环境污染事件持续增多，国际社会采取不同的行动方案，产生不同的处理结果。前文详细介绍了"波罗的海"项目，但并不是所有的"区域海"项目都存在这样的实施效果，究其原因则存在国家能力、机制体制构建等方面的问题。和波罗的海环境治理相比，加勒比海治理就稍显不足，在此进行比较分析。

加勒比海沿海有 20 个国家，包括危地马拉、洪都拉斯、尼加拉瓜、哥斯达黎加、巴拿马、哥伦比亚、委内瑞拉、古巴、海地、多米尼加共和国、安提瓜和巴布达、多米尼加联邦、特立尼达和多巴哥等，是沿海国较多的区域海。随着海洋经济活动增多，加勒比海环境污染和环境破坏问题

日益突出，致使渔业资源减少、珊瑚礁退化和水体污染等。1983 年加勒比
海的 17 个主要国家签订了《保护和开发大加勒比地区海洋环境公约》
(《卡达赫纳公约》)，该公约对来自区域的船舶、倾弃、陆源以及勘探和开
采海床有关活动的污染出台了保护和开发措施。然而该区域缺乏综合性的
协调机构，《卡达赫纳公约》履行情况也较差，因此，区域海洋环境整体
情况不甚理想。本研究通过对波罗的海和加勒比海两个区域海项目的机制
进行比较，分析其差异性，认为建立应对海洋环境变化的区域性协调机制
是区域海治理环境的有效手段（表 9 - 4）。

表 9 - 4　波罗的海和加勒比海海洋环境治理实施差异比较

	波罗的海	加勒比海
海洋环境评估	受沿岸船舶、工业发展等客观因素影响，海洋环境整体较差，易受污染	受沿岸船舶、工业发展等客观因素影响，海洋环境较差，易受污染
国家协调评估	国家间超越政治分歧，实现国家间的协调，协调状况较好	尚未建立国家间协调机构，国家间缺乏协调
利益分配评估	一方面沿海国家实行了欧盟的环境标准，另一方面区域达成了国家间利益平衡	区域海内国家各自为政，没有建立利益平衡机制
协调机制评估	建立了完善的海洋环境治理协调机构，协调状况较好	尚未建立完善的海洋环境治理协调机构，协调状况差
治理效果评估	建立了一整套区域内海洋环境治理协调、应急管理机制和制度机制	初步建立了海洋环境治理制度，但缺乏机构的执行力
结论	国家参与区域海洋治理需要超越国家利益，具有强烈国家责任和环境整体性的价值秩序	

　　由表 9 - 4 可以看出，波罗的海和加勒比海的海洋环境条件都不算好，
受近岸海洋活动的影响大，但如果区域海洋治理中国家间协调机制构建完
善的话，治理效果就会比较好，这在波罗的海治理中体现得比较明显。但
是，在加勒比海治理中，因周边国家多属于中小国家，治理力量有限，难
以形成国家间的协调，也难以承担因为照顾超国家利益的需要而承担本国
不利益的损失。

二、区域海洋环境突发事件：美国埃克森公司油轮漏油事故分析

（一）案例基本情况

1989 年 3 月 24 日晚上 21 时，埃克森公司下水才 3 年、配备各种现代化导航设备的"瓦尔迪兹"号（Valdez）油轮在阿拉斯加的威廉王子海峡触礁，船体被划开，26.7 万桶共 1 100 万加仑原油泄漏到太平洋。

威廉王子海峡原来是一个风景如画的地方，盛产鱼类，海豚、海豹成群。事故发生后，在海面上形成一条宽约 1 千米、长达 800 千米的漂油带，海洋生态环境遭到严重破坏。阿拉斯加州几百千米长的海岸线遭到严重污染，数以千计的海鸟和水生动物丧生，大约 1 万渔民和当地居民赖以生存的渔场和相关设施被迫关闭，鲑鱼和鲱鱼资源近于灭绝，几十家企业破产或濒于倒闭。这是一起人为事故，起因是船长痛饮伏特加之后昏昏大睡，掌舵的三副未能及时转弯，致使油轮一头撞上一处众所周知的暗礁。

（二）基于区域海洋环境治理的分析

威廉王子海峡附近是一条重要的国际航道，因此对于区域内的美国和加拿大应该制定相关的治理模式以应对国际油轮等类似事故，并建立应急机制，这是全球化治理时代应有之义务。在此我们就这一事件探索区域海洋污染事故具体应对之策。

1. 建立区域污染治理的多层级治理结构

根据多层级治理理论，一般涉及国际组织、国家和沿海地方政府、相关企业和个人。因此，建立以海区为单位，而不是以国家为单位的区域海洋环境治理结构有利于治理的有效性。从组织架构上，国家组织层面应成立类似海洋环境治理委员会的国家合作组织，统一制定区域内的国际条约，对重大海区内海洋环境事故做出协调；国家层面应建立对应的协调组

织和机构，制定区域海洋环境政策以及法律法规，实施海区水质和海洋环境保护，针对管辖海区确定排污目标、开发方案，同时对沿海区域内企业和个人的相关活动进行监督。在此事件中，"瓦尔迪兹"号（Valdez）油轮发生事故后，由于缺少综合性协调机构，导致污染区域不断扩散，尽管造成了很大的损失，但是美国和加拿大均没有介入这一事件中。直到埃克森公司对待原油泄漏的恶劣态度激怒了美国和加拿大的地方政府、环保组织以及新闻界后，他们联合起来发起了一场"反埃克森运动"，指责埃克森公司不负责任，企图蒙混过关。事件惊动了当时的美国总统布什。1989年3月28日，布什派遣运输部长、环境保护局局长和海岸警卫队总指挥组成特别工作组前往事发地点才开始开展调查。

2. 建立海洋环境利益相关者的维权机制

从目前海区制的成功案例来看，大多建立了相关国家参与的共同协商和维权机制，国家组织－国家－地方政府涉海区委员会能够积极听取各方意见，建立具体事项的海洋环境治理的国际条约，包括船舶排污、海洋倾倒、海洋生物多样性、工业废弃物入海等，这些国际条约作为政策性工具对于处理发生在海区内的事故以及防治区域海洋生态环境污染都是有极大裨益的。这一事件中，关于如何应对埃克森公司油泄以及后来的消极态度，在政策上是空白的，而且区域内也没有相关的协议。对于美国部分的损害和加拿大部分的损害如何利益平衡都显得很苍白无力。因此，建立海洋环境利益相关者的维权机制对于跨国界区域海洋环境治理是十分必要的。

3. 完善跨界海洋污染的责任机制

事件发生后埃克森公司与两国的政府机构没有进行充分沟通，对新闻界采取不理睬态度，同环保组织也没有进行沟通，这说明当时对跨界海洋污染责任担当的不明确，导致埃克森公司认为没有必要去往事故发生地，没有进行沟通的必要性。因此，在跨界海洋污染中必须明确国际责任，这包括国家责任和企业责任、个人责任。一般应对跨界海洋污染的补救措施包括停止损害、赔偿、恢复应有状态、道歉。反观这一事件，埃克森公司尽管对出事海域进行了清理，但是缺乏对海洋环境责任的认识，原油泄漏事件对威廉王子海峡造成了严重的生态灾难，数以万计的动物当即死亡。根据保守估计，共有 250 000 只海鸟、2 800 只海水獭、300 只斑海豹、250 只秃鹰、22 只虎鲸以及亿万条三文鱼等受污致命，为此也应该做出环境赔偿。因而，采取完善的跨界海洋污染补救措施是处理这类事件的关键所在。在跨界海洋污染事件中，行为国可以单独实施以上补救方式，也可以合并使用，甚至一同使用。无论如何使用补救方式，只有受害方的合法利益得到有效保护才是最美好的结局。①

三、区域海洋治理的多案例启示

从上述"区域海"以及其他类型海洋治理分析的结果来看，有效调节区域主体间利益关系对治理绩效可能产生极大的影响。因此，本研究认为，国家参与区域海洋治理必须在整体性治理框架下构建环境价值秩序，实现国家责任的规制，形成超国家利益的治理导向。这三者之间具有逻辑的一致性和统一性。

1. 海洋整体性价值秩序是国家参与区域海洋治理的基础逻辑

建构主义的观点认为，全球整体性观念的发展以及多边合作的国际规范是推动一些国家克服利益阻力参与全球或区域治理的重要因素。长期以来，波罗的海国家对于环境价值观念有较高认识度，环境整体性价值优先性得到各国的高度认可，各国国内立法也顺应这种价值秩序。早在 1974 年，波罗的海国家召开了首次赫尔辛基大会，与会国家对环境治理达成了一致性协议，签署了《保护波罗的海区域海洋环境公约》。该公约以海洋生态环境可持续发展为最高利益，使国家环境利益、企业利益和个人利益服从于区域利益，以制度化合作为发展理念。2004 年以后，波罗的海各国相继加入欧盟，服从于欧盟的环境标准，制定了波罗的海地区的新欧盟战

---

① 杨赞：《跨界海洋污染的责任分配制度研究》，西南政法大学硕士学位论文，2014 年，第 32 页。

略（2009 年）。在这种治理秩序下，波罗的海国家依附于欧盟，在推动制定国际规范中形成了"利益跟随"，达成相应的环境利益诉求。加勒比海各国长期基于各自的国家考量，缺乏环境整体性价值，往往将各自的国家利益作为最高目标，忽略了海洋环境治理的特殊性，合作化意识淡薄，因此，尽管是一个开放型海域，但是加勒比海常年垃圾成堆。

2. 国家责任的规制是参与区域海洋治理的制度逻辑

国家责任也是一种国际义务。1982 年制定的《联合国海洋法公约》第二三五条规定，各国有责任履行其关于保护和保全海洋环境的国际义务。在推进全球海洋环境治理过程中最大的问题是参与主体缺少全球海洋治理理念，具体表现为国家责任的缺失。1974 年，波罗的海国家成立了赫尔辛基委员会（HELCOM），作为一种管理波罗的海海洋环境的政府间组织。这一组织是 9 个沿海国家和欧洲联盟基于共同的防止和控制海洋污染目标所达成的自愿合作，各国在这一机制下共享区域环境信息和协作治理海洋环境。赫尔辛基委员会和而后制定的欧盟波罗的海战略共同成为波罗的海海洋环境治理的两个主要政府间机制。波罗的海治理充分考虑各国的国家责任和国际义务，从区域海整体利益出发，将国家主体利益与区域环境治理达成一致性目标。而加勒比海主要国家在签订《卡达赫纳公约》后，没有就区域国家的利益达成一致，既缺乏有效的执行力，也没有固定的合作机制，使得公约成为一种象征。

3. 超国家利益模式是区域海洋治理的运行逻辑

全球海洋治理的参与需要明确全球治理和国家内部治理的关系，并明确以怎样的方式构建治理机制。在参与全球海洋治理的进程中，需要各当事国就区域海洋治理中的利益进行协商，在博弈中达成一致性。超国家利益模式需要各国具有全球海洋治理思维，建立"海洋命运共同体"理念，相关利益者将各自的利益博弈超越国家，进入集体理性轨道，实现各层级组织的整合互动。超国家利益模式主要体现为国际规范的达成、国际条约的履行、国际组织的架构，如海洋保护区机制。基于共同的治理目标，以及区域海整体利益的衡量，波罗的海各国超越国家利益建立了责任共同体、利益共同体、命运共同体。目前波罗的海区域除签订了《保护波罗的海区域海洋环境公约》这一重要的环境保护协议以外，还签订了石油污染、船舶漏油、海洋生物多样性等专门领域的环境协议。为了有效履行这些协议，波罗的海沿海国和欧盟组成的赫尔辛基委员会下设代表团团长，定期或不定期召开各国领导人和代表团团长会议。在这个总框架下，为使条约的履行更加有力，委员会下成立了若干小组，如海事技术组、海洋空间规划工作组、基于生态系统的渔业可持续小组等 8 个小组，同时成立专家组。以超国家模式基础上形成的国际组织或区域一体化组织为代表的治理框架，成为当前区域环境治理的主要模式。

第十章

区域海洋公共治理的中国实践与
浙江探索

海洋治理的提出在一定程度上使公共治理理论在海洋管理领域从理念上得以突破。区域海洋治理是一种为解决日益增多的区域涉海主体间的管海或用海矛盾而提出的海洋管理新模式，为海洋综合管理提供了一种机制或者是制度的支撑。① 进入 21 世纪以来，我国海洋事业发展迅速，近海区域海洋的开发迅速，海洋公共治理在近海区域实践上形成了丰富的治理经验，尤其在长三角区域及浙江近海海洋治理的现实探索得到广泛关注，但也产生了诸多治理中的矛盾和问题。

第一节　我国近海区域海洋环境治理实践

当前我国对海洋生态环境治理取得了较好的成效，也架构了较为完善的政策体系。在区域海洋治理过程中，我国已经开展基于生态系统的近海区域环境治理系列工程和计划，包括海洋生态修复工程、海洋牧场建设、

---

① 全永波、胡进考：《论我国海洋区域管理模式下的政府间协调机制构建》，《中国海洋大学学报（社会科学版）》，2010 年第 6 期，第 16－19 页。

湾（滩）长制等，对改善海洋生态环境和促进海洋事业可持续发展起到了
积极效果。

一、海洋生态环境治理的行动计划

（一）海洋生态修复工程

2016 年以来，财政部和国家海洋局利用中央海岛和海域保护资金，支
持全国 18 个城市实施"蓝色海湾""南红北柳""生态岛礁"工程，规划
整治修复岸线 270 余千米，修复沙滩约 130 公顷，恢复滨海湿地 5 000 余
公顷，种植红树林 160 余公顷、赤碱蓬约 1 100 公顷、柽柳 462 万株、岛
屿植被约 32 公顷，建设海洋生态廊道约 60 千米，生态岛礁 100 个。[①]

一是实施"蓝色海湾"工程，着力进行海洋生态整治修复工作。以海
湾为重点，拓展至海湾毗邻海域和其他受损区域，最终的目标是要实现
"水清、岸绿、滩净、湾美"。中央财政支持和地方财政配套投入下，以
"蓝色海湾"整治工程为抓手，绿色发展、人海和谐、生态健康的美丽海
湾越来越多。大量岸线、滨海湿地得到修复，海湾里的水越来越好，植被
和沙滩又回到了原来的模样，这是海湾应该有的风景，也是"蓝色海湾"
工程的目的。

二是实施"南红北柳"[②] 工程，把人工治理和自然修复作为主要手段，
通过湿地植被的修复，筑牢海岸带绿色生态屏障，恢复滨海湿地污染物消
减、生物多样性维护、生态产品提供等重要生态功能，全面推广滩涂、滨
海湿地、河口区生态恢复与景观重建，形成绿色海岸和红滩芦花景观。

三是全面推进生态岛礁工程，到2020 年，分类推进了 100 个生态岛礁工

---

① 《海洋生态保护警钟长鸣：全球海洋治理中国在行动》，中国新闻网，2017 年 9 月 27 日，
访问日期：2022 年 3 月 5 日。

② "南红北柳"生态修复工程："南红"指的是在南方以种植红树林为主，海草、盐藻、植
物等为辅；"北柳"则是指在北方以种植柽柳、芦苇、碱蓬为主，海草、湿生草甸等为辅，有效恢
复滨海湿地生态系统。

程，其中实施了 25 个生态保育类工程、10 个权益维护类工程、20 个生态景观类工程和 27 个宜居宜游类工程，另外还建设了 18 个科技支撑类工程。

海洋生态环境治理是一个系统化的工程，我们不仅需要对海洋污染进行防治，也需要对一些特定的海洋生态"蓄水池"加以保护和修复，海湾、湿地和岛礁是海洋生态保护的重点，也是生态"蓄水池"。国家通过实施"蓝色海湾""南红北柳""生态岛礁"三大工程，对海洋生态建设起到积极效果，也有利于海洋环境整体治理。

(二) 海洋牧场行动计划

近年来，我国高度重视海洋牧场建设，先后批准建立了 42 个国家级海洋牧场示范区，实现了区域性渔业资源养护、生态环境保护和渔业综合开发，推动了海洋渔业的产业升级。海洋牧场是应对近海渔业资源严重衰退的手段之一；可有效控制海域氮磷含量，防止赤潮等生态灾害的发生；可对水质和底质起到有效的调控和修复作用。2017 年发布的《全国海洋牧场建设规划（2016—2025）》对海洋牧场建设做出了全面规划。下一步，我国将以海洋牧场建设为抓手，推动形成绿色高效、安全规范、融合开放、环境友好的海洋渔业发展新格局。加强规划引领，以创新生态增殖技术、海洋牧场生态容量及效果评估等关键共性技术为科研重点，加快"海洋（蓝色）粮仓科技创新"国家重点研发计划实施，加强政策支持和制度保障，促进海洋渔业持续健康发展。

海洋牧场建设对于恢复渔业资源、保护海洋生态环境具有极大益处，同时对于保护区域内的渔业资源，繁育区域特色鱼种也是一种很好的治理方式。

(三) 湾 (滩) 长制行动计划

2017 年国家海洋局出台了《国家海洋局关于开展"湾长制"试点工作的指导意见》。"湾长制"以主体功能区规划为基础，以逐级压实地方党委政府海洋生态环境保护主体责任为核心，以构建长效管理机制为主线，以改善海洋生态环境质量、维护海洋生态安全为目标，加快建立健全陆海统筹、河海兼顾、上下联动、协同共治的治理新模式。

"湾长制"是在属地管理、条块结合、分片包干原则的指导下，实行一条湾区一个总长，分段分区管理，层层落实责任，确定各级重点岸线、滩涂湾长，在上级协调小组的领导下，负责本辖区湾（滩）海洋生态环境的调查摸底、巡查清缴、建档报送等工作，并建立周督查、旬通报、月总结制度，落实分片包干责任，进而建立起覆盖沿海湾（滩）的基层监管网络体系，其有两大职能。一是建立海洋生态环境保护长效机制。主要通过加强入海污染物联防联控、加大环境治理力度等落实多规合一，推进海湾环境污染防治，改善海洋环境。二是构建联合巡查执法监管，打造综合执法合力。完善海洋空间管控和景观整治，优化海洋产业布局，加强岸线管理和整治修复，将沿海岸线、海滩监管和各自分工有机结合起来，加强非法占用海滩及非法造、修、拆船监管，建立覆盖沿海湾滩的基层监管网络体系和定期巡查制度。

"湾长制"强化沿海地方政府在海洋生态环境治理中的责任担当，将海洋生态环境、资源保护的"责任、能力、执行"三位整合为一体，是海洋环境治理的长效抓手。"滩长制"的实施核心在基层，因为每个海湾、海滩的具体情况均有差别，实施"滩长制"需要多级联动、"一滩一策"、社会共治等多种途径（表10-1）。如浙江省舟山市在2017年以来实施"滩长制"过程中，主要通过探索实施村级湾（滩）雇佣保洁员制度、湾（滩）管船机制、管网机制初步形成了相应的治理经验。另外，海滩的信息化监控、清单式管理模式、考核机制的完善等探索均是"滩长制"实施中的机制创新。如按照"滩长制"确定的治理要求，海洋环境治理需要围绕"陆海污染物排放管控、海洋空间资源综合管控、海洋生态保护与修复、海洋灾害风险防范、违法行为监管"五大任务形成整体性体系设计，进而明确各级滩长的具体职责范围，形成责任式清单。当前，我国各地正沿着这种思路进一步完善滩长制度，这也符合当前海洋整体性治理的基本方向。

表 10 - 1　"滩长制"的组织体系和分工

滩长层级	具体职责	分工
市	负责指导实施跨县（区）海滩综合整治和保护管理总体方案，协调跨县域监管责任等	统筹安排
县区	组织制定责任海滩治理和保护方案，协调解决责任海滩治理和保护中的重大问题等	直接实施
乡镇（街道）	组织实施责任海滩全面巡查，劝阻相关违法行为、调查取证等	直接实施

"滩长制"实行主要领域是以具体海滩的小微单元为治理对象，以保护近岸海洋生态资源、整治修复海岸线、保护海洋生态为主要任务。仍以舟山市为例，该市普陀区朱家尖漳州湾沙滩因潮流关系，沙滩上经常出现从外海漂来的垃圾，该村专门有偿雇佣保洁员，实施常态化湾滩清理，实现该区域休闲渔业的需要；岱山县衢山镇通过滩长定期巡查，实现对沿海涉渔"三无船舶"监控；定海区通过滩长巡查、公众参与、执法人员整治三位一体形式清理湾（滩）违规网具等。除了舟山外，浙江省宁波市象山县依托"滩长制"以清理地笼网、串网方式整治渔业资源破坏也卓有成效。

二、我国近海海区海洋生态环境治理

（一）渤海综合治理攻坚战行动

渤海是我国半封闭型内海，自然生态独特、地缘优势显著、战略地位突出，但陆源污染物排放量一度居高不下，重点海湾生态环境质量未见根本好转，生态环境保护形势严峻。2018 年 6 月，《中共中央国务院关于全面加强生态环境保护坚决打好污染防治攻坚战的意见》印发，要求"打好渤海综合治理攻坚战"。同年 11 月，生态环境部、国家发展和改革委员会、自然资源部联合印发《渤海综合治理攻坚战行动计划》（以下简称《行动计划》），提出"到 2020 年，渤海近岸海域水质优良（一、二类水质）比例达到 73% 左右"。

作为区域海湾治理的典范，渤海治理过程中以海湾治理为突破口开展海域污染治理行动。海湾是近岸海域最具代表性的地理单元，更是经济发展的高地、生态保护的重地、亲海戏水的胜地。按照《行动计划》要求，2018 年以来，环渤海三省一市在辽东湾、渤海湾、莱州湾建立实施"湾长制"，构建陆海统筹的责任分工和协调机制，履行渤海环境保护主体责任。其中，山东全面实行"湾长制"，设置省、市、县三级湾长，由湾长牵头，以海湾治理为突破口全面提升海洋生态环境质量，具体包括船舶污染治理、港口污染治理、海洋垃圾污染防治等在内的海域污染治理。近年来，环渤海三省一市均已建立"海上环卫"常态化工作机制，开展海事、交通、生态环境等部门联动执法，并大力加强基础设施建设，推进海洋垃圾的及时清理和常态化监管。2021 年 3 月、5 月、8 月，莱州湾近岸海域优良水质面积比例分别为 71.6%、51.4%、77.7%，较 2018 年至 2020 年同期均值分别提高 39.6、21.4、11.8 个百分点，[①] 渤海综合治理攻坚战取得了阶段性成效。

《渤海综合治理攻坚战行动计划》（简称《行动计划》）是跨行政区海洋环境治理的有益尝试，也是海洋生态建设的重要方式。通过《行动计划》实现了多部门联合协调，省部共同治理，协同推进渤海污染防治、生态保护和风险防范。根据《行动计划》，通过区域内整合编修海洋空间规划、加强入海污染物联防联控、加强海洋空间资源利用管控、加强海洋生态保护与环境治理修复、加强海洋生态环境监测评价、加强海洋生态环境风险防控、加强海洋督察执法与责任考核、加强渤海生态环境保护关键问题研究和技术攻关等多方面综合治理，有效加强了渤海生态环境保护。

（二）粤港澳近岸海域环境合作治理

多年来，粤港澳三地在环境保护方面强化交流与合作，以"粤港合作

---

① 靳博、张腾扬、李蕊、胡婧怡：《渤海治理成效初显》，《人民日报》，2021 年 11 月 5 日，第 13 版。

联席会议"为平台，出台了近岸海域环境防治相关政策，签订了相关环保协议，区域内所辖地陆续出台了地方性法规和政府规章、规范性文件来监管近岸海域的环境问题，并通过联合执法、具体的环保项目推进粤港澳近岸海域的环境合作治理。

（1）出台了近岸海域环境防治相关政策。国家和地方高度重视大湾区生态环境保护工作，以珠江口为重点区域，推动大湾区生态环境保护工作，国务院制定的《水污染防治行动计划》将珠江口列为重点整治的河口海湾，并将珠江流域纳入重点流域污染防治工作之中。粤港澳大湾区在近岸海域环境治理方面通过出台区域性规划、协议等治理环境问题。一是有关粤港澳大湾区近岸海域环境合作治理的区域性规划。2019 年中共中央、国务院印发了《粤港澳大湾区发展规划纲要》，要求加强粤港澳生态环境保护合作，共同改善生态环境系统，强化近岸海域生态系统保护与修复，加强湿地保护修复，全面保护区域内重要湿地，开展滨海湿地跨境联合保护。2018 年粤港澳开始合作编制《粤港澳大湾区生态环境保护规划》，该规划是粤港澳大湾区 2020—2035 年的生态文明建设长期规划，要求推动诸如海岸整治与修复工程、大鹏湾海洋公园建设工程、入海河流总氮总量控制等生态工程建设。除此之外，《广东省沿海经济带综合发展规划（2017—2030 年)》对广东省沿海经济带的开发与保护进行了规划，提出建设陆海统筹生态文明示范区，打造沿海生态绿带。香港政府出台了《净化海港计划》，目前已实施两期，推动了香港海港水质的净化与区域的环境治理。二是关于粤港澳大湾区近岸海域环境合作治理的区域性协议。2017 年粤港澳签订了《深化粤港澳合作　推进大湾区建设框架协议》，提出完善生态建设和环境保护合作机制。2017 年 6 月珠澳双方共同签署了"爱我蓝色海洋，护我碧海银滩"倡议书。2020 年交通运输部海事局、香港海事处、澳门海事及水务局共同签署了《粤港澳大湾区海事合作协议》，三方将建立稳定的协同机制，共同维护粤港澳大湾区水上交通安全、促进绿色航运发展。国家海洋局和香港特区环境运输及工务局于 2004 年 3 月 31 日签订的《香港废弃物跨区倾倒管理工作合作安排》，在跨区倾倒香港疏浚废弃物的管理原则，以及在内地海域处置香港惰性拆建物料等事宜上，奠定了更紧密合作和沟通的基础。

（2）颁布了海域治理相关地方性法规规章。深圳市出台了《深圳经济特区海域污染防治条例》(2018)、《深圳经济特区海域使用管理条例》(2019)等，珠海市发布了《珠海市环境保护条例》(2020)、《珠海经济特区海域海岛保护条例》(2019)、《珠海经济特区无居民海岛开发利用管理规定》(2018)等，江门市发布了《江门市中华白海豚自然保护区管理办法》(2016)等。香港在2013年颁布的《海上倾倒物料条例》规定了管制物品倾倒入海作业，扩大管制海洋污染，并规定任何人士在海上倾倒物料及其有关的装载运作，均须取得环保署的许可证。澳门在2018年发布的《海域管理纲要法》涉及海域管理的相关法律制度，可以有效规范相关人员行为，促进粤港澳大湾区近岸海域（海洋）环境的污染防治。

（3）开展近岸海域合作治理。改革开放后，粤港澳合作实施了近岸海域污染合作治理行动，目前涉及近岸海域环境治理的小组有海洋资源护理小组、珠江三角洲水质保护专题小组、大鹏湾及后海湾（深圳湾）区域环境管理专题小组、东江水质保护小组、粤港海洋环境管理专题小组、林业及护理专题小组、水葫芦治理专题小组等。① 大湾区在近岸海域环境治理中，通过环境合作小组来落实具体的合作行动。自1990年粤港环境保护联络小组成立至今，粤港澳三地在现有的协同共治框架下，成功应对了多项跨境海洋环境问题，包括深圳湾治理工程、大鹏湾治理工程、珠江口湿地保护工程、海漂垃圾预警预报和治理、粤澳交界水葫芦治理等。其中，深圳湾是粤港共管的近岸海域，其污染情况比较严重。2009年，粤港澳针对环珠江口湾区的跨域水环境问题，建立了珠江口海漂垃圾预警互通系统、珠江口水质数值模型，在深圳湾、大鹏湾、粤澳交界海域取得了较好的治

---

① 王明旭、李朝晖等：《粤港澳大湾区环境保护战略研究》，科学出版社，2018年版，第87页。

理效果。① 在粤澳涉海环保合作中，珠海和澳门的环境执法合作最为密切，珠海联同中山协助澳门共同治理水浮莲污染问题，共同参与治理横琴区内的环境问题，加强区域海洋环境管理和污染防治。

第二节　区域海洋环境治理的司法协作

区域海洋生态环境治理需要制度规制、执法协作，最终通过司法救济的治理路径，达到治理的体系化和有效性，其中司法协作与救济是海洋环境治理的兜底性机制，在实践上获得关注。研究近年来的跨区域司法协作案例，主要表现为跨区域跨部门联动协作、跨区域单部门协商合作、垂直型专业化司法协同等模式。通过分析发现，现有的跨区域海洋环境治理的司法协作有其必然性和有效性，但反思现有协作机制仍有不少的完善空间，并需要进一步修订相应的司法制度，重构相关的救济制度，提升跨区域环境治理协作的治理效能。

一、跨区域跨部门联动协作

海洋生态环境污染因海域的特殊物理性，必然存在海域的跨区域性特征。海域污染所涉及海域在行政上被不同近海行政区分别管辖。我国海事司法系统和行政管理系统存在一定的差别性，如天津海事法院管辖下列区域内发生的海事案件和海商案件：南自河北省与山东省交界处、北至河北省与辽宁省交界处的延伸海域，其中包括黄海一部分、渤海一部分、海上岛屿和天津、秦皇岛等主要港口。② 又如厦门海事法院管辖下列区域内发

① 郑淑娴、杨黎静、吴霓、章柳立、陈绵润：《粤港澳大湾区海洋生态环境协同共治策略探讨》，《海洋开发与管理》，2020 年第 6 期，第 48－54 页。

② 《最高人民法院关于设立海事法院几个问题的决定》（1984）。

生的一审海事、海商案件：南自福建省与广东省交界处、北至福建省与浙江省交界处的延伸海域，其中包括东海南部、台湾省、海上岛屿和福建省所属港口。① 在近海海域环境污染案件的受理过程中，海事法院均跨越该法院所属行政区范围，故而在司法裁决做出过程中必然涉及非本区域的其他主体的参与，在司法执行过程中也需要跨区域协作。本研究认为这一模式属于"跨区域跨部门联动协作"，其中渤海蓬莱油田溢油案例最为典型（表10-2）。

表10-2 渤海蓬莱油田溢油案的司法协作

案件名称	司法协作主体	司法救济依据
渤海蓬莱 19-3 油田溢油事故（2011 年）	国家海洋局等 7 家行政机关、北海环境监测中心、农业部、乐亭县人民政府、天津海事法院、天津市高级人民法院	天津海事法院判决康菲公司赔偿损失

位于渤海海域中南部的蓬莱19-3油田于2011年6月发生溢油事故，导致该油田周边及其西北部面积约6 200平方千米的海域海水污染，由国家海洋局等7家行政机关组成的事故联合调查组认定，康菲公司作为作业者承担该事故的全部责任。国家海洋局北海环境监测中心出具"近岸调查报告"，记载了相关海域的污染情况。在该次溢油事故案件中，由以国家海洋局为代表的事故联合调查组对本次溢油事故进行全面调查，并出具相关报告，为后期责任赔偿提供重要证据支持，农业部与赔偿方确定赔偿补偿金额，乐亭县人民政府确定赔偿补偿标准，对于栾某某等21人的上诉行为，天津海事法院认定其证据缺乏相应证明力，并参照乐亭县人民政府确定的赔偿补偿标准进行相应补偿。

跨区域跨部门联动协作中受关注较多的是公益诉讼，特别是诉讼的主体如何确定，在当前我国立法层面存在一些矛盾。典型案例如下：2018年1月11日，中国生物多样性保护与绿色发展基金会作为原告向厦门海事法院提起诉讼，请求判决被告停止非法污染环境和破坏生态的行为、对造成

---

① 《最高人民法院关于设立海口、厦门海事法院的决定》（1990）。

环境污染的危险予以消除、恢复当地生态环境、赔偿环境修复前生态功能损失和承担本案的相关费用。厦门海事法院一审认为，根据相关法律规定，海洋自然资源与生态环境损害索赔的权利属于负责海洋环境监督管理的部门，应由相关行政机关根据其职能分工提起诉讼。中国生物多样性保护与绿色发展基金会不具主体资格，起诉不符合法定条件，因此裁定不予受理。一审后，中国生物多样性保护与绿色发展基金会不服，提起上诉。最终，福建省高级人民法院二审裁定驳回上诉，维持原裁定。[①]

二、跨区域单部门协商合作

近年来，跨区域的海洋协作已经成为不少司法部门和行政部门重点关注事项。但多年的实践表明，跨区域的海洋环境治理合作多属政府间的合作，如《浙江省海洋环境保护条例》（2017 修订）第七条规定，"省人民政府应当加强与相邻沿海省、直辖市人民政府和国家有关机构的合作，共同做好长江三角洲近海海域及浙闽相邻海域海洋环境保护与生态建设"。按照《海洋环境保护法》的相关规定和现实的做法，在环渤海、长三角和珠三角三大海洋经济区，在海洋环境跨区域治理协作上，仍然主要依靠上一级政府来协调解决相互之间的矛盾，而较少采取主动的协调措施，更无从谈起司法协作。

因司法体制的特殊性，普通法院和海事法院的体制结构不一致，我国 10 大海事法院中，有的二审法院为当地省高级人民法院，如宁波、厦门、海口海事法院；有的海事法院的管辖区域存在特殊性，如洋山港及附近海域发生的海事、海商纠纷案件由上海海事法院管辖，但洋山港属于浙江省嵊泗县，该区域其他纠纷则由当地法院管辖。因海事法院管辖海域具有明显的跨区域性，基于海域环境诉讼的司法协作以"跨区域跨部门联动协

---

① 《两船碰撞 1 死 7 失踪谁担责？年度典型案例在厦门发布》，https：//www.sohu.com/a/331726219_231724，2019 年 8 月 5 日，访问日期：2022 年 3 月 6 日。

作"为主要模式运行。但是，海洋环境污染还存在公共性特征，检察机关
等司法机关在海洋环境公益诉讼、海洋环境检察监督等方面也存在相应的职
责，这也给环境司法协作和司法救济途径的拓展提供了可能的视角。以检察
司法协作为例，因检察院系统的管理体系和行政区划体系是一致的，检察司
法协作的联动和协同就可称为"跨区域单部门紧密协作"（图 10－1）。如
2020 年 7 月，广西壮族自治区北海市人民检察院与海南省海口市人民检察
院、广东省湛江市人民检察院以"云会签"形式，签署了《环北部湾—琼
州海峡海洋生态环境和资源保护等公益司法协作的框架协议》（以下简称
《协议》），建立六大机制，推动形成跨区域共护环北部湾、琼州海峡海洋
生态环境工作格局。《协议》明确，要建立案件线索移送和案件协作联动
机制，具体包括：在工作中发现破坏海洋生态环境资源案件线索要及时向
有管辖权的检察机关通报情况，移送案件线索，配合承办单位做好相关工
作；联合生态环境、海洋渔业等相关行政部门集中排查向环北部湾—琼州
海峡海域排放、倾倒废水和废物以及非法捕捞等破坏海洋生态环境资源的
行为，相互通报排查情况等。

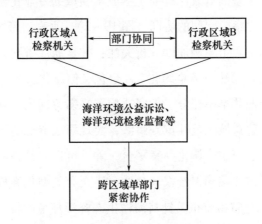

图 10－1 跨区域单部门协商合作流程

检察机关作为单一部门合作基础好、联动性强，因此学理上称为"紧
密型"合作，如广西、广东和海南的检察合作提出对发生在环北部湾—琼
州海峡海域的破坏海洋生态环境资源类案件，统一立案标准、证据标准和

起诉条件，通过检察建议督促职能部门整章建制、消除隐患，检察机关明确建立会商交流和信息通报机制。① 这些机制的实施具有明显的单部门性协作和自律性合作的特征，治理效能也应能体现。

三、垂直型跨区域专业化司法协同

不同地域和法院、检察院间存在司法资源不均衡、诉讼服务差异化、裁判尺度不统一等突出问题，探索建立高效协同的跨域一体化司法机制，是近年来实施区域发展过程中司法改革的重要路径。② 《人民法院组织法》第十条规定，最高人民法院监督地方各级人民法院和专门人民法院的审判工作，上级人民法院监督下级人民法院的审判工作。《人民检察院组织法》第十条规定，最高人民检察院领导地方各级人民检察院和专门人民检察院的工作，上级人民检察院领导下级人民检察院的工作。这种管理和监督关系有利于面对跨区域司法协同中利用上下层级领导或指导下的协作展开。当然，这种合作关系的有效性有助于达成本领域的专业化协同，如同一层级的法院之间、检察院之间的协同（图 10-2）。垂直型跨区域专业化司法协同可以通过以下两个案例加以分析关注：一是浙江省嘉兴市人民法院按照中央关于"推进司法事务集约化、社会化、信息化管理"的要求，针对不同法院司法资源共享不充分、人案适配不平衡等问题，在全市范围内遴选骨干法官，组建跨域示范性审判团队，实现司法资源的跨域调度和动态调整。法院研发了跨域一体化办案平台，除了可以召开视频法官会议，该平台还实现了全市法院知识产权、金融、道交等类型化案件统一归集、统一审理。② 二是福建省检察机关针对海洋生态资源环境的特殊性，以及涉海违法犯罪跨行政区域、涉及海域广、污染扩散快等特点，建立了"守护福建海岸线生态检察协作机制"，力图统筹推进海洋生态保护。福建省检察

---

① 赵莎、杨帆：《粤琼两地检察机关签署协作配合协议》，《海口日报》，2020 年 10 月 19 日。
② 余建华、沈羽石：《探索信息时代司法运行新模式》，《人民法院报》，2020 年 11 月 7 日。

院组织协调福州、泉州、厦门等六个沿海设区市检察院，建立起专门性、专业化的跨区域检察协作机制，具体包括跨区域案件管辖移送机制、跨区域案件检察协作机制、区域间日常沟通联络机制、调研智库协作机制、普法宣传协作机制，凝聚跨区域检察力量，共同预防和惩治破坏海洋生态环境的犯罪行为。垂直型跨区域专业化司法协同在理论上仍属于单向性管理的范畴，运用上级管理权力促使一般协作向紧密协同演进，为海洋环境跨区域治理效能提升带来科学的路径。

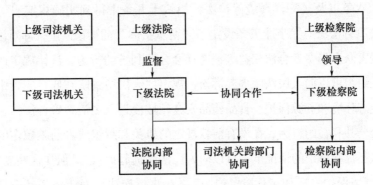

图 10－2　垂直型跨区域专业化司法协同流程

四、跨区域海洋环境司法协作的现状评析

跨区域环境治理的司法协同的开展需要构建相应的机制和制度，司法部门在跨区域环境治理的司法协作上的机制探索尚在起步阶段，或体现在个案的司法裁判中，尤其涉及海洋生态环境的司法协同因实践探索不足、司法制度和机制滞后等因素，相关协作治理效能体现不足，跨区域海洋生态环境司法协同仍存在以下困境。

（一）"联动型"司法协作的立法规范尚未制定

司法机关和非司法机关在诉前、诉中和诉后的各类合作与联动在《海洋环境保护法》中有明确规定。对于沿海地区，当地人民政府或者拥有海洋环境监督管理权的职能部门可以通过合作建立海洋环境保护组织开展海洋环境保护，推进海洋生态多样性保护以及海洋环境区域规划工作，但是当前立法没有建立跨区域海洋环境司法协同机制，案件提起诉讼后，司法部门如何寻求其他部门协作在立法上没有具体的规范。

当前"联动型"司法协作的最大难点之一就是海洋环境公益诉讼主体在制度上没有统一明确。海洋环境公益诉讼制度一直是近年来海洋领域司法改革的重点，相应主体提起海洋环境公益诉讼的情况在《环境保护法》第五十八条以及《海洋环境保护法》第八十九条中得到明确规定。[①] 另外，在《民事诉讼法》第五十五条设定了"两重主体"的诉讼制度，即对污染环境、侵害众多消费者合法权益等损害社会公共利益的行为，法律规定的机关和有关组织可以向人民法院提起诉讼，规定"人民检察院在履行职责中发现破坏生态环境和资源保护、食品药品安全领域侵害众多消费者合法权益等损害社会公共利益的行为，在没有前款规定的机关和组织或者前款规定的机关和组织不提起诉讼的情况下，可以向人民法院提起诉讼"。但在这些规定中，《海洋环境保护法》和《环境保护法》《民事诉讼法》对于海洋环境公益诉讼的主体范围是不一致的，如果按照《海洋环境保护法》作为特别法优先适用时，会剥夺"有关组织"诉讼主体资格，与环境公益的立法目的相悖。在这种起诉主体多元化的制度设计中，究竟由谁提起或由谁主导海洋环境公益诉讼才最合适，出现诉权冲突时如何确立起诉顺位，亟待进一步探讨。[②]

（二）跨区域单部门协商合作和"垂直型"协同在制度上仍存不足

在最高人民法院发布的《最高人民法院关于为京津冀协同发展提供司法服务和保障的意见》（2016）中，明确建立与完善生态环境保护案件管辖制度，并把该制度在司法中的地位提升到了相对较高的高度。《海洋环

---

① 《海洋环境保护法》规定的主体指依照该法规定行使海洋环境监督管理权的部门；《环境保护法》规定的主体包括依照该法规定行使海洋环境监督管理权的部门和依法在设区的市级以上人民政府民政部门登记且专门从事环境保护公益活动连续五年以上且无违法记录的社会组织。

② 石春雷：《海洋环境公益诉讼三题——基于＜海洋环境保护法＞第90条第2款的解释论展开》，《南海学刊》，2017年第2期，第18页。

境保护法》和《环境保护法》直接排除了检察机关的诉讼权，但《民事诉讼法》对于检察机关的诉讼权有明确规定，然而对于如何确定无法提起诉讼的情况时，在司法实践上存在难度。况且《海洋环境保护法》已经明确了跨区域海洋环境保护工作的协商机制，未将司法机关列入其中，检察机关作为法律的监督机关和环境公益诉讼的主体，无法在跨区域海洋生态环境治理中构建有效的检察协作机制。

第三节　区域一体化发展与海洋治理

区域一体化是地理上相近或相邻的两个或两个以上的区域单元，根据自身经济、政治的需要连接而成的发展共同体，是支撑区域经济增长、促进区域协调发展、参与市场竞争合作的重要平台。在加快实施区域协调发展战略引领下，我国加快了国家到地方各层级区域一体化发展，国家层面相继布局了京津冀、长三角、珠三角一体化等，地方层面也利用中心城市的辐射效应加快城市间的合作，如广东的深汕合作、江苏的宁镇扬一体化等。《中华人民共和国国民经济和社会发展第十四个五年规划和 2035 年远景目标纲要》提出"建设一批高质量海洋经济发展示范区和特色化海洋产业集群，全面提高北部、东部、南部三大海洋经济圈发展水平。以沿海经济带为支撑，深化与周边国家涉海合作"。浙江作为我国区域协调发展的重要省份，近年来积极发挥中心城市的作用，推动城市一体化发展。随着海洋产业的迅速发展，与区域海洋公共治理相关的问题也逐渐产生，加强海洋产业服务和管理成为政府和相关部门的一个重要课题。

一、长三角区域一体化发展中的"海洋"元素

区域一体化是地理空间相邻的区域在经济、社会、文化等方面达成一

致性的治理目标，从而实现要素自由流动，最终促进区域经济社会的整体性发展。从国际上看，欧盟、北美自由贸易区、东盟等重要的国际间区域组织，通过国家间的合作，在区域内实现经济、社会等方面的协同治理。近年来，随着全球化、信息化进程加快，特别是区域经济一体化等复杂社会生态所引发的行政区划内大量社会公共问题的日益"外溢化"和"区域化"，迫切需要加快区域间的合作。沿海地区作为我国经济社会发展的重要区域，也是国家对外开放的战略要地，加快区域协调发展，实现区域协同共生治理成为区域发展的重要使命。2019 年 12 月 1 日，中共中央、国务院印发了《长江三角洲区域一体化发展规划纲要》（以下简称《纲要》），剖析《纲要》全文，无不体现出"海洋"在其中的重要性，跨界海洋环境治理、区域海洋基础设施建设、区域港口合作、海岛合作开发等成为重要内容。充分利用好"海洋"元素，实现区域协调发展，成为当前乃至未来一段时间长三角一体化发展的重要方向。具体而言，需要利用"海洋"这一空间特性，促进区域协调发展，实现区域互联互通，谋划区域海洋环境协同治理。

（一）以"海洋"撬动区域协调发展

区域协调发展是按照客观经济规律调整完善区域政策体系，发挥各地区比较优势，促进各类要素合理流动和高效集聚，从而实现区域经济社会等方面的高质量发展。恩格斯曾指出，在社会主义条件下，要使工业经济得到有序发展，必须找到"最适合于它自己的发展和其他生产要素的保持或发展"。长三角区域要实现高度的一体化，必须找到合作点。"海洋"是这一区域的共同元素，加快海洋领域的合作成为撬动区域协调发展的重要方面。《纲要》提出要"推进跨界区域共建共享"，"加强浙沪洋山区域合作开发，共同提升国际航运服务功能"。浙沪洋山合作是区域合作的合作点，也是浙沪合作开发港口资源、岛屿资源的有效手段。《纲要》同时提出，"加强杭州湾、海洋海岛人文景观协同保护，共同打造长三角绿色美丽大花园"，体现出长三角一体化合作不仅是一个区域经济一体化规划，更是一个区域社会协调发展的规划。

(二) 以"海洋"架设区域互联互通

促进区域互联互通是实现人员、货物、资金等要素自由流通的重要方式。长三角区域的典型特征是河网密集、港湾密集,因此,加强区域内交通基础设施建设尤为重要。《纲要》提出"完善过江跨海通道布局,规划建设常泰、龙潭、苏通第二、崇海等过江通道和东海二桥、沪舟甬等跨海通道。"这些涉海基础设施是长三角区域沿海交通的要扼,因此,加快长三角的交通建设特别是加快东海二桥、沪舟甬等跨海通道建设是浙沪海上合作的关键所在。

长三角区域互联互通的另一方面是协同推进港口航道建设。《纲要》提出要"推动港航资源整合,优化港口布局,健全一体化发展机制,增强服务全国的能力,形成合理分工、相互协作的世界级港口群"。长三角区域港口在地理上相邻,加快港口合作发展,对于区域港口集疏运体系建设,提升港口现代化综合性具有显著意义。《纲要》提出,要不断加快沪浙杭州湾港口分工合作,以资本为纽带深化沪浙洋山开发港口建设;深化沪苏长江口港航合作,将苏州(太仓)港建设成为上海港远洋集装箱运输的喂给港,最大力度推动长三角港口协同发展。

(三) 以"海洋"谋划环境协同治理

由于长三角特殊的地理形态,长江带泥入海,加之区域内涉海工业经济的发展,使得杭州湾区域海洋生态环境恶化严重。生态环境部公布的《2021 年中国海洋生态环境状况公报》显示,长三角近岸海域水质较差,2021 年东海海域重度富营养化面积达 10 620 平方千米。《2021 年浙江省生态环境状况公报》显示,全省近岸海域水质稳中趋好,一、二类海水占 46.5%,劣四类海水占 30.4%。全省近岸海域呈富营养化状态的面积为 19 405 平方千米,占近岸海域面积 43.6%。加快长三角区域海洋生态环境共保联治成为区域一体化发展的关键所在。《纲要》提出"持续加强长江口、杭州湾等蓝色海湾整治和重点饮用水源地、重点流域水资源、农业灌溉用水保护，严格控制陆域入海污染"。实现陆海统筹、区域协调治理是长三角海洋环境治理的有效手段，必须坚持生态保护优先，把保护和修复海洋生态环境摆在重要位置，加强区域内海洋生态空间共保，推动海洋环境协同治理，夯实绿色发展生态本底，努力建设绿色美丽长三角。

二、甬舟合作建设宁波舟山港

历史上舟山长期隶属宁波治辖，甬舟之间一衣带水、地缘相近、文化相亲。公元 738 年舟山所辖区（史称"翁山县"）第一次设立县级行政机构，隶属于当时的明州。1688 年，在现在的舟山区域建定海县。1949 年 7 月，中共定海县委、定海县人民政府在宁波庄桥成立。1950 年 5 月 17 日，定海解放后，定海县人民政府迁至定海城关。1953 年 6 月 10 日，经国务院批准，析定海县为定海、普陀、岱山 3 县，划入嵊泗县，设立舟山专区，标志着舟山行政上从宁波分离出去。1976 年 3 月，舟山专区改称舟山地区。虽然宁波和舟山的行政区划变动频繁，由于两地的居民有相同的方言、相同的生活方式以及相同的宗教信仰，使得两地文化、经济等方面一直保持着良好的交流和沟通，历史文化一脉相承。① 近年来，宁波舟山的合作力度超前，尤其宁波舟山港合并后对区域经济社会发展的带动作用凸显，战略意义重大。

（一）甬舟合作的历史进程

舟山与宁波不但历史上具有很强的地理渊源，同时，两地合作也是由来已久。

一是山海协作形成帮扶合作。2003 年 4 月，浙江省委、省政府把舟

---

① 孙东波、王先鹏、王益澄、马仁峰：《宁波、舟山海洋经济整合发展研究》，《宁波大学学报（理工版）》，2014 年第 1 期，第 91－97 页。

山列入山海协作工程受援地区，并与宁波市结为对口协作城市。2003 年
7 月，时任宁波市市长金德水率宁波政府代表团来舟山考察金塘岛。两市
就山海协作进行座谈，就全面加强山海协作达成了共识。2003 年 8 月，时
任舟山市副市长马国华率相关部门同宁波市政府进一步衔接，与时任宁波
市副市长余红艺等领导就如何开展山海协作事宜进行商谈，并就建立两市
领导层互访联系制度等达成一致意见。2003 年 10 月，余红艺副市长率宁
波市经贸代表团赴舟山考察，两市政府签订了《实施"山海协作"工程协
议书》。

二是两地合作深度对接。2004 年 3 月 19 日，时任浙江省委常委、宁
波市委书记巴音朝鲁率领宁波党政代表团赴舟山考察，专程来到金塘考察
大浦口和木岙的港口资源。双方就甬舟两地在港口开发、临港工业等方面
进一步加强合作事宜举行座谈，双方达成共识并签署了《宁波舟山进一步
加强经济合作框架协议》。这标志着甬舟两地全面合作已进入新阶段。
2004 年 12 月，时任舟山党政代表团访问宁波市，双方就一年来的合作进
行交流座谈，对新一年合作进行探讨。2005 年 3 月，时任宁波市市委副书
记、市长毛光烈率领的宁波市党政代表团来舟山考察。两市党政领导就进
一步加强经济合作举行了座谈，并签署了《宁波舟山经济合作 2005 年工
作要点会商纪要》。2005 年 12 月 16 日，由时任舟山市市委副书记、市长
郭剑彪率领的舟山市党政代表团专程赴宁波市进行考察，就进一步加强两
市合作举行了座谈，并签署了《宁波舟山进一步加强合作工作会商纪要》，
将继续推进和深化两市在港口、基础设施、区域联动发展等方面的合作。
舟山市各县（区）党政领导也十分重视，主动与宁波结对市、县（区）进
行对接，双方合力推进山海协作工程。

三是两地公共服务设施全面推进。由于地缘上的接近，使得两地人民
的交流逐步增多。舟山的发展很大程度上离不开宁波的支持，双方公共服
务设施合作力度最大，两地百姓的受益最大。2009 年 12 月 26 日，舟山大
陆连岛工程历经 10 年终于全线通车，舟山宁波合作发展掀开了全新的一
页。舟山地处海岛，淡水资源严重缺乏。为缓解舟山用水紧张状况，舟山

大陆饮水工程长期推进。1999 年 8 月，舟山大陆引水一期工程开工建设，2003 年 8 月正式启用；2009 年 9 月，舟山大陆引水二期工程开工建设，2016 年 9 月正式投入使用。目前，舟山大陆引水三期工程也已经完工。随着舟山海洋经济的快速发展，用电需求急剧增长，与大陆联网工程全面推进。2020 年 12 月，甬舟铁路开工建设，铁路建成后将推动义乌－宁波－舟山开放大通道建设和沿线地区旅游业发展，实现宁波舟山一体化发展，巩固国防，促进长三角一体化、"一带一路"等国家重大战略落地，具有重要意义。

（二）宁波舟山港合并发展

1996 年，浙江省出台《宁波舟山港口中期规划》，第一次提出两港统一规划、统一建设、统一管理的思路。2006 年 1 月 1 日起，正式启用"宁波－舟山港"名称，原"宁波港"和"舟山港"名称不再使用，同时成立宁波－舟山港管理委员会，协调两港一体化重大项目建设。2015 年 9 月，宁波舟山港集团有限公司揭牌仪式举行，宁波舟山港实现了以资产为纽带的实质性一体化。2018 年 5 月 1 日，《中国港口代码》中涉及港口名称"宁波－舟山"的文字全部修改为"宁波舟山"，消失的一杠代表着宁波舟山港一体化由此迈出关键一步。宁波舟山港也完成了从一个小港口到一个货物吞吐量世界最高、集装箱吞吐量位居全国第二、世界第三的港口转型。2020 年 1 月宁波舟山港公司官网信息显示，宁波舟山港由北仑、洋山、六横、衢山、穿山等 19 个港区组成，共有生产泊位 620 多座，其中万吨级以上大型泊位近 160 座，5 万吨级以上的大型、特大型深水泊位 90 多座。2021 年，宁波舟山港完成年货物吞吐量 12.24 亿吨，同比增长 4.4%，连续 13 年位居全球第一；完成集装箱吞吐量 3 108 万标准箱，同比增长 8.2%，位居全球第三。①

---

① 《宁波舟山港 2021 年货物吞吐量首破 12 亿吨》，新民网 http://www.xinmin.cn/，访问日期：2022 年 1 月 12 日。

（三）国家和区域战略引领两地深化合作

2016 年国家发改委公布了《长江三角洲城市群发展规划》，长三角将建设成为面向全球、辐射亚太、引导全国的世界城市群。该文件确定了浙江的两大都市地区，包括宁波和舟山。2016 年 4 月，国务院批复设立舟山江海联运服务中心。舟山江海联运服务中心范围包括舟山群岛新区全域和宁波市北仑、镇海、江东、江北等区域。舟山江海联运服务中心建设紧密围绕国家战略，以宁波－舟山港为依托，以改革创新为动力，加快发展江海联运，完善铁路内河等集疏运体系，增强现代航运物流服务功能，提升大宗商品储备加工交易能力，打造国际一流的江海联运综合枢纽港、航运服务基地和国家大宗商品储运加工交易基地，创建我国港口一体化改革发展示范区。2019 年 12 月 1 日，中共中央、国务院印发《长江三角洲区域一体化发展规划纲要》提出，"加快推进宁波舟山港现代化综合性港口建设，……推动长三角港口协同发展。……加快建设舟山江海联运服务中心"。

2021 年《浙江省海洋经济发展"十四五"规划》提出宁波、舟山全力打造海洋中心城市，"充分发挥宁波国际港口城市优势，以世界一流强港建设为引领，以国家级海洋经济发展示范区为重点，坚持海洋港口、产业、城市一体化推进，支撑打造世界级临港产业集群……"，宁波舟山深化合作有了更有力的政策支持。

三、甬舟一体化高质量发展

2018 年，宁波和舟山提出了宁波－舟山一体化的新思路。宁波和舟山党政代表团 2017 年的互访实际上为两地的融合提供了动力。2019 年，浙江省政府工作报告提出，谋划推进宁波舟山一体化建设，宁波－舟山合作进入新的历史阶段。2019 年 8 月，甬舟一体化推进会召开，《宁波市推进甬舟一体化发展行动方案》（以下简称《方案》）下发，并签订了 14 个专项合作协议。《方案》提出，到 2025 年，甬舟一体化发展取得实质性进展，全面建立整体发展的体制机制，基础设施、科创产业、生态环保、公共服务等领域基本实现同城化，现代化的国际港口名城初具规模。《方案》提出六大重点任务：共同打造快速便捷通勤圈、优势互补的产业大格局、同城化民生服务体系、共保共治生态保障体系、高端资源自由流动的要素市场、政策叠加的改革开放新高地。2022年3月，甬舟一体化联合办公室印发《宁波舟山一体化发展2022年工作要点》，提出要以甬舟一体化合作先行区为先行先试平台，以宁波舟山港一体化建设和浙江自贸试验区高质量发展为主抓手，深度推进全方位、多领域、深层次合作，合力建设世界一流强港、全球海洋中心城市，共同绘就长三角一体化"浙江新样板"。①

宁波、舟山是浙江海洋经济发展示范区的核心区，宁波舟山一体化背景下两市联合发展海洋经济，对于推进两市海洋经济高质量发展、促进浙江海洋经济发展示范区建设、提升区域综合经济力、实现陆海联动发展具有重要的战略意义。其主要拥有以下五大优势。

（1）区位条件和海洋资源禀赋得天独厚。宁波、舟山地处我国大陆海岸线中段和长江黄金水道T型交汇点，是我国沿海南北航运的必经之地和国家级综合交通枢纽之一。港口、海岛、渔业、旅游等海洋资源丰富，特别是深水岸线绵长，是我国建设深水港群的理想区域。近年来，宁波、舟山被赋予多项国家战略，舟山群岛新区是首个以海洋经济为主题的国家级新区，宁波是国家海洋经济创新发展示范城市，两市携手共建江海联运服务中心，均为浙江自贸试验区4个片区之一，因此，宁波和舟山是推动长三角一体化联动协同发展、引领浙江开放发展的重要支撑，也是"一带一路"和海洋强国建设的承载区。

（2）宁波舟山港发展引领作用大。习近平总书记称赞宁波舟山港是"硬核力量"。② 宁波舟山港处于"丝绸之路经济带"和"21世纪海上丝绸

---

① 《甬舟一体化42项年度任务来了 2022年宁波这样干》，中国宁波网 http：// www.ningbo.gov.cn/，访问日期：2022年3月20日。

② 《宁波舟山港2021年货物吞吐量首破12亿吨》，新民网 http：//www.xinmin.cn/，访问日期：2022年1月12日。

之路"交汇点，是中国外贸产业链、供应链畅通运转的关键之一。截至
2021 年，航线总数升至 292 条，创历史新高；海铁联运班列增至 21 条，
覆盖全国 16 个省（自治区、直辖市）61 个地级市，海铁联运箱量首次突
破 120 万标准箱。《2021 新华·波罗的海国际航运中心发展指数报告》显
示，宁波舟山港首次跻身全球航运中心城市综合实力第 10。宁波舟山港是
我国最大的铁矿石和原油储运中转基地、重要的液体化工储运基地，是我
国大宗原材料交易集散中心。港航服务业加快发展，是我国最大、世界第
8 船用燃料油加油港，拥有宁波海事法院、宁波国际航运仲裁院、中国
（浙江）自由贸易试验区海事商事纠纷调解中心等纠纷解决专业机构和全
国首家专业航运保险法人机构——东海航运保险，海上丝绸之路指数品牌
成功登陆波罗的海交易所①。

（3）具有较为完备的现代海洋产业体系。近年来，宁波和舟山海洋经济
综合实力稳步提升，海洋产业体系不断完善，以绿色石化、港口物流、船舶
与临港装备制造、现代海洋渔业、海洋文化旅游等为代表的海洋产业基础较
好，海洋清洁能源、海洋新材料、海洋生物医药、智慧海洋等新兴产业蓬
勃发展，形成了较为完备的现代海洋产业体系。2020 年海洋经济生产总值
宁波 1 675 亿元、占 GDP 比重 13.5%，舟山 980 亿元、占 GDP 比重 65%。

（4）城市治理水平不断提升，数字赋能治理能力成效凸显。宁波和舟
山正积极打造全国市域社会治理现代化城市，主要包括新型智慧城市建设
和"城市大脑建设"，扎实推进县级社会矛盾纠纷调处化解规范工作，不
断完善社会治安防控体系。舟山实施"天罗海网"工程，做精"智慧村
社"项目，做亮"东海渔嫂"品牌。在区域海洋治理领域，宁波和舟山正
积极打造智慧港口、智慧航运等战略，全面覆盖海洋事业发展的全方位和
全周期。宁波和舟山聚焦创新协同新机制、资源集聚机制、企业培育机
制、成果转化机制，推进科技创新工作，科技型企业、科研院所和人才不

---

① 2020 年 8 月，国务院发布的《中国（浙江）自由贸易试验区扩展区域方案》明确提出，
要推动海上丝绸之路指数成为全球航运物流的风向标。

断集聚，为高质量发展奠定了良好的基础。

（5）海洋文化底蕴深厚，海上贸易历史源远流长。宁波和舟山因海而生，因海而兴，历史上是我国重要的港口城市和对外贸易重要集散地，宁波在唐朝时就是海上丝绸之路起点之一，舟山六横岛是 16 世纪东亚民间国际贸易中心。改革开放后，宁波是我国首批 14 个沿海开放城市之一，2014年被列为"一带一路"建设支点城市；舟山 1988 年被国务院列入沿海经济开放区。同时，城市建设管理水平不断提升，宁波 2005 年以来已荣获全国文明城市六连冠，舟山 2020 年首次跨入全国文明城市行列。

第四节　浙江海洋生态环境治理的实践探索

作为"两山"理论发源地的浙江，在海洋生态文明法治化建设上一直走在全国的前列，从制度的制定到治理机制的构建和实施，始终以生态文明建设为理念，凸显浙江建设海洋强省的生态底线，其中代表性的实践探索包括构建制度体系为先导，通过"湾（滩）长制"实施小微治理，深入开展"蓝色海湾"整治行动等。

一、构建基于"陆海统筹"的生态环境治理制度体系

一直以来，浙江海洋生态环境治理的各项改革创新举措走在全国前列。早在 2004 年 1 月，浙江省根据《海洋环境保护法》等有关法律、法规，结合本省实际制定并实施了《浙江省海洋环境保护条例》，将其作为浙江省海洋生态文明法治建设的总纲领，该条例在 2017 年做了修正。其他出台或修改的相关地方性法规有《浙江省海域使用管理条例》《浙江省水污染防治条例》《浙江省航道管理条例》《浙江省港口管理条例》《浙江省渔业管理条例》等。2020 年，基于对海洋资源管理的"陆海统筹"和综

合治理原则考虑，浙江省人大常委会废止了《浙江省滩涂围垦管理条例》《浙江省盐业管理条例》等相关涉海地方性法规。

在政策方面，2017年2月，浙江出台《关于进一步加强海洋综合管理推进海洋生态文明建设的意见》，明确提出了"建立海洋生态红线保护制度"的目标任务。2018年7月，《浙江省海洋生态红线划定方案》正式发布，宣告了浙江省海洋生态红线先于陆域生态红线全面划定。2021年以来，浙江省相关的规划相继发布，《浙江省国民经济和社会发展第十四个五年规划和2035年远景目标纲要》提出"努力打造美丽中国先行示范区""绿水青山就是金山银山转化通道进一步拓宽，诗画浙江大花园基本建成，品牌影响力和国际美誉度显著提升，绿色成为浙江发展最动人的色彩，在生态文明建设方面走在前列"。《浙江省生态环境保护"十四五"规划》提出"推动陆海统筹，着力建设美丽海湾"，加快推进陆海污染协同治理、海洋生态保护修复、亲海环境品质提升等工作，建设"水清滩净、鱼鸥翔集、人海和谐"的美丽海湾。《浙江省海洋经济发展"十四五"规划》同时也明确了"要全面落实海洋生态红线保护管控""全面提升海洋生态保护与资源利用水平"等。

以上法规和规划初步构成了浙江省海洋生态环境治理的制度体系，而建立系统完整的海洋生态环境制度体系在于引领和推动依法管海、依法用海、依法护海，这对于深度践行"绿水青山就是金山银山"的生态理念具有重要的现实意义。

二、探索实施海洋生态环境"小微"治理机制

由于海洋环境因其特有的生态依存性需要有相应的治理机制给予支持，区域海洋环境治理机制因地区不同，在全国沿海呈现出各自的特点。浙江省从2016年起探索以"海湾""海滩"的小微生态载体为治理对象，实施"湾长制""滩长制"的生态治理模式，目前在全国也逐渐推行。

2016 年底，浙江省在宁波市象山县率先试点，推出护海新机制"滩长制"，按照"属地管理、条块结合、分片包干"的原则确定"滩长"，负责所辖区域滩涂违规违禁网具的调查摸底、巡查清缴、建档报送等工作，并建立"周督查、旬通报、月总结"制度。[①] 该制度由点成面，迅速在全省得到推广与普及。2017 年 7 月，浙江省在全国又率先出台了《关于在全省沿海实施滩长制的若干意见》，在全省沿海地区全面实施"滩长制"。2017 年 9 月，国家海洋局印发《关于开展"湾长制"试点工作的指导意见》，浙江成为唯一省级试点地区，此后，浙江"滩长制"全面升级，实现了由滩涂管理为主向覆盖海洋综合管理的"湾（滩）长制"的拓展与延伸。

"湾（滩）长制"实行以具体海滩的小微单元为治理对象，以近岸海洋生态资源保护为主要任务，[②] 现已成为浙江省海洋生态治理的一大创新举措，得到了中央的高度肯定，标志着将在更高起点上探索建立陆海统筹、河海兼顾、上下联动、协同共治的海洋生态环境治理长效机制。

三、实施海洋生态环境"蓝色海湾"整治行动

2016 年起，以"蓝色海湾"为代号，国家开始着力进行海洋生态整治修复工作，以海湾为重点，拓展至海湾毗邻海域和其他受损区域，最终的目标是要实现"水清、岸绿、滩净、湾美"。浙江省在 2018 年全面启动实施海岸线整治修复三年行动，共整治修复海岸线 65.9 千米，其中典型的如宁波市北仑区梅山湾"蓝色海湾"整治行动、温州市洞头区"蓝色海湾"整治行动和舟山市普陀区沈家门港湾"蓝色海湾"整治行动等。

宁波市、温州市、舟山市的"蓝色海湾"整治行动均通过控制污染源

---

① 陈莉莉、詹益鑫、曾梓杰，等:《跨区域协同治理:长三角区域一体化视角下"湾长制"的创新》,《海洋开发与管理》,2020 年第 4 期，第 12 – 16 页。

② 全永波、顾军正:《"滩长制"与海洋环境"小微单元"治理探究》,《中国行政管理》,2018 年第 11 期，第 148 – 150 页。

和清理污染物来提升海湾生态环境，海湾治理更多强调的是政府主导且均发挥当地特色旅游资源，提升旅游价值。宁波市北仑区梅山湾"蓝色海湾"整治项目是以改善生态环境为基础、以提升生态价值为核心，在梅山湾架构了"1+N"综合治理体系。温州市洞头区"蓝色海湾"治理不仅有政府的宏观把控，还吸引了更多的社会资本参与海洋生态环境治理，并出台行业治理标准和蓝湾指数评估规范。温州市在海洋环境治理的司法协作上也做了创新尝试，如联合司法部门构建海湾生态司法保护协作机制。舟山市普陀区沈家门港湾"蓝色海湾"整治项目被选为践行"两山"理论理念的典型案例，其做法主要为：一是通过搬迁污染工业厂区、拆除废弃码头和清理近岸垃圾开辟绿色通道，提高污染清理效率；二是通过海湾海底清淤、生态湿地修复和滨海廊道建设同步治理陆域和海洋，陆海统筹提升修复效率；三是将生态理念与当地人文环境有机结合，全面提升特色渔港小镇旅游价值。目前，宁波市、温州市、舟山市3个国家"蓝色海湾"整治项目已通过验收，走出了一条践行"两山"理念，奋力建设"海岛大花园"，助推海洋强省建设的可持续发展之路。

四、探索"生态型"跨海大通道建设

党的十九届五中全会提出促进经济社会发展全面绿色转型，建设人与自然和谐共生的现代化。作为区域发展典型代表的长三角地区，在2019年12月公布的《长江三角洲区域一体化发展规划纲要》中提出"大力推进大湾区大花园大通道大都市区建设""加快长三角生态绿色一体化发展示范区"。可见，谋划跨区域"绿色合作"，推进沪舟甬"生态型"跨海大通道建设，是推进长三角区域一体化发展的重要环节，这需要关注海洋生态环境保护和一体化通道建设的和谐共振，凸显区域"绿色发展"的基本理念。

（一）沪舟甬跨海大通道建设的现实背景与意义

沪舟甬跨海大通道自2016年9月开始谋划并启动研究工作，目前已写入中共中央、国务院于 2019 年印发的《长江三角洲区域一体化发展规划纲要》，提出"规划建设东海二桥、沪舟甬等跨海通道"。另外，《上海铁路枢纽总图规划（2016—2030 年）》也将"远景规划预留沪甬（舟）铁路"写进规划中，线位为经东海二桥（已规划）至洋山并继续向南延伸。2020 年 4 月，浙江省举行全面推进高水平交通强省建设动员大会，会议提出浙江要大手笔实施"十大千亿、百大百亿"工程，沪舟甬跨海大通道就包括在"十大千亿工程"之内。

沪舟甬跨海大通道总里程 160 千米，从上海临港经大洋山、舟山直达宁波，未来将直通上海四大铁路主客站之一的上海东站。据了解，沪舟甬跨海大通道为公铁两用，主要分为上海段、岱山洋山段、舟山本岛岱山段和甬舟段。甬舟段由甬舟高速公路、甬舟高铁、甬舟高速公路复线 3 个项目构成。该项目建成后，将连接上海洋山港和宁波舟山港两大港口，成为长三角世界级湾区引领世界的超级工程和支撑长三角一体化发展的标志性跨海通道。

沪舟甬跨海大通道的起始项目舟山跨海大桥早在 2009 年 12 月建成通车，这条高速大通道的建成对于浙江舟山群岛新区、中国（浙江）自由贸易试验区的建设意义重大，使舟山一下从海岛时代走向半岛时代，并有力地推进了宁波舟山港货物吞吐量连续 10 余年位居世界第一位。2020 年 12 月 24 日，宁波到舟山本岛的甬舟铁路正式开工，标志着沪舟甬跨海大通道高铁项目外围段建设正式启动。2021 年 1 月，全长约 28 千米的舟山到岱山岛的跨海大桥合拢，这是沪舟甬跨海大通道的又一重要组成部分，也标志着沪舟甬跨海大通道进程的加速推进取得了阶段性成果。2021 年 1 月底，《浙江省国民经济和社会发展第十四个五年规划和 2035 年远景目标纲要》（简称《纲要》）发布。《纲要》提出，加强与长三角自贸区联动发展，以洋山港为支点，共同谋划建设长三角自由贸易港。沪舟甬跨海大通道项目的推进，有利于上海和宁波两市海上互联互通，实现沪舟甬港口功能分工合作，优化空间布局及提高物流通道综合运转效益，且对打造对外开放桥头堡、实现上海浙江自由贸易港融合发展具有重要意义。

（二）沪舟甬跨海大通道建设的难点及对海洋生态环境的影响

沪舟甬跨海大通道建设的主要桥梁和隧道部分主要位于杭州湾外围、东海近海海域，北部区域临近长江口，中部跨海公铁大桥处于舟山海域，南部则临近宁波舟山港区主通道区。跨海大通道建设处于我国海洋航运最繁忙区域，海洋生态环境系统较脆弱，海洋生态承载力弱，海洋地质条件差，相关制约条件包括以下四点。

1. 施工水域交通安全风险大

跨海大通道所在的东海海域有全球最大的货物吞吐量港（宁波舟山港）和全球最大的集装箱港（上海港），中国（浙江）自由贸易试验区自 2017 年开始建设以来，努力推进油气全产业链建设，打造国际海事服务基地，促进港产城融合发展，船舶保税燃料油加注量占全国 40% 以上，每年有 1 500 艘以上的外籍轮船进港维修。据舟山海事局统计，2020 年舟山港域年进出港船舶为 119.3 万艘次（不含渔船），总载重量 247 148.3 万吨，其中舟山港域船舶载运危险货物进出港 5.6 万艘次。在跨海大通道施工水域多数为通航区域，通航船舶有大型油轮、集装箱货船、客运船舶、散货船和渔船等，以舟山到岱山岛的跨海大桥为例，该区段共 28 千米，日均通航量达 200 余艘次，通航安全管理难度极大，也给区域海域生态环境留有较大隐患。

2. 产业发展对生态环境治理具有挑战性

中国（浙江）自由贸易试验区自 2017 年开始建设以来，定位打造"一中心三基地一示范区"，是聚焦浙江自由贸易试验区建设核心、加快油品全产业链发展领域改革的重要载体，其中包括国际油品交易中心、国际油品储运基地、国际石化基地等。浙江自由贸易试验区在 2020 年 9 月扩区后，宁波片区也在"打造具有国际影响力的油气资源配置中心"。作为全国最大的油品储运基地之一，舟山的油品储运能力远期将达 1 亿吨，舟山绿色石化基地的石化产品产能一期 2 000 万吨已经投产，二期 4 000 万吨正在加快建设推进，另外正在实施 LNG（液化天然气）管网规划布局，建设 LNG

海上登陆中心，打造华东地区最大气源基地等，这些油气产业基地发展均需要大通道建设互为支撑，但也给生态环境保护和大通道建设的模式提出了新的挑战。

3. 海域生态承载力弱，海洋环境自净能力差

《2021年中国海洋生态环境状况公报》数据分析显示，尽管东海海区的海洋生物群落结构整体相对平稳，但相关的陆源污染排放和其他海洋开发活动仍对近岸局部海域海洋生态环境增添了较大压力，赤潮、海水入侵、土壤盐渍化与岸滩侵蚀等环境问题依旧存在，部分生存环境退化，近岸典型生态系统健康受损，监测的海湾、浅滩、河口等生态系统处于亚健康甚至于不健康的状态。2021年东海劣四类海水海域面积16 310平方千米，占全国近海劣四类海水海域面积的76%，重点来源于近岸陆源污染，也包括长江和钱塘江江水融入、海洋工程、船舶污染、水产养殖等因素。同时，舟山群岛岛链制约了外海海水与杭州湾海水之间的流动，使得海水自净能力降低。舟山渔场是全国最大的渔场，马鞍列岛、中街山列岛是国家级海洋特别保护区，在海洋生态文明建设的大背景下，大通道建设过程中如何保护海洋生态环境是一个重要的课题。

4. 大通道施工难度较大，具有一定地质生态风险

大通道施工分为隧道和桥梁。在一般性的隧道通道施工过程中，隧道作业产生的涌水、洒水降尘后含有石灰质和泥沙的废水、施工材料（如水泥、砂石、油料、沥青等）被雨水冲刷产生的污水、施工人员的生活污水等排放，会对海水水质产生一定影响；在海底隧道施工过程中，地下爆破会对一定范围内的海底生物产生影响。在大通道建成运营后，主要环境影响为汽车尾气和噪声。以在建的甬舟铁路为例，作为沪舟甬跨海大通道的重大标志性工程，全长76.4千米，设计时速250千米，建设工期6年，工程难点多，地质条件差、水压高、防灾救援、海中对接难度大，对于施工作业成本、生态环境保护、后期维护的影响也比较大。

桥梁施工过程中打桩等行为可使局部范围海水浑浊度增加，对鱼类、浮游生物产生不利影响；施工临时预制场所的围海填方工程，改变了海水原来的使用功能，由海变为陆地，势必对海洋生态、水产养殖等造成很大影响。运营期桥址附近流场及河床冲刷规律发生变化，可能对水生生物的栖息环境、海床和岸线的稳定产生影响，对通航也会造成一定障碍。

五、浙江海洋生态环境治理制度和机制的现状审视

通过对多年来浙江海洋生态环境治理的制度实践和机制构建的过程分析可以看出，浙江省已形成了以综合性地方立法为基础，以单向性规划、行动方案、实施意见等低位阶政府性柔性措施为主导的制度体系构建，生态环境建设成效明显。以 2021 年浙江近岸海域水质为例，海水水质稳中趋好，一、二类海水面积占比 46.5%，与上年相比，一、二类海水面积占比上升了 3.1 个百分点，优良率达到历史最好水平。① 但检视浙江海洋生态文明法治化进程，仍存在立法体系不够健全，执法、司法和守法体系与机制有待完善等问题，生态文明建设的现实困境、影响因素在短期内难以突破。

（一）立法体系尚未健全

立法体系尚未健全的主要原因在于"海洋基本法"虽被列入全国立法计划，但何时出台尚不确定；《海洋环境保护法》在 2017 年修订后，随着 2018 年国家机构改革之后的立法修改尚未完成，致使省级层面海洋生态环境治理相关的制度领域因上位法规范不足，制度化建设也存在不完善之处。如《浙江省海洋环境保护条例》对跨行政区域的海洋环境污染治理并未做出相应的规定；《浙江省渔业管理条例》中对造成渔业污染事故的单位、船舶和个人未做出明确的行政处罚规定，主体责任人不明确；《浙江省无居民海岛开发利用管理办法》对无居民海岛环境破坏的责任主体没有明确，只规定"县级以上海洋主管部门及海洋执法机构应当加强对无居民

---

① 《2021 年浙江省生态环境状况公报》，浙江省生态环境厅，2021 年。

海岛开发利用的管理"（第二十六条），相应权责未予细化，等等。

（二）执法、司法和守法机制建设存在瓶颈

一是执法治理机制支撑不足。浙江海洋生态环境治理具有跨行政区域和陆海联动性特点，但执法的联动机制没有建立，执法合作非常态化致使执法效果受影响。二是司法机制有待优化。《海洋环境保护法》已经明确了跨区域海洋环境保护工作的协商机制，但未将司法机关列入其中，如检察机关作为法律的监督机关和环境公益诉讼的主体，无法在跨区域海洋生态环境治理中构建有效的检察协作机制。《海洋环境保护法》《环境保护法》和《民事诉讼法》对于海洋环境公益诉讼的主体范围规定是不一致的，在这种起诉主体多元化的制度设计中，究竟由谁提起或由谁主导海洋环境公益诉讼才最合适，出现诉权冲突时如何确立起诉顺位，亟待进一步明确。① 三是守法主体参与有限。当前，社会主体参与海洋环境治理没有得到充分重视，仍然依靠以政府为主导发动社会参与的方式展开，基于政府、企业、社会组织和公众共同参与的守法体系构建尚未完成，海洋生态环境损害的违法犯罪行为如陆源排污、违规捕捞等仍在一定程度上存在。

（三）海洋生态文明建设的现实困境难以在短期内得到突破

浙江省海域特别是长江口和杭州湾近海海域航运繁忙、海洋生态环境系统脆弱、生态承载力不强，给海域生态环境治理带来了较大的压力。长江口和杭州湾附近的东海海域是全球最大的货物吞吐量港（宁波舟山港）和全球最大的集装箱港（上海港）所在地，长三角海域是国际航行船舶航线密集程度最高的区域之一。近年来，该区域浙江自由贸易试验区油气产业发展迅速，船舶排污、油气扩散等环境损害风险点多，给近海海洋生态环境保护提出了较大的挑战。

---

① 石春雷：《海洋环境公益诉讼三题——基于〈海洋环境保护法〉第 90 条第 2 款的解释论展开》，《南海学刊》，2017 年第 2 期，第 18 - 24 页。

第十一章

区域海洋公共治理的模式优化与机制完善

区域海洋治理存在跨国家、跨行政管辖区域等特征，各主权国家、行政区均存在独立的权力体系，海洋公共治理的理论基础、运行模式和机制的特殊性在前几章逐一做了分析，如何优化区域海洋公共治理模式、完善治理机制，就需要关注海洋治理体系的整体性、多层级性，特别是如何将各方治理力量整合并形成系统性机制，这是本章也是本研究最终的目标归宿。

第一节　全球区域海洋公共治理的模式优化

国家边界是人为设置的边界，区域海洋在全球范围内具有跨国界性，但生态系统的海洋特性促使区域海洋公共事务往往具有一定的整体性，如海洋环境的区域生态链是相连的，海水是流动的，一国的海洋生态环境受到破坏，周边国家也要受到不同程度的影响。因此，区域海洋公共治理的模式需要在关注现有机制的情况下进一步整合完善。

一、完善基于整体性治理的"区域海"治理模式

（一）"区域海"＋整体性治理模式完善

联合国从 20 世纪 70 年代开始提出"区域海"概念，核心内涵是将区域利益作为环境利益多元化的框架，防止因利益的无序而对海洋公共问题的无规则破坏。这一划定符合海洋治理的逻辑基础，将区域利益作为海洋公共治理的优先利益考虑，并进行及时的权利主张，避免了个人或企业的"搭便车"式的利益切入。为此，联合国环境规划署区域海洋规划下的 18 个"区域海"，都有了自己明确具体的地理界域。①

"区域海"制度设计的前提是确定区域海划分的原则。划分区域海遵循以生态系统为基础，兼顾治理经济性的原则。划分区域海首先应以海域的自然形成与延伸为参考，考虑到生态系统的完整性，是进行区域海划分的首要基础。同时，划分区域海是为了提升海洋治理管理水平，提供海洋治理便利性，保障其应有的经济性是划分区域海的本意与目的之一。"区域海"机制运行的基本逻辑是建立在整体性治理理念的基础上的。整体性治理以整合、协调、责任为治理机制，对治理层级、功能、公私部门关系及信息系统等碎片化问题进行有机处理，运用整合与协调机制，持续地从分散走向集中、从部分走向整体、从碎片走向整合。这需要我们关注整体性治理中的三个元素：协调、整合和紧密化。

1. 区域海内的"协调"

2002 年，希克斯在其著作《走向整体性治理》中对于整合活动做了进一步区分，其所采取的阶段包括协调与整合两部分，着重强调相关组织对整体性治理所应具备的信息（information）、认知（cognition）与决定（de-

---

① 钭晓东：《区域海洋环境的法律治理问题研究》，《太平洋学报》，2011 年第 1 期，第 43 - 53 页。

cision），并将两个以上分立领域（separatefields）中的个体连接，使其认知彼此相互连结的事实，并朝向签订协议或相互同意（agreement）方向发展，由此避免过度碎裂化或造成负面外部性问题（negative externalities）。整合阶段则着重执行、完成及采取实际行动，将政策规划中目标与手段折冲的结果加以实践，并建立无缝隙计划。①

针对国家间公共性竞争附带的"碎片化组织"和"裂解性服务"弊端，整体性治理向"化异"和"求同"转变，这也是协调的两个重要方式。所谓"化异"就是立足于国家间利益的系统偏差，利用政策整合不同国家间的差异性，通过"硬约束"手段，以及警告抑或强制性的惩戒，尽可能摒弃区域内海洋治理相关组织之间恶性竞争的隐性条件。所谓"求同"就是通过协同各国家间的内在动机差异，探寻各公共机构之间政策执行的内在趋同性途径。根据"化异"和"求同"的原则，基于区域海内的跨国家海洋治理需要构筑"领土式政府"和"整体性政府"。毫无疑问，领土是最大的国家单位，在海水流动中应以入海国界的海域面积为标准，协同治理海洋相关公共事务，这种"领土式政府"有利于避免因领土问题而产生纠纷。而"整体性政府"则建立在各国利益协调之上，取得"最大公约数"和"共容系数"，协调一致治理海洋问题。当然整体性治理中的协调也包括跨界海洋活动的协调、跨界海洋治理信息系统的协调、跨界海洋治理决策的协调等。

2. 区域海内的"整合"

在区域内国家间的整合涉及政策、章程、监督等方面，也就是需要制定区域海内的统一行动章程，如 1974 年波罗的海地区为控制陆源污染，各缔约国通过了《保护波罗的海区域海洋环境公约》（《赫尔辛基公约》），又如 1969 年北海沿岸国签订了《应对北海油污合作协议》，1983 年北海沿岸国又签订了《处理北海油污和其他有害物质合作协议》，欧洲北海的区

---

① 许可：《国家主体功能区战略协同的绩效评价与整体性治理机制研究》，知识产权出版社，2015 年版，第 58 页。

域溢油应急合作机制确立并不断发展。^① 从组织架构的形态来说，整体性治理中的整合主要有两个方面。一是治理层级方面的整合。受全球化和国家多边主义的影响，目前国际上关于海洋治理的层级比较多，需要整合的层级也众多，主要包括全球范围国家层级的整合（例如《联合国海洋法公约》《21 世纪议程》等的执行）、国际组织利益与全球利益的整合、国际组织利益与主权国家利益的整合（制度的统一性、执行的统一性）。二是治理功能的整合。主要是区域海内不同主体功能间的整合，如区域海内多边、双边协议的整合，或者区域海内各子系统之间有关海洋环境治理规则的整合。

3. 区域海内的"紧密化"

区域海内各成员国之间的紧密化程度是跨界海洋公共治理的关键所在，如果各国步伐一致，紧密团结，那么各国对于海洋治理的相关规定的制定深入度和执行有效性就会大大增加。因此，各国需要抛弃狭隘的个体利益，确立全球海洋治理观念和理念，运用"世界同处一片海洋"的思维去治理跨界海洋问题。

（二）"区域海"治理的政策设计

政策设计上，主张从合作政府范式的高度来促成海洋合作政府的建设，在立法和政策工具上突出应用性，提出应注重治理合作的程序性机制建设。多数海洋强国在研究区域海洋政策和立法时，更关注基于区域海洋的全球治理。《联合国海洋法公约》为代表的全球治理机制也提出在区域海制度之上的整体性治理模式需要在理念、组织和行动上做出规范。

1. 各国应拥有全球化的海洋治理理念

全球海洋治理理念是伴随着全球治理的提出而产生的一个新概念，是一种有助于国际海洋治理合作的方式。国内对"全球海洋治理"已经有比

---

① 李静、周青、孙培艳、赵蓓、张继民：《欧洲北海溢油合作机制初探》，《海洋开发与管理》，2015 年第 6 期，第 81 - 84 页。

较多的探讨，王琪等（2015）认为，全球海洋治理是指在全球化的背景下，各主权国家的政府、国际政府间组织、国际非政府组织、跨国企业、个人等主体，通过具有约束力的国际规制和广泛的协商合作来共同解决全球海洋问题，进而实现全球范围内的人海和谐以及海洋的可持续开发和利用。[①] 庞中英（2018）认为，全球海洋治理是在全球各种层次上对付海洋"公域悲剧"的国际集体行动。在海洋领域，协和不同的利益仍然是全球治理最现实主义的有效方法。[②]《联合国海洋法公约》和气候变化全球治理之《巴黎协定》的形成和实施，都是全球协和成功的当代案例。2017 年举行的第一次联合国海洋大会，有助于在海洋领域形成应对 21 世纪海洋全球挑战的新的全球协和。从已有的探讨来看，全球海洋治理是建立在协和治理的理念之上，通过国际组织的合作达成治理一致性。因此，全球海洋治理是一种超国家的治理理念，和谐海洋是最主要的思想理念，集体行动的国际规制是全球海洋治理落实的路径。

2. 建立区域范围的国际组织

整理性治理是将碎片化的治理手段整合为一个整体性的制度，必须通过立法或政府间一致性的具有法律约束力的行动来实现。目前国际上建立的区域范围的国际海洋组织，一般分为海上航行组织、渔业组织、矿产能源开发组织、划界组织、海洋生态环境保护组织。海上航行组织主要有国际海事组织、国际劳工组织、地区性组织（如东盟、欧盟、太平洋岛国组织等）以及各国国内海事管理机构；渔业组织主要有联合国粮农组织、区域渔业组织（如国际捕鲸委员会、西太平洋渔业委员会）；矿产能源开发组织主要有国际海底管理局、国际海洋法法庭特别分庭、双边及多边共同开发管理机构等；划界组织主要有国际法庭、国际海洋法法庭、仲裁法庭、大陆架界限委员会、地区性仲裁机构以及缔约国会议等；海洋生态环

---

① 王琪、崔野：《将全球治理引入海洋领域——论全球海洋治理的基本问题与我国的应对策略》，《太平洋学报》，2015 年第 6 期，第 17 – 27 页。

② 庞中英：《在全球层次治理海洋问题——关于全球海洋治理的理论与实践》，《社会科学》，2018 年第 9 期，第 3 – 11 页。

境保护组织主要有联合国环境规划署、联合国大会等。然而，这些国际性组织难以完全涉及区域海内的环境问题，有的国际海洋组织对区域海洋环境保护的效应很差，特别是在国家间利益博弈的情况下，这些效应几乎为零。因此，建立适用区域海内的国际组织对解决区域内海洋环境问题具有很大的作用。国际海洋治理合作组织的建立需要以区域海为合作单位，以整合利益为目标，协调国内关系与区域内关系，使国际组织处于一种紧密化状态。这也是整体性治理模式的核心要素。

3. 制定区域国家间的海洋治理制度

大多数国际行动都具有一定的长久性和连续性，需要有共同约束力的规则体系和制度框架，主要表现为在海上航行、渔业、划界、能源开发和海洋环境保护等方面的国际协议。这些国际性规制在一定程度上制约了区域内的事务冲突和损害，但仍无法解决区域性的公共问题，对区域内国家间利益的平衡就显得力不能及了。因此，规制区域海内的海洋秩序，建立相应的制度有很大必要。制定区域国家间的海洋治理制度必须建立在以下3个原则之上。

一是海洋规制的针对性。也就是说制定国际规制要有具体目标指向，如针对海上航行的船舶污染，针对陆源污染物排放，针对防止海洋倾废，针对海洋生态保护等，这些一致性的目标有助于确定海洋治理制度的方向，解决相应的具体问题。已有的国际条约也体现了建立区域内国际规制的针对性，如 1974 年针对控制陆源污染，波罗的海国家制定了《赫尔辛基公约》；1972 年为防止废物倾倒入海，北大西洋国家签署了《防止在东北大西洋和部分北冰洋倾倒废物污染海洋的公约》。

二是海洋规制的动态性。由于海洋合作随国际形势而变化，其合作的深度和控制要求也在不断变化，所以对国际合作事务的规制也需要随着现实情况的变化而变化。如《防止在东北大西洋和部分北冰洋倾倒废物污染海洋的公约》当时是针对船舶倾倒废物入海污染海洋，1983 年和 1989 年增加了对海上平台和飞机倾倒废物入海的有关规定。动态性的变化有助于解决现实性的海洋环境问题。

三是海洋事务规制的集体一致性。区域海内的公共事务规制必须建立在区域内国家协商一致的基础上，不能偏废于任何一国，也不能强加于任何一国，这是制定国家海洋规制的准则，也是确定国际海洋规制具有应用性的先决条件，否则非协商一致的单边行动容易造成执行中的"流产"。

二、构建区域海洋的多层级治理机制

区域治理从来不是单独以区域力量主体为治理推动力的，实际上还受到来自全球、区域、国家和地方等多重力量的影响，治理需要多元主体的集体行动，且需要关注政策的开放性。因此，区域海洋治理需要构建多层级治理体系，形成决策模式的多样化。区域海洋治理是全球海洋治理的重要组成部分，结合欧盟多层级治理体制的模式，区域海洋治理从主体上看也存在不同层级、多元交叉的治理架构，并构成了全球层级、区域层级、国家层级、地方层级的多层级治理体系，在此基础上支持区域海洋治理机制的构建。

（一）明确以联合国为中心的海洋治理体系

以联合国为中心的海洋治理以《联合国海洋法公约》作为海洋治理领域最权威的国际立法，并建立相应的治理机制，在重新构建国际海洋秩序、完善海洋治理结构方面起着决定作用。《联合国海洋法公约》的相关规定和执行体现了联合国在全球海洋治理中的中心地位，对内水、领海、专属经济区、公海等区域做出了明确的规范。

以联合国为中心的海洋治理体系在发展完善过程中呈现出可喜的局面，从 2004 年开始的治理公海生态问题的全球多边条约《海洋生物多样性（BBNJ）养护和可持续利用的具有法律约束力的国际文书建议草案》等的谈判进程代表着全球海洋治理的未来。BBNJ 协定谈判类似联合国气候变化框架公约谈判，如果达成协议，将是海洋领域的"《巴黎协定》"。为了促进各种各样的海洋治理集体行动，2017 年 6 月召开了联合国海洋可持续发展大会，193 个成员国代表参会，政府组织、非政府组织、学术机构、民间团体登记了 1 400 余项自愿承诺,[①] 会议的规模和影响对未来的全球海洋生态环境治理有着重要的指引意义。

除《联合国海洋法公约》以外，国际社会还专门针对海洋治理问题制定了具有影响力的国际公约，这些公约都明确提出缔约国应该履行全球或区域义务，并且努力在防止、控制和减少海洋冲突上发挥积极作用。如《斯德哥尔摩宣言》作为国际环境法发展史上的重要里程碑，它的原则七就直接提出了应该采取合作行动来制止海洋污染："种类越来越多的环境问题，因为它们在范围上是地区性或全球性的，或者因为它们影响着共同的国际领域，将要求国与国之间广泛合作和国际组织采取行动以谋求共同的利益"。[②] 国际海事组织（IMO）在全球海洋治理中也发挥着十分显著的作用。IMO 建立了特别敏感海域制度（PSSA）以保护脆弱的海洋生态系统。PSSA 指的是"需要通过 IMO 的行动进行特别保护的海洋区域，这些区域在生态、社会经济或者科学等方面具有重要特性，且在受到国际航运活动的影响时十分脆弱"。[③]

以上这些国际公约有的通过联合国相关组织联合部分国家缔结并遵守实施，也有各行业的海洋国际组织形成联盟订立相应的海洋治理相关制度，是对《联合国海洋法公约》的全球海洋治理的"补充"或"修正"。现实多元利益的冲突、区域治理能力的不对称等因素造成了区域化过程中的治理效果的缺失，对基于整体性理论下全球海洋治理体系的构建产生了一定影响，因此全球治理机制下完善以联合国为中心的区域海洋治理有利于稳固全球治理体系的多层级机制。

---

① 国家海洋局海洋战略研究所课题组：《中国海洋发展报告（2018）》，海洋出版社，2018 年版，第 3 - 4 页。

② Jutta Brunnee. The Stockholm Declaration and the Structure and Process of International Environmental Law. In：Myron H Nordquist, et al. . The Stockholm Declaration and Law of the Marine Environment. Martinus Nijhoff Publishers, 2003：67.

③ 马进：《特别敏感海域制度研究：兼论全球海洋环境治理问题》，《清华法治论衡》，2015 年第 1 期，第 369 - 381 页。

（二）构建区域性海洋治理为重点的治理体系

近年来海洋治理的重点多发生在区域性海洋范围内，一系列可能存在的隐患以及已经爆发的海洋权益冲突、环境跨区域影响均在区域性的国际海域邻近国家之间发生，典型的如 2010 年美国墨西哥湾漏油事件、2011年日本福岛核泄漏事件等，这些区域环境事件应对中的经验和教训，均对区域海洋生态环境治理的制度建设有参考价值。

区域性海洋治理的体系建设以发达国家为引领，在以欧洲地区国家为代表的跨国家区域海洋治理过程中逐渐形成了以"区域公约"为主要模式的海洋合作治理的制度框架。如发生于 1967 年的"托利·堪庸"号油轮事故引发了一连串的国际法律问题。为解决相关法律问题，北海—东北大西洋区域的海洋国家签署了《应对北海油污合作协议》。其目标是使受威胁国家具备单独或共同的反应能力，通过相互通报污染情况来制定干预措施，以便这些国家可以迅速做出适当并且成本较小的反应①。之后，北海—东北大西洋区域国家还制定了应对向海洋倾倒废弃物的《奥斯陆公约》、旨在防止陆基污染源污染海洋的《巴黎公约》《处理北海油污和其他有害物质合作协议》以及保护东北大西洋海洋生态环境的综合性公约——《奥斯陆－巴黎公约》，该区域海洋生态环境治理的制度体系在上述公约和法律法规制定后基本得以完善。

区域海洋公约的订立和执行需要沿海国有共同的海洋利益、制度背景和执行能力，否则订立公约可能有一定难度，就算制定了制度而执行却又困难。如波罗的海 6 个沿海国家缔结了《赫尔辛基公约》，共同治理波罗的海区域海洋生态环境污染问题。此公约设立了一个实施机构——波罗的海海洋环境保护委员会，从整体性保护出发，旨在减少、防止和消除各种形式的污染。对海洋生态环境保护所涉及的具体问题，波罗的海海洋环境

---

① 张相君：《区域海洋污染应急合作制度的利益层次化分析》，厦门大学博士学位论文，2007 年，第 11－14 页。

保护委员会再通过公约附件的形式进行规制。1976 年，地中海沿岸国签署了保护地中海海洋环境的《巴塞罗那公约》，在充分考虑地中海沿岸各国发展水平的基础上，确立了两个层次的治理框架——"公约－附加议定书"制度模式，也即"综合－分立"的模式。该公约在 1995 年进行修改，污染者负担原则、预防原则、可持续发展原则等新内容被引入其中。在框架公约达成之后，则以议定书的形式引入更为严格的义务规范。

区域性海洋治理体系的基础除了多边公约外，双边条约和柔性的合作机制建设也是海洋治理体系的重要支持。近年来，以日本福岛核泄漏事件为教训，东北亚区域国家也清晰地看到跨区域合作的重要性，通过领导人会晤、政府间磋商等方式加强合作，在重大海洋突发污染事件、海洋垃圾防治等领域加强政府间协作。虽然合作受到政治关系等因素影响，但现实的需求和全球海洋环境治理的大背景下，东北亚区域的核心国家中国、日本、韩国将把合作关系"机制化"，同时，《西北太平洋海洋和沿海区域环境保护、管理和开发的行动计划》在 1994 年正式通过，将重点体现在海洋环境合作领域，并拓展到权益等领域。

（三）主权国家框架下的海洋治理体系

组成多层级海洋治理体系的治理单元除了以联合国为中心的治理体系、国际公约和国际组织治理体系、区域性海洋治理体系之外，以主权国家为组织框架的国内海洋治理体系也是重要支持。作为以国家为中心的海洋治理体系应包括以下三个层级：中央层面的政府治理体系、地方层面的政府治理体系和社会主体参与的治理体系。

一个国家对海洋公共事务的治理应在国家统一立法的框架基础上确定机制和制度，以及保护主体、保护手段等，如《中华人民共和国领海及毗连区法》《中华人民共和国专属经济区和大陆架法》《中华人民共和国海洋环境保护法》《中华人民共和国海域使用管理法》《中华人民共和国海岛保护法》《中华人民共和国渔业法》等立法确定了我国海洋保护的基本层级和要求。以国家为主导的海洋治理体系为基础，中央政府、地方政府、企业、社区、社会组织等多元化的治理主体参与海洋治理实际上也在另一层面构成了交织互动的治理体系。

三、完善全球区域性海洋治理机制的基本路径

在区域海洋生态环境治理机制的变化和完善过程中，全球化的迅速推进伴随着区域治理主体的利益变化，必然促使海洋治理规则的重新调整，而促使这种调整的是一个国家或国家集团的实力展现。习近平主席在集体会见应邀出席中国人民解放军海军成立 70 周年多国海军活动的外方代表团团长时指出，"我们人类居住的这个蓝色星球，不是被海洋分割成了各个孤岛，而是被海洋连结成了命运共同体，各国人民安危与共"。海洋命运共同体理念的提出对反思区域治理机制构建，推进完善全球化背景下区域性海洋治理机制有积极的指导意义。

（一）树立区域海洋整体性治理理念

海洋治理是一种超国家的治理理念，海洋命运共同体理念应是未来全球海洋治理的价值导向。构建海洋命运共同体，就是应当超越人类中心主义的传统海洋利用模式，从永续发展、人海和谐的视角均衡、全面地认识海洋，强调要把天地人统一起来、把自然生态同人类文明联系起来，按照自然规律活动，取之有时，用之有度，① 这是我们思考完善全球和区域治理机制的重要起点。

树立区域海洋整体性治理理念就需要构建全球海洋治理和区域海洋治理的联动性治理架构。必须准确理解全球和区域治理的关联性，精准把握彼此间的支撑动力、重点领域、基本原则、互动关系等问题。就治理的主体建设而言，建设国际组织、区域组织和行业组织，如北极理事会、欧

---

① 秦天宝：《国际环境法的特点初探》，《中国地质大学学报（社会科学版）》，2008 年第 3 期，第 16 – 19 页。

盟、南亚区域合作组织等。2018 年 5 月 24 日，时任国家海洋局局长王宏就全球海洋治理提出四点倡议：一是增进全球海洋治理的平等互信；二是推动蓝色经济合作，促进海洋产业健康发展；三是共同承担全球海洋治理责任；四是共同营造和谐安全的地区环境。① 这对基于全球治理与区域治理的关联行动形成治理机制意义重大。以海洋命运共同体理念为指导，完善全球海洋治理与区域海洋治理的关联体系，形成联合国 – 国际组织 – "区域海"国家治理主体，将主权国家、区域国际组织、区域海洋治理委员会等进行行动整合，需要治理逻辑的统一。将区域治理与全球治理融合，关键在于基于利益秩序的重新架构。在全球海洋治理过程中，面对多层次利益诉求，如何规范并处理利益关系，匡正失衡的环境正义，需要构建统一的秩序价值、承担国家责任、重视超国家利益，充分体现全球整体环境利益高于个体、区域利益的治理逻辑。②

（二）形成"全球性与区域性融合"的海洋治理规则

区域治理更多关注区域内"海洋共同体"的利益，并确定区域治理规则，这些规则可能与其他区域或全球治理理念不一致。要消除这些"不一致"，形成融合性的海洋治理规则，同时不能削弱利益主体参与的积极性，增强利益主体参与的牢固性，减少治理成本，可以在行动上体现两个原则。

一是根据具体目标指向制定国际规则。如针对海上航行、海洋生态保护等，这些一致性的目标有助于具体问题的解决。本书中提及的波罗的海、地中海等相关的区域性公约对全球国家的影响也是显而易见的。因此，区域性公约在制定时应当符合联合国体系下的治理框架，达到"全球性"和"区域性"治理体系的融合。

二是关注海洋治理规则的动态性。法律上的冲突不一定对国际社会具有

---

① David L VanderZwaag, Ann Powers. The Protection of the Marine Environment from Land-based Pollution and Activities: Gauging the Tides of Global and Regional Governance. The International Journal of Marine and Coastal Law, 2008, 23 (03): 423 – 452.

② 王勇、孟令浩：《论 BBNJ 协定中公海保护区宜采取全球管理模式》，《太平洋学报》，2019 年第 5 期，第 5 – 15 页。

腐蚀性，相反，它往往是一种统一的力量，即使国际法律冲突缺乏实质性解决办法，它也可能对全球秩序具有系统价值。① 如《伦敦倾废公约》在1972年签署后，进行了多次修改，是目前国际范围防止海洋污染方面的主要公约之一。② 其1996年议定书在2006年3月生效，明确了预防途径、覆盖范围、与其他国际协议的关系、废弃物评估等内容，意味着国际保护海洋法治进程达到了一个新的里程碑。动态性的变化有助于解决现实性的海洋公共治理问题，也能将不断更新的全球海洋治理理念和机制融入区域海洋治理中。

海洋治理国际规则主要是关于海上航行、渔业、划界、能源开发和海洋环境保护的国际协议，如何完善全球海洋治理规则在全球化和区域性的融合，一是加紧利用联合国机制，落实《联合国海洋法公约》《伦敦倾废公约》及其1996年议定书等全球机制，加强陆海联动开展海洋治理；二是利用科学技术推进环境评估，需要进一步细化在BBNJ协定谈判中的环境评估机制，认识到科学和技术在海洋环境评估中的作用必不可少，而且这种评估基础下的海洋治理手段需要跨越传统学科的界限；③ 三是不断通过非制度化的方式，尤其通过区域性的联合行动、政府间论坛等方式促使区域海洋治理的机制落实。

（三）整合、突破和规范现有的区域海洋治理合作机制

1. 明确区域海洋治理的国家责任机制

国家责任也是一种国际义务，是国家对出现国际事故的国家责任感，对所应承担的义务做出必须的应对或回应。在跨国界海洋治理中目前最大的理念问题是缺少全球海洋治理理念，表现在行为上是缺乏国家责任，缺

---

① "Revised Draft Text of an Agreement under the United Nations Convention on the Law of the Sea on the Conservation and Sustainable Use of Marine Biological Diversity of Areas beyond National Jurisdiction", UN, 27 November 2019, https：//digitallibrary. un. org/record/3811328.

② Joanna Vince, Elizabeth Brierley, Simone Stevenson, et al. . Ocean Governance in the South Pacific Region：Progress and Plans for Action. Marine Policy, 2017, 79：40 – 45.

③ 庞中英：《在全球层次治理海洋问题——关于全球海洋治理的理论与实践》，《社会科学》，2018年第9期，第3 – 11页。

少一个负责任国家的担当。因此，有必要对跨国界海洋污染治理中的国家责任进行根源性探索，以补充我们提出的跨国界海洋环境治理模式。其一，明确跨界治理责任的损害分担机制。从海洋环境跨界治理的责任主体分析，既有经营者的责任（如油轮碰撞），也有国家责任（如监管缺失或主动污染），多数的海洋跨界污染存在经营者污染促使损害的发生，故赔偿主体为经营者。但因经营者的赔偿力量有限，需进一步关注国家在监管、救助和指导过程的尽责，由国家对相关跨界损害承担补充责任，或兜底责任。如涉及国家在跨界海洋环境损害中的直接放任或许可行为，其中包括一些高度危险的海洋活动如相邻国家为减轻对本国海洋环境的危害，直接将污染损害相邻的跨界海域（如日本政府允许排放福岛核污水的行为），则国家（政府）的赔偿责任具有优位性。其二，完善国际公约和协议的执行机制。海洋生态环境治理的国际合作属于全球国际合作的一部分，防止和控制海洋污染既是各国自身的需要，也是其对国际社会应尽的义务和责任。多年来，诸多跨界海洋国家在落实《联合国海洋法公约》《伦敦倾废公约》及其 1996 年议定书，推进《保护海洋环境免受陆上活动影响全球行动纲领》等国际性公约方面执行不力，才会有如日本不顾周边国家反对排放核废水的举动。在联合国框架下的西北太平洋行动计划（NOWPAP）、东亚海行动计划（PEMSEA）中，沿海国应加强合作主动推进行动计划的落实，如在公海区域存在个别国家破坏渔业资源的违法行为，国际社会要协同予以警告和制止。①

2. 灵活运用非正式合作与协调

面对区域海洋治理复杂的历史与现实，期望发展一个整体性框架一劳永逸地解决所有问题是一个不切实际的幻想。正式的合作协调机制固然对国家有更强的约束力，但若执行不力，也于事无补，对此，非正式合作能在很大程度上避免拖延和推迟，在亟需合作的时候及时协调。非正式合作

---

① 全永波：《海洋环境跨界治理的国家责任》，《中国高校社会科学》，2022 年第 4 期，第 133 – 141 页。

往往针对具体事务开展临时、自发的合作行动，由于更方便匹配人力和资金，故而在执行方面更具优势，最终更容易产出成果、带来变化。运用非正式合作和协调时也同样需要积累经验，但试错的成本大大降低，以非正式方式进行反复实践可能为发展正式机制开辟出一条新的道路。随着越来越多非国家行为体进入区域海洋治理领域，保持非正式合作的渠道畅通既能更方便地纳入非国家行为体，也能为不同行为体之间的合作打开窗口。如近年来，东盟先后召开包装废弃物管理及海洋垃圾防治研讨会、第五届国际"我们的海洋大会"，并发布了《关于消减海洋塑料垃圾的声明》。另外，在日本举行的第 21 届东盟—中日韩领导人峰会上发表《海洋垃圾行动倡议》等。[①] 因此，非正式合作与协调的灵活机动对于区域海洋治理也是很有必要的。它不应该被单纯视为一种权宜之计，各种治理机制之间的合作与协调可以非正式的尝试开始，逐渐推进。

第二节 国内区域海洋治理模式优化和机制完善

区域海洋管理下的合作治理是在平衡海洋上各利益相关者之间的海洋权益之争的基础上寻求区域内共同利益的发展，以提高海洋经济的竞争能力。就国内区域海洋管理合作治理的基本路径而言，需要通过关注区域海洋治理中的相关利益关系，开展跨行政区域海洋治理合作运行、深度推进中国参与区域海洋治理的机制构建和规则制定等路径实施。

一、关注区域海洋利益相关者治理

区域海洋治理实际上也是区域利益相关者平衡利益关系的过程。以利

---

① 李道季、朱礼鑫、常思远：《中国—东盟合作防治海洋塑料垃圾污染的策略建议》，《环境保护》，2020 年第 23 期，第 62－67 页。

益为切入点，对海洋治理相关制度背后所蕴含的利益之争进行还原分析，有助于我们看清制度的原貌。如何解决治理领域中的利益冲突，需要从法律和公共治理的视角进行利益相关者的利益定位，从而确立和平衡各主体的利益关系。

（一）确定利益相关者的权利和利益层次

海洋治理领域所涉及的海洋资源的巨大价值使人们竞相争取资源的拥有权和使用权，特别是海域所有权、捕鱼权、海域使用权、国家和地方对海域的综合管理权、社会公众对海洋环境的权利、区域海洋经济发展权利等，代表这些利益和权利的相关主体的治理首先需要确定利益相关者的权利内容，再按照利益衡量方法确定利益层次，这是利益相关者治理的基础。

首先，区域海洋利益的协调需要立法的统一。以我国为例，当前《宪法》没有明确将海洋权利作为国家权利写入其中，造成一些下位法对海洋权利规范的混乱，因此需要将海洋作为国家主权权利以及与海洋相关的其他基本权利写入《宪法》。其次，从社会基本价值观角度看，利益冲突的最主要原因为海洋资源供给紧张和不同利益主体需求的无限性，造成海洋权益纠纷加剧，海洋作为人类"公共物品"面临着出现"公地悲剧"的危险。如何按照社会基本价值观念平衡这些利益当是制度设计的需要，如渔业权作为生存权优先于一般的海洋经济权益。法律与公共政策一样，终极目的是维护社会统治秩序，追求利益的平衡，在强者与弱者之间设置一个平衡的规范，因此在权利配置时对相对弱者的优先配置符合社会基本价值观范畴。其他法律制度的完善如《中华人民共和国民法典》《中华人民共和国海域使用管理法》等法律的修订可以遵守这一价值理念。再次，利益相关者的合作和协商是利益层次确定的重要方式。随着契约行政的推崇，公共利益、个体利益之间通过协商方式解决海洋治理中的利益冲突是一种较好方法，这些方法可以在程序性立法中加以体现。

（二）明确利益相关者利益冲突的法律适用

基于利益相关者的治理存在着失效的可能。治理是通过协商合作等方

式去推动解决利益冲突，这是一种理想的社会状态，现实中协商合作作为
对国家和市场手段的补充，应该是以法律为基础。因此，以法律作为视角
的治理方式应当考虑既定法律秩序，其中包括社会基本政治制度、国家管
理模式、国际海洋法律制度和惯例等。尊重既定的法律秩序是立法中利益
衡量保持其合法性的必要条件。尊重既定法律秩序从区域海洋治理的层面分
析主要是要遵守《联合国海洋法公约》的规定，邻近国家之间的海域纠纷
应以该公约为基础进行充分的谈判从而建立合理的海洋法律秩序。在国内
针对区域海洋治理的利益冲突，也应在尊重现有法律制度、按照法律主体
权利的层级基础上确定权利的分配和行使。国内海洋管理制度的完善应注意
国内海洋法律体系的制定，法律制定和海域纠纷的协调应以国际法为基础。

（三）基于利益主体的需求调整公共政策

在现代社会，公共政策作为公共治理中利益主体的平衡工具已经成为
各级政府所热衷运用的工具，包括应区域海洋治理需要，甚至演变为国家
联盟为应对大区域治理而使用。对我国而言，促进区域海洋经济发展、推
动区域海洋合作是国家经济发展战略的重要体现。但是，海洋管理制度体
系的不完善及周边区域海洋权益争端的悬而未决，影响了区域海洋治理的
推进进程。

因此，在海洋政策的制定和实施过程中，必须充分重视国家主权利益
的存在，但为满足国内海洋开发的需要也必须充分重视微观主体的利益，
激发其参与资源保护的热情。资源保护政策与任何一项制度和措施一样，
如果不具备其经济的合理性，很难得以贯彻实施。海洋制度的实施必须与
各利益主体的相应经济利益挂钩，用激励相容机制让利益主体行为内部化
为自觉的经济行为，从而促进海洋治理和资源保护的良性循环。

（四）协调区域多主体间的利益关系

利益相关者治理的关键是对政府行为的治理。区域海洋治理模式下的
海洋行政管理主体应当包括中央和地方政府在内的各层级海洋管理行政主

体，由于中央和地方之间存在海洋利益分配不均和对政策执行的偏差，建立一套完善的系统的政府间管海行为协调机制十分必要。^① 对利益相关者的治理包括建立各层级海洋治理主体间协调机构，同时要为海洋区域治理模式下政府间协调机制的实施创造良好的政治制度环境，进一步建立区域利益的平衡机制，如可以设立区域海洋利益补偿制度，或设立海洋利益损害补偿基金，参考《中华人民共和国环境保护法》《中华人民共和国海洋环境保护法》的相关规定，对因保护公共或他人海洋利益而受到损害的成员，由因为利用海洋行为带来利益的区域内其他成员向其支付一定的补偿费，或者以其他方式的行为补偿。这有利于调动区域成员参与海洋区域治理的积极性，实现区域海洋治理的既定目标。

区域海洋治理领域所涉及的利益相关者的各层次利益都是对于国家和社会不可缺少的权利体现，通过承认国家和社会利益否定个体权利的存在是不可取的，是与制度价值相背离的，因此利益的存在具有整体性。国家通过法律制度的设计确立现实利益的层次性，在明确权利分类的基础上，用治理的方式将国家权利向社会适当回归。利益相关者治理是关键，区域海洋治理机制只有在解决了这一基础的矛盾后，区域海洋的发展才有了相应的保障。

二、开展跨行政区域海洋治理合作运行机制

区域海洋治理过程必然因海水流动性及海域物理边界的模糊性，存在一定的跨行政区、管辖区的情况，对此需要形成相应的区域海洋治理体系，构建生态系统的区域海洋机制，促使区域政府间合作。

（一）构建国内多层级的区域海洋治理体系

1. 中央层面的政府治理体系

《中华人民共和国海洋环境保护法》第五条明确了国务院环境保护行

---

① 全永波、胡进考：《论我国海洋区域管理模式下的政府间协调机制构建》，《中国海洋大学学报（社会科学版）》，2010 年第 6 期，第 16 – 19 页。

政主管部门等作为国家政府治理部门负责全国的海洋生态环境相关管理工作。2018 年国家机构改革后，海洋环境保护职责整合到生态环境部。我国国家层级管理以"下级服从上级"的管理关系实行纵向性、单向度的管理模式，所以海洋环境管理也以国家相关立法为依据，由国家管理部门统一行使管理职权，建构海洋生态环境治理体系，各级地方政府可以按照上位法制定地方性法规规章，行使相应的区域治理职权。

2. 地方层面的政府治理体系

按照《中华人民共和国海洋环境保护法》第五条规定，"沿海县级以上地方人民政府行使海洋环境监督管理权的部门的职责，由省、自治区、直辖市人民政府根据本法及国务院有关规定确定"。地方政府一般以管辖本行政区内海洋环境事务为工作内容，在必要时和跨区域地方政府开展政府间协作治理，或创立合作型的组织结构推进基于"共益性"的治理目标。

3. 社会主体参与的治理体系

《中华人民共和国海洋环境保护法》第四条规定："一切个人和单位都有保护海洋环境的义务，并有权对污染损害海洋环境的个人和单位，以及海洋环境监督管理人员的违法失职行为进行监督和检举。"因此，在海洋生态环境治理过程中，"一切个人和单位"与政府的合作或是沟通同样为法定义务。近年来，我国在海洋生态文明实施方案中提出要发挥企业和海洋生态环境保护组织的社会参与作用。因此，国家主权基础上的海洋生态环境治理体系应包括公民、企业、社会组织、政府等多元主体的上下互动，社会主体可作为参与者或主持者为国家海洋环境治理提供相应的条件协助，并参加规则运行、政策制定。

（二）构建基于大海洋生态系统的合作机制

基于地理、生态等因素考虑对海洋做了区域性划分，形成了不同的海洋空间，但海洋活动的多样化和开发的加剧会造成对海洋空间的竞争，并可能产生一定的生态环境压力。因此，区域海洋治理应基于生态系统的海洋空间规划，考虑海洋生态环境的所有动态。① 区域海洋治理包含着高度异质化的安排，本研究探讨了区域一体化组织、区域海项目、区域性渔业机构和大海洋生态系统四种最重要的区域性海洋治理机制。经过几十年的发展，各个治理机制在取得一定成功的同时，也面临着许多困难。机制之间的合作协调似乎是一个解决办法，但现实中整合却是异常困难。最具科学导向的大海洋生态系统是一个可能的破局点，以生态系统方法整合应该成为规范治理体系的推动力，如中国当前积极投入黄海大海洋生态系统（YSLME）的项目建设，在治理方面积累的经验很可能在合适的时机为区域海洋治理机制贡献新的中国智慧。国内开展区域海洋治理应充分关注近海海域生态系统的统一性和差异性，并以此开展海洋治理的合作。

（三）建立区域治理多主体间的竞合博弈和相互信赖关系

区域内政府在海洋治理过程中，有合作也有竞争，在竞争中求合作，在合作中有竞争，两者是不可分割的整体，通过竞合博弈有利于实现海洋治理效能提升。竞合是一种不同于竞争和合作的可变策略。区域内政府博弈竞合的着眼点在于贯彻"海洋命运共同体"理念，高质量发展海洋经济、促进海洋生态文明建设、关注"人海和谐"，在一个相对稳定和渐进变化的海洋治理关系中获得区域海洋事业的可持续发展。区域内政府竞合的实质是实现各地区的优势要素的互补，增强竞争的综合实力，并将之作为竞争战略之一加以实施，从而促成各政府建立和巩固各自的实力地位。

随着数字化治理的加速推进，上下级、区域内政府不同部门之间信息的共享与决策不完全需要通过上级管理部门的单方决策来决定，政府、部门直接基于彼此的信任建立一种相互信赖机制，形成多平台共用、多信息共享，可以达到一定的海洋治理效果。

另外，应加强政府与涉海企业等非政府组织之间的伙伴关系。政府与

---

① Pnarba K, Galparsoro I, Alloncle N, et al. . Key issues for a transboundary and ecosystem-based maritime spatial planning in the Bay of Biscay. Marine Policy, 2020, 120: 104131.

涉海企业等非政府组织所承担的社会角色和追求的目标不同，这就要求区域海洋治理中注意提高其他社会组织和公众的参与程度，政府应广泛听取专家、社会团体及公众的意见，实现多元主体共同参与海洋管理的模式。由于地方政府与企业、社会组织可合作的内容多种多样，为了提高合作效益，需要结合国情、各地特殊情况以及合作可能性，确定合作的重点领域、重点内容。

三、完善区域海洋环境司法协同与救济机制

党的十九届四中全会提出"完善污染防治区域联动机制和陆海统筹的生态环境治理体系"，十九届五中全会进一步提出"建立地上地下、陆海统筹的生态环境治理制度""强化多污染物协同控制和区域协同治理"，明确了区域环境治理的重要性。因此，区域海洋环境治理在司法领域应当考虑基于环境司法正义理论、整体性治理理论的基本要求，关注现有司法体制的延续性，实施司法协同和救济机制在海洋环境治理领域的创新。

（一）完善基于环境司法正义的海洋环境诉讼制度

环境保护具有公益性，维护环境司法正义需要在主体平等参与、程序便捷和公共权力服务性等方面尽力体现，尤其应将跨区域海洋环境公益诉讼制度和机制完善方面作为重要的突破口。一方面需要规范跨区域海洋生态环境公益诉讼主体。针对《中华人民共和国环境保护法》《中华人民共和国海洋环境保护法》以及《中华人民共和国民事诉讼法》对于诉讼主体的不同规定，按照逐步统一规范原则，完善现有的诉讼法规定，并明确当前诉讼主体提起诉讼的顺位，确立检察机关作为海洋生态环境公益诉讼机关提起诉讼的情形，特别是需要完善《中华人民共和国民事诉讼法》第五十五条，完善检察机关在海洋环境公益诉讼中的诉讼介入程序，以便确定检察机关可以按照《中华人民共和国民事诉讼法》中规定的情形取得海洋环境公益诉讼的主体资格。另一方面需要完善海洋环境诉讼的支持机制。

跨区域海洋生态环境诉讼机制是海洋司法协同治理的突破点，针对现有支撑体系不足，需要完善相互支持、功能互补的海洋环境公益诉讼体系，大力发展海洋环境保护社会组织、建立诉讼费用合理分担和缓减免机制，建立海域互联网诉讼平台，实现诉讼的便捷性，健全诉讼案件筛选分层机制，将不同的案件进行不同层次的归类，降低受理部门的操作时间等。

（二）建立彰显环境司法整体性的多领域衔接机制

整体性治理是海洋环境区域治理基于生态系统特征的治理目标和手段，从"合作"到"协同"更多体现为治理目标和行动上的一致性，故而需要在社会和政府（民行）、检察机关与政府（检行）、法院和检察机关（法检）等衔接、合作上促使机制完善。一是构建跨区域环境"民行"衔接机制。将民事诉讼分别和刑事诉讼、行政诉讼有机结合，修改《中华人民共和国行政诉讼法》规定，允许《中华人民共和国海洋环境保护法》中规定的"海洋环境保护区域合作组织"作为诉讼主体参与对海洋环境保护主管部门的诉讼活动。二是构建跨区域环境"检行"衔接机制。为了防止在执法过程中存在的有罪不究、以罚代罪等问题，检察机关通过与公安机关等执法机关相互协作，将执法过程中涉嫌犯罪的案件移交司法机关，能够保证案件审理的及时性。三是构建跨区域环境"法检"衔接机制。人民法院和人民检察院通过共同合作，支持起诉、公益诉讼、服判息诉等方面的制度完善，为维护社会公正提供司法保障，将网络辅助手段融入法院与检察院监督管理当中，构建形成法院与检察院网络监督管理机制。四是实行环境治理公私合作。司法协作需要行政机关与海洋公益组织、社会公众在信息沟通和人员等方面的紧密合作。司法诉讼中也存在公益诉讼和私益诉讼的协调，需要形成诉讼的顺位审理，而不是简单合并，如要规定公益诉讼案件优先审理、确定不同的赔偿标准等。

（三）构建"联动型"和"垂直型"兼备的司法协同与救济体系

一是构建多主体信息共享机制，如长三角、京津冀、珠三角可以率先构建海洋生态环境法律监督信息平台，实行跨区域信息共享。对案件审理前证据采集、报告书出具等事项，实现跨区域多部门共同参与，利用数字化转型加快司法协同，并探索建立数字化司法救助支撑体系。二是利用检察机关司法监督职责，构建司法救济的监督体系。检察机关按照法律规定的监督职能，在检察过程中对出现破坏生态环境类的情况后，可以直接向海洋环境监督管理部门、相关的公益组织告知有关案件线索，督促海洋环境监督管理部门、相关公益组织提起公益诉讼，或委托有权开展调解活动的有关部门开展调解工作。三是推进跨区域海洋环境的司法审理集中管辖。在跨市级层面上，案件可移交该省的高级人民法院管辖或由省高级人民法院指定市中级人民法院管辖。在跨省级层面上，则统一由最高人民法院管辖，或由最高人民法院指定省、自治区、直辖市高级人民法院管辖，这样可以有效避免由于权责不清而导致的各类问题的出现。同时，建立跨区域案件管辖移送机制，针对案件的级别特点与地域问题，做到受理案件的有效管辖，减少由于案件管辖权情况而造成多次审理的问题。

四、深度推进中国参与区域海洋治理的机制构建和规则制定

2017 年 6 月发布的《"一带一路"建设海上合作设想》中，我国提出了 2021 年至 2049 年参与海洋治理的设想，即前 10 年要以提高话语权和影响力为主，后 20 年要以引导和塑造为主，全方位参与全球海洋治理。这意味着我们必须对国际海洋法律与政策的区域化趋势有所回应，系统认识既有框架下的区域性海洋治理机制，掌握发挥话语权与影响力的途径，同时理解当前机制的不足与国家参与的需求与障碍，便于引导与塑造。

（一）深度参与全球 - 区域海洋治理，形成基础性机制

国际合作是当前全球海洋环境治理的主要机制。参与合作的方式也是多元性的，一般是通过国际合作组织或国际上有影响力的国家邀请相关管理机构和国际组织参加，通过行动计划、组织建立或参与等达到多方合作

治理海洋环境的目的。近年来，随着全球海洋生态环境日益恶化，多数国家逐渐意识到海洋合作的重要性，并开始有序推动和参与全球海洋环境治理机制的建设。参与性合作可以通过三个角度展开。

1. 开展国家间对话与协商，进行"共益性"海洋合作

2012 年以来，我国在多个国际场合提出"海洋合作"的倡议，国际性的海洋合作呈现出区域外部大国共同参与的特征。[①] 中国提出期待以开放包容、合作共赢理念为引领，推动构建更加公正、合理和均衡的全球海洋治理体系。[②] 在海洋合作过程中主要体现为多层面立体化的对话、协商与合作。如 2015 年 1 月中日第三次海洋事务高级别协商后，双方同意依照有关国际法加强在环境、搜救及科技等领域的海洋合作。[③] 2017 年中国与欧盟开展"中国 – 欧盟蓝色年"，促进中欧蓝色交流与合作，推动海洋领域政策沟通、投融资服务、技术交流和项目对接等系列合作。[④] 中国在 2017 年举办中国 – 小岛屿国家海洋部长圆桌会议，促进中国与全球"小岛屿"国家间在海洋环境治理等方面的"共益性"合作。以特定类型国家的海洋合作为目标，通过对话与协商开展区域海洋治理，将成为中国参与全球海洋环境治理的重要内容。

2. 在参与区域性海洋治理中发挥积极的主导性作用

在中国的临近海域以及西太平洋、印度洋和北冰洋治理体系构建中和具体行动中，中国应起到关键性作用。在南海和东海地区，中国应作为引领者角色，以环境治理为突破口邀请沿海国家形成"宣言"或"倡议"

---

① 全永波：《海洋环境跨区域治理的逻辑基础与制度供给》，《中国行政管理》，2017 年第 1 期，第 19 – 23 页。

② 郑海琦、胡波：《科技变革对全球海洋治理的影响》，《太平洋学报》，2018 年第 4 期，第 37 – 47 页。

③ 赵松："中日第三轮海洋事务高级别磋商在日本举行"，人民网 http：//japan. people. com. cn/n/2015/0123/c35469-26437047. html，http：//news. hexun. com/2015-01-22/172655025. html，2015 年 1 月 23 日，访问日期：2022 年 2 月 27 日。

④ 国家海洋局海洋战略研究所课题组：《中国海洋发展报告（2018）》，海洋出版社，2018 年版，第 262 页。

"行动计划"等。已有的国际条约也证明了在建立区域内国际规制中有必要加强针对性，在全球重要"区域海"中个性立法占据了相当的数量，根据联合国环境规划署的《区域海洋行动项目》，已经有地中海、波斯湾等10多个遭受到严重污染的区域性海域制定了区域性公约。① 中国近年来在参与南北极治理方面不断深入，2017年中国首次发布南北极国家政策。未来在关键国际区域的治理合作将是中国参与全球海洋环境治理的重要突破口，也是中国参与其他全球事务的关键领域。2017年6月在纽约联合国总部举办的联合国首次海洋大会，被誉为"海洋治理历史性大会"，旨在扭转海洋生态环境恶化趋势，推动落实有关海洋的可持续发展目标，中国积极参加大会并表达自己的观点。近年来，中国积极参与国家管辖范围以外海域海洋生物多样性国际协定（BBNJ国际协定），成立"海洋垃圾和微塑料研究中心"，为深度开展全球海洋垃圾和微塑料治理提供技术支持和公益性服务。② 中国近几年来的这些参与性合作有力地提升了中国参与全球海洋治理的能力，拓展了全球海洋治理的范畴。

3. 关注对小岛屿国家等特殊区域的海洋合作

小岛屿国家因四周环海，参与全球价值链程度相对较低，相对"孤立"，除部分太平洋岛屿国家未受影响外，其他小岛国都不同程度地受到影响。我国应持续推进与小岛屿国家的海洋领域合作。同时，积极开展有针对性的粮食、水产养殖等疫情下民生急需领域的合作，提升小岛国"内循环"能力。如2022年1月，太平洋岛国汤加火山喷发，中国迅速组织包括海军在内的多方力量支持汤加开展灾后救援等工作，促使我国在该区域海洋合作的稳固和加强。下一步，我国还可就中国－小岛屿国家蓝色经济合作示范区建设、渔业资源开发保护合作、海洋人才培养等措施加强特殊区域的海洋合作机制。

---

① United Nations Environment Programme. UNEP Training ManuaL on International Environmental LawL. Nai－robi, 2006.

② 国家海洋局海洋战略研究所课题组：《中国海洋发展报告（2018）》，海洋出版社，2018年版，第3－5页。

（二）开展制度性合作促进全球海洋环境治理的约束性机制建设

制度性合作主要表现为签订国家间协定或国际条约，构建约束性机制，开展制度化合作。国际上把体现自然规律要求的大量的技术规范、操作规程、环境标准等吸收到国际环境立法之中，这样就使国际环境法成为国际法中一个技术性极强的法律部门。[1]在参与全球海洋环境治理过程中，中国参与《联合国海洋法公约》制定，并积累了较多的国际参与经验。中国与周边国家间的制度化协定最为多见，如涉及渔业资源管理的《中日渔业协定》《中韩渔业协定》，部分内容涵盖了海洋领域的环境合作。中国在参与全球海洋环境治理方面的协定签署较少，在未来可以进一步深入。未来应将参与国际规则制定作为中国扮演全球海洋环境治理重要角色的机会。

通过制度性合作构建全球海洋环境治理的约束性机制，还需要完善国内环境立法对接国际规范。我国现有的海洋法律中与海洋环境相关的立法包括《中华人民共和国海域使用管理法》《中华人民共和国海岛保护法》《中华人民共和国海洋环境保护法》《中华人民共和国海上交通安全法》《中华人民共和国港口法》《中华人民共和国渔业法》《中华人民共和国环境影响评价法》等，这些法律均通过制度设计对海洋环境保护或与此相关的海洋活动进行制度性规范，但基本以国内性规制为主，如《中华人民共和国海上交通安全法》第五十三条规定："国务院交通运输主管部门为维护海上交通安全、保护海洋环境，可以会同有关主管部门采取必要措施，防止和制止外国籍船舶在领海的非无害通过"。《中华人民共和国港口法》第十五条第二款规定："建设港口工程项目，应当依法进行环境影响评价"。《中华人民共和国海洋环境保护法》虽经过多次修改，但涉及海洋环境的跨国界合作等方面尚没有明确，随着我国海洋环境管理体制的变化，

---

① 秦天宝：《国际环境法的特点初探》，《中国地质大学学报（社会科学版）》，2008年第3期，第16－19页。

立法如何对接国际规范的相应内容需要进一步加强。另外，备受关注的"海洋基本法"已经列入十三届全国人大常委会立法规划，该法的制定对维护国家海洋权益，促进中国积极参与全球治理体系改革和建设，构建"海洋命运共同体"有积极意义。

第三节 推进区域海洋合作的实践创新：以浙江为例

随着全球经济一体化进程的加快，原有的抑制区域经济外向发展的政府间恶性竞争格局已然改变，强调开放、介入、包容、合作的"新区域主义"在很大程度上影响着一定区域国家间或国家内部的关系模式。在这一理论框架下，区域内的地方政府以及非政府组织都无法单独应对各类区域公共事务，因此，"区域合作治理"也就成为当今世界的一个导向性选择。[①] 我国区域海洋事业发展过程中，尤其在环渤海、长三角和珠三角地区的区域海洋合作和治理模式代表了我国区域海洋治理的发展水平。近年来，《粤港澳大湾区发展规划纲要》《长江三角洲区域一体化发展规划纲要》均陆续颁布实施，提出"深化跨区域合作""推进生态环境共保联治"等战略性规划，形成了陆海统筹、协同治理的区域海洋事业发展新模式。

一、浙沪联动谋划建设长三角自由贸易港

当前长三角地区已经成为我国经济发展水平最高、最具活力、开放程度最高、创新能力最强的区域之一，是"一带一路"和长江经济带的重要交汇点，在国家现代化建设大局和全方位开放格局中具有举足轻重的战略

---

① 全永波：《基于新区域主义视角的区域合作治理探析》，《中国行政管理》，2012 年第 4 期，第 78－81 页。

地位。随着 2019 年《长江三角洲区域一体化发展规划纲要》提出"强化区域联动发展",长三角一体化对浙江而言是战略机遇,夯实自由贸易港建设的基础之一就是要有效推动浙沪自贸区联动发展,依托长三角"空港＋铁路港＋水港＋信息港"等资源禀赋优势,共同谋划打造长三角一体化高质量发展的新高地。《浙江省国民经济和社会发展第十四个五年规划和 2035 年远景目标纲要》提出"加强与长三角自贸区联动发展,以洋山港为支点,共同谋划建设长三角自由贸易港"。以海洋为特色的自由贸易港(区)建设是未来浙江推进海洋区域合作的重大创新举措。

(一)区域联动促进浙沪自贸区差异化发展

区域联动发展对于以自贸区发展为引领的长三角区域合作有重要推动作用,并可基于浙江、上海的差异化发展路径,推进建设长三角自由贸易港。一是产业选择上的差异。上海自贸区自由产业体系完善,应面向所有产业加强制度创新。浙江自贸区应继续深化油气全产业链发展的开放制度创新,形成从油气进口、储运、加工、贸易、交易、服务全产业链发展的制度创新成效;加快推进 LNG 全产业链开放发展探索;适时适度启动其他大宗商品,如煤炭、铁矿石、粮油、远洋水产品等全产业链领域的创新发展,使更多的大宗商品呈全产业链发展态势。二是服务面向上的差异。上海自贸区应继续领跑所有自贸区,服务我国经济社会发展的方方面面,突出服务全部产业和国家经济发展大局。浙江自贸区应以服务贸易为突破口,在部分行业领域上精准、深度突破。继续深耕数字经济,服务国家能源和食品安全、农业安全,服务国家在垄断行业推进市场化改革,从全产业链全部环节入手,积极引入国际惯例、市场规则,对标新加坡、中国香港、迪拜等全球先进自由贸易港,吸收、消化再创新,为国际惯例中国化和用国际惯例、市场办法解决中国问题提供成功经验。三是开放路径上的差异。上海自贸区在开放路径上,主要是围绕货物贸易实施开放。浙江自贸区在开放路径上,则主要是引进全球服务(如海事服务)。不断地、广泛地寻求与全球大宗商品领域服务商的合作,开展双方在项目、招商方面的合作，探索"双飞地"的合作模式，即浙江自贸区在外设立服务飞地，允许其他国家或地区在浙江自贸区设立服务飞地。

（二）协同发展推进大小洋山海洋自贸试验区建设

上海、浙江共同谋划长三角中国特色自由贸易港，重点也是以一流贸易服务谋划自贸港，同步发展货物贸易与服务贸易是中国自贸区建设的未来使命。目前，小洋山港区作为上海港的主要集装箱港区，面临着港域空间不足等困境；大洋山属于浙江嵊泗县管辖，可以为洋山港港区扩展提供支持。一是构建国际物流枢纽港＋海事服务中心。探索港航服务产业协同发展，成立浙沪自贸组合港。以错位发展、互补互利、合作共赢为基本原则，分别就重点产业和制度创新的布局、分工开展设计研究。上海自贸区要尽快建成世界先进海空枢纽港，建成航运资源高度集聚、航运服务功能健全、航运市场环境优良、现代物流服务高效，具有全球航运资源配置能力的国际航运中心。上海主要做离岸贸易，做全球供应链管理，货物不必一定经过上海的口岸、港口，但是合同在上海签订、资金在上海结算。浙江大量的制造业企业则是做口岸贸易。上海的航运中心学习伦敦的做法，主攻航运金融，实体的吞吐量将由舟山和宁波承接。浙江自贸区适宜发展国际海事服务业。二是构建大宗商品交易＋贸易服务中心。浙江自贸区依托巨大的仓储能力和海上运输能力、江海联运服务中心建设，依托现有交易平台和企业，开展原油、成品油、保税燃料油现货交易，条件成熟时开展与期货相关的业务。上海拥有全国最全的交易所、银行间市场和要素市场。发挥上海期货交易所的国际化平台和浙江自贸区的油品全产业链优势，在产品创新和上市、交割仓库建设、市场体系建设、市场培训和产业服务、信息交流、人才交流等方面开展合作，打造与国际产业相融、市场相通、人民币计价结算的石油产业市场体系，不断提升中国石油领域国际话语权，保障国家能源安全，有效推动人民币国际化。三是构建科创中心＋休闲中心。科创中心建设是上海继国际经济中心、国际金融中心、国际航运中心、国际贸易中心等四个中心之后的第五个中心建设目标，也是中央重大部署和国家战略，服务全国大局、服务区域创新，与上海自贸区建设合一推进。浙江自贸区应积极吸取海南自贸区设立和建设经验，围绕大健康产业、大旅游产业，规划对标全球海洋中心城市，从"绿色生态、构建全域海洋生态旅游系统；活力共享、塑造多彩滨海生活；功能提升、优化海岸带产业布局；区域合作、推进长三角一体发展"等四个方面推进创建"世界级蓝色活力海岛"，打造全球海岛、海洋休闲中心。

（三）完善功能布局

一是港口装卸作业区。充分发挥洋山港水深优势，发展包括集装箱拆拼箱等港口装卸作业服务、中转集拼和保税物流服务，建设成为长江经济带集装箱江海联运服务总部基地。二是多式联运物流区。对接长江经济带，着力发展公铁、海铁、海船等两用港口体系，拓展国内多式联运合作、探索推进运贸一体化发展。三是旅游功能区。充分利用海域资源、航道优势，加快发展海洋休闲旅游业，建设邮轮母港，形成集邮轮港区服务、主题旅游观光、保税物品采购、海上休闲度假、旅游集散服务等功能为一体的邮轮主题旅游区。四是港城服务区。将大洋山、小洋山建设成为卫星城，建设一流的港口新城。五是自贸港产业集聚区。积极争取将大洋山建设成为浙江自贸区2.0版的扩容区，以此为契机，积极发展新经济、新业态、新模式产业。

（四）建立海洋自贸港（区）协同治理机制

双方本着"资源共享、功能协调、产业互补、利益均沾、成果共享、命运一体"的原则，运用行政与市场两只手，建立灵活的管理机制和运作模式。一是政府间行政管理机制。成立浦东舟山高质量协同发展领导小组，作为双方高层协调机构，对区域协调发展中的土地、税收等相关问题进行协商；成立大小洋山协同发展试验区管委会，作为两地联合派出的议事协调机构，分别接受两地政府的授权，总体行使开发区域内的行政管理和协调职能。二是市场化的企业运作模式。由沪舟合资成立大小洋山开发投资有限公司，作为合作开发的主体，实施试验区域内陆域、水域、岸线等项目的滚动开发，实施项目区域内的道路、码头、综合监管区等基础设施的配套建设。出资公司以股权合作为基础，股权可以以岸线、土地等作价入股，双方利益均沾。三是促进自贸政策创新协同。在布局港口装卸作业区、多式联运物流区、旅游功能区、港城服务区和自贸港产业集聚区的基础上，按功能布局开展产业分工合作，包括利用数字化平台共享产业信息，将浙江"最多跑一次"改革经验融入等，全方位提升自贸区的营商环境。尤其统筹资源要素和政策举措，强化浙沪统筹协调机制，建立事权区域联动，注重把浙沪已有的制度创新成果互相推广应用，鼓励双方开展平台、产业项目、人才等方面的合作，推动产业优势互补、机制协调联动、功能错位布局。

（五）"绿色合作"推进沪舟甬"生态型"大通道建设

党的十九届五中全会提出"十四五"时期要努力实现"生态文明建设实现新进步，国土空间开发保护格局得到优化，生产生活方式绿色转型成效显著，能源资源配置更加合理、利用效率大幅提高"，促进经济社会发展全面绿色转型，建设人与自然和谐共生的现代化。长三角一体化需要着力构建现代化交通网络系统，把交通一体化作为先行领域，加快构建快速、便捷、高效、安全、大容量、低成本的互联互通综合交通网络，比如形成沪舟甬跨海大通道专项规划等。当前，国内一系列跨海大通道如港珠澳大桥、杭州湾大桥等跨海大通道项目中，都充分兼顾对资源和环境的保护，沪舟甬大通道建设可借鉴相关建设经验，形成绿色合作，并通过以下路径展开。

1. 统筹生态战略谋划，提升跨海大通道建设能级

沪舟甬跨海大通道建设需要进行生态战略谋划，并利用数字化技术等提升跨海大通道建设绿色能级。一是精准防控大通道生态环境风险，打造绿色标杆工程。建立集监测、清单、溯源预警、风险防控于一体的智能综合管控系统；建立实时立体监测体系，建立复杂情境下的精准溯源风险防控机制。二是精准监控船舶通行风险。分析不同船舶类型（集装箱船、散货船、客船等）、不同水域（长江口、杭州湾水域）、不同航行路径（停靠船舶、途经船舶）、不同航行状态（停靠、进出港、巡航）的航行线路、货物、靠泊需求等，精准监控船舶通行中的各类风险。三是要严格监控陆源污染物排放。利用长三角一体化协同机制，用大数据、多点无死角监控陆源排放口，鼓励社会参与监督，严厉查处向海洋排放污染物的不法行为，通过新闻媒体持续监督非法的陆源排放行为。上海、宁波、舟山等区域应积极沟通协商，明确责任主体，并实行监测数据共享机制。

2. 研究和评估跨海大通道线路，避免破坏水生生态环境

多年来，在各类水域通道建设过程中，水生生态环境日益得到重视，海洋工程对环境的主要污染包括悬浮物、施工噪声、建筑和生活垃圾、废水、废气以及向水体中释放的污染物质等。如港珠澳大桥建设过程中将生态保护贯穿始终，实现了环境"零污染"和中华白海豚"零伤亡"。针对沪舟甬跨海大通道建设，参考港珠澳大桥施工的相关措施，以跨海桥梁、海底隧道或桥梁隧道结合的方式建设，尽可能避免生态破坏和污染物大量产生，重点关注以下几个方面：一是人工岛建设带来的大规模围填海对水生生态系统、渔业资源养护的影响；二是通道路线选择对海洋生态环境重点保护区域的影响，关注跨海大通道特别是桥梁建造区域所在的海洋自然保护区、海洋特别保护区、水产种质资源保护区、风景旅游区、鱼类索饵场产卵场洄游通道分布情况；三是海洋功能区域规划、海洋环境功能区划对跨海大通道的设计和施工的影响，识别工程建设的主要敏感保护目标。建设期需要监测悬浮物、石油类、化学需氧量、浮游植物、浮游动物、底栖生物、噪声；运营期需要监测化学需氧量、石油类、重金属、pH 值、海洋垃圾、海洋生物洄游路线、汽车尾气、噪声等。

3. 完善施工方案，充分减少大通道建设对生态环境的影响

参考港珠澳大桥建设过程，考虑到工程可能对海底沉积环境产生扰动，其间产生的悬浮物以及污染物会对海洋环境造成影响，施工过程中产生的废水和生活垃圾如不很好处理都会对海洋环境造成不同程度的污染，因此可以实施以下对策：尽可能减少水上施工，把桥梁承台、墩柱转移到陆地进行预制；科学规划工期，编制合理的施工方案；研发采用新工艺、新技术，充分利用当地自然条件，降低污染；高度重视特种生物资源的保护工作；制定环境保护应急预案等。沪舟甬大通道建设也应该按照相关法律法规、技术标准进行施工，如施工船舶污染物排放应按《船舶污染物排放标准》的有关规定执行，工程残渣处理应遵循《中华人民共和国海洋倾废管理条例》的规定，海底隧道施工应严格采取污染防治措施，使污染物的排放、处置等符合国家或地方法规及标准要求。另外，还需要针对施工区域进行监测，可以考虑参考港珠澳大桥邀请第三方进行全程监测和评估。

4. 采取适宜的生态补偿机制及生态修复措施

《中华人民共和国海洋环境保护法》第二十四条规定"国家建立健全海洋生态保护补偿制度"，生态补偿是协调经济发展与生态环境保护、促使可持续开发利用环境资源的有力措施。大通道涉海工程占用了海域资源，破坏了海域的海洋环境，为协调区域间的经济和环境利益关系，促进区域协调发展，需要从生态补偿主体、补偿对象、补偿途径、补偿标准四方面建立适宜的生态补偿机制，采取经济补偿、生境补偿和资源补偿等补偿方式。把为保护海洋生态资源做出贡献者和海洋生态环境破坏、环境治理中的受害者作为补偿对象。沪舟甬大通道的后期生态恢复可通过建设人工鱼礁、播殖海藻等对渔业生境进行补偿。通过对鱼苗、虾、蟹等渔业资源的生产性增殖放流，在适宜滩涂补种海滩植物等方式进行资源补偿，通过修复保护海洋生态、景观和原始地貌，恢复海湾生态服务功能，清理海滩和岸滩，对违规占有的优质岸线进行海湾综合治理、恢复自然岸线。

二、甬舟一体化推进海洋中心城市建设

启动创建海洋中心城市，支持宁波舟山建设全球海洋中心城市是浙江省委省政府加快海洋强省建设和打造浙江新的增长极的重要举措。《浙江

省海洋经济发展"十四五"规划》提出要"全力打造海洋中心城市""充分发挥宁波国际港口城市优势，以世界一流强港建设为引领，以国家级海洋经济发展示范区为重点，坚持海洋港口、产业、城市一体化推进""联动推进舟山海洋中心城市建设"。舟山市"十四五"规划纲要提到，与宁波共建全球海洋中心城市，融入长三角一体化发展，推进浙沪海上合作示范区和甬舟一体化。2022年3月，宁波市委市政府印发《宁波市加快发展海洋经济 建设全球海洋中心城市行动纲要（2021—2025年)》，对海洋经济的中长期发展做出行动部署，目标剑指全球海洋中心城市。"十四五"期间，宁波、舟山两地都将打造全球海洋中心城市，其中，区域协同是重点。但是，宁波舟山建设海洋中心城市还存在体制机制壁垒、海洋环境质量差、城市治理能力和治理体系有待提升和完善等问题。推动甬舟高质量一体化发展，共建海洋中心城市是一项系统工程，需要准确把握区域发展演变规律，寻求符合自身特色的海洋城市合作机制，在基础设施、产业、市场、改革开放、生态环保、公共服务等领域形成优势互补，协同协力，共同打造海洋高质量发展共同体。

（一）加快建设世界一流强港

深入贯彻习近平总书记关于宁波舟山港建设世界一流强港的重要指示精神，围绕"一流设施、一流服务、一流技术、一流管理"，大力提升全球航运枢纽功能，力争2025年宁波舟山国际航运中心综合发展水平跻身全球前六，努力打造全球重要的港航物流中心和战略资源配置中心。

1. 完善港口配套设施和功能

积极推进梅山、金塘等一批千万级集装箱泊位群和亿吨级大宗散货泊位群建设，建成一批30万吨级以上原油码头、40万吨铁矿石接卸码头，以及LNG、粮食、化工、商品汽车等专业化泊位。加快深水航道、锚地、管网和甬舟铁路等重大基础设施建设，完善沿海、沿江、内河港口和陆港网络体系，大力拓展航线网络，扩大国际中转集拼和水水中转，打造国际中转集拼中心。坚持"四港联动"，推动港口数字化、智慧化转型，建设江海联运服务中心，推进港铁公水等多式联运枢纽建设，加快重点海域海洋信息基础建设，推进智慧港口、智慧港航、智慧船舶和智慧海事开发，提升港口周转和供应链效率，提升港口航运枢纽和物流服务中心功能。

2. 加快补齐高端航运服务业短板

加快提升宁波东部新城国际航运服务中心能级，大力引进航运金融保险、国际物流、海事法律、航运代理、船舶服务等领域总部型和功能型机构，培育航运区域总部经济。加快打造宁波梅山国际物流产业集聚区，重点发展国际贸易与现代物流、供应链、航运金融创新服务等产业。支持宁波航运交易所发展，提升海上丝绸之路指数的国际影响力。做大做强舟山新城航运服务集聚区，做大船用保税燃料油加注，打造船供船修、船员服务、航运金融、航运科技融合发展的国际海事服务基地。

3. 加强港口区域开放合作

深化与长江沿线港口合作，布局建设一批内陆港。积极参与建设长三角世界级港口群，深化小洋山合作开发，及早谋划大洋山合作开发。加强与金华、台州、温州联动发展，推动海港口岸功能向义乌陆港、浙中公铁联运港等延伸辐射，将义乌陆港打造为宁波舟山港集装箱"第六港区"。加快绿色平安港口建设。在港口和船舶污染防治攻坚、港口用能体系、清洁低碳、资源节约循环利用和生态环境保护等方面形成全面示范，并建立健全隐患排查治理制度、强化港口网络安全保障，加快应急保障关键技术研发应用。

（二）高标准搭建区域海洋发展战略平台

宁波舟山建设海洋中心城市需要加快推进自由贸易试验区等重大战略的联动实施，打造一批具有全国影响力的海洋经济发展战略平台。

1. 高质量建设自贸试验区

加快自贸试验区宁波舟山片区联动发展，在跨境电商、投资贸易自由化便利化、本外币合一银行账户体系试点、启运港退税政策、数字一体化监管服务等重点领域探索一批首创性制度，开展国家石油储备改革创新试点，推进油气全产业链发展贸易自由化便利化，不断提升油气资源全球配置能力，进一步增强国际航运和物流枢纽地位，提升在全球价值链中的地位。高标准建设大宗商品储运基地。按照国家统一部署，加快铁矿石储备基地开发方案具体化。

2. 打造新型国际贸易中心

积极发展跨境电商、网购保税等外贸新业态新模式，积极布局建设海外仓，推动国家级外贸转型升级示范基地建设，打造具有全球竞争力和枢纽型的新型国际贸易中心。

3. 高起点建设甬舟一体化示范区

借鉴深汕合作区模式，推进甬舟一体化先行示范区建设取得实质性进展，有序推进产业项目联动、基础设施共建、生态环境共保、公共服务共享，努力实现"1 + 1 > 2"的合作效应，打造甬舟共建海洋中心城市的标杆。

（三）优化海洋经济发展治理机制

坚持以数字化改革为引领，撬动全方位各领域改革，突破制约发展的体制机制障碍，营造市场化、法治化、国际化的营商环境。

1. 扩大开放和市场化程度

深化口岸开放，推进通关一体化与长三角地区监管互认，提升便利化程度。扩大市场准入，推行"负面清单"管理，使各类市场主体享受同等市场地位和便利。

2. 加强制度和模式创新

深化国际贸易"单一窗口"建设，推动宁波舟山港内船舶"一次申报、一次查验、一次放行"，出口转关货物"一次验封、监管互认"，开展国际中转集拼、沿海捎带、"境内关外"管理等制度创新，推进口岸通关物流服务全程无纸化，打造"一站式"贸易服务平台，进一步缩短货物整体通关时间，降低边境合规成本和单证合规成本。

3. 提升海洋科技创新能力

加快完善甬舟海洋科技创新体系，集聚更多海洋科技创新资源，加强重点海洋科技攻关，为海洋科技自立自强做出更大贡献。加强公共数据的挖掘和应用，加强对公共服务数据的审核和筛选，适当放开和挖掘数据资源，为海洋中心城市建设提供强有力的数据支撑。

（四）提升城市公共服务功能和要素集聚

注重海洋中心城市的软实力塑造，彰显城市环境之优和人文之美。海洋中心城市建设在国内相关城市也有推进，宁波舟山海洋中心城市建设可结合城市特色和海洋海岛及区域优势，提升公共服务功能，推进要素集聚。

1. 提升城市功能和品位

推动滨海城市优质公共服务开放与全民共享，为市民提供更多、更好的滨海公共活动空间，提升滨海生活的品质。全面提升市民海洋意识，加强海洋文化宣传教育，普及海洋知识。

2. 促进海洋文化繁荣

构筑城市高品质人文氛围，丰富市民休闲活动，推动海洋文化与旅游、创意产业结合，努力提升城市文化创新力、影响力和竞争力，促进海洋文化繁荣。促进海洋文化与旅游的融合发展，推动海洋旅游从观光型向度假型转变升级，打造普陀山、雪窦山等一批千万级旅游大景区，联动打造国际旅游目的地。

3. 培育引进海洋科技创新人才

提升涉海院校办学水平，完善人才梯度培养机制，培育更多基础扎实、视野广阔、创新能力强的海洋领域人才。完善人才发展环境，通过国际化联合共建海洋科技创新平台等方式，吸引全国乃至全球的海洋科技人才和协同创新团队，增强区域创新要素凝聚效应。

（五）协同推进海洋生态文明建设

海洋污染的跨区域性要求治理上的跨区域协同。舟山、宁波濒临东海，同处一片海域，海洋环境一荣俱荣，一损俱损，探索跨区域海洋环境治理成为共同的命题。一是双方应牢固树立"绿水青山就是金山银山"的发展理念，加强海洋自然保护区、海洋森林公园、滨海湿地等重要海洋生态空间协同保护力度。二是推进海域海岛保护与利用，联合开展海洋生物资源等摸底调查，协力保护海洋生态资源和历史文化遗存，加强两市在海域海岛管理方面的交流合作，探索共同编制海岸带规划，共同建设海洋生态文明区。三是创新海洋生态保护治理联动机制，建设区域海洋生态环境信息共享平台，加强海洋环境执法联动和海洋环境风险应急联动，完善海上安全应急网络，建立联防联控体系。四是积极谋划海洋生态旅游，加快开发渔家风情休闲游、海岛生态游等旅游精品线路。

三、优化浙江海洋生态文明建设的法治化机制

随着海洋生态文明建设的推进，我国多次修改了《海洋环境保护法》，从理念上实现了从"污染防治"到"生态保护"的转变。浙江在海洋强省建设过程中需要重点关注海洋生态文明的法治化建设，完善现有机制和治理体系，通过完善立法体系推进制度完善，通过执法、司法和守法机制优化法治支撑和实施体系，实现减污降碳协同增效。

（一）推进海洋生态环境制度体系建设

1. 系统性推进专项性立法进程，优化相应制度

立法和制度设计既要全面体现"陆海统筹"理念，加强海湾综合治理，清理海滩和岸滩，恢复海湾生态服务功能，恢复优质岸线，也应将浙江海洋生态治理的相关经验融入立法，如可将"湾（滩）长制"纳入《浙江省海洋环境保护条例》，以地方法规的形式把这一制度确定下来，明确"湾（滩）长制"在海洋环境保护中的法律定位以及相关主体的权利和责任等。2015年《中华人民共和国立法法》修改后，设区的市在环境保护领域具备了地方立法权，海洋生态和环境立法可通过专项性立法进行规制，尤其是针对海洋保

护区、海洋公园的保护立法，如舟山市在 2016 年出台《舟山市国家级海洋特别保护区管理条例》后，涉及贝藻类捕捞许可、海钓许可等制度已经成为海洋生态环境保护的制度创新，受到全面关注，该条例在 2021 年又进行了相应修订完善。浙江省还需要进一步完善《浙江省南麂列岛国家级海洋自然保护区管理条例》《宁波市韭山列岛海洋生态自然保护区条例》等地方专项性法规，以对接国家海洋公园建设，形成相应的特殊海洋区域保护制度。

2. 完善基于陆海统筹的生态补偿制度

《海洋环境保护法》第二十四条规定："国家建立健全海洋生态保护补偿制度"。生态补偿是协调经济发展与生态环境保护、促使环境资源可持续开发利用的有力措施。浙江沿海地区产业布局多样，陆源污染物排放对海洋生态环境的影响巨大，同时海洋经济开发占用了海域资源，亦对海域的生态环境造成较大压力，因此，应实施"陆海统筹"环境保护规划，实现与其他规划有效整合，构建统一的生态补偿机制，并需要从生态补偿主体、补偿对象、补偿途径、补偿标准等方面建立相应的生态补偿制度。因陆源污染是海洋生态破坏的主要原因，因此可以从陆上企业处罚款、公共财政、社会捐赠中抽取一部分资金，建立生态建设基金，补充生态补偿资金来源，采取经济补偿、生境补偿和资源补偿等补偿方式，[①] 向海洋生态环境被损害主体、为保护海洋生态资源做出贡献者等给予补偿。

3. 完善"碳中和"导向的海洋碳增汇政策支持体系

一是加快顶层设计，将海洋碳汇发展纳入全省"碳中和"行动方案中，凸显海洋碳汇在"碳中和"的价值；加快制定《浙江海洋碳汇能力提升实施方案》。二是编制实施陆海统筹的国土空间规划，做好在现行国土空间规划体系下的海洋碳汇发展布局规划并与土地等其他规划充分衔接，"全省域全要素"统筹生态、生产、生活空间，协调海洋与陆地的发展。三是因地制宜构建浙江海洋生态系统的植物 - 微生物 - 土壤复合碳汇技术

---

① 庄军莲：《广西涉海工程项目建设对海洋环境的影响分析》，《广西科学院学报》，2011 年第 2 期，第 152 - 155 页。

体系，科学布局、合理设计海洋碳增汇技术工程，改良沿海滩涂湿地，增强海上浅水层碳捕获与存储能力，改善浙江省滨海生态景观风貌。四是将科学构建海洋碳汇发展纳入领导干部监管考核体系，完善动态监测评估机制，确保与海洋保护相衔接的各项增汇举措高效落实。五是将海洋的"碳达峰、碳中和"效益纳入沿海区域高质量发展的考核评价指标中，推进海洋高效固碳生物体系工程的实施。

（二）完善海洋环境管理体制，加强执法协作

海洋环境治理过程中涉及海洋权益、经济利益、社会民生等问题，2018 年的机构改革将海洋生态环境管理的政府职能统一由生态环境行政管理部门行使，构建了基于"陆海统筹"的环境管理机制，但这一机制尚无法解决海洋环境治理的跨区域、跨层级的管理冲突。在现实的海洋环境污染事件中，较多涉及跨陆域和海域、跨不同行政区管辖海域，事件应对中往往会超越现有各层级涉海行政管理部门、生态环境行政管理部门的职能权限，尤其在执法中各层级、各部门协同的必要性凸显出来，当前的海洋环境管理体制仍存在进一步完善的必要。因此，可以尝试在省级层面组建生态环境委员会，将生态治理功能综合化。委员会的组建有利于解决跨陆海、跨行政区相关部门协调不足的困境，既能从"陆海统筹"原则出发关注大生态的治理理念，也能从整体性治理视角出发将海洋生态环境治理提高到省级战略发展的高度。

除了机构设置外，海洋生态环境执法协作也十分必要。一是跨行政区域的环境执法协作。如上海、福建、浙江海洋执法队伍通过专项性的执法行动推进联合执法，通过构建常态化的执法协作机制促进协作执法成为解决跨行政区相关海洋环境问题的重要路径。二是跨部门海洋执法协作。在综合化环境执法体系建立后，海洋环境执法部门如海事、生态环境、渔业等部门之间在海区生态环境的协作执法机制也应逐渐完善。三是跨行政层级的环境执法协作。例如地方海洋执法队伍中应构建上下级执法协作机制，以及《中华人民共和国海警法》实施后构建与国家海上执法力量的执

法协作机制也十分必要。近年来，自然资源部东海局牵头在东海海域开展环境协作执法，已经形成常态化机制，对推进浙江海洋生态环境治理的治理效能有积极意义。四是跨国家海洋执法队伍的协作。如在东海海洋环境治理方面，最近几年中国与韩国、日本在环境应急领域开展执法上的合作逐渐得到重视，但相关合作机制仍有待完善。

（三）完善司法协同，构建司法支持体系

社会多元主体的合作整体性治理是海洋环境治理基于生态系统特征的治理目标和手段，从"合作"到"国家职能部门的协同"更多体现为治理目标和行动上的一致性。近年来，在海洋环境污染的各类事件和冲突中，区域司法机关的协同是实现治理效能的重要路径，并可在相应机制上进一步探索与完善。一是促使法检协作。人民法院和人民检察院通过共同合作，从支持起诉、公益诉讼等方面，为维护环境公正提供司法保障。二是构建多主体信息共享机制，如在浙江全省沿海率先建立海洋生态环境法律监督信息平台，实行跨区域信息共享，对案件审理前证据采集、报告书出具等事项实现跨区域多部门共同参与，利用数字化转型加快司法协同，并探索建立数字化司法救济支撑体系。三是构建司法救济的监督体系。检察机关按照法律规定的监督职能，在检察过程中针对破坏生态环境行为，可以直接向海洋环境监督管理部门、相关公益组织告知有关案件线索，督促海洋环境监督管理部门、相关公益组织提起公益诉讼，或委托有权开展调解活动的有关部门开展调解工作。

另外，还需要完善海洋环境公益诉讼的支持机制。海洋生态环境诉讼机制是司法参与海洋环境治理的突破点，针对现有支撑体系的不足，需要完善相互支持、功能互补的海洋环境公益诉讼体系，大力发展海洋环境保护社会组织，建立诉讼费用合理分担和缓减免机制，[①] 建立海域互联网诉

---

① 余建华、沈羽石：《探索信息时代司法运行新模式》，《人民法院报》，2020 年 11 月 7 日第 1 版。

讼平台，实现诉讼的便捷性。

（四）促进公众参与，优化守法机制

海洋生态文明建设是促进国家海洋事业发展的重要基础，也是走绿色发展、推动海洋经济高质量发展之路的坚实保障。环境治理过程中需要鼓励公众和社会组织积极参与，构建生态文明守法体系，明确环境治理的主体责任，优化社会守法机制。

1. 形成社会公众参与海洋环境治理的基础力量

海洋生态文明建设需要形成"海洋命运共同体"理念，将国家、社会、企业和公众构建成一体化的"生态命运共同体"，以政府为主导组建海洋环境社会参与的相关组织，形成环境守法的基础力量。

2. 构建社会公众参与海洋环境治理的信息和技术平台

通过数字化等手段强化环境信息平台构建，促进信息共享。作为相关组织实施环境守法的需要，信息化平台的构建和使用有助于公众能在第一时间掌握环境污染信息，并监督海洋污染的治理过程。行政机关和司法机关应逐渐加强与海洋公益组织、社会公众在信息共享方面的紧密合作，促进污染治理效能提升。

3. 构建"三位一体"的守法体系

进一步从制度上明确生态环境行政管理部门的权力清单，规范政府责任及行政机关执法支撑；完善海洋生态环境公益诉讼制度，为守法体系构建提供司法保障；建立环境损害案件线索举报奖励制度，建立第三方监督机制等，促进社会守法路径清晰、监督有效，构建政府精准执法、司法机关监督、社会公众参与的立体式守法体系。

主要参考文献

曹树青，2013. 区域环境治理理念下的环境法制度变迁 ［J］. 安徽大学学报（哲学社会科学版），37（06）：119－125.

常保国，戚姝，2020. "人工智能＋国家治理"：智能治理模式的内涵建构、生发环境与基本布局 ［J］. 行政论坛，27（02）：19－26.

陈洪桥，2017. 太平洋岛国区域海洋治理探析 ［J］. 战略决策研究，8（04）：3－17＋103.

陈进华，2019. 治理体系现代化的国家逻辑 ［J］. 中国社会科学，（05）：23－39＋205.

陈莉莉，詹益鑫，曾梓杰，等，2020. 跨区域协同治理：长三角区域一体化视角下"湾长制"的创新 ［J］. 海洋开发与管理，37（04）：12－16.

陈娜，陈明富，2020. 习近平构建"海洋命运共同体"的重大意义与实现路径 ［J］. 西南民族大学学报（人文社科版），41（01）：203－208.

陈琦，胡求光，2021. 中国海洋生态保护制度的演进逻辑、互补需求及改革路径 ［J］. 中国人口资源与环境，31（02）：174－182.

陈琦，李京梅，2015. 我国海洋经济增长与海洋环境压力的脱钩关系研究 ［J］. 海洋环境科学，34（6）：827－833.

陈瑞莲，2006. 区域公共管理导论 ［M］. 北京：中国社会科学出版社：2－5.

陈瑞莲，2008. 区域公共管理理论与实践研究 ［M］. 北京：中国社会科学出版社：10.

陈瑞莲，刘亚平，2013. 区域治理研究：国际比较的视角 ［M］. 北京：中央编译出版社：2.

陈瑞莲，杨爱平，2012. 从区域公共管理到区域治理研究：历史的转型 ［J］. 南开学报（哲学社会科学版），（02）：48 – 57.

陈振明，等，2017. 公共管理学原理 ［M］. 修订版. 北京：中国人民大学出版社：37 – 38.

初建松，朱玉贵，2016. 中国海洋治理的困境及其应对策略研究 ［J］. 中国海洋大学学报（社会科学版），（05）：24 – 29.

褚添有，马寅辉，2012. 区域政府协调合作机制：一个概念性框架 ［J］. 中州学刊，（05）：17 – 20.

崔旺来，钟丹丹，李有绪，2009. 我国海洋行政管理体制的多维度审视 ［J］. 浙江海洋学院学报（人文科学版），26（04）：6 – 11.

崔野，2020. 全球海洋塑料垃圾治理：进展、困境与中国的参与 ［J］. 太平洋学报，28（12）：79 – 90.

崔野，王琪，2019. 中国参与全球海洋治理研究 ［J］. 中国高校社会科学，（05）：70 – 77 + 158.

戴瑛，2014. 论跨区域海洋环境治理的协作与合作 ［J］. 经济研究导刊，（07）：109 – 110.

丁黎黎，刘少博，王晨，等，2019. 偏向性技术进步与海洋经济绿色全要素生产率研究 ［J］. 海洋经济，（4）：12 – 19.

丁黎黎，朱琳，何广顺，2015. 中国海洋经济绿色全要素生产率测度及影响因素 ［J］. 中国科技论坛，（2）：72 – 78.

董柞壮，2021. 全球治理绩效指标：全球治理新向度及其与中国的互动 ［J］. 太平洋学报，29（12）：1 – 15.

钭晓东，2011. 区域海洋环境的法律治理问题研究 ［J］. 太平洋学报，19（01）：43 – 53.

杜军，寇佳丽，赵培阳，2020. 海洋环境规制、海洋科技创新与海洋经济绿色全要素生产率——基于 DEA-Malmquist 指数与 PVAR 模型分析 ［J］. 生态经济，36（1）：144 – 153.

段克，余静，2021. “海洋命运共同体”理念助推中国参与全球海洋治理 ［J］.

中国海洋大学学报（社会科学版），(06)：15–23.

傅梦孜，2022. 亚太战略场［M］. 北京：时事出版社：539.

傅梦孜，陈旸，2018. 对新时期中国参与全球海洋治理的思考［J］. 太平洋学报，26（11）：46–55.

傅梦孜，陈旸，2021. 大变局下的全球海洋治理与中国［J］. 现代国际关系，(04)：1–9+60.

高锋，2007. 我国东海区域的公共问题治理研究［D］. 上海：同济大学.

高明，郭施宏，2015. 环境治理模式研究综述［J］. 北京工业大学学报（社会科学版），15（06）：50–56.

戈华清，宋晓丹，史军，2016. 东亚海陆源污染防治区域合作机制探讨及启示［J］. 中国软科学，(08)：62–74.

龚虹波，2018. 海洋环境治理研究综述［J］. 浙江社会科学，(01)：102–111.

顾湘，李志强，2021. 海洋命运共同体视域下东亚海域污染合作治理策略优化研究［J］. 东北亚论坛，30（02）：60–73+127–128.

顾昕，2019. 走向互动式治理：国家治理体系创新中"国家–市场–社会关系"的变革［J］. 学术月刊，51（01）：77–86.

关洪军，孙珍珍，高浩楠，等，2019. 中国海洋经济绿色全要素生产率时空演化及影响因素分析［J］. 中国海洋大学学报（社会科学版），(6)：40–53.

关涛，2004. 海域使用权问题研究［J］. 河南省政法管理干部学院学报，(03)：31–34.

桂萍，2017. 公众参与重大行政决策的类型化分析［J］. 时代法学，15（01）：44–53.

郭承龙，张智光，2013. 污染物排放量增长与经济增长脱钩状态评价研究［J］. 地域研究与开发，32（3）：94–98.

郭济环，2011. 标准与专利的融合、冲突与协调［D］. 北京：中国政法大学.

国家海洋局海洋发展战略研究所，2010. 中国海洋发展报告［M］. 北京：海洋出版社：420.

国家海洋局海洋战略研究所课题组，2018. 中国海洋发展报告（2018）［M］. 北京：海洋出版社：3－4.

韩立民，陈艳，2006. 海域使用管理的理论与实践［M］. 青岛：中国海洋大学出版社：153.

韩增林，王晓辰，彭飞，2019. 中国海洋经济全要素生产率动态分析及预测［J］. 地理与地理信息科学，（1）：95－101.

何爱平，安梦天，2019. 地方政府竞争、环境规制与绿色发展效率［J］. 中国人口·资源与环境，29（3）：21－30.

贺鉴，王雪，2020. 全球海洋治理进程中的联合国：作用、困境与出路［J］. 国际问题研究，（03）：92－106.

胡洪彬，2014. 大数据时代国家治理能力建设的双重境遇与破解之道［J］. 社会主义研究，（04）：89－95.

胡佳，2011. 跨行政区环境治理中的地方政府协作研究［D］. 上海：复旦大学.

胡晓珍，2018. 中国海洋经济绿色全要素生产率区域增长差异及收敛性分析［J］. 统计与决策，（17）：137－140.

黄任望，2014. 全球海洋治理问题初探［J］. 海洋开发与管理，（3）：48－56.

黄任望，2014. 全球海洋治理问题初探［J］. 海洋开发与管理，31（03）：48－56.

黄武，2020. 提升海洋治理体系和治理能力现代化水平［N］. 人民政协报，11（3）：003.

黄玥，韩立新，2021. BBNJ下全球海洋生态环境治理的法律问题［J］. 哈尔滨工业大学学报（社会科学版），23（05）：46－51.

姜旭朝，赵玉杰，2017. 环境规制与海洋经济增长空间效应实证分析［J］. 中国渔业经济，（5）：68－75.

蒋俊杰，2015. 跨界治理视角下社会冲突的形成机理与对策研究［J］. 政治学研究，（03）：80－90.

金春雨，吴安兵，2017. 工业经济结构、经济增长对环境污染的非线性影响［J］. 中国人口·资源与环境, 27（10）：64 – 73.

靳博, 张腾扬, 等, 2021. 渤海治理成效初显［N］. 人民日报, 11（05）：013.

李博一, 黄德凯, 2021. 新形势下的国际治理：区域转向与中国方略［J］. 印度洋经济体研究,（06）：71 – 96 + 152.

李春雨, 刁榴, 2009. 日本的环境治理及其借鉴与启示［J］. 学习与实践,（08）：164 – 168.

李道季, 朱礼鑫, 常思远, 2020. 中国—东盟合作防治海洋塑料垃圾污染的策略建议［J］. 环境保护, 48（23）：62 – 67.

李建勋, 2011. 区域海洋环境保护法律制度的特点及启示［J］. 湖南师范大学社会科学学报, 40（02）：53 – 56.

李梦莹, 2017. 社会资本培育视域下的社区治理创新：本质蕴涵与实践进路［J］. 学习与探索,（08）：57 – 63.

李胜兰, 初善冰, 申晨, 2014. 地方政府竞争、环境规制与区域生态效率［J］. 世界经济,（4）：88 – 110.

李思然, 2019. 国家治理视域的制度伦理建构［J］. 理论探讨,（04）：177 – 180.

梁慧星, 1995. 民商法论丛：第 2 卷［M］. 北京：法律出版社：338.

梁甲瑞, 2021. 从太平洋岛民海洋治理模式和理念看区域海洋规范的发展及启示［J］. 太平洋学报, 29（11）：53 – 65.

梁上上, 2002. 利益的层次结构与利益衡量的展开——兼评加藤一郎的利益衡量论［J］. 法学研究,（01）：52 – 65.

梁湘波, 2005. 海洋功能分区方法及其应用研究［D］. 天津：天津师范大学.

林绍花, 2006. 海洋功能区划适宜性评价模型研究［D］. 青岛：中国海洋大学.

刘大海, 丁德文, 邢文秀, 等, 2014. 关于国家海洋治理体系建设的探讨［J］. 海洋开发与管理, 31（12）：1 – 4.

刘大勇, 薛澜, 傅利平, 等, 2021. 国际新格局下的全球治理：展望与研究框架［J］. 管理科学学报, 24（08）：125 – 132.

刘明周，蓝翊嘉，2018. 现实建构主义视角下的海洋保护区建设 ［J］. 太平洋学报，26 （07）：79－87.

刘天琦，2019. 全球海洋治理视域下的南海海洋治理 ［J］. 海南大学学报 （人文社会科学版），37 （04）：1－8.

刘天琦，张丽娜，2021. 南海海洋环境区域合作治理：问题审视、模式借鉴与路径选择 ［J］. 海南大学学报 （人文社会科学版），39 （02）：10－18.

刘巍，2021. 海洋命运共同体：新时代全球海洋治理的中国方案 ［J］. 亚太安全与海洋研究，（04）：32－45＋2－3.

刘学民，2010. 公共危机治理：一种能力建设的议程 ［J］. 中国行政管理，（05）：71－74.

娄成武，于东山，2011. 西方国家跨界治理的内在动力、典型模式与实现路径 ［J］. 行政论坛，18 （01）：88－91.

卢芳华，2020. 海洋命运共同体：全球海洋治理的中国方案 ［J］. 思想政治课教学，（11）：44－47.

卢静，2022. 全球海洋治理与构建海洋命运共同体 ［J］. 外交评论 （外交学院学报），39 （01）：1－21＋165.

吕建华，高娜，2012. 整体性治理对我国海洋环境管理体制改革的启示 ［J］. 中国行政管理，（05）：19－22.

罗钰如，等，1985. 当代中国的海洋事业 ［M］. 北京：中国社会科学出版社：14－15.

马海龙，2007. 区域治理：内涵及理论基础探析 ［J］. 经济论坛，（19）：14－17.

马金星，2020. 全球海洋治理视域下构建 "海洋命运共同体" 的意涵及路径 ［J］. 太平洋学报，28 （09）：1－15.

宁靓，史磊，2021. 利益冲突下的海洋生态环境治理困境与行动逻辑——以黄海海域浒苔绿潮灾害治理为例 ［J］. 上海行政学院学报，22 （06）：27－37.

欧阳帆，2014. 中国环境跨域治理研究 ［M］. 北京：首都师范大学出版社：64.

庞中英，2013. 全球治理的"新型"最为重要——新的全球治理如何可能 [J]. 国际安全研究，31 (01)：41 – 54 + 155.

庞中英，2018. 在全球层次治理海洋问题——关于全球海洋治理的理论与实践 [J]. 社会科学，(09)：3 – 11.

庞中英，王瑞平，2013. 全球治理：中国的战略应对 [J]. 国际问题研究，(04)：57 – 68.

钱薇雯，陈璇，2019. 中国海洋环境规制对海洋技术创新的影响研究——基于环渤海和长三角地区的比较 [J]. 海洋开发与管理，(7)：70 – 76.

秦天宝，2008. 国际环境法的特点初探 [J]. 中国地质大学学报（社会科学版），(03)：16 – 19.

丘君，赵景柱，邓红兵，等，2008. 基于生态系统的海洋管理：原则、实践和建议 [J]. 海洋环境科学，(01)：74 – 78.

曲升，2017. 南太平洋区域海洋机制的缘起、发展及意义 [J]. 太平洋学报，25 (02)：1 – 19.

全球治理委员会，1995. 我们的全球伙伴关系 [M]. 伦敦：牛津大学出版社：23.

全永波，2007. 海域使用权与渔业权冲突中的利益衡量 [J]. 探索与争鸣，(05)：50 – 54.

全永波，2009. 公共政策的利益层次考量——以利益衡量为视角 [J]. 中国行政管理，(10)：67 – 69.

全永波，2012. 基于新区域主义视角的区域合作治理探析 [J]. 中国行政管理，(04)：78 – 81.

全永波，2012. 区域合作视阈下的海洋公共危机治理 [J]. 社会科学战线，(06)：175 – 179.

全永波，2016. 海洋法 [M]. 北京：海洋出版社：3.

全永波，2017. 海洋环境跨区域治理的逻辑基础与制度供给 [J]. 中国行政管理，(01)：19 – 23.

全永波，2019. 全球海洋生态环境多层级治理：现实困境与未来走向［J］. 政法论丛，（03）：148－160.

全永波，顾军正，2018. "滩长制"与海洋环境"小微单元"治理探究［J］. 中国行政管理，（11）：148－150.

全永波，胡进考，2010. 论我国海洋区域管理模式下的政府间协调机制构建［J］. 中国海洋大学学报（社会科学版），（06）：16－19.

全永波，叶芳，2020. 海洋环境跨区域治理研究［M］. 北京：中国社会科学出版社：11.

尚虎平，2019. "治理"的中国诉求及当前国内治理研究的困境［J］. 学术月刊，51（05）：72－87.

申长敬，刘卫新，左立平，2004. 时空海洋——生存和发展的海洋世界［M］. 北京：海潮出版社：23.

申建林，秦舒展，2018. 实现国家治理能力现代化的四维路径［J］. 中州学刊，（04）：6－12.

申剑敏，2013. 跨域治理视角下的长三角地方政府合作研究［D］. 上海：复旦大学.

施雪华，方盛举，2010. 中国省级政府公共治理效能评价指标体系设计［J］. 政治学研究，（2）：56－66.

石春雷，2017. 海洋环境公益诉讼三题——基于《海洋环境保护法》第90条第2款的解释论展开［J］. 南海学刊，3（02）：18－24.

石龙宇，李杜，陈蕾，等，2012. 跨界自然保护区——实现生物多样性保护的新手段［J］. 生态学报，32（21）：6892－6900.

苏为华，王龙，李伟，2013. 中国海洋经济全要素生产率影响因素研究——基于空间面板数据模型［J］. 财经论丛，172（3）：9－13.

孙才志，王甲君，2019. 中国海洋经济政策对海洋经济发展的影响机理——基于PLS－SEM模型的实证分析［J］. 资源开发与市场，（10）：1236－1243.

孙文文，王飞，杜晓雪，等，2021. 区域渔业管理组织关于建立IUU捕捞渔船清单养护管理措施的比较［J］. 上海海洋大学学报，30（02）：
　　370－380.

孙宪忠，2016. 中国渔业权研究［M］. 北京：法律出版社：73.

孙悦民，2015. 海洋治理概念内涵的演化研究［J］. 广东海洋大学学报，
　　35（02）：1－5.

唐兵，2013. 公共资源网络治理中的整合机制研究［J］. 中共福建省委党
　　校学报，（08）：13－17.

陶希东，2011. 跨界治理：中国社会公共治理的战略选择［J］. 学术月刊，
　　43（08）：22－29.

佟德志，2019. 治理吸纳民主——当代世界民主治理的困境、逻辑与趋
　　势［J］. 政治学研究，（02）：39－48＋126.

汪洋，2014. 波罗的海环境问题治理及其对南海环境治理的启示［J］. 牡
　　丹江大学学报，23（08）：140－142.

汪泽波，王鸿雁，2016. 多中心治理理论视角下京津冀区域环境协同治理
　　探析［J］. 生态经济，32（06）：157－163.

王芳，2021. 以知识复用促数字政府效能提升［J］. 人民论坛·学术前沿，
　　增刊：46－53.

王刚，王琪，2008. 海洋区域管理的内涵界定及其构建［J］. 海洋开发与
　　管理，（11）：43－48.

王光厚，王媛，2017. 东盟与东南亚的海洋治理［J］. 国际论坛，19
　　（01）：14－19＋79.

王江涛，2011. 海洋功能区划若干理论研究［D］. 青岛：中国海洋大学.

王明旭，李朝晖，等，2018. 粤港澳大湾区环境保护战略研究［M］. 北
　　京：科学出版社：87.

王佩儿，刘阳雄，张珞平，等，2006. 海洋功能区划立法探讨［J］. 海洋
　　环境科学，（04）：88－91.

王琪，2007. 海洋管理从理念到制度［M］. 北京：海洋出版社：114.

王琪，2015. 公共治理视野下海洋环境管理研究［M］. 北京：人民出版

社：133.

王琪，崔野，2015. 将全球治理引入海洋领域——论全球海洋治理的基本问题与我国的应对策略 [J]. 太平洋学报，23（06）：17-27.

王琪，何广顺，2004. 海洋环境治理的政策选择 [J]. 海洋通报，（03）：73-80.

王琪，刘芳，2006. 海洋环境管理：从管理到治理的变革 [J]. 中国海洋大学学报（社会科学版），（04）：1-5.

王诗宗，2008. 治理理论的内在矛盾及其出路 [J]. 哲学研究，（02）：83-89.

王书斌，檀菲非，2017. 环境规制约束下的雾霾脱钩效应——基于重污染产业转移视角的解释 [J]. 北京理工大学学报（社会科学版），19（4）：1-7.

王书斌，徐盈之，2015. 环境规制与雾霾脱钩效应——基于企业投资偏好的视角 [J]. 中国工业经济，（4）：18-30.

王树义，2014. 环境治理是国家治理的重要内容 [J]. 法制与社会发展，20（05）：51-53.

王铁军，2002. 海域使用管理探究 [M]. 北京：海洋出版社：83.

王伟，田瑜，常明，等，2014. 跨界保护区网络构建研究进展 [J]. 生态学报，34（06）：1391-1400.

王献溥，郭柯，2004. 跨界保护区与和平公园的基本含义及其应用 [J]. 广西植物，（03）：220-223.

王阳，2019. 全球海洋治理：历史演进、理论基础与中国的应对 [J]. 河北法学，37（07）：164-176.

王勇，孟令浩，2019. 论 BBNJ 协定中公海保护区宜采取全球管理模式 [J]. 太平洋学报，27（05）：1-15.

王泽宇，卢雪峰，韩增林，等，2017. 中国海洋经济增长与资源消耗的脱钩分析及回弹效应研究 [J]. 资源科学，39（9）：1658-1669.

魏得才，2019. 海洋渔业资源养护的国际规则变动研究 [M]. 北京：海洋出版社：35.

吴瑞坚，2013. 新区域主义兴起与区域治理范式转变［J］. 中国名城，
　　（12）：4 – 7.

吴士存，2020. 全球海洋治理的未来及中国的选择［J］. 亚太安全与海洋
　　研究，（05）：1 – 22 + 133.

吴玮林，2017. 中国海洋环境规制绩效的实证分析［D］. 浙江：浙江大
　　学：87.

夏勇，钟茂初，2016. 环境规制能促进经济增长与环境污染脱钩吗？——
　　基于中国271个地级城市的工业SO2排放数据的实证分析［J］. 商业
　　经济与管理，（11）：69 – 78.

向晓梅，张拴虎，胡晓珍，2019. 海洋经济供给侧结构性改革的动力机制
　　及实现路径——基于海洋经济全要素生产率指数的研究［J］. 广东社
　　会科学，（5）：27 – 35.

向友权，胡仙芝，王敏，2014. 论公共政策工具在海洋环境保护中的有限
　　性及其补救［J］. 海洋开发与管理，31（03）：83 – 86.

徐祥民，于铭，2009. 区域海洋管理：美国海洋管理的新篇章［J］. 中州
　　学刊，（01）：80 – 82.

徐艳晴，周志忍，2014. 水环境治理中的跨部门协同机制探析——分析框
　　架与未来研究方向［J］. 江苏行政学院学报，（06）：110 – 115.

许可，2015. 国家主体功能区战略协同的绩效评价与整体性治理机制研
　　究［M］. 北京：海知识产权出版社：58.

许忠明，李政一，2021. 海洋治理体系与海洋治理效能的双向互动机制探
　　讨［J］. 中国海洋大学学报（社会科学版），（02）：56 – 63.

杨晨曦，2013. 东北亚地区环境治理的困境：基于地区环境治理结构与过
　　程的分析［J］. 当代亚太，（02）：77 – 99 + 159.

杨丽，孙之淳，2015. 基于熵值法的西部新型城镇化发展水平测评［J］.
　　经济问题，（03）：115 – 119.

杨赟，2014. 跨界海洋污染的责任分配制度研究［D］. 重庆：西南政法
　　大学.

杨泽伟, 2019. 新时代中国深度参与全球海洋治理体系的变革: 理念与路径 [J]. 法律科学 (西北政法大学学报), 37 (06): 178 – 188.

杨泽伟, 2019. 新时代中国深度参与全球海洋治理体系的变革: 理念与路径 [J]. 法律科学 (西北政法大学学报), 37 (06): 178 – 188.

杨喆, 陈庆慧, 李涛, 2022. 环境规制与工业绿色转型升级——基于规制异质性和执行力度视角的分析 [J]. 重庆理工大学学报 (社会科学)》, 36 (4): 41 – 54.

杨振姣, 孙雪敏, 2016. 中国海洋生态安全治理现代化的必要性和可行性研究 [J]. 中国海洋大学学报 (社会科学版), (04): 55 – 61.

杨振姣, 闫海楠, 王斌, 2017. 中国海洋生态环境治理现代化的国际经验与启示 [J]. 太平洋学报, 25 (04): 81 – 93.

姚全, 郑先武, 2021. 区域治理与全球治理互动中的大国角色 [J]. 探索与争鸣, (11): 57 – 69 + 178.

姚瑞华, 张晓丽, 严冬, 等, 2021. 基于陆海统筹的海洋生态环境管理体系研究 [J]. 中国环境管理, 13 (05): 79 – 84.

姚莹, 2010. 东北亚区域海洋环境合作路径选择——"地中海模式"之证成 [J]. 当代法学, 24 (05): 132 – 139.

叶必丰, 何渊, 等, 2010. 行政协议区域政府间合作机制研究 [M]. 北京: 法律出版社: 186.

叶泉, 2020. 论全球海洋治理体系变革的中国角色与实现路径 [J]. 国际观察, (05): 74 – 106.

易志斌, 2012. 跨界水污染的网络治理模式研究 [J]. 生态经济, (12): 165 – 168 + 173.

殷子琦, 2020. 海洋功能区划与海洋经济的耦合分析 [D]. 天津: 天津大学.

游启明, 2021. "海洋命运共同体" 理念下全球海洋公域治理研究 [J]. 太平洋学报, 29 (06): 62 – 72.

于海涛, 2015. 西北太平洋区域海洋环境保护国际合作研究 [D]. 青岛:

中国海洋大学.

于航, 2021. 海洋社区治理：提升海洋治理能力［N］. 中国社会科学报, 04（28）：011.

于思浩, 2013. 海洋强国战略背景下我国海洋管理体制改革［J］. 山东大学学报（哲学社会科学版）,（06）：153－160.

余建华, 沈羽石, 2020. 探索信息时代司法运行新模式［N］. 人民法院报, 11（7）：01.

余敏江, 2013. 论区域生态环境协同治理的制度基础——基于社会学制度主义的分析视角［J］. 理论探讨,（02）：13－17＋2.

俞可平, 2000. 治理与善治［M］. 北京：社会科学文献出版社：5.

俞可平, 2001. 治理和善治：一种新的政治分析框架［J］. 南京社会科学,（09）：40－44.

俞可平, 2012. 中国社会治理评价指标体系［J］. 中国治理评论,（2）：2－29.

郁建兴, 王诗宗, 杨帆, 2017. 当代中国治理研究的新议程［J］. 中共浙江省委党校学报, 33（01）：28－38.

袁沙, 2020. 全球海洋治理体系演变与中国战略选择［J］. 前线,（11）：21－24.

袁雪, 廖宇程, 2020. 基于海洋保护区的北极地区 BBNJ 治理机制探析［J］. 学习与探索,（02）：83－91.

原毅军, 谢荣辉, 2016. 环境规制与工业绿色生产率增长——对"强波特假说"的再检验［J］. 中国软科学,（7）：144－154.

岳经纶, 李甜妹, 2009. 合作式应急治理机制的构建：香港模式的启示［J］. 公共行政评论, 2（06）：81－104＋203－204.

张成福, 党秀云, 2015. 公共管理导论（第四版）［M］. 北京：中国人民大学出版社：174.

张丛林, 焦佩锋, 2021. 中国参与全球海洋生态环境治理的优化路径［J］. 人民论坛,（19）：85－87.

张铎, 2021. 中国海洋治理研究审视［J］. 社会科学战线,（07）：269－274.

张光政，2010. 十国共商拯救波罗的海［N］. 人民日报，02（12）：003.

张国庆，2004. 公共政策分析［M］. 上海：复旦大学出版社：259.

张江海，2016. 整体性治理理论视域下海洋生态环境治理体制优化研究［J］. 中共福建省委党校学报，（02）：58－64.

张世秋，2014. 京津冀一体化与区域空气质量管理［J］. 环境保护，42（17）：30－33.

张卫彬，朱永倩，2020. 海洋命运共同体视域下全球海洋生态环境治理体系建构［J］. 太平洋学报，28（05）：92－104.

张相君，2007. 区域海洋污染应急合作制度的利益层次化分析［D］. 厦门：厦门大学.

张兆康，伍亚军，宋威，2008. 应尽快建立近海岸滩溢油应急响应新思路［N］. 中国海洋报，9（9）：03

张鷟，2021. 人类命运共同体与全球治理体系的变革［J］. 社会主义研究，（06）：140－147.

赵东霞，申方方，2021. 开放环境下辽宁沿海区域海洋治理综合效能测度研究［J］. 生产力研究，（07）：39－47.

赵隆，2012. 海洋治理中的制度设计：反向建构的过程［J］. 国际关系学院学报，（03）：36－42.

赵昕，彭勇，丁黎黎，2016. 中国沿海地区海洋经济效率的空间格局及影响因素分析［J］. 云南师范大学学报（哲学社会科学版），（5）：112－120.

赵玉杰，2019. 环境规制对海洋科技创新引致效应研究［J］. 生态经济，35（10）：143－153.

浙江省自然资源厅.2020 年浙江省海洋灾害公报［R］.2021.

郑凡，2019. 从海洋区域合作论"一带一路"建设海上合作［J］. 太平洋学报，27（08）：54－66.

郑海琦，胡波，2018. 科技变革对全球海洋治理的影响［J］. 太平洋学报，26（04）：37－47.

郑洁，付才辉，刘舫，2020. 财政分权与环境治理——基于动态视角的理

论与实证分析 [J]. 中国人口·资源与环境, 30 (1): 67 – 73.

郑淑娴, 杨黎静, 吴霓, 等, 2020. 粤港澳大湾区海洋生态环境协同共治策略探讨 [J]. 海洋开发与管理, 37 (06): 48 – 54.

中华人民共和国生态环境部, 2021. 2020 年中国海洋生态环境状况公报 [R].

周超, 2016. 三大优先领域应对海洋挑战: 欧委会发布首个全球海洋治理联合声明 [N]. 中国海洋报, 11 (16): 03.

朱锋, 2021. 从 "人类命运共同体" 到 "海洋命运共同体" ——推进全球海洋治理与合作的理念和路径 [J]. 亚太安全与海洋研究, (04): 1 – 19 + 133.

朱立群, 2003. 信任与国家间的合作问题——兼论当前的中美关系 [J]. 世界经济与政治, (01): 16 – 20 + 77.

朱小会, 陆远权, 2018. 地方政府环境偏好与中国环境分权管理体制的环保效应 [J]. 技术经济, 37 (7): 121 – 128.

竺乾威, 2008. 从新公共管理到整体性治理 [J]. 中国行政管理, (10): 52 – 58.

祝敏, 2019. 海洋环境规制对我国海洋产业竞争力的影响研究 [D]. 沈阳: 辽宁大学: 45.

庄军莲, 2011. 广西涉海工程项目建设对海洋环境的影响分析 [J]. 广西科学院学报, 27 (02): 152 – 155 + 158.

[加] E. M. 鲍基斯, 1996. 海洋管理与联合国 [M]. 孙清等, 译. 广东: 汕头海洋出版社: 19.

[美] 艾德加·M·胡佛, 弗兰克·杰莱塔尼, 1992. 区域经济学导论 [M]. 郭万清等, 译. 上海: 上海远东出版社: 2.

[美] 詹姆斯·H. 米特尔曼, 2002. 全球化综合征 [M]. 刘得手, 译. 北京: 新华出版社: 134.

Agrawal A, 2000. Adaptive management in transboundary protected areas: The Bialowieza National Park and Biosphere Reserve as a case study [J]. Environmental Conservation, 27 (4): 326 – 333.

Ali Emrouznejad, Guo-liang Yang, 2016. A framework for measuring global Malmquist-Luenberger productivity index with CO_2 emissions on Chinese manufacturing industries [J]. Energy, 115 (part 1): 840 – 856.

Andresen S, 2001. The North Sea and beyond: lessons learned [M]. In: Bateman S. Maritime Regime Building: Lessons Learned and Their Relevance for Northeast Asia. Brill Nijhoff: 51 – 72.

Asheim G B, Froyn C B, Hovi J, et al. , 2006. Regional versus global cooperation for climate control [J]. Journal of Environmental Economics and Management, 51 (1): 93 – 109.

Balsiger J, Prys M, 2016. Regional agreements in international environmental politics [J]. International Environmental Agreements: Politics, Law and Economics, 16 (2): 239 – 260.

Baltas H, Dalgic G, Bayrak E Y, et al. , 2016. Experimental study on copper uptake capacity in the Mediterranean mussel (Mytilus galloprovincialis) [J]. Environmental Science and Pollution Research, 23 (11): 10983 – 10989.

Basil Germond, CelineGermond-Duret, 2016. Ocean governance and maritime security in a placeful environment: The case of the European Union [J]. Marine Policy, 66: 124 – 131.

Bensted-Smith R, Kirkman H, 2010. Comparison of approaches to management of large marine areas [J]. Fauna & Flora International: 144.

Brunnée J, 2009. The Stockholm declaration and the structure and processes of international environmental law [M]. The Future of Ocean Regime-Building. Brill Nijhoff: 39 – 62.

Cansino J M, Sánchez-Braza A, Espinoza N, 2021. Moving towards a green decoupling between economic development and environmental stress? A new comprehensive approach for Ecuador [J]. Climate and Development, 14 (02): 147 – 165.

Castro-Pardo D M, Pérez-Rodríguez F, Martín-Martín J M, et al. , 2019.

Modelling stakeholders' preferences to pinpoint conflicts in the planning of transboundary protected areas [J]. Land Use Policy, 89: 104233.

Chircop A, Francis J, Van Der Elst R, et al., 2010. Governance of marine protected areas in East Africa: a comparative study of Mozambique, South Africa, and Tanzania [J]. Ocean Development & International Law, 41 (1): 1 –33.

Congleton R D, 1992. Political institutions and pollution control [J]. Review of Economics & Statistics, 74 (3): 412 –421.

Degger N, Hudson A, Mamaev V, et al., 2021. Navigating the Complexity of Regional Ocean Governance Through the Large Marine Ecosystems Approach [J]. Frontiers in Marine Science, 8: 353.

Donald F Boesch, 2021. Preserving Community's Environmental Interests in a Meta-Ocean Governance Framework towards Sustainable Development Goal 14: A Mechanism of Promoting Coordination between Institutions Responsible for Curbing Marine Pollution [J]. Political Science, (3): 12 –23.

Dorota Pyc, 2016. Global Ocean Governance [J]. TransNav: International Journal on Marine Navigation and Safety of Sea Transportation, 10 (1): 159 –162.

Duit A, Galaz V, 2008. Governance and complexity—emerging issues for governance theory [J]. Governance, 21 (3): 311 –335.

Ehler C N, 2006. A Global Strategic Review. Regional Seas Programme [J]. Nairobi: United Nations Environment Programme: 1 –89.

Fleming L E, Broad K, Clement A, et al., 2006. Oceans and human health: emerging public health risks in the marine environment [J]. Marine pollution bulletin, 53 (10 –12): 545 –560.

Francis J, Nilsson A, Waruinge D, 2002. Marine protected areas in the Eastern African region: how successful are they? [J]. AMBIO: A Journal of the Human Environment, 31 (7): 503 –511.

Grilo C, Chircop A, Guerreiro J, 2012. Prospects for transboundary marine protected areas in East Africa [J]. Ocean Development & International Law, 43 (3): 243 – 266.

Guerreiro J, Chircop A, Dzidzornu D, et al. , 2011. The role of international environmental instruments in enhancing transboundary marine protected areas: an approach in East Africa [J]. Marine Policy, 35 (2): 95 – 104.

Guerreiro J, Chircop A, Grilo C, et al. , 2010. Establishing a transboundary network of marine protected areas: Diplomatic and management options for the east African context [J]. Marine Policy, 4 (5): 896 – 910.

Haas P M, 2004. Addressing the Glohal Governance Deficit [J]. Global Environmental Politics, (4): 1 – 15.

Heymans J J, Besiktepe S, Boeuf G, et al. , 2019. Navigating the Future V: Marine Science for a Sustainable Future [M]. European Marine Board.

Jan P M Van Tatenhove, 2015. Marine Governance: Institutional Capacity-building in a Multi-level Governance Setting [M]. In: Michael Gilek and Kristine Kern (ed.) . Governing Europe's Marine Environment: Europeanization of Regional Seas or Regionalization of EU Policies? . Ashgate Publishing: 35 – 52.

Julien Rochette, Raphaeel Bille, 2013. Bridging the Gap between Legal and Institutional Developments within Regional Seas Frameworks [J]. International journal of marine and coastal law, 28 (3): 433 – 463.

Kelleher G, 1999. Guidelines for marine protected areas [M]. IUCN, Gland, Switzerland and Cambridge, UK.

Kildow J T, McIlgorm A, 2010. The importance of estimating the contribution of the oceans to national economies [J]. Marine Policy, 34 (3): 367 – 374.

Kurukulasuriya L, Robinson N A, 2006. UNEP Training Manual on International Environmental Law [J]. Nairobi: United Nations Environment Programme.

Leat D, Stoker G, 2002. Towards holistic governance: the new reform agenda [M]. Palgrave: 75.

Mackelworth P, 2012. Peace parks and transboundary initiatives: implications for marine conservation and spatial planning [J]. Conservation Letters, 5 (2): 90 – 98.

Mackelworth Peter, 2016. Marine transboundary conservation and protected areas [M]. London and New York: Routledge: 5 – 6.

Malick M J, Rutherford M B, Cox S P, 2017. Confronting challenges to integrating Pacific salmon into ecosystem-based management policies [J]. Marine Policy, 85: 123 – 132.

Ming Yi, Xiaomeng Fang, Le Wen, Fengtao Guang, Yao Zhang, 2019. The Heterogeneous Effects of Different Environmental Policy Instruments on Green Technology Innovation [J]. International Journal of Environmental Research and Public Health, 16 (23): 1 – 19.

Opermanis O, MacSharry B, Aunins A, et al. , 2012. Connectedness and connectivity of the Natura 2000 network of protected areas across country borders in the European Union [J]. Biological Conservation, 153: 227 – 238.

Porter M E, 1991. America's Green Strategy [J]. Scientific American, 264 (4): 193 – 246.

Provan K G, Milward H B, 2001. Do networks really work? A framework for evaluating public-sector organizational networks [J]. Public administration review, 61 (4): 414 – 423.

Pınarbaşı K, Galparsoro I, Alloncle N, et al. , 2020. Key issues for a transboundary and ecosystem-based maritime spatial planning in the Bay of Biscay [J]. Marine Policy, 120: 104131.

R De Santis, P Esposito, C Jona Lasinio, 2021. Environmental regulation and productivity growth: Main policy challenges [J]. International Economics, 165 (C): 264 – 277.

R Mahon, 2021. Governance of the global ocean commons: hopelessly fragmented or fixable? . Coastal Management, (12): 24 – 37.

Robin Mahon, Lucia Fanning, 2019. Regional ocean governance: Polycentric arrangements and their role in global ocean governance [J]. Marine Policy, 107 (SEP.): 103590.

Saliba L J, 2007. State of the Mediterranean Marine Environment [J]. Water and Environment Journal, 6 (1): 79 – 88.

Santini L, Saura S, Rondinini C, 2016. Connectivity of the global network of protected areas [J]. Diversity and Distributions, 22 (2): 199 – 211.

Sherman K, 1991. The large marine ecosystem concept: research and management strategy for living marine resources [J]. Ecological Applications, 1 (4): 349 – 360.

Sherman K, 2014. Adaptive management institutions at the regional level: the case of large marine ecosystems [J]. Ocean & Coastal Management, 90: 38 – 49.

Surender Kumar, 2006. Environmentally sensitive productivity growth: a global analysis using Malmquist-Luenberger index [J]. Ecological Economics, 56 (2): 280 – 293.

Takeoka H, 2002. Progress in Seto Inland sea research [J]. Journal of Oceanography, 58 (1): 93 – 107.

Tapio Petri, 2005. Towards a Theory of Decoupling: Degrees of Decoupling in the EU and the Case of Road Traffic in Finland between 1970 and 2001 [J]. Transport Policy, 12 (2): 137 – 151.

Töpfer K, Tubiana L, Unger S, et al. , 2014. Charting pragmatic courses for global ocean governance [J]. Marine Policy, 49 (C): 85 – 86.

United Nations Environment Programme, 2001. Ecosystem-based Management of Fisheries: Opportunities and Challenges for Coordination Between Marine Regional Fishery Bodies and Regional Seas Conventions [J]. UNEP Regional Seas Reports and Studies: 175.

Van Amerom M, 2002. National sovereignty & transboundary protected areas in Southern Africa [J]. GeoJournal, 58 (4): 265 –273.

VanderZwaag D, Powers A, 2008. The protection of the marine environment from land-based pollution and activities: gauging the tides of global and regional governance [J]. The International Journal of Marine and Coastal Law, 23 (3): 423 –452.

VanderZwaag D, Powers A, 2008. The protection of the marine environment from land-based pollution and activities: gauging the tides of global and regional governance [J]. The International Journal of Marine and Coastal Law, 23 (3): 423 –452.

Vince J, Brierley E, Stevenson S, et al. , 2017. Ocean governance in the South Pacific region: progress and plans for action [J]. Marine Policy, 79: 40 –45.

Vince J, Brierley E, Stevenson S, et al. , 2017. Ocean governance in the South Pacific region: progress and plans for action [J]. Marine Policy, 79: 40 –45.

Wang Qiang, Min Su, 2020. Drivers of Decoupling Economic Growth from Carbon Emission-An Empirical Analysis of 192 Countries Using Decoupling Model and Decomposition Method [J]. Environmental Impact Assessment Review, 81: 106356.

Weiss K, Hamann M, Kinney M, et al. , 2012. Knowledge exchange and policy influence in a marine resource governance network [J]. Global Environmental Change, 22 (1): 178 –188.

Wells S, Burgess N, Ngusaru A, 2007. Towards the 2012 marine protected area targets in Eastern Africa [J]. Ocean & Coastal Management, 50 (1 –2): 67 –83.

Westing A H, 1998. Establishment and management of transfrontier reserves for conflict prevention and confidence building [J]. Environmental Conserva-